普通高等教育农业农村部“十三五”规划教材
全国高等农林院校“十三五”规划教材

GAODENG SHUXUE

农林类专业用

王　凯　汪宏喜　主编

中国农业出版社
北　京

内容简介

本教材是普通高等教育农业农村部"十三五"规划教材、全国高等农林院校"十三五"规划教材，主要面向全国高等农林院校的农林类专业，也可供其他非数学类专业作为教学参考。本教材严格遵循教育部非数学类专业数学基础课程教学指导委员会制定的《农林类本科数学基础课程教学基本要求》，在吸收传统优秀教材经验的基础上，根据农林专业特点，结合教师教学经验，重新梳理和安排了课程内容模块，使其能够更好地满足教学需要，也便于学生自主学习。

全书共七章，主要内容包括：函数与坐标系、极限与连续、微分学、微分学的应用、不定积分与微分方程、定积分与二重积分、无穷级数。

本教材调整了传统的一元到多元的介绍顺序，而是按照高等数学的研究对象、研究内容的框架模块来编写，既能满足不同课时的教学要求，又有助于学生理解和把握学习知识点，以及知识点之间的联系。

编写人员名单

主　编　王　凯（安徽农业大学）

　　　　　汪宏喜（安徽农业大学）

副主编　杨俊仙（安徽农业大学）

　　　　　朱　玲（安徽农业大学）

　　　　　梅　芳（江西农业大学）

参　编　程　娴（安徽农业大学）

　　　　　于淑妹（安徽农业大学）

　　　　　王文娟（安徽农业大学）

　　　　　宋伟灵（南京林业大学）

本教材是普通高等教育农业农村部“十三五”规划教材、全国高等农林院校“十三五”规划教材，主要面向全国高等农林院校的农林类专业，也可供其他院校的非数学类专业作为教学参考。本教材严格按照教育部非数学类专业数学基础课程教学指导委员会制定的《农林类本科数学基础课程教学基本要求》编写，根据农林专业特点，结合教师教学经验，重新梳理了编写思路，旨在帮助同学们更清晰地把握高等数学课程的研究对象与框架，理解所学理论知识，从而培养同学们的数学素养，提高分析和应用能力。

在多年的高等数学课程实际教学中，我们发现常见的几个问题：(1) 农林专业课时有限，上课进度较快，学生学习时容易遗忘前面内容；(2) 学生学完后往往并不明白高等数学是在研究什么；(3) 学生自己难以梳理所学内容脉络，分析各章节之间关系。因此，本教材适当调整了传统的“先一元后多元”的介绍顺序，分别合并了一元、多元函数的概念，一元、多元函数的导数与微分，不定积分与微分方程，定积分与二重积分等章节。这样编写的出发点是：(1) 可以在一定程度上减少教学所需课时，避免学生学到多元函数内容时却忘记了一元函数部分的内容，降低教学时内容回顾时间；(2) 编写顺序直接表明了高等数学的主要研究对象和研究内容，分别是函数，以及函数的变化趋势、变量的相对变化和函数的累积等，利于学生理解；(3) 教材内容在每一章后都增加了编者总结，通过思维导图和本章小结来帮助学生厘清本章的主要内容和主要知识点之间的关系，也帮助学生掌握学习和分析的方法。

本教材第一章和第二章由杨俊仙编写，第三章由程娴编写，第四章由王文娟编写，第五章由于淑妹编写，第六章由朱玲编写，第七章由王凯编写。梅芳和宋伟灵负责校对例题，汪宏喜负责校对习题参考答案。全书由王凯统稿。

当然，本教材的编写方式仅仅是我们自己的教学思考，肯定存在不足之处，还请使用本教材的各位老师和学生提出宝贵的批评与建议。

王凯

2020年5月

目录
MULU

第一章　函数与坐标系

函数是描述变量与变量之间对应关系的映射，现实生活中很多问题都可以用函数的知识和方法来解决，即函数来源于实际生活，又能够对实际生活起指导作用，因此函数就成为数学中的一个主要研究对象．本章首先回顾初等数学中一元函数的概念及其函数的简单特性，并给出多元函数的概念．最后介绍坐标系(包括平面直角坐标系和空间直角坐标系)，并给出常见的曲线方程与曲面方程．

第一节　函　　数

一、变量与集合

1. 变量

在观察自然现象或技术过程时，常会遇到各种不同的量，其中有的量在过程中不起变化，始终只取同一数值，这种量叫作常量，通常用字母 a，b，c 等表示．还有一些量在过程中是变化着的，也就是可以取不同的数值，这种量叫作变量，常用字母 x，y，z 等表示．

常量与变量用什么符号不是绝对的，但应尊重数学的习惯．

2. 集合

(1) 集合的概念

定义 1.1　具有某种特定性质的对象所组成的总体称为**集合**，通常用大写字母 A，B，C，…表示．

定义 1.2　组成某集合的对象称为该集合的**元素**，通常用小写字母 a，b，c，…表示．如果元素 a 属于集合 B，记作 $a\in B$；否则，记作 $a\notin B$，表示元素 a 不属于集合 B.

一个集合，若它只含有有限个元素，则称为有限集；不是有限集的集合称为无限集．

集合的表示方法通常有三种：列举法、描述法、图像法．

①列举法：把集合的全体元素一一列举出来．

例如，自然数集 $\mathbf{N}=\{0, 1, 2, \cdots, n, \cdots\}$；正整数集 $\mathbf{N}^+=\{1, 2, \cdots, n, \cdots\}$；整数集 $\mathbf{Z}=\{\cdots, -n, \cdots, -2, -1, 0, 1, 2, \cdots, n, \cdots\}$.

②描述法：若集合 M 是由具有某种性质 P 的元素 x 的全体所组成，则 M 可表示为 $M=\{x|x$ 具有性质 $P\}$.

例如，有理数集 $\mathbf{Q}=\left\{\dfrac{p}{q}\middle| p\in\mathbf{Z}, q\in\mathbf{N}^+\text{，且 } p, q \text{ 互质}\right\}$；实数集 $\mathbf{R}=\{x|x$ 为有理数或无理数$\}$；$M=\{(x, y)|x, y \text{ 为实数}, x^2+y^2=1\}$.

③图像法：是利用二维平面上的点表示集合的方法．一般用平面上的矩形或圆形表示一

个集合，是集合的一种直观的图形表示法.

对于集合 A 和 B，若集合 A 中的每一个元素都是集合 B 中的元素，即若 $a\in A$，则 $a\in B$，这时就称 A 是 B 的一个子集，记作 $A\subseteq B$(或 $B\supseteq A$)，读作"A 包含于 B"(或"B 包含 A").

如果集合 A 与集合 B 互为子集，即 $A\subseteq B$ 且 $B\subseteq A$，则称集合 A 与集合 B 相等，记作 $A=B$. 若 $A\subseteq B$ 且 $A\neq B$，则称 A 是 B 的真子集.

不含任何元素的集合称为空集，记作 $\varnothing$. 规定空集是任何集合的子集.

(2) 集合的运算

设 A，B 是两个集合，可定义如下基本运算：

①并集：$A\cup B=\{x|x\in A$ 或 $x\in B\}$.

②交集：$A\cap B=\{x|x\in A$ 且 $x\in B\}$.

③差集：$A\setminus B=\{x|x\in A$ 且 $x\notin B\}$.

④余集：对于一个给定的全集 I，称 $I\setminus A$ 为 A 的余集或补集，记作 $\complement A$.

对于三个任意集合 A，B，C，则有下列运算律：

①交换律：$A\cup B=B\cup A$，$A\cap B=B\cap A$.

②结合律：$(A\cup B)\cup C=A\cup(B\cup C)$，$(A\cap B)\cap C=A\cap(B\cap C)$.

③分配律：$(A\cup B)\cap C=(A\cap C)\cup(B\cap C)$，$(A\cap B)\cup C=(A\cup C)\cap(B\cup C)$.

④对偶律：$\complement(A\cup B)=\complement A\cap\complement B$，$\complement(A\cap B)=\complement A\cup\complement B$.

3. 重要的集合

(1) 区间

区间是高等数学中常用的实数集，分为有限区间和无限区间两类.

①有限区间：设 a，b 为两个实数，且 $a<b$，数集 $\{x|a<x<b\}$ 称为开区间，记为 (a, b)，即

$$(a, b)=\{x|a<x<b\}.$$

类似地，有闭区间和半开半闭区间：

$$[a, b]=\{x|a\leqslant x\leqslant b\};$$

$$[a, b)=\{x|a\leqslant x<b\};$$

$$(a, b]=\{x|a<x\leqslant b\},$$

其中 a 和 b 称为区间的端点，$b-a$ 称为区间的长度.

②无限区间：引入记号 $+\infty$(读作"正无穷大")，$-\infty$(读作"负无穷大")，则可类似地表示无限区间：

$$[a, +\infty)=\{x|x\geqslant a\};$$

$$(-\infty, b)=\{x|x<b\}.$$

特别地，全体实数的集合 $\mathbf{R}$ 也可表示为无限区间 $(-\infty, +\infty)$.

(2) 邻域

定义 1.3 设 a 与 δ 是两个实数，且 $\delta>0$，满足不等式

$$|x-a|<\delta$$

的实数 x 的全体，称为点 a 的 δ **邻域**，记作 $U(a, \delta)$，即

$$U(a, \delta)=\{x|a-\delta<x<a+\delta\},$$

其中，点 a 称为该邻域的中心，δ 称为该邻域的半径，如图1-1(a)所示.

因此点 a 的 δ 邻域可以用以点 a 为中心，2δ 为长度的开区间 $(a-\delta, a+\delta)$ 表示.

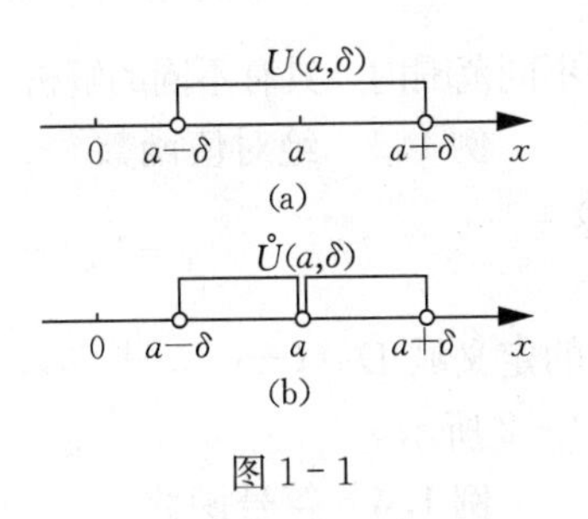

图 1-1

若把邻域$U(a,\delta)$的中心去掉，所得到的邻域称为点a的**去心δ邻域**，记为$\mathring{U}(a,\delta)$，如图1-1(b)所示，即

$$\mathring{U}(a,\delta)=\{x\,|\,0<|x-a|<\delta\}.$$

点a的去心δ邻域可以表示为$(a-\delta,a)\cup(a,a+\delta)$，为了方便，也把开区间$(a-\delta,a)$称为点$a$的**左$\delta$邻域**，把开区间$(a,a+\delta)$称为点$a$的**右$\delta$邻域**.

更一般地，以点a为中心的任何开区间均是a的邻域，在不需要辨明邻域的半径时，可简记为$U(a)$.

二、函数概念

1. 一元函数

定义 1.4　设D为非空实数集，若存在对应规则f，使得对任意的$x\in D$，按照对应规则f，都有唯一确定的$y\in\mathbf{R}$与之对应，则称f为定义在D上的一个一元函数，简称**函数**，记作

$$y=f(x),\ x\in D,$$

其中x称为**自变量**，y称为**因变量**，D称为函数f的**定义域**，记作D_f或$D(f)$，全体函数值所构成的集合称为f的**值域**，记作R_f，$f(D)$或$R(f)$，即

$$R_f=f(D)=\{y\,|\,y=f(x),\ x\in D\}.$$

函数的定义域是指自变量所能取的使算式有意义的一切实数值．在实际问题中应根据问题的实际意义具体确定．

例 1.1　求函数$y=\dfrac{1}{x}-\sqrt{x^2-4}$的定义域．

解　要使函数有意义，必须$x\neq0$，且$x^2-4\geqslant0$，解不等式得$|x|\geqslant2$，所以该函数的定义域为$D=\{x\,|\,|x|\geqslant2\}$或$D=(-\infty,-2]\cup[2,+\infty)$.

例 1.2　圆的面积S与半径r存在函数关系

$$S=\pi r^2,$$

根据问题的实际背景，函数的定义域为开区间$(0,+\infty)$.

由定义1.4可知，确定一个函数需确定其定义域和对应规则，因此，我们称定义域和对应规则为确定函数的两个要素．如果两个函数f和g的定义域和对应规则都相同，则称这两个函数相同．

函数常用的表示方法有三种：表格法、图形法、解析法(公式法).

①表格法：将一系列自变量的值与对应的函数值列成表格的方法．

②图形法：在坐标系中用图形直观描述函数关系的方法．

③解析法：用数学表达式(解析表达式)表示自变量和因变量之间对应关系的方法．

这三种方法各有特点，表格法一目了然；图形法形象直观；解析法便于计算和推导．在实际中可结合使用这三种方法．

根据函数的解析表达式的不同形式，函数也可以分为显函数、隐函数和分段函数三种．其中，显函数能由自变量的解析表达式直接表示，如例1.1中的函数y；隐函数的自变量x与因变量y的对应关系由方程$F(x,y)=0$来确定，例如，$\cos y=\ln(x-y)$；分段函数在其定义域的

不同范围内，具有不同的解析式．以下是几个分段函数的例子．

例 1.3 绝对值函数

$$y=|x|=\begin{cases} x, & x\geqslant 0, \\ -x, & x<0 \end{cases}$$

的定义域 $D=(-\infty, +\infty)$，值域 $R_f=[0, +\infty)$，图形如图 1-2 所示．

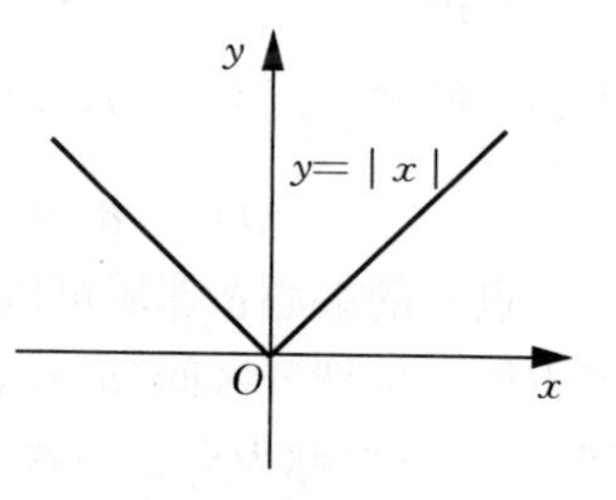

图 1-2

例 1.4 符号函数

$$y=\mathrm{sgn}x=\begin{cases} 1, & x>0, \\ 0, & x=0, \\ -1, & x<0 \end{cases}$$

的定义域 $D=(-\infty, +\infty)$，值域 $R_f=\{-1, 0, 1\}$，图形如图 1-3 所示．

显然，对 $\forall x\in\mathbf{R}$，有 $|x|=x\cdot\mathrm{sgn}x$．

例 1.5 取整函数 $y=[x]$，其中 $[x]$ 表示不超过 x 的最大整数．

例如，$[\sqrt{3}]=1$，$[-6.18]=-7$，$[\pi]=3$．

可见，取整函数的定义域 $D=(-\infty, +\infty)$，值域 $R_f=\mathbf{Z}$. 图形呈现出跃度为 1 的阶梯曲线，如图 1-4 所示．

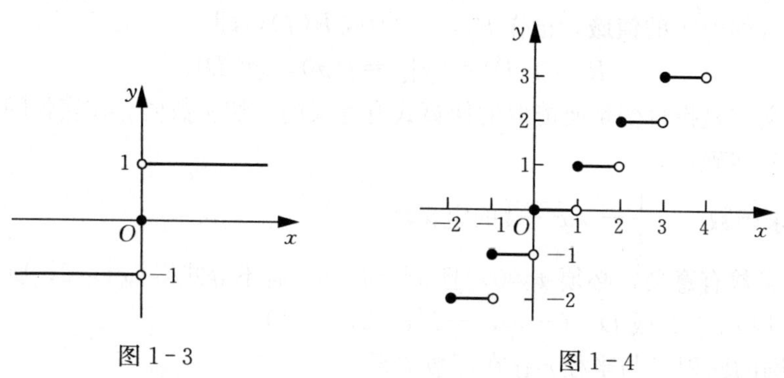

图 1-3　　图 1-4

对于取整函数 $[x]$，可以证明：对 $\forall x\in\mathbf{R}$，有不等式 $[x]\leqslant x<[x]+1$.

注：分段函数的定义域是其各段定义域的并．另外，分段函数在其整个定义域上是一个函数，而不是几个函数．

2. 多元函数

在一元函数中，自变量仅含一个变量，而在实际问题中，往往会遇到含多个自变量的函数．下面首先介绍含两个自变量的函数，即二元函数，进而介绍多元函数．

为了介绍二元函数的概念，有必要介绍一些关于平面点集的知识，在一元函数微积分中，区间的概念是很重要的，大部分问题是在区间上讨论的，在平面上，与区间这一概念相对应的概念是平面区域．

（1）平面点集的基本概念

①邻域：设 $\forall x\in P_0(x_0, y_0)$ 是 xOy 平面上的一个点，δ 是某一正数．与点 $P_0(x_0, y_0)$ 距离小于 δ 的点 $P(x, y)$ 的全体，称为**点 P_0 的 δ 邻域**，记为 $U(P_0, \delta)$，即

$$U(P_0, \delta)=\{P\mid |PP_0|<\delta\} \text{或} U(P_0, \delta)=\{(x, y)\mid \sqrt{(x-x_0)^2+(y-y_0)^2}<\delta\}.$$

邻域的几何意义：$U(P_0, \delta)$ 表示 xOy 平面上以点 $P_0(x_0, y_0)$ 为中心、δ 为半径的圆的

内部的点$P(x, y)$的全体.

点$P_0(x_0, y_0)$的**去心δ邻域**，记作$\mathring{U}(P_0, \delta)$，即

$$\mathring{U}(P_0, \delta)=\{P \mid 0<|P_0P|<\delta\}.$$

注：如果不需要强调邻域的半径δ，则用$U(P_0)$表示点P_0的某个邻域，点P_0的去心邻域记作$\mathring{U}(P_0)$.

②内点、外点、边界点：下面用邻域来描述平面上的点与点集之间的关系.

设E是xOy平面上的一个点集，P_0是xOy平面上的一点，则P_0与E的关系有以下三种情形：

内点：如果存在P_0的某个邻域$U(P_0)$，使得$U(P_0)\subset E$，则称点P_0是E的内点.

外点：如果存在P_0的某个邻域$U(P_0)$，使得$U(P_0)\cap E=\varnothing$，则称P_0为E的外点.

边界点：如果在点P_0的任何邻域内，既有属于E的点，也有不属于E的点，则称点P_0为E的边界点.E的边界点的集合称为E的边界，记作∂E.

图1-5中，P_1为E的内点，P_2为E的外点，P_3为E的边界点.

③区域、闭区域：**开集**：如果点集E的点都是内点，则称E为开集.例如，$E=\{(x, y) \mid 1<x^2+y^2<4\}$，如图1-6所示.

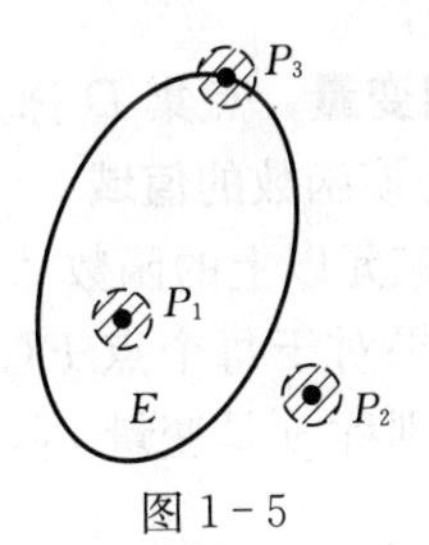

图1-5

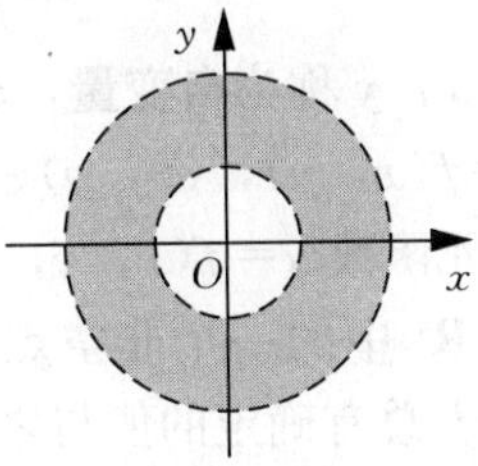

图1-6

闭集：如果点集的余集$\complement E$为开集，则称E为闭集.例如，$E=\{(x, y) \mid 1\leqslant x^2+y^2\leqslant 4\}$，如图1-7所示.

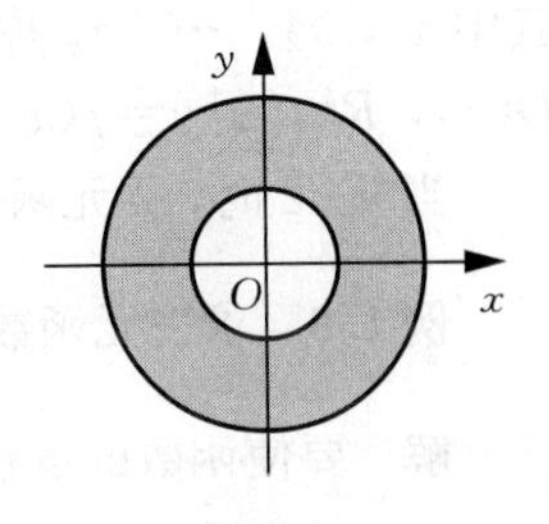

图1-7

连通性：如果点集E内任何两点都可用折线连结起来，且该折线上的点都属于E，则称E为连通集.

区域(或开区域)：连通的开集称为区域或开区域.例如，$E=\{(x, y) \mid 1<x^2+y^2<4\}$.

闭区域：开区域连同它的边界一起所构成的点集称为闭区域.例如，$E=\{(x, y) \mid 1\leqslant x^2+y^2\leqslant 4\}$.

有界集：对于平面点集E，如果存在某一正数r，使得$E\subset U(O, r)$，其中O是坐标原点，则称E为有界集，否则称E为**无界集**.例如，集合$E=\{(x, y) \mid x^2+y^2\leqslant 1\}$是有界集；集合$E=\{(x, y) \mid x+y\geqslant 1\}$是无界集，如图1-8所示.

(2) 多元函数的概念

下面先看几个例子.

例1.6　圆柱体的体积V和它的底半径r、高h之间具有关系

$$V=\pi r^2 h,$$

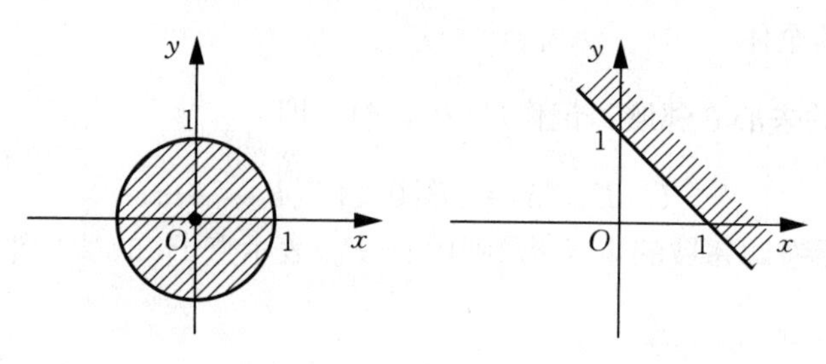

图 1-8

当 r，h 在集合 $\{(r, h) \mid r>0, h>0\}$ 内取定一对值 (r, h) 时，V 对应的值就随之确定．

例 1.7 设 R 是电阻 R_1、R_2 并联后的总电阻，由电学知道，它们之间具有关系

$$R=\frac{R_1 R_2}{R_1+R_2},$$

当 R_1，R_2 在集合 $\{(R_1, R_2) \mid R_1>0, R_2>0\}$ 内取定一对值 (R_1, R_2) 时，R 对应的值就随之确定．

下面我们给出二元函数的定义如下：

定义 1.5 设 D 是平面上的一个非空点集，如果对于每个点 $P(x, y) \in D$，变量 z 按照一定的法则 f 总有确定的值与之对应，则称 z 是变量 x，y 的**二元函数**，记为

$$z=f(x, y),$$

或记为 $z=f(P)$，其中 x，y 称为**自变量**，z 称为**因变量**，点集 D 称为该函数的**定义域**，常记作 $D(f)$，$R=\{z \mid z=f(x, y), (x, y) \in D\}$ 称为该函数的**值域**．

类似地，可定义三元函数 $u=f(x, y, z)$ 以及三元以上的函数．

定义 1.6 设 D 是 $\mathbf{R}^n$ 中的一个非空点集，如果对于每个点 $P(x_1, x_2, \cdots, x_n) \in D$，变量 y 按照一定的法则 f 总有确定的值与之对应，则称 y 是变量 x_1，x_2，…，x_n 的 **n 元函数**，记为

$$y=f(x_1, x_2, \cdots, x_n),$$

其中 x_1，x_2，…，x_n 称为**自变量**，y 称为**因变量**，点集 D 称为该函数的**定义域**，常记作 $D(f)$，$R=\{y \mid y=f(x_1, x_2, \cdots, x_n), (x_1, x_2, \cdots, x_n) \in D\}$ 称为该函数的**值域**．

当 $n \geqslant 2$ 时，n 元函数统称为**多元函数**．

例 1.8 求二元函数 $z=\ln(y-x)+\frac{\sqrt{x}}{\sqrt{1-x^2-y^2}}$ 的定义域．

解 要使函数的解析式有意义，必须满足

$$\begin{cases} y-x>0, \\ x \geqslant 0, \\ 1-x^2-y^2>0, \end{cases}$$

即 $D\{(x, y) \mid x \geqslant 0, x<y, x^2+y^2<1\}$，如图 1-9 阴影部分所示．

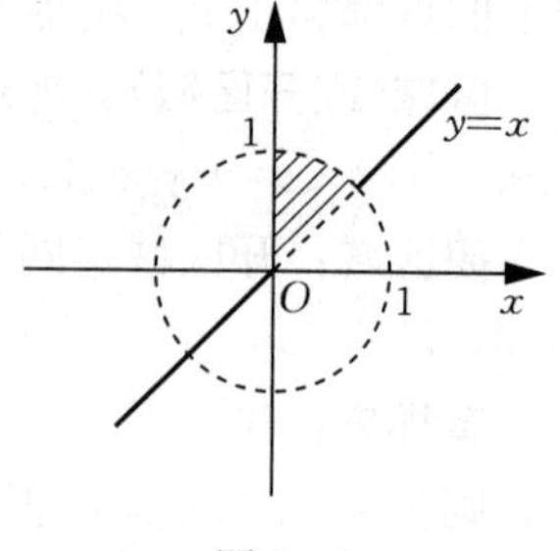

图 1-9

习题 1-1

1. 用区间表示下列不等式的解．

(1) $x^2\leqslant16$；　　(2) $|x-1|>1$；

(3) $(x+2)(x-3)<0$；　　(4) $0<|x+1|<\frac{1}{2}$.

2. 用区间表示下列函数的定义域.

(1) $y=\frac{x+1}{2x}+\frac{1}{x-1}$；　　(2) $y=\sqrt{5-x^2}+\arctan\frac{1}{x-2}$；

(3) $y=\arcsin(1-x)+\ln(\ln x)$；　　(4) $y=\frac{\lg(3-x)}{\sqrt{|x|-1}}$；

(5) $y=\sqrt{6-5x-x^2}+\frac{1}{\ln(2-x)}$；　　(6) $y=\arcsin\ln\sqrt{1-x}$.

3. 设函数

$$f(x)=\begin{cases}x-1, & x<0,\\ x^2+1, & x\geqslant0,\end{cases}$$

求 $f(-1)$，$f(0)$，$f(2)$，并作函数图形.

4. 设 $f(x)$的定义域 $D=[0,1]$，求下列函数的定义域.

(1) $f(\ln x)$；　　(2) $f(x^2)$.

5. 求下列二元函数的定义域，画出其示意图.

(1) $z=\sqrt{1-\frac{x^2}{a^2}-\frac{y^2}{b^2}}$；　　(2) $z=\frac{1}{\ln(x-y)}$；

(3) $z=\arcsin\frac{y}{x}$；　　(4) $z=\sqrt{2-x^2-y^2}+\frac{1}{\sqrt{x^2+y^2-1}}$.

第二节　常用函数与函数的简单特性

一、常用函数

1. 基本初等函数

在这里，我们简要复习一下中学数学里学习过的五类基本初等函数.

(1) 幂函数

幂函数 $y=x^\alpha$($\alpha\in\mathbf{R}$ 是常数)的定义域和值域因 α 的不同而不同，但在$(0,+\infty)$内都有定义，且图形经过点(1, 1). 图 1-10 给出了几个常见幂函数的图形.

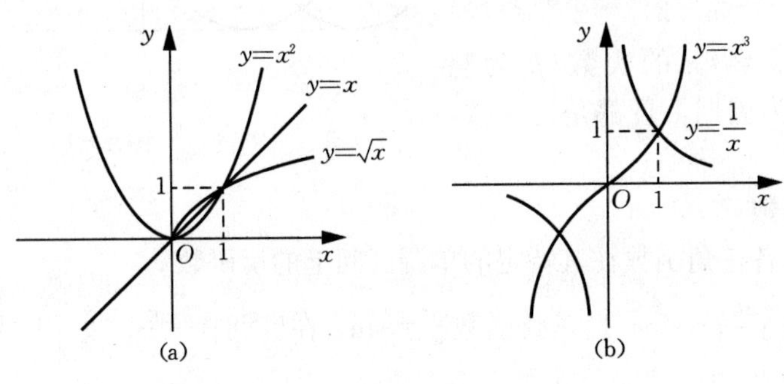

图 1-10

（2）指数函数

指数函数 $y=a^x(a>0$ 且 $a\neq1)$ 的定义域为 $(-\infty, +\infty)$，值域为 $(0, +\infty)$，图形都经过点 $(0, 1)$．当 $a>1$ 时，$y=a^x$ 单调增加；当 $0<a<1$ 时，$y=a^x$ 单调减少．指数函数的图形均在 x 轴上方，如图 1-11 所示．特别当 $a=\mathrm{e}$ 时，记为 $y=\mathrm{e}^x$．

（3）对数函数

对数函数 $y=\log_a x(a>0$ 且 $a\neq1)$ 是指数函数 $y=a^x$ 的反函数．由直接函数与反函数的关系知，对数函数的定义域为 $(0, +\infty)$，值域为 $(-\infty, +\infty)$，图形经过点 $(1, 0)$，当 $a>1$ 时，$y=\log_a x$ 单调增加；当 $0<a<1$ 时，$y=\log_a x$ 单调减少．对数函数的图形在 y 轴的右方，如图 1-12 所示．

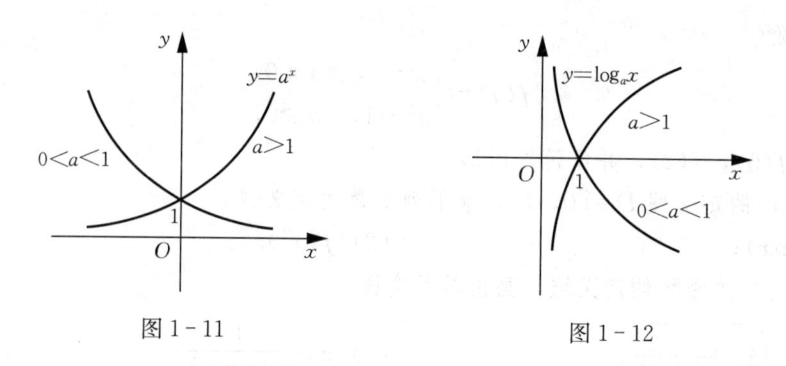

图 1-11　　图 1-12

当 $a=\mathrm{e}$ 时，$y=\log_a x$ 简记为 $y=\ln x$，它是常见的对数函数，称为**自然对数**．

（4）三角函数

三角函数有：

正弦函数：$y=\sin x$；余弦函数：$y=\cos x$；

正切函数：$y=\tan x$；余切函数：$y=\cot x$；

正割函数：$y=\sec x=\dfrac{1}{\cos x}$；余割函数：$y=\csc x=\dfrac{1}{\sin x}$．

$\sin x$ 和 $\cos x$ 的定义域为 $(-\infty, +\infty)$，值域为 $[-1, 1]$，都以 2π 为周期，$\sin x$ 是奇函数，$\cos x$ 是偶函数，如图 1-13 所示．

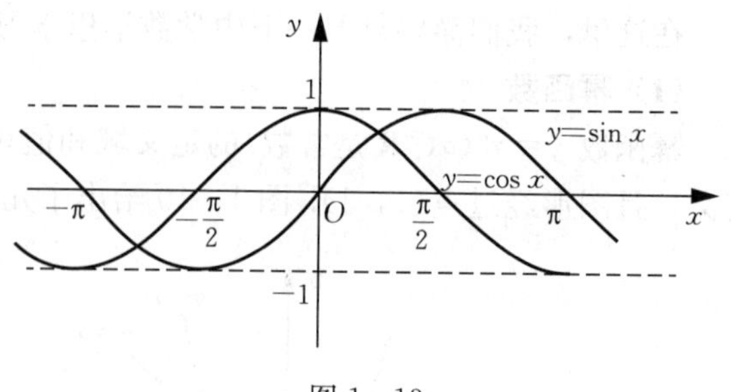

图 1-13

$\tan x$ 的定义域是 $x\neq k\pi+\dfrac{\pi}{2}$ 的实数，$\cot x$ 的定义域是 $x\neq k\pi$ 的实数（k 为整数）．它们都以 π 为周期，且都是奇函数，如图 1-14 所示．

（5）反三角函数

反三角函数是各三角函数在其特定的单调区间上的反函数．

①反正弦函数 $y=\arcsin x$ 是正弦函数 $y=\sin x$ 在区间 $\left[-\dfrac{\pi}{2}, \dfrac{\pi}{2}\right]$ 上的反函数，其定义域为 $[-1, 1]$，值域为 $\left[-\dfrac{\pi}{2}, \dfrac{\pi}{2}\right]$，如图 1-15(a) 所示．

②反余弦函数 $y=\arccos x$ 是余弦函数 $y=\cos x$ 在区间$[0, \pi]$上的反函数，其定义域为$[-1, 1]$，值域为$[0, \pi]$，如图 1-15(b)所示．

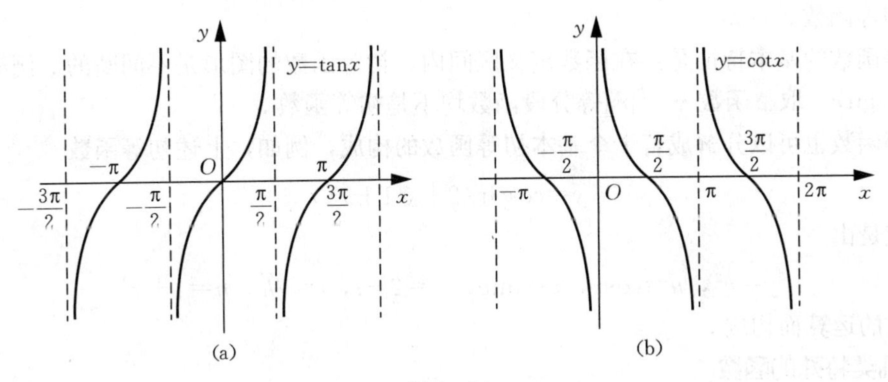

图 1-14

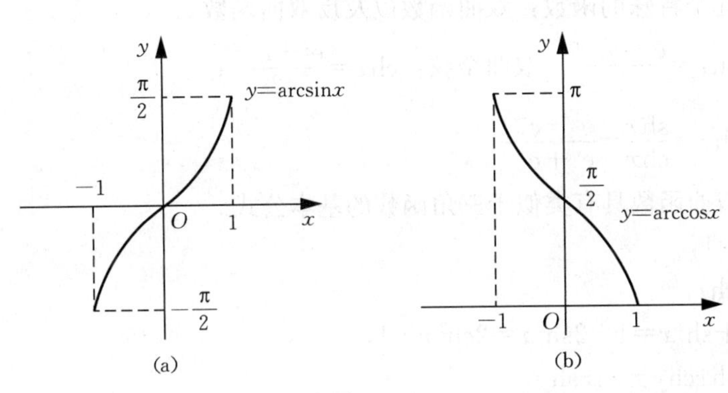

图 1-15

③反正切函数 $y=\arctan x$ 是正切函数 $y=\tan x$ 在区间$\left(-\frac{\pi}{2}, \frac{\pi}{2}\right)$内的反函数，其定义域为$(-\infty, +\infty)$，值域为$\left(-\frac{\pi}{2}, \frac{\pi}{2}\right)$，如图 1-16(a)所示．

④反余切函数 $y=\text{arccot}\,x$ 是余切函数 $y=\cot x$ 在区间$(0, \pi)$内的反函数，其定义域为$(-\infty, +\infty)$，值域为$(0, \pi)$，如图 1-16(b)所示．

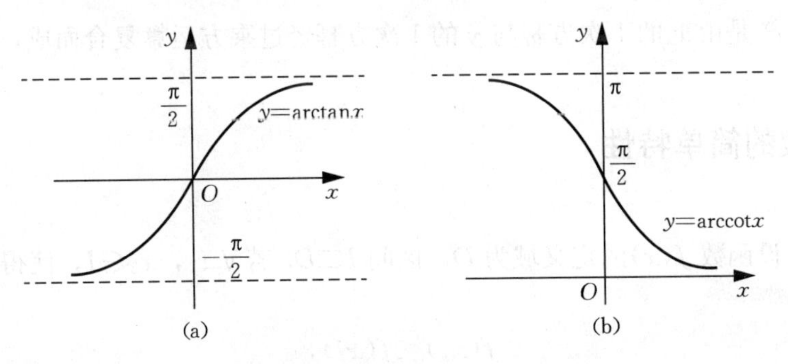

图 1-16

2. 初等函数

由基本初等函数经有限次四则运算和有限次复合运算所构成的，能用一个解析式表示的

函数称为初等函数，否则称为非初等函数．例如，

$$y=1+\arctan x^2,\ y=\cos^2\ln(2+\sqrt{1+x^2}),\ y=x^3\csc e^{\sqrt{x}}$$

等都是初等函数．

初等函数的基本特征是：在函数定义区间内，初等函数的图形是不间断的．例如，符号函数 $y=\operatorname{sgn}x$、取整函数 $y=[x]$等分段函数均不是初等函数．

初等函数也可以分解成若干个基本初等函数的构成，例如，上述初等函数

$$y=\cos^2\ln(2+\sqrt{1+x^2})$$

可以看成是由

$$y=u^2,\ u=\cos v,\ v=\ln w,\ w=2+t,\ t=\sqrt{h},\ h=1+x^2$$

六个函数的运算而构成．

3. 几类特殊的函数

另外，还有几个特殊的函数：双曲函数以及反双曲函数．

双曲正弦：$\operatorname{sh}x=\dfrac{e^x-e^{-x}}{2}$；双曲余弦：$\operatorname{ch}x=\dfrac{e^x+e^{-x}}{2}$；

双曲正切：$\operatorname{th}x=\dfrac{\operatorname{sh}x}{\operatorname{ch}x}=\dfrac{e^x-e^{-x}}{e^x+e^{-x}}$.

容易验证，双曲函数具有类似于三角函数的基本公式．

$\operatorname{ch}^2x-\operatorname{sh}^2x=1$，

$\operatorname{sh}2x=2\operatorname{sh}x\operatorname{ch}x$，

$\operatorname{ch}2x=\operatorname{ch}^2x+\operatorname{sh}^2x=1+2\operatorname{sh}^2x=2\operatorname{ch}^2x-1$，

$\operatorname{sh}(x\pm y)=\operatorname{sh}x\operatorname{ch}y\pm\operatorname{ch}x\operatorname{sh}y$，

$\operatorname{ch}(x\pm y)=\operatorname{ch}x\operatorname{ch}y\pm\operatorname{sh}x\operatorname{sh}y$，

$\operatorname{sh}x+\operatorname{sh}y=2\operatorname{sh}\dfrac{x+y}{2}\operatorname{ch}\dfrac{x-y}{2}$.

4. 多元初等函数

类似于一元初等函数的定义，得到多元初等函数的定义．

由常数及具有不同自变量的一元基本初等函数经过有限次的四则运算和复合运算所得到的函数，称为多元初等函数．

例如，$z=x^y$ 是由 x 的 1 次方幂与 y 的 1 次方幂经过乘方运算复合而成，因而是二元初等函数．

二、函数的简单特性

1. 单调性

定义 1.7 设函数 $f(x)$的定义域为 D，区间 $I\subset D$. 若 $\forall x_1,\ x_2\in I$，使得当 $x_1<x_2$ 时，恒有

$$f(x_1)<f(x_2),$$

则称函数 $f(x)$在区间 I 上是**单调递增函数**(图 1 - 17)．若 $\forall x_1,\ x_2\in I$，使得当 $x_1<x_2$ 时，恒有

$$f(x_1)>f(x_2),$$

则称函数 $f(x)$ 在区间 I 上是**单调递减函数**(图 1-18).

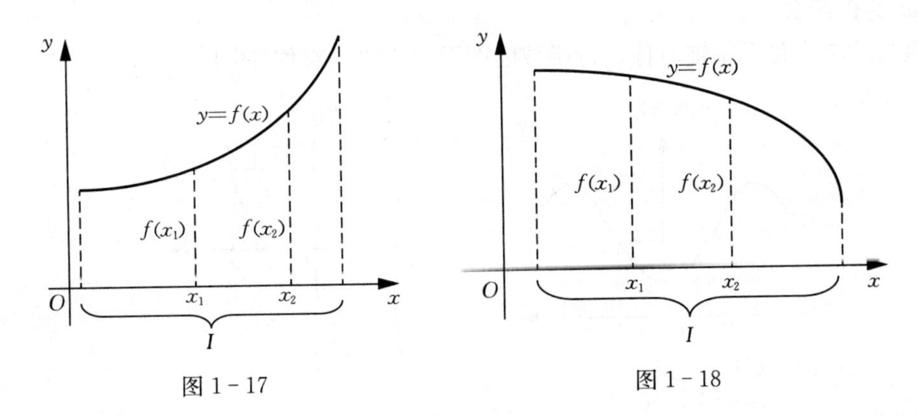

图 1-17　　　　图 1-18

单调递增和单调递减函数统称为**单调函数**，使函数单调递增(递减)的区间称为**单调增(减)区间**.

例如，$y=x^3$ 在定义域 $\mathbf{R}$ 内是单调递增函数；$y=x^2$ 在定义域 $\mathbf{R}$ 内不是单调函数，但 $(-\infty, 0)$ 是其单调减区间，$(0, +\infty)$ 是其单调增区间.

2. 有界性

定义 1.8　设函数 $f(x)$ 在实数集 D 内有定义，如果存在正数 M，使得对任意的 $x\in D$，都有

$$|f(x)|\leqslant M$$

成立，则称 $f(x)$ 在 D 内**有界**，或称 $f(x)$ 在 D 内为**有界函数**. 否则称 $f(x)$ 在 D 内**无界**，或称 $f(x)$ 在 D 内为**无界函数**.

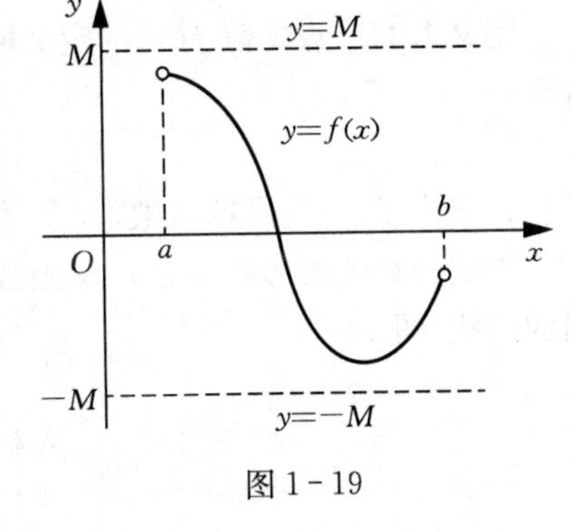

图 1-19

有界函数的几何意义：$y=f(x)$ 在区间 (a, b) 内有界，在几何上表示 $y=f(x)$ 在区间 (a, b) 内的函数图形必夹在两平行于 x 轴的直线 $y=\pm M$ 之间(图 1-19).

定义 1.9　设函数 $f(x)$ 在实数集 D 内有定义，若存在数 A，使得对任意的 $x\in D$，都有

$$f(x)\leqslant A(\text{或 } f(x)\geqslant A)$$

成立，则称 $f(x)$ 在 D 内**有上界(或有下界)**，也称 $f(x)$ 是 D 内有上界(或有下界)的函数，A 称为 $f(x)$ 在 D 内的一个**上界(或下界)**.

例如，$f(x)=\sin x$ 在 $(-\infty, +\infty)$ 上是有界的，又 $|\sin x|\leqslant 1$，因此 $f(x)=\sin x$ 在 $(-\infty, +\infty)$ 上有下界 -1 和上界 1；函数 $f(x)=\dfrac{1}{x}$ 在开区间 $(0, 1)$ 内无上界而有下界，即是无界的，但在 $[1, +\infty)$ 上有界.

显然，函数 $f(x)$ 在 D 上有界的充要条件是 $f(x)$ 在 D 上既有上界又有下界.

3. 奇偶性

定义 1.10　设函数 $f(x)$ 的定义域 D 关于原点对称，若对任意的 $x\in D$，恒有

$$f(-x)=f(x),$$

则称 $f(x)$ 为**偶函数**；若对任意的 $x\in D$，恒有

$$f(-x)=-f(x),$$

则称 $f(x)$ 为**奇函数**.

偶函数的图形关于 y 轴对称，奇函数的图形关于原点对称(图 1-20).

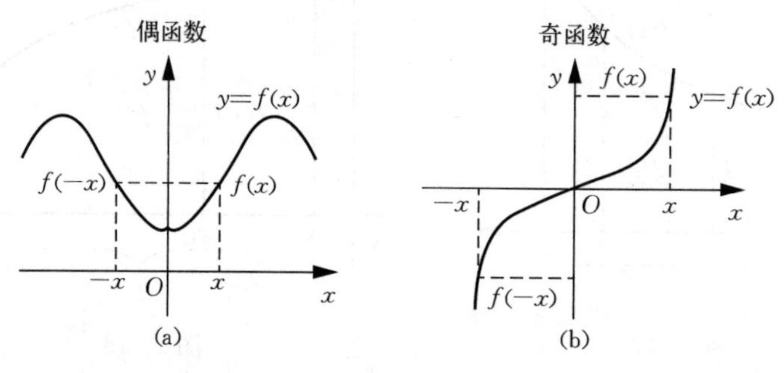

图 1-20

例如，$y=\cos x$，$y=x^2$ 都是偶函数；$y=\sin x$，$y=x^3$ 都是奇函数.

例 1.9 判断函数 $y=\ln(x+\sqrt{1+x^2})$ 的奇偶性.

解 $f(-x)=\ln(-x+\sqrt{1+x^2})=\ln\dfrac{(-x+\sqrt{1+x^2})(x+\sqrt{1+x^2})}{x+\sqrt{1+x^2}}$

$$=\ln\frac{1}{x+\sqrt{1+x^2}}=-\ln(x+\sqrt{1+x^2})=-f(x),$$

由定义知，$f(x)$ 为奇函数.

4. 周期性

定义 1.11 设函数 $f(x)$ 的定义域为 D，若存在 $l>0$，使得对任意的 $x\in D$，有 $(x\pm l)\in D$，且有

$$f(x+l)=f(x)$$

成立，则称 $f(x)$ 为**周期函数**，l 称为 $f(x)$ 的**周期**.

周期函数的图形特点是，在函数的定义域内，每个长度为 l 的区间上，函数的图形有相同的形状(图 1-21).

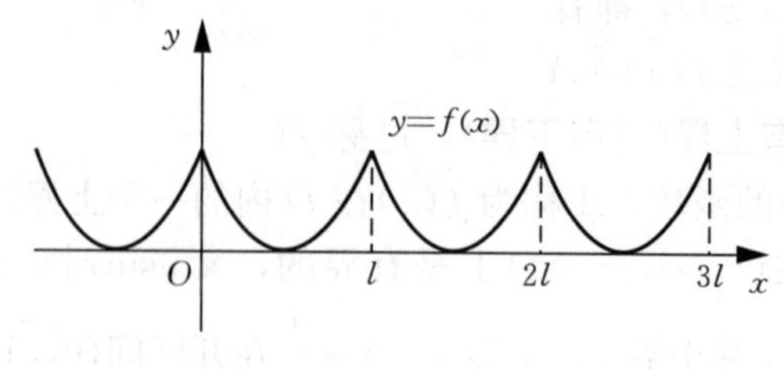

图 1-21

通常函数的周期是指它的最小正周期(如果存在的话). 例如，函数 $y=\sin x$ 与 $y=\cos x$ 的周期为 2π；$y=\tan x$ 与 $y=\cot x$ 的周期是 π.

习题 1-2

1. 设 $f(x)$ 为定义在 $(-l, l)$ 内的奇函数，若 $f(x)$ 在 $(0, l)$ 内单调增加，证明：$f(x)$ 在

$(-l, 0)$内也单调增加．

2. 判定下列函数的奇偶性．

(1) $y=x(x-3)(x+3)$；　　(2) $f(x)=(x^2+x)\sin x$；

(3) $f(x)=\dfrac{1-x^2}{\cos x}$；　　(4) $f(x)=\begin{cases}1-e^{-x}, & x\leqslant 0,\\ e^x-1, & x>0;\end{cases}$

(5) $y=\dfrac{a^x+a^{-x}}{2}$；　　(6) $y=\ln\dfrac{1-\sin x}{1+\sin x}$.

3. 设 $f(x)$在区间$(-l, l)$内有定义，试证．

(1) $f(-x)+f(x)$为偶函数；　　(2) $f(-x)-f(x)$为奇函数．

4. 设下面所讨论的函数都是定义在区间$(-l, l)$上的，证明：

(1) 两个偶函数的和是偶函数，两个奇函数的和是奇函数；

(2) 两个偶函数的乘积是偶函数，两个奇函数的乘积是偶函数，偶函数与奇函数的乘积是奇函数．

5. 下列函数中哪些是周期函数？对于周期函数，指出其周期 l.

(1) $y=\cos^2 x$；　　(2) $y=1+\cos\pi x$；　　(3) $y=x\sin x$.

6. 判断下列函数在指定区间内的有界性．

(1) $y=\dfrac{1}{x}$，$(0, 10)$；　　(2) $y=\sin\dfrac{1}{x^2}$，$(-\infty, 0)\cup(0, +\infty)$.

7.(复利问题)设银行存款的年利率是 r，且按复利计算．若某人在银行存入 10 万元，经过 20 年的时间，此人最终的存款额是多少万元?

8.(人口增长问题)某城市现有人口 50 万人，预计今后人口的年增长率是 3‰，试估计该城市 10 年后的人口总数(单位：万人).

第三节　坐 标 系

一、直角坐标系

1. 平面直角坐标系

下面我们回顾平面直角坐标系的定义及相关概念．

(1) 平面直角坐标系的建立

在同一个平面上互相垂直且有公共原点的两条数轴构成平面直角坐标系，简称直角坐标系．通常，两条数轴分别置于水平位置与垂直位置，把其中水平的一条数轴叫作 x 轴或横轴，取向右的方向为正方向；垂直的数轴叫作 y 轴或纵轴，取向上的方向为正方向；它们的公共原点 O 称为直角坐标系的原点，以点 O 为原点的平面直角坐标系记作平面直角坐标系 xOy.

建立了直角坐标系的平面叫坐标平面．x 轴和 y 轴把坐标平面分成四个部分，称为四个象限，按逆时针顺序依次叫第一象限、第二象限、第三象限、第四象限，如图 1－22 所示．

(2) 平面中点的坐标

对于平面直角坐标系内任一点 P，过点 P 分别向 x 轴和 y 轴作垂线，垂足在 x 轴、y 轴对应的数 x、y 分别叫作点 P 的横坐标、纵坐标，有序数对(x, y)叫作 P 的坐标，记作

$P(x, y)$，如图 1－23 所示．

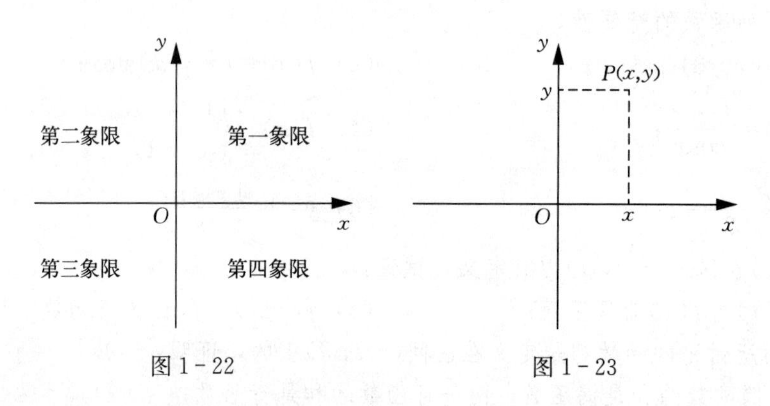

图 1－22　　图 1－23

（3）平面上的点与二元数组(x, y)的关系

坐标平面内的点可以用二元数组(x, y)来表示，反过来每一个二元数组(x, y)对应着坐标平面内的一个点，即坐标平面内的点和二元数组(x, y)之间构成一一对应关系．

2. 空间直角坐标系

类似于平面直角坐标系，通过建立空间直角坐标系，把空间中的点与一个三元有序数组(x, y, z)建立一一对应关系．

（1）空间直角坐标系的建立

过空间定点 O 作三条互相垂直的数轴，通常取相同的长度单位，这三条数轴分别称为 x 轴、y 轴、z 轴．各轴之间的正向符合右手法则，即以右手握住 z 轴，让右手的四指从 x 轴的正向以$\frac{\pi}{2}$的角度转向 y 轴的正向，这时大拇指所指的方向就是 z 轴的正向（图 1－24），这样就组成了空间直角坐标系．O 称为坐标原点，每两条坐标轴所确定的平面称为坐标平面，简称为坐标面：x 轴与 y 轴所确定的坐标面称为 xOy 坐标面．类似地有 yOz 坐标面、zOx 坐标面．

三张坐标面把空间分成八个部分，每一部分称为一个卦限．在 xOy 坐标面的上半部分，按 x 轴的正向开始按逆时针方向，依次为第Ⅰ、Ⅱ、Ⅲ、Ⅳ卦限；在 xOy 坐标面的下半部分，由 x 轴的正向开始按逆时针方向依次为第Ⅴ、Ⅵ、Ⅶ、Ⅷ卦限（图 1－25）．

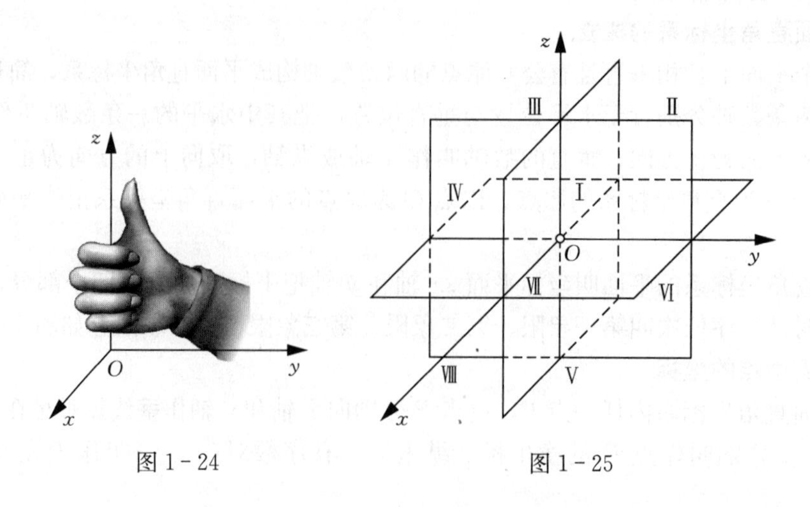

图 1－24　　图 1－25

（2）空间中点的坐标

设 M 为空间的一点，若过点 M 分别作垂直于三坐标轴的平面，与三坐标轴分别相交于 P，Q，R 三点，且这三点在 x 轴、y 轴、z 轴上的坐标依次为 x，y，z，它们分别称为点 M 的横坐标、纵坐标和竖坐标，有序数组 (x, y, z) 称为点 M 的坐标，记作 $M(x, y, z)$，如图 1-26 所示．

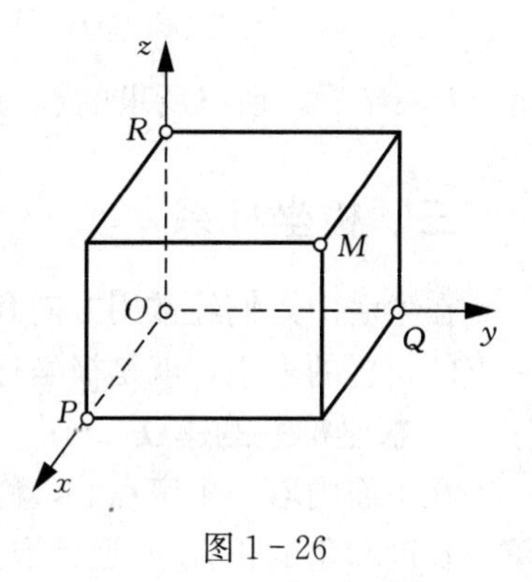

图 1-26

显然，原点 O 的坐标为 $(0, 0, 0)$，坐标轴上的点至少有两个坐标为 0，坐标面上的点至少有一个坐标为 0．例如，在 x 轴上的点，均有 $y=z=0$；在 xOy 坐标面上的点，均有 $z=0$．

（3）空间中的点与三元数组 (x, y, z) 的关系

由(2)可知，空间中的 M 唯一地确定了一个三元数组 (x, y, z)．反之，设给定一个三元数组 (x, y, z)，且它们在 x 轴、y 轴和 z 轴上依次对应于点 P，Q，R，然后过点 P，Q，R 分别作与 x 轴、y 轴和 z 轴垂直的平面，这三个垂直平面的交点 M 就是有序数组 (x, y, z) 所确定的点．这样，空间的点 M 就与一个三元数组 (x, y, z) 之间建立了一一对应关系．

二、距离的度量

设空间两点 $M_1(x_1, y_1, z_1)$，$M_2(x_2, y_2, z_2)$，求它们之间的距离 $d=|M_1M_2|$．

过点 M_1，M_2 各作三个平面分别垂直于三个坐标轴，形成如图 1-27 所示的长方体．根据勾股定理得

$$\begin{aligned} d^2 &= |M_1M_2|^2=|M_1Q|^2+|QM_2|^2 \\ &=|M_1P|^2+|PQ|^2+|QM_2|^2 \\ &=|M_1'P'|^2+|P'M_2'|^2+|QM_2|^2 \\ &=(x_2-x_1)^2+(y_2-y_1)^2+(z_2-z_1)^2, \end{aligned}$$

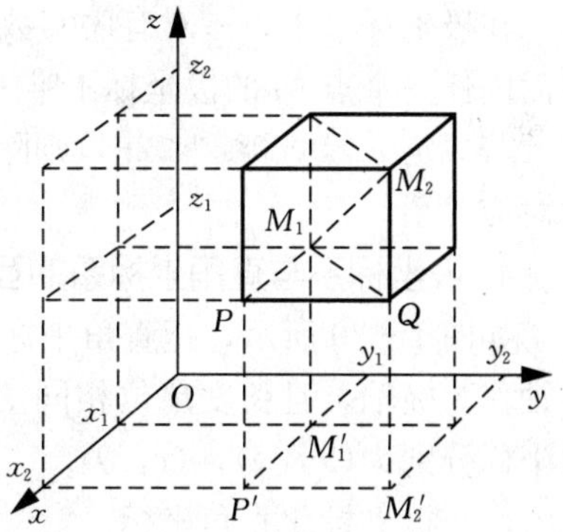

所以

$$d=\sqrt{(x_2-x_1)^2+(y_2-y_1)^2+(z_2-z_1)^2}. \quad (1.1)$$

图 1-27

特别地，点 $M(x, y, z)$ 与坐标原点 $O(0, 0, 0)$ 的距离为

$$d=|OM|=\sqrt{x^2+y^2+z^2}.$$

例 1.10　求证以 $M_1(4, 3, 1)$，$M_2(7, 1, 2)$，$M_3(5, 2, 3)$ 三点为顶点的三角形是一个等腰三角形．

解　因为

$$\begin{aligned} |M_1M_2|^2&=(7-4)^2+(1-3)^2+(2-1)^2=14, \\ |M_2M_3|^2&=(5-7)^2+(2-1)^2+(3-2)^2=6, \\ |M_1M_3|^2&=(5-4)^2+(2-3)^2+(3-1)^2=6, \end{aligned}$$

所以 $|M_2M_3|=|M_1M_3|$，即 $\triangle M_1M_2M_3$ 为等腰三角形．

例 1.11　在 z 轴上求与两点 $A(-4, 1, 7)$ 和 $B(3, 5, -2)$ 等距离的点．

解　设所求的点为 $M(0, 0, z)$，依题意有 $|MA|^2=|MB|^2$，即

$$(0+4)^2+(0-1)^2+(z-7)^2=(3-0)^2+(5-0)^2+(-2-z)^2,$$

解之得 $z=\dfrac{14}{9}$，所以所求的点为 $M\left(0,\ 0,\ \dfrac{14}{9}\right)$.

三、极坐标系

在生活中人们经常用方向和距离来表示一点的位置关系，这种用方向和距离表示平面上一点的位置的思想，就是极坐标系的思想.

1. 极坐标系的建立

在平面内取一个定点 O，称为极点；从极点 O 引一条射线 Ox，称为极轴；再选定一个单位长度和角的正方向(通常取逆时针方向为正)，这样就建立了一个平面极坐标系，简称极坐标系.

2. 极坐标系中点的极坐标

对于平面上任意一点 M，用 r 表示线段 OM 的长度，称为点 M 的极径. 用 θ 表示以射线 Ox 为始边，射线 OM 为终边所成的角，称为点 M 的极角. 有序数对 $(r,\ \theta)$ 就称为点 M 的极坐标，记作 $M(r,\ \theta)$，如图 1-28 所示.

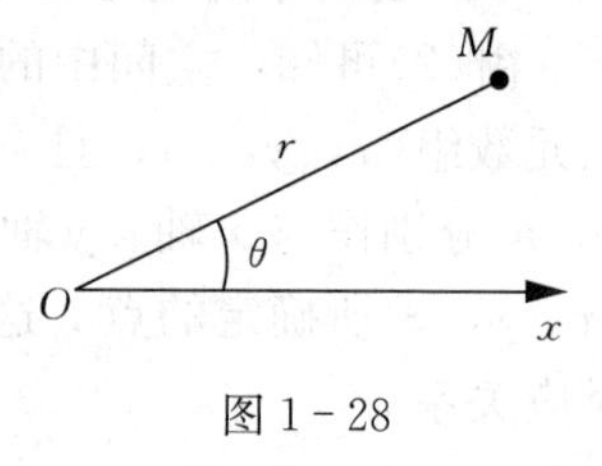

图 1-28

一般地，不作特殊说明时，认为 $r\geqslant 0$，θ 可取任意实数.

在极坐标系中，极点 O 的极坐标是 $(0,\ \theta)(\theta\in\mathbf{R})$，若点 M 的极坐标是 $M(r,\ \theta)$，则点 M 的极坐标也可写成 $M(r,\ \theta+2k\pi)$，$(k\in\mathbf{Z})$.

3. 极坐标系内的点与有序数对 $(r,\ \theta)$ 的对应关系

在极坐标系下，一对有序实数 $(r,\ \theta)$ 确定平面上的一个点，即对应唯一点 $M(r,\ \theta)$，但平面内任一个点 M 的极坐标不唯一，一个点可以有无数个极坐标.

若规定 $r>0$，$0\leqslant\theta<2\pi$，则除极点外极坐标系内的点与有序数对 $(r,\ \theta)$ 之间就建立了一一对应关系.

4. 极坐标系与直角坐标系的互化公式

如图 1-29 所示，把直角坐标系的原点作为极点，x 轴的正半轴作为极轴，且长度单位相同，设任意一点 M 的直角坐标与极坐标分别为 $(x,\ y)$，$(r,\ \theta)$.

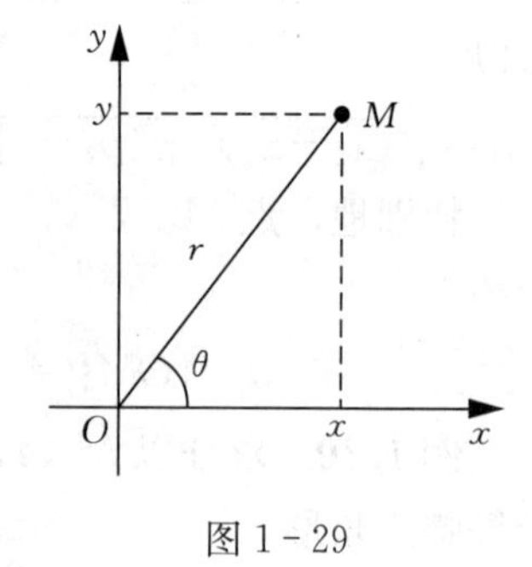

图 1-29

(1) 极坐标化直角坐标

$$\begin{cases} x=r\cos\theta, \\ y=r\sin\theta. \end{cases}$$

(2) 直角坐标化极坐标

$$\begin{cases} r^2=x^2+y^2, \\ \tan\theta=\dfrac{y}{x}(x\neq 0). \end{cases}$$

习题 1-3

1. 在空间直角坐标系中，指出下列各点在哪个卦限.

$A(-2,\ 1,\ 4)$，　　$B(1,\ -3,\ 5)$，　　$C(-2,\ -4,\ 5)$，

$D(3,\ -2,\ -7)$，　　　　$E(1,\ 2,\ -6)$，　　　　$F(-5,\ -3,\ -6)$.

2. 分别指出在三条坐标轴、三个坐标面上的点各有什么特征.

3. 求点$(a,\ b,\ c)$关于（1）各坐标面；（2）各坐标轴；（3）坐标原点的对称点的坐标.

4. 在 yOz 面上，求与三个已知点 $A(3,\ 1,\ 2)$，$B(4,\ -2,\ -2)$和 $C(0,\ 5,\ 1)$等距离的点.

5. 求证以三点 $A(4,\ 1,\ 9)$，$B(10,\ -1,\ 6)$，$C(2,\ 4,\ 3)$为顶点的三角形是等腰直角三角形.

6. 求圆心在原点，半径为 R 的圆周的极坐标方程.

第四节　曲线方程与曲面方程

一、曲线方程

1. 平面直角坐标系曲线方程

在直角坐标系中，如果曲线 C 上的点与二元方程 $f(x,\ y)=0$ 的实数解有如下关系：

（1）曲线 C 上的点的坐标都是这个方程的解；

（2）以这个方程的解为坐标的点都是曲线 C 上的点，

那么这个方程 $f(x,\ y)=0$ 叫作曲线 C 的方程. 反过来，这条曲线 C 叫作方程 $f(x,\ y)=0$ 的曲线.

例如，方程$(x-2)^2+(y-3)^2=25$ 是以$(2,\ 3)$为圆心、5 为半径的圆对应的方程；反过来，以$(2,\ 3)$为圆心、5 为半径的圆对应的方程就是$(x-2)^2+(y-3)^2=25$.

求平面直角坐标系曲线方程的一般步骤：

（Ⅰ）建立适当的坐标系，用$(x,\ y)$表示曲线上任一点 M 的坐标；

（Ⅱ）写出适合条件 P 的点 M 的集合 $P=\{M|P(M)=0\}$；

（Ⅲ）用坐标表示条件 $P(M)$，列出方程 $f(x,\ y)=0$；

（Ⅳ）化方程 $f(x,\ y)=0$ 为最简形式；

（Ⅴ）证明以化简后的方程的解为坐标的点都是曲线上的点.

这五个步骤可简称为：建系、设点、列式、化简、验证.

例 1.12　在 Rt△ABC 中，斜边是定长 $2a(a>0)$，求直角顶点 C 的轨迹方程.

解　以 AB 所在直线为 x 轴，线段 AB 的中垂线为 y 轴建立直角坐标系（图 1-30），则有：$A(-a,\ 0)$，$B(a,\ 0)$. 设直角顶点 C 的坐标为$(x,\ y)$，则满足条件的点 C 的集合为

$$P=\{C|\,|AC|^2+|BC|^2=|AB|^2\},$$

所以　$$(x+a)^2+y^2+(x-a)^2+y^2=(2a)^2,$$

化简得　$$x^2+y^2=a^2.$$

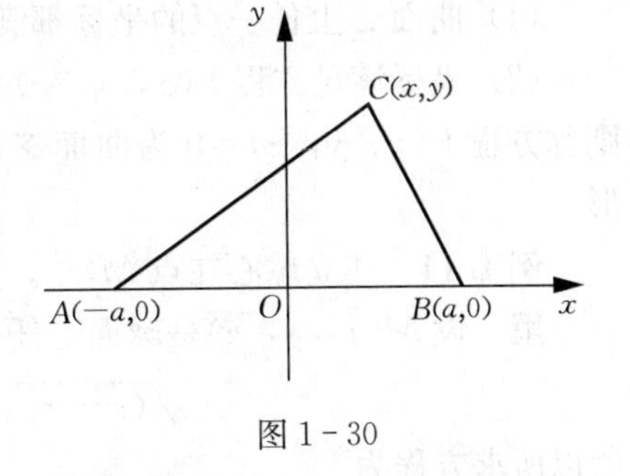

图 1-30

因为当点 C 与点 A 或点 B 重合时，不能构成三角形，所以轨迹中应除去 A，B 两点，即 $x\neq\pm a$.

2. 极坐标系曲线方程

在极坐标系中，如果曲线 C 上的点与二元方程 $f(r,\ \theta)=0$ 的解有如下关系：

(1) 平面曲线 C 上任意一点的极坐标中至少有一个满足方程 $f(r, \theta)=0$；

(2) 坐标满足方程 $f(r, \theta)=0$ 的点都在曲线 C 上，

那么这个方程 $f(r, \theta)=0$ 叫作曲线 C 的极坐标方程．反过来，这条曲线 C 叫作方程 $f(r, \theta)=0$的曲线．

求极坐标系曲线方程的一般步骤：

(Ⅰ)建立适当的极坐标系；

(Ⅱ)在曲线上任取一点 $M(r, \theta)$；

(Ⅲ)根据曲线上点所满足的条件写出等式；

(Ⅳ)用极坐标 r，θ 表示上述等式，并化简得曲线的极坐标方程；

(Ⅴ)证所得的方程是曲线的极坐标方程．

例 1.13 在极坐标系下，求以点 $C(a, 0)$为圆心，半径为 a 的圆的极坐标方程(图 1－31)．

解 如图所示，设 M 是圆上 O，A 以外的任意一点，则 $OM \perp AM$. 在 Rt$\triangle AOM$ 中，

$$|OM|=|OA|\cos\theta,$$

即

$$r=2a\cos\theta. \tag{1.2}$$

可以验证，点 $O\left(0, \dfrac{\pi}{2}\right)$，$A(2a, 0)$的坐标满足等式(1.2)，因此方程(1.2)为所求圆的极坐标方程．

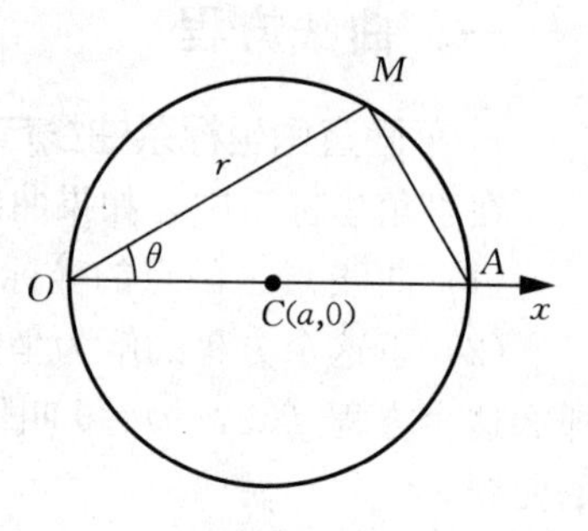

图 1－31

二、曲面方程

在日常生活中，我们经常遇到各种曲面，例如，反光镜的镜面、水桶的表面、足球的外表面等．和在平面解析几何中将平面曲线作为动点的轨迹一样，在空间解析几何中，任何曲面也都可看作动点的轨迹，因此如果曲面 Σ 与三元方程

$$F(x, y, z)=0$$

满足下述关系：

(1) 曲面 Σ 上任一点的坐标都满足方程 $F(x, y, z)=0$；

(2) 坐标满足方程 $F(x, y, z)=0$ 的点 $M(x, y, z)$都在曲面 Σ 上，

则称方程 $F(x, y, z)=0$ 为曲面 Σ 的方程，曲面 Σ 称为方程 $F(x, y, z)=0$ 所表示的图形．

例 1.14 建立球心在点 $M(x_0, y_0, z_0)$、半径为 R 的球面的方程．

解 设 $M(x, y, z)$是球面上任一点，根据题意有 $|MM_0|=R$，即

$$\sqrt{(x-x_0)^2+(y-y_0)^2+(z-z_0)^2}=R,$$

所以所求方程为

$$(x-x_0)^2+(y-y_0)^2+(z-z_0)^2=R^2. \tag{1.3}$$

特殊地，球心在原点 $O(0, 0, 0)$时，半径为 R 的球面的方程为 $x^2+y^2+z^2=R^2$.

可见球面上点 $M(x, y, z)$的坐标必满足方程(1.3)，反过来，若点 $M(x, y, z)$的坐标

满足方程(1.3)，则 M 到 M_0 的距离为 R，因此 M 在球面上，故方程(1.3)是球心在点 $M(x_0, y_0, z_0)$、半径为 R 的球面方程．

下面我们来介绍几种常见的曲面．

1. 柱面

平行于一条定直线 L，并沿一条定曲线 C 移动的直线所形成的轨迹称为柱面，其中定直线 L 称为柱面的母线，定曲线 C 称为柱面的准线．

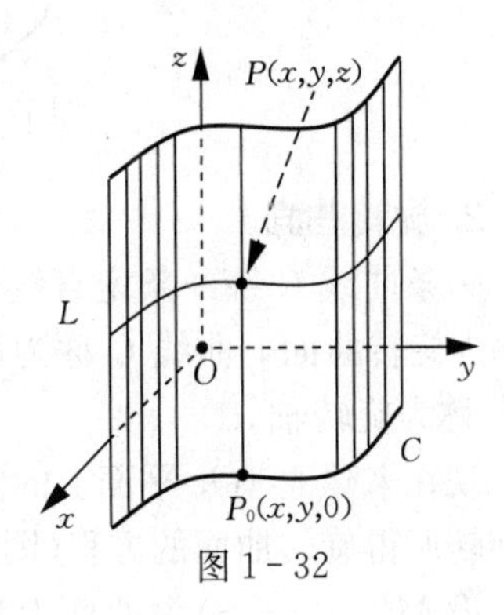

图 1-32

现在我们来建立以 xOy 坐标面上的曲线 C：$F(x, y)=0$ 为准线，平行于 z 轴的直线 L 为母线的柱面方程(图 1-32)．

设 $P(x, y, z)$ 为柱面上任一点，过点 P 作平行于 z 轴的直线交 xOy 坐标面于点 $P_0(x, y, 0)$．由柱面定义可知，P_0 必在准线 C 上，所以点 P_0 的坐标满足曲线 C 的方程 $F(x, y)=0$，则点 $P(x, y, z)$ 也满足方程 $F(x, y)=0$，因此不含变量 z 的方程

$$F(x, y)=0 \tag{1.4}$$

在空间直角坐标系中表示以 xOy 坐标平面上的曲线 $F(x, y)=0$ 为准线，母线平行于 z 轴的柱面．

同理，在空间直角坐标系中：

不含 x 的方程 $G(y, z)=0$ 表示以 yOz 坐标平面上的曲线 $G(y, z)=0$ 为准线，母线平行于 x 轴的柱面；

不含 y 的方程 $H(x, z)=0$ 表示以 zOx 坐标平面上的曲线 $H(x, z)=0$ 为准线，母线平行于 y 轴的柱面．

常见柱面有：

(1) 圆柱面：$x^2+y^2=R^2$(图 1-33)；

(2) 椭圆柱面：$\frac{x^2}{a^2}+\frac{y^2}{b^2}=1$(图 1-34)；

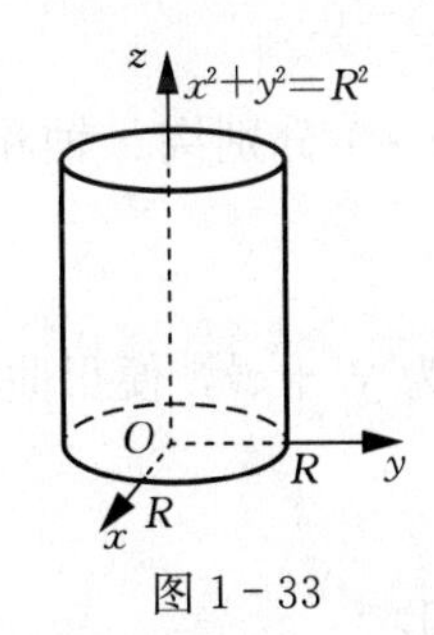

图 1-33

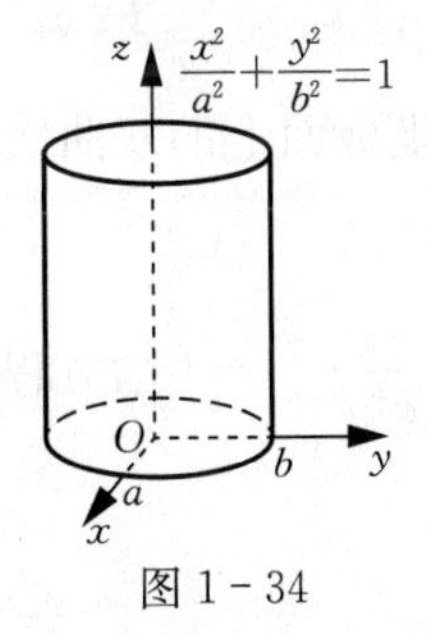

图 1-34

(3) 抛物柱面：$x^2=2py$(图 1-35)；

(4) 双曲柱面：$-\frac{x^2}{a^2}+\frac{y^2}{b^2}=1$(图 1-36)．

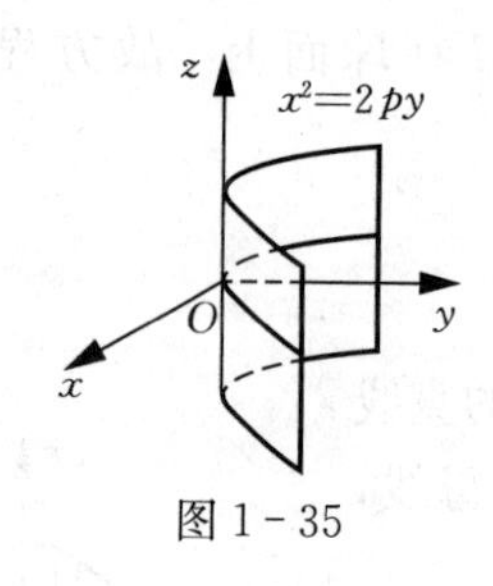

图 1-35

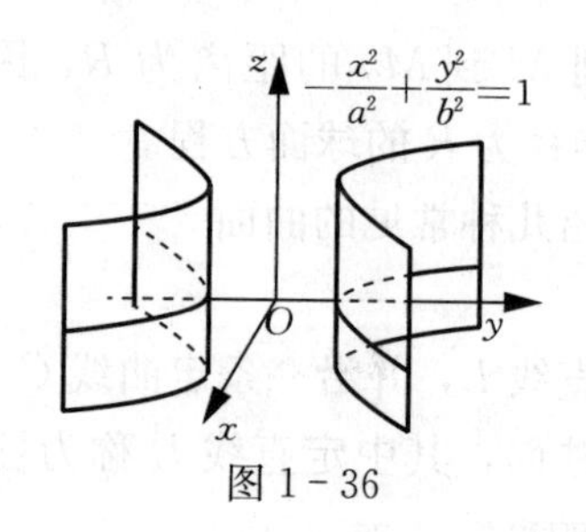

图 1-36

2. 旋转曲面

一条曲线 C 绕一条定直线 L 旋转一周所形成的曲面 Σ 称为旋转曲面．曲线 C 称为旋转曲面 Σ 的母线，定直线 L 称为旋转轴．

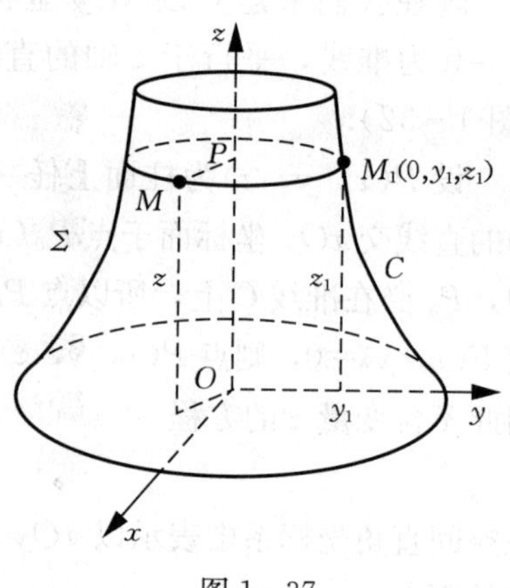

图 1-37

现在来建立 yOz 平面上的曲线 C：$F(y, z)=0$ 绕 z 轴旋转所得旋转曲面的方程(图 1-37).

设 $M(x, y, z)$ 为曲面上任一点，则该点是由 yOz 平面上曲线 C 上一点 $M_1(0, y_1, z_1)$ 绕 z 轴旋转得到，$M(x, y, z)$ 与 $M_1(0, y_1, z_1)$ 的坐标关系是

$$\begin{cases} z_1=z, \\ |y_1|=\sqrt{x^2+y^2}. \end{cases}$$

由于点 $M_1(0, y_1, z_1)$ 在 C 上，则有

$$F(y_1, z_1)=0. \tag{1.5}$$

将 y_1 及 z_1 的表达式代入(1.5)式，就有

$$F(\pm\sqrt{x^2+y^2}, z)=0. \tag{1.6}$$

这就是所求旋转曲面的方程．

由此可见，在曲线 C 的方程 $F(y, z)=0$ 中将 y 改成 $\pm\sqrt{x^2+y^2}$，便得曲线 C 绕 z 轴旋转所成的旋转曲面方程 $f(\pm\sqrt{x^2+y^2}, z)=0$.

同理，曲线 C 绕 y 轴旋转的曲面方程为

$$F(y, \pm\sqrt{x^2+z^2})=0.$$

例 1.15 求 zOx 坐标面上的双曲线 C：$\frac{x^2}{a^2}-\frac{z^2}{c^2}=1$ 分别绕 x 轴和 z 轴旋转一周所形成的旋转曲面方程．

解 在双曲线 C：$\frac{x^2}{a^2}-\frac{z^2}{c^2}=1$ 的方程中将 z^2 改为 y^2+z^2，便得曲线 C 绕 x 轴旋转所得旋转曲面方程

$$\frac{x^2}{a^2}-\frac{y^2+z^2}{c^2}=1.$$

同理，将方程 $\frac{x^2}{a^2}-\frac{z^2}{c^2}=1$ 中的 x^2 改为 x^2+y^2，便得曲线 C 绕 z 轴旋转所得旋转曲面方程

$$\frac{x^2+y^2}{a^2}-\frac{z^2}{c^2}=1.$$

3. 二次曲面

三元二次方程 $F(x, y, z)=0$ 所表示的曲面称为二次曲面．下面介绍几种特殊的二次曲面，并通过截痕法和旋转法了解二次曲面的形状．

（1）椭球面

方程$\frac{x^2}{a^2}+\frac{y^2}{b^2}+\frac{z^2}{c^2}=1$所表示的曲面称为椭球面．

不妨设 a，b，c 均大于 0，则$|x|\leqslant a$，$|y|\leqslant b$，$|z|\leqslant c$. 为了解曲面形状，先以平行于 xOy 坐标面的平面 $z=z_0(|z_0|\leqslant c)$截曲面，得到截线方程为

$$\begin{cases}\frac{x^2}{a^2}+\frac{y^2}{b^2}=1-\frac{z_0^2}{c^2},\\ z=z_0.\end{cases}$$

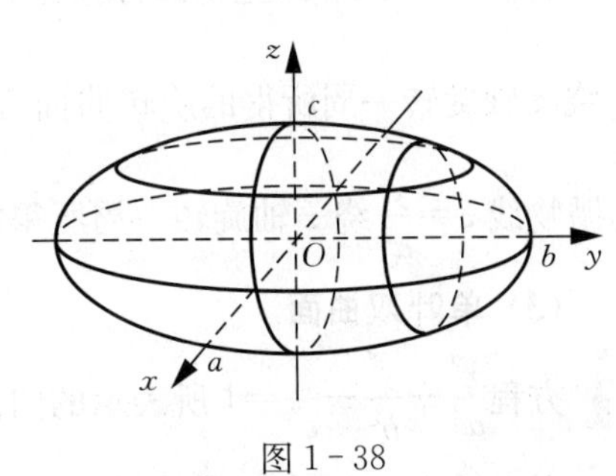

图 1－38

因 $1-\frac{z_0^2}{c^2}\geqslant 0$，从而当$|z_0|\leqslant c$ 时，截线是平面 $z=z_0$ 上一椭圆，如图 1－38 所示，而当$|z_0|=c$ 时，截线缩成一点$(0, 0, |z_0|)$.

同理，以平面 $x=x_0(|x_0|\leqslant a)$和平面 $y=y_0(|y_0|\leqslant b)$截椭球面所得截线与上述情况类似.

若 $a=b$，该椭球面方程变为$\frac{x^2+y^2}{a^2}+\frac{z^2}{c^2}=1$，由旋转曲面的知识可知，此方程表示 zOx 坐标面上的椭圆$\frac{x^2}{a^2}+\frac{z^2}{c^2}=1$绕 z 轴旋转一周所得的旋转曲面方程，称为旋转椭球面；也表示 yOz 坐标面上的椭圆$\frac{y^2}{a^2}+\frac{z^2}{c^2}=1$绕 z 轴旋转一周所得的旋转曲面方程．同理，当 $a=c$ 或$b=c$ 时，同样可以得到旋转椭球面方程$\frac{x^2+z^2}{a^2}+\frac{y^2}{b^2}=1$或$\frac{x^2}{a^2}+\frac{y^2+z^2}{b^2}=1$.

若 $a=b=c$，则椭球面方程可化为 $x^2+y^2+z^2=a^2$，它表示以原点$(0, 0, 0)$为球心、a 为半径的球面．

（2）椭圆抛物面

方程 $z=\frac{x^2}{a^2}+\frac{y^2}{b^2}$所表示的曲面称为椭圆抛物面．

以平行于 xOy 坐标面的平面 $z=z_0(z_0>0)$截椭圆抛物面，所得截线方程为

$$\begin{cases}z_0=\frac{x^2}{a^2}+\frac{y^2}{b^2},\\ z=z_0,\end{cases}$$

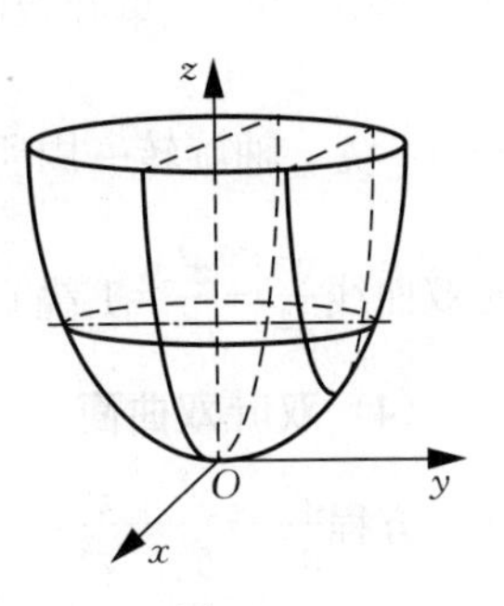

图 1－39

它表示平面 $z=z_0$ 上一椭圆，如图 1－39 所示．以 $z=0$ 去截曲面，截得一点为原点．

若以平行于 zOx 坐标面的平面 $y=y_0$ 截曲面，截线方程为

$$\begin{cases} z=\dfrac{x^2}{a^2}+\dfrac{y_0^2}{b^2}, \\ y=y_0, \end{cases}$$

它表示平面 $y=y_0$ 上的一条抛物线．

同理，以平行于 yOz 坐标面的平面 $x=x_0$ 截曲面，所得截线是平面 $x=x_0$ 上的一条抛物线．

若 $a=b$，该椭圆抛物面方程化为 $z=\dfrac{x^2+y^2}{a^2}$，此方程表示以坐标面 zOx 上的抛物线 $z=\dfrac{x^2}{a^2}$ 绕 z 轴旋转一周所得的旋转曲面方程，称为旋转抛物面；此方程也表示以坐标面 yOz 上的抛物线 $z=\dfrac{y^2}{a^2}$ 绕 z 轴旋转一周所得的旋转曲面方程，

（3）单叶双曲面

方程 $\dfrac{x^2}{a^2}+\dfrac{y^2}{b^2}-\dfrac{z^2}{c^2}=1$ 所表示的曲面称为单叶双曲面．

以平行于 xOy 坐标面的平面 $z=z_0$ 截曲面，所得截线方程为

$$\begin{cases} \dfrac{x^2}{a^2}+\dfrac{y^2}{b^2}=1+\dfrac{z_0^2}{c^2}, \\ z=z_0, \end{cases}$$

它表示平面 $z=z_0$ 上的一个椭圆，如图 1－40 所示．

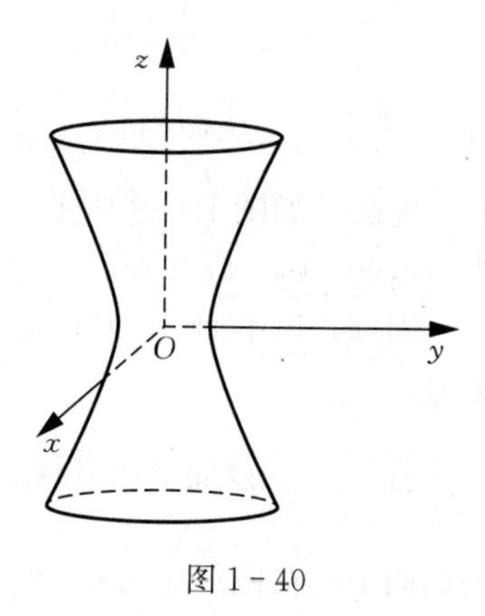

图 1－40

以平行于 zOx 坐标面的平面 $y=y_0$ 截曲面，所得截线方程为

$$\begin{cases} \dfrac{x^2}{a^2}-\dfrac{z^2}{c^2}=1-\dfrac{y_0^2}{b^2}, \\ y=y_0, \end{cases}$$

它表示平面 $y=y_0$ 上的一条双曲线($y_0\neq\pm b$).

同理，以平行于 yOz 坐标面的平面 $x=x_0$ 截曲面，所得截线是平面 $x=x_0$ 上的一条双曲线($x_0\neq\pm a$).

若 $a=b$，该单叶双曲面方程化为 $\dfrac{x^2+y^2}{a^2}-\dfrac{z^2}{c^2}=1$，它表示以坐标面 zOx 上的双曲线 $\dfrac{x^2}{a^2}-\dfrac{z^2}{c^2}=1$ 绕 z 轴旋转一周所得的旋转曲面方程，称为旋转单叶双曲面；也表示以坐标面 yOz 上的双曲线 $\dfrac{y^2}{a^2}-\dfrac{z^2}{c^2}=1$ 绕 z 轴旋转一周所得的旋转曲面方程.

（4）双叶双曲面

方程 $\dfrac{x^2}{a^2}-\dfrac{y^2}{b^2}+\dfrac{z^2}{c^2}=-1$ 所表示的曲面称为双叶双曲面．

以平行于 zOx 坐标面的平面 $y=y_0$（$|y_0|>|b|$）截曲面，所得截线方程为

$$\begin{cases}\dfrac{x^2}{a^2}+\dfrac{z^2}{c^2}=-1+\dfrac{y_0^2}{b^2},\\ y=y_0,\end{cases}$$

它表示平面 $y=y_0$ 上的一个椭圆，如图 1-41 所示.

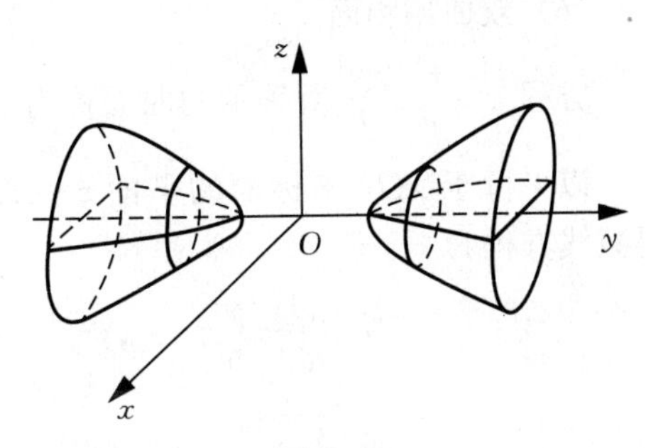

图 1-41

以平行于 xOy 坐标面的平面 $z=z_0$ 截曲面，所得截线方程为

$$\begin{cases}\dfrac{x^2}{a^2}-\dfrac{y^2}{b^2}=-1-\dfrac{z_0^2}{c^2},\\ z=z_0,\end{cases}$$

它表示平面 $z=z_0$ 上的一条双曲线.

同理，以平行于 yOz 坐标面的平面 $x=x_0$ 截曲面，所得截线是平面 $x=x_0$ 上的一条双曲线.

若 $a=c$，该双叶双曲面方程化为 $\dfrac{x^2+z^2}{a^2}-\dfrac{y^2}{b^2}=-1$，它表示以坐标面 xOy 上的双曲线 $\dfrac{x^2}{a^2}-\dfrac{y^2}{b^2}=-1$ 绕 y 轴旋转一周所得的旋转曲面，称为旋转双叶双曲面；也表示以坐标面 yOz 上的双曲线 $-\dfrac{y^2}{b^2}+\dfrac{z^2}{c^2}=-1$ 绕 y 轴旋转一周所得的旋转曲面方程.

（5）椭圆锥面

方程 $\dfrac{x^2}{a^2}+\dfrac{y^2}{b^2}-\dfrac{z^2}{c^2}=0$ 所表示的曲面称为椭圆锥面.

以平行于 xOy 坐标面的平面 $z=z_0$ 截曲面，所得截线方程为

$$\begin{cases}\dfrac{x^2}{a^2}+\dfrac{y^2}{b^2}=\dfrac{z_0^2}{c^2},\\ z=z_0,\end{cases}$$

它表示平面 $z=z_0$ 上的一个椭圆，如图 1-42 所示.

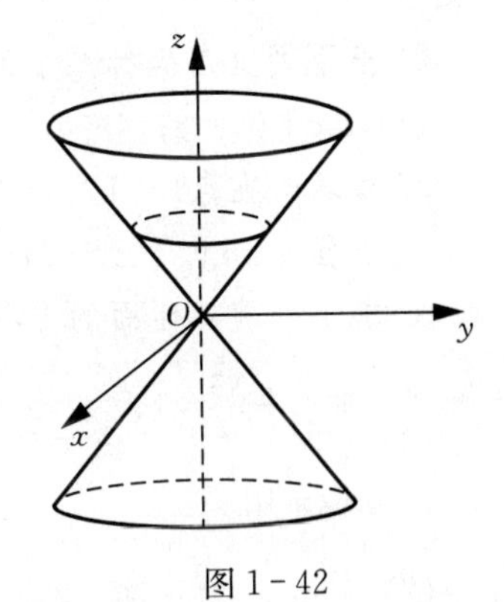

图 1-42

以 yOz 坐标面截曲面，所得截线方程为

$$\begin{cases}\dfrac{y^2}{b^2}-\dfrac{z^2}{c^2}=0,\\ x=0,\end{cases}$$

它表示 yOz 坐标面上的两条直线 $\dfrac{y^2}{b^2}-\dfrac{z^2}{c^2}=0$.

同理，以 zOx 坐标面截曲面，所得截线方程是 zOx 坐标面上的两条直线.

若 $a=b$，方程 $\dfrac{x^2}{a^2}+\dfrac{y^2}{b^2}-\dfrac{z^2}{c^2}=0$ 化为 $\dfrac{x^2+y^2}{a^2}-\dfrac{z^2}{c^2}=0$，它表示以坐标面 zOx 上的直线 $\dfrac{x}{a}-\dfrac{z}{c}=0$ 绕 z 轴旋转一周所得的旋转曲面方程，称为圆锥面；也表示以坐标面 yOz 上的直线 $\dfrac{y}{a}-\dfrac{z}{c}=0$ 绕 z 轴旋转一周所得的旋转曲面方程.

(6) 双曲抛物面

方程 $z=\frac{x^2}{a^2}-\frac{y^2}{b^2}$ 所表示的曲面称为双曲抛物面(又称为马鞍面).

以平行于 xOy 坐标面的平面 $z=z_0$ 截曲面，所得截线方程为

$$\begin{cases}\frac{x^2}{a^2}-\frac{y^2}{b^2}=z_0,\\ z=z_0,\end{cases}$$

它表示平面 $z=z_0$ 上的一条双曲线，如图 1-43 所示.

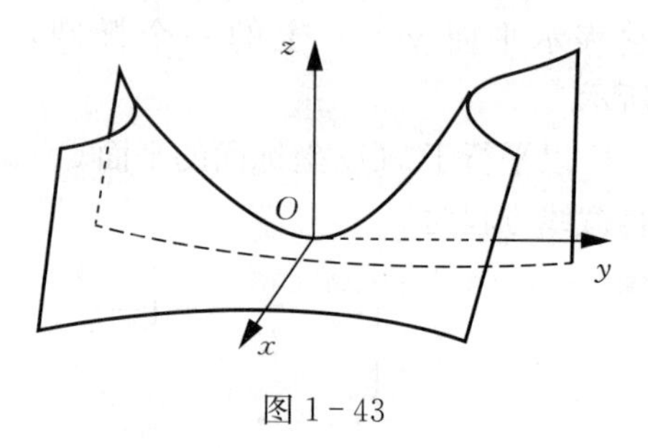

图 1-43

以平行于 yOz 坐标面的平面 $x=x_0$ 截曲面，所得截线方程为

$$\begin{cases}z=\frac{x_0^2}{a^2}-\frac{y^2}{b^2},\\ x=x_0,\end{cases}$$

它表示平面 $x=x_0$ 上的一条抛物线.

同理，以平行于 zOx 坐标面的平面 $y=y_0$ 截曲面，所得截线是平面 $y=y_0$ 上的一条抛物线.

习题 1-4

1. 已知 B，C 是平面直角坐标系中两个定点，$|BC|=6$，且$\triangle ABC$ 的周长为 16，求定点 A 的轨迹方程.

2. 把下列直角坐标系下的直线或曲线方程转化为极坐标系方程.

(1) $ax+by=c$；　　(2) $x^2+y^2=1$.

3. 求球心在点$(-1, -3, 2)$处，且通过$(1, -1, 1)$的球面方程.

4. 方程 $x^2+y^2+z^2-2x+4y+2z=0$ 表示什么曲面?

5. 求下列旋转曲面的方程:

(1) $\begin{cases}\frac{x^2}{4}+\frac{y^2}{9}=1,\\ z=0\end{cases}$ 绕 x 轴及 y 轴旋转；

(2) $\begin{cases}x^2-z^2=1,\\ y=0\end{cases}$ 绕 x 轴及 z 轴旋转.

6. 说出下列各方程所表示的曲面名称.

(1) $\frac{x^2}{2}+\frac{z^2}{3}=1$；　　(2) $y^2-z=0$；

(3) $x^2+y^2=2z^2$；　　(4) $x^2+\frac{y^2}{2}+\frac{z^2}{2}=1$；

(5) $x^2-y^2-z^2=1$；　　(6) $x^2+\frac{y^2}{2}-\frac{z^2}{3}=1$.

思维导图与本章小结

一、思维导图

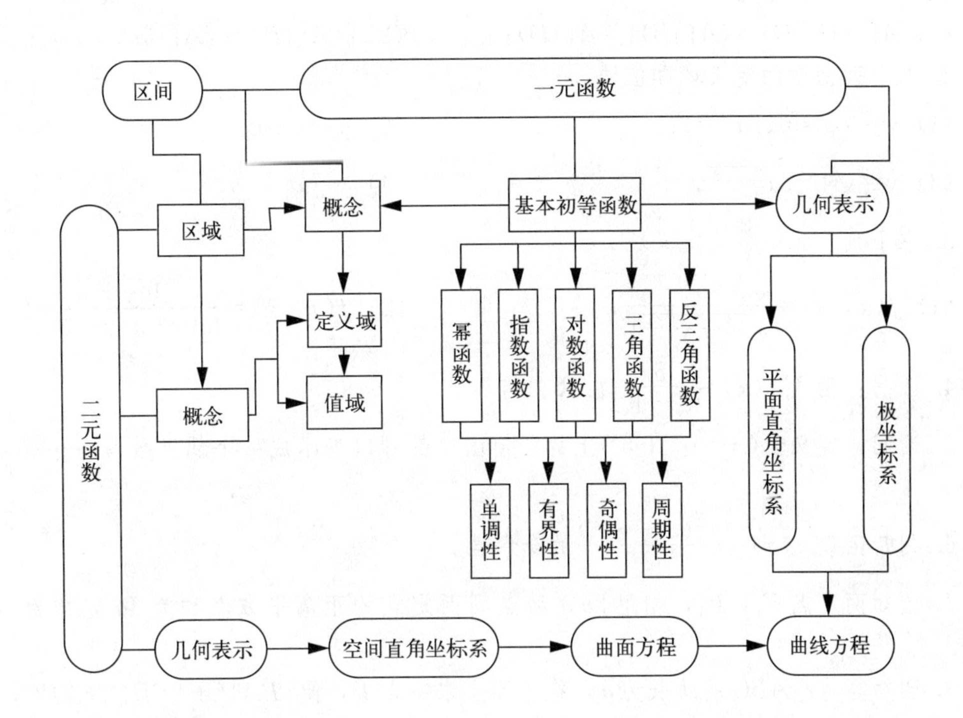

二、本章小结

结合思维导图，我们将本章内容分为三大模块：第一模块是函数的概念，第二模块是基本初等函数，第三模块是函数的几何表示．

第一模块，首先复习一元函数的基本概念，回顾了中学学过的集合、区间、定义域、值域等概念，进一步给出含两个变量甚至多个变量的二元函数和多元函数概念．在此，关于一元函数和二元函数的定义域问题进行了详细讲解，在一元函数中，函数的定义域是数轴上的区间，但是在二元函数中，函数的定义域是平面点集．这部分内容要求学生要理解函数概念，会求函数的定义域和值域．

第二模块，介绍了五类基本初等函数：幂函数、指数函数、对数函数、三角函数、反三角函数，要求熟练掌握这五类函数的定义域、值域、图形等，会判断在相应定义区间上函数的单调性、有界性、奇偶性、周期性．

第三模块，给出了函数的几何表示．对于一元函数，在平面直角坐标系下表示曲线，并介绍了极坐标系，给出了两种坐标系下的互化公式．对于二元函数，用空间直角坐标系表示，其图形是曲面，此节我们要会画简单二元函数所表示的图形，如球面、椭球面等．要掌握柱面、二次曲面、旋转曲面的方程特点，即给定方程，能辨析其属于哪一类曲面，或给定曲面类型，能写出其相应的方程．

复习题一

1. 证明下列集合等式.

(1) $A\cap(B\cup D)=(A\cap B)\cup(A\cap D)$;　　(2) $\complement(A\cup B)=\complement A\cap\complement B$.

2. 求下列函数的定义域和值域.

(1) $y=\log_a\sin x(a>1)$;　　(2) $y=\sqrt{\cos x}$;

(3) $y=\sqrt{4-3x-x^2}$;　　(4) $y=x^2+\dfrac{1}{x^4}$.

3. 求下列二元函数的定义域.

(1) $f(x,\ y)=\dfrac{\sqrt{9-x^2-y^2}}{\sqrt{x^2+y^2-1}}$;　　(2) $f(x,\ y)=\dfrac{\ln y}{\ln(y-x^2+1)}$.

4. 证明：函数 $f(x)=\dfrac{5x}{2x^2+3}$在 $\mathbf{R}$ 内有界.

5. 证明：定义于$(-\infty,\ +\infty)$上的任何函数都可以表示成一个偶函数与一个奇函数之和.

6. 判断函数 $f(x)=\dfrac{x^2(e^x+e^{-x})}{2}$的奇偶性.

7. 已知两定点 F_1，F_2，相距 $2a$，动点到两定点的距离平方之和为 $4a^2$，求动点的轨迹.

8. 已知等边$\triangle ABC$ 的边长为 a，在平面上求一点 P，使$|PA|^2+|PB|^2+|PC|^2$ 最小，并求出此最小值.

9. 已知在$\triangle ABC$ 中，AO 是 BC 边上的中线，求证：$|AB|^2+|AC|^2=2(|AO|^2+|OC|^2)$.

10. 把直角坐标系下的直线方程 $x^2+y^2-8y=0$ 转化为极坐标系下的方程.

11. 求过极点，倾角为$\dfrac{\pi}{4}$的射线的极坐标方程.

12. 求过 $A(a,\ 0)(a>0)$，且垂直于极轴的直线 l 的极坐标方程.

13. 指出下列方程在空间中代表的曲面类型.

(1) $x^2+y^2+z^2+2z=3$;　　(2) $x^2=4z$;

(3) $\dfrac{x^2}{9}-\dfrac{y^2}{9}-z^2=1$;　　(4) $x^2-y^2=4z$.

14. 指出下列旋转曲面是如何产生的.

(1) $x^2+\dfrac{y^2}{4}+z^2=1$;　　(2) $\dfrac{x^2}{9}+\dfrac{y^2}{9}-z^2=1$;　　(3) $\dfrac{x^2}{2}+\dfrac{y^2}{2}-z=0$.

第二章　极限与连续

极限思想是高等数学的一种重要思想，高等数学就是以极限概念为基础、极限理论为主要工具来研究函数的一门学科，因此掌握、运用好极限是学好高等数学的关键．而连续是函数的一个重要性态，自然界中的许多现象，如气温的变化、水的流动、植物的生长等都是连续变化着的，这种现象反映在函数关系上，就是函数的连续性．本章将介绍函数极限与连续的基本知识和相关性质，为今后的学习打下必要的基础．

第一节　数列的极限

一、定义

所谓数列，直观地说，就是将一些数排成一列，这样的一列数就称为一个数列．数列中的数可以为有限多个，也可以为无限多个，前者称为有限数列，后者称为无限数列．中学讨论的一般是有限数列，我们以后研究的数列通常是无限数列，简称数列．下面给出数列的一般定义．

定义 2.1　设 $x_n=f(n)$是一个以正整数集为定义域的函数，将其函数值 x_n 按自变量 n 的大小顺序排成一列

$$x_1,\ x_2,\ \cdots,\ x_n,\ \cdots$$

称为一个**数列**．数列中的每一个数叫作**数列的项**，第 n 项 x_n 叫作数列的**一般项**或**通项**．数列也可表示为$\{x_n\}$或 $x_n=f(n)$.

例如，$\frac{1}{2}$，$\frac{1}{4}$，$\frac{1}{8}$，…，$\frac{1}{2^n}$，…；

$1,\ -1,\ 1,\ \cdots,\ (-1)^{n-1},\ \cdots$；

$2,\ 4,\ 8,\ 16,\ \cdots,\ 2^n,\ \cdots$

都是数列，它们的一般项依次为

$$\left\{\frac{1}{2^n}\right\};\ \{(-1)^{n-1}\};\ \{2^n\}.$$

在几何上，数列$\{x_n\}$对应数轴上一个点列，可看作一动点在数轴上依次取 x_1，x_2，…，x_n，…，如图 2－1 所示．

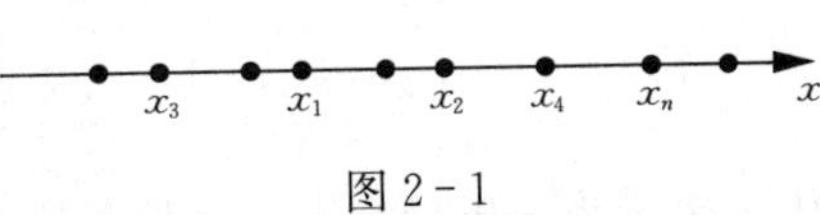

图 2－1

由于数列 $x_n=f(n)$是定义在正整数集上的函数，因此也可以类似于函数，讨论其单调性和有界性．

定义 2.2　若数列$\{x_n\}$满足

$$x_1 \leqslant x_2 \leqslant \cdots \leqslant x_n \leqslant \cdots,$$

则称$\{x_n\}$是**单调递增数列**．如果

$$x_1 \geqslant x_2 \geqslant \cdots \geqslant x_n \geqslant \cdots,$$

则称$\{x_n\}$是**单调递减数列**．如果上述不等式中等号都不成立，则称$\{x_n\}$是**严格单调递增数列**或**严格单调递减数列**．单调递增和单调递减数列统称为**单调数列**．

定义 2.3 若存在$M>0$，使得对一切x_n，$n=1, 2, \cdots$，都有$|x_n| \leqslant M$，则称数列$\{x_n\}$是**有界**的，否则称$\{x_n\}$是**无界**的．

由于有界数列是有界函数的特殊情形，因此也有上、下界的概念，这里不再赘述．

注意到$|x_n| \leqslant M$的充分必要条件是$-M \leqslant x_n \leqslant M$，即$x_n \in [-M, M]$．如果我们将$x_n$用数轴上的点表示，则从几何上看，$\{x_n\}$有界就表示存在一个关于原点对称的区间$[-M, M]$，使得所有的$x_n$均落在这一对称区间内，即$x_n \in [-M, M]$，如图 2-2 所示．

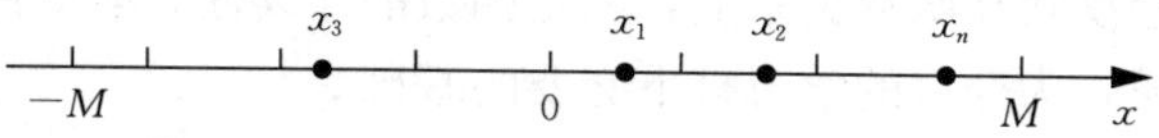

图 2-2

例如，数列$\left\{1+\frac{1}{n}\right\}$，$\left\{\frac{(-1)^n}{n}\right\}$，$\left\{\frac{1+(-1)^n}{2}\right\}$均为有界数列，而数列$\{n^2\}$是无界数列．

二、数列的极限

引例 1 古代数学家刘徽的“割圆术”：利用圆内接正多边形推算圆的面积的方法．

为了计算圆的面积S，首先作圆的内接正六边形，其面积为S_1；然后作内接正十二(6×2^1)边形，其面积为S_2；再作正二十四(6×2^2)边形，其面积记为S_3．如此下去，可得内接正多边形面积的数列：

$$S_1, S_2, S_3, \cdots, S_n, \cdots,$$

其中S_n为圆的内接正$6\times 2^{n-1}$边形的面积，如图 2-3 所示．

当n无限增大时，即内接正多边形的边数无限增多时，其面积S_n无限地接近于圆的面积S(常数)．即当$n\to+\infty$时，$S_n\to S$.

正如刘徽所说：“割之弥细，所失弥少；割之又割，以至于不可割，则与圆周合体而无所失矣．”这是极限思想在几何学上的应用．

引例 2 古代哲学家庄周所著的《庄子·天下篇》引用了一句话：“一尺之棰，日取其半，万世不竭．”它的意思是：一根长为一尺的木棒，每天截下一半，这样的过程可以无限制地进行下去．

我们把每天截后剩下部分的长度列出，可得到数列：

$$1, \frac{1}{2}, \frac{1}{2^2}, \frac{1}{2^3}, \frac{1}{2^4}, \cdots, \frac{1}{2^n}, \cdots,$$

其中$\frac{1}{2^n}$表示第n天后剩下的木棒长度，如图 2-4 所示．

易看出，随着n的无限增大，即随着天数的无限增加，木棒的剩余长度$\frac{1}{2^n}$越来越接近于0.

引例 1 和引例 2 体现一个共同的特点：即随着n的无限增大，数列的一般项越来越接近

于一个定值．下面我们着重研究具有这一特点的数列．

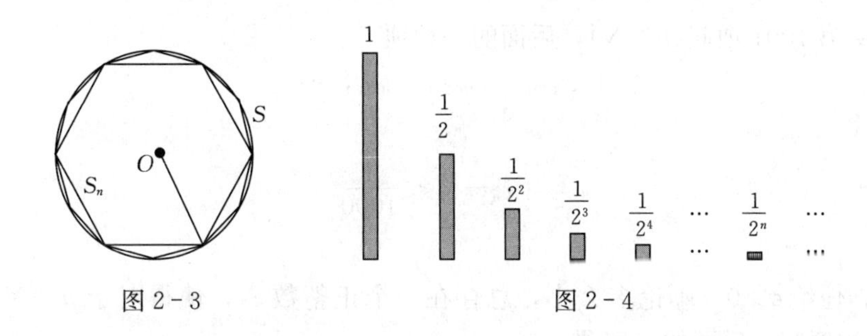

图 2-3　　　　图 2-4

定义 2.4　对于数列$\{x_n\}$，如果当 n 无限增大时，数列的一般项 x_n 无限地接近于某一确定的常数 a，则称常数 a 是数列$\{x_n\}$的**极限**，或称数列$\{x_n\}$收敛于 a，记作

$$\lim_{n\to\infty} x_n=a \text{ 或 } x_n\to a(n\to\infty),$$

此时也称数列$\{x_n\}$的极限存在．否则称数列$\{x_n\}$的极限不存在，或称数列$\{x_n\}$发散．

由定义 2.4 可知，$\lim\limits_{n\to\infty}\frac{1}{2^n}=0$，$\lim\limits_{n\to\infty}\frac{(-1)^n}{n}=0$，$\lim\limits_{n\to\infty}\frac{n+(-1)^{n-1}}{n}=1$，而数列$\left\{\frac{1+(-1)^n}{2}\right\}$和$\{n^2\}$的极限均不存在．

以上对数列变化趋势的叙述都是描述性的，下面通过数列$\left\{1+\frac{1}{n}\right\}$给出数列极限的精确定义．

首先，我们将数列中的项依次在数轴上描出，如图 2-5 所示．

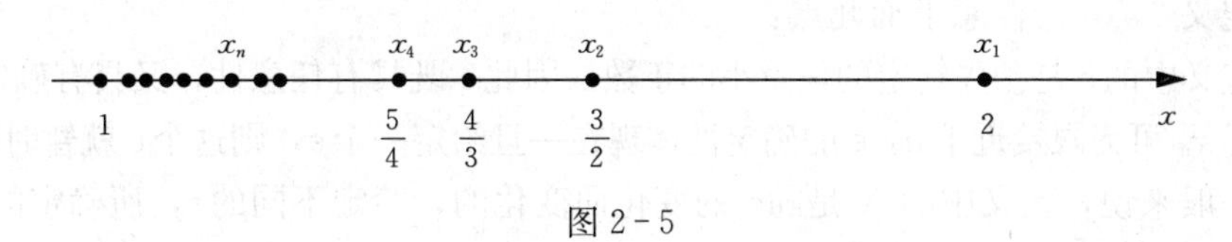

图 2-5

从图 2-5 可以直观地看出：当 n 越来越大时，对应的项 x_n 会越来越接近于 1. 注意到 x_n 与 1 的接近程度可以通过$|x_n-1|$来确定，$|x_n-1|$越小，表示 x_n 与 1 越接近．因此要说明“当 n 越来越大时，x_n 越来越接近于 1”，只需说明“当 n 越来越大时，$|x_n-1|$越来越接近于 0”．而要说明这一点，只要说明“当 n 充分大时，$|x_n-1|$能够小于任意给定的无论多么小的正数 ε”即可，换句话说，无论取一个多么小的正数 ε，当 n 充分大时，$|x_n-1|$总可以小于这个正数 ε. 下面我们通过量化来刻画这一事实．

对于 $x_n=1+\frac{1}{n}$，有$|x_n-1|=\frac{1}{n}$，若给定 $\varepsilon=\frac{1}{10}$，欲使$|x_n-1|=\frac{1}{n}<\frac{1}{10}$，只需 $n>10$（可取 $N=10$），即上述数列从第 11 项起（$n>N$），后面的一切项

$$x_{11},\ x_{12},\ x_{13},\ \cdots$$

均能使不等式

$$|x_n-1|<\frac{1}{10}$$

成立．

同样地，若给定 $\varepsilon=\frac{1}{1000}$，欲使 $|x_n-1|=\frac{1}{n}<\frac{1}{1000}$，只需 $n>1000$(可取 $N=1000$)，即上述数列从第 1001 项起($n>N$)，后面的一切项

$$x_{1001}, x_{1002}, x_{1003}, \cdots$$

均能使不等式

$$|x_n-1|<\frac{1}{1000}$$

成立．

一般地，任给 $\varepsilon>0$，不论多么小，总存在一个正整数 N，使得对于 $n>N$ 的一切 x_n，即从第($N+1$)项起，后面的一切项

$$x_{N+1}, x_{N+2}, x_{N+3}, \cdots$$

均能使不等式

$$|x_n-1|<\varepsilon$$

成立．

定义 2.5(**ε－N 语言**)　设$\{x_n\}$是一个数列，a 是一个常数，若对任给的 $\varepsilon>0$，存在正整数 N，使得当 $n>N$ 时，都有 $|x_n-a|<\varepsilon$，则称 a 是数列$\{x_n\}$的**极限**，或称$\{x_n\}$收敛于 a，记作

$$\lim_{n\to\infty}x_n=a \text{ 或 } x_n\to a(n\to\infty),$$

此时也称数列$\{x_n\}$的极限存在．否则，称$\{x_n\}$的极限不存在，或称$\{x_n\}$**发散**．

上述定义可简单表达为

$\lim\limits_{n\to\infty}x_n=a\Leftrightarrow\forall\varepsilon>0$，$\exists N\in\mathbf{N}^+$，使得当 $n>N$ 时，恒有 $|x_n-a|<\varepsilon$.

对于定义 2.5，应注意下面几点：

(1) 定义中的 ε 是预先给定的任意小的正数，因此 ε 既具有任意性，又具有确定性．其任意性保证了 x_n 可无限接近于 a，ε 的确定性体现在一旦给定一个 ε，则这个 ε 就暂时固定不变．

(2) 一般来说，定义中的 N 是随 ε 的变化而变化的，给定不同的 ε，所确定的 N 一般也不同．比如，在数列 $x_n=1+\frac{1}{n}$ 的分析中，当 $\varepsilon=\frac{1}{10}$ 时，$N=10$；当 $\varepsilon=\frac{1}{1000}$ 时，$N=1000$. 另外，对同一个 ε 来说，N 不是唯一的．

(3) 定义中"当 $n>N$ 时，有 $|x_n-a|<\varepsilon$"的意思是从第($N+1$)项开始，以后的各项都满足 $|x_n-a|<\varepsilon$. 至于第($N+1$)项前面的项(即第 1 项，第 2 项，…，第 N 项)是否满足此式则不必考虑．可见，一个数列是否存在极限只与其后面的无穷多项有关，而与前面的有限多项无关，因此去掉、增加或改变数列的有限项，不会改变数列收敛和发散的性质．

(4) 数列极限的几何意义．由于 $|x_n-a|<\varepsilon$ 表示 $x_n\in(a-\varepsilon, a+\varepsilon)$，因此从几何上看，$x_n\to a(n\to\infty)$就是对以 a 为中心，以任意小的正数 ε 为半径的邻域 $U(a, \varepsilon)$，总能找到一个 N，从第($N+1$)项开始，以后的各项(无限多项)都落在邻域 $U(a, \varepsilon)$内，而在 $U(a, \varepsilon)$外，至多有 N 项(有限项)，如图 2－6 所示．

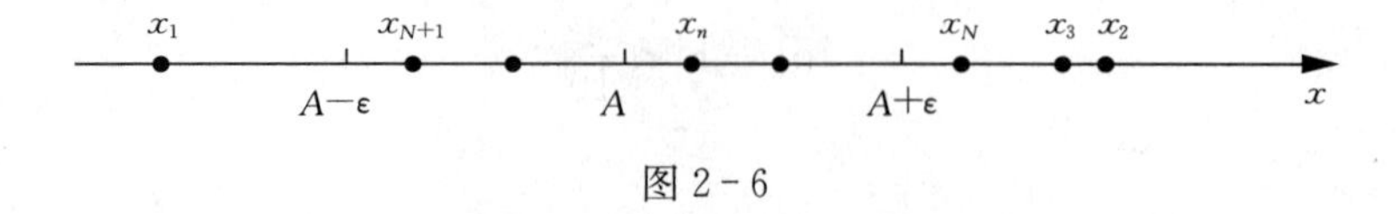

图 2－6

例 2.1　用极限定义证明$\lim\limits_{n\to\infty}\sin\frac{1}{n}=0$.

证　对任给$\varepsilon>0$，要使得$\left|\sin\frac{1}{n}-0\right|<\varepsilon$. 由于$\left|\sin\frac{1}{n}\right|\leqslant\frac{1}{n}$，故只需$\frac{1}{n}<\varepsilon$，即$n>\frac{1}{\varepsilon}$，因此可取$N=\left[\frac{1}{\varepsilon}\right]$，则当$n>N$时，有

$$\left|\sin\frac{1}{n}-0\right|\leqslant\frac{1}{n}<\varepsilon,$$

即

$$\lim_{n\to\infty}\sin\frac{1}{n}=0.$$

例 2.2　用极限定义证明$\lim\limits_{n\to\infty}\frac{n}{n+3}=1$.

证　对任给$\varepsilon>0$，要使

$$\left|\frac{n}{n+3}-1\right|=\frac{3}{n+3}<\varepsilon,$$

只需$n>\frac{3}{\varepsilon}-3$，因此可取$N=\left[\frac{3}{\varepsilon}-3\right]$，则当$n>N$时，有

$$\left|\frac{n}{n+3}-1\right|=\frac{3}{n+3}<\varepsilon,$$

即

$$\lim_{n\to\infty}\frac{n}{n+3}=1.$$

例 2.3　用极限定义证明$\lim\limits_{n\to\infty}q^n=0(0<|q|<1)$.

证　对任给$\varepsilon>0$，要使$|q^n-0|<\varepsilon$，只要$n>\frac{\ln\varepsilon}{\ln|q|}$，其中$0<|q|<1$，因此可取$N=\left[\frac{\ln\varepsilon}{\ln|q|}\right]$，当$n>N$时，有

$$|q^n-0|<\varepsilon,$$

即

$$\lim_{n\to\infty}q^n=0(0<|q|<1).$$

三、数列极限的性质

定理 2.1（唯一性）　若数列$\{x_n\}$收敛，则其极限值必唯一.

证　不妨设$\lim\limits_{n\to\infty}x_n=a$，$\lim\limits_{n\to\infty}x_n=b$，下证$a=b$.

根据极限的定义得，任给$\varepsilon>0$，存在正整数N_1，N_2，使得当$n>N_1$时，恒有$|x_n-a|<\frac{\varepsilon}{2}$；当$n>N_2$时，恒有$|x_n-b|<\frac{\varepsilon}{2}$.

取$N=\max\{N_1,N_2\}$，则当$n>N$时，同时有

$$|x_n-a|<\frac{\varepsilon}{2},\quad |x_n-b|<\frac{\varepsilon}{2}$$

成立，因此

$$|a-b|=|(x_n-b)-(x_n-a)|\leqslant|x_n-b|+|x_n-a|<\frac{\varepsilon}{2}+\frac{\varepsilon}{2}=\varepsilon,$$

因为ε是任意小的正数，所以上式只有$a=b$时才能成立.

定理 2.2（有界性） 若数列$\{x_n\}$收敛，则$\{x_n\}$必是有界数列．

证 设$\lim\limits_{n\to\infty}x_n=a$，由极限定义，若取$\varepsilon=1$，则存在正整数$N$，使得当$n>N$时，恒有

$$|x_n-a|<\varepsilon=1,$$

所以
$$|x_n|=|(x_n-a)+a|<|x_n-a|+|a|<1+|a|.$$
令
$$M=\max\{|x_1|,\ |x_2|,\ \cdots,\ |x_N|,\ 1+|a|\},$$
则对一切正整数n，恒有$|x_n|\leqslant M$成立，因此数列$\{x_n\}$有界．

注：定理 2.2 的逆命题未必成立．例如，数列$\{(-1)^n\}$有界，但却不收敛．这说明有界只是数列收敛的必要条件，而不是充分条件．

定理 2.3（保号性） 若数列$\{x_n\}$收敛于a，且$a>0$（或$a<0$），则存在正整数N，使得当$n>N$时，恒有$x_n>0$（或$x_n<0$）．

证 就$a>0$的情形证明．由数列极限的定义，对$\varepsilon=\frac{a}{2}>0$，存在正整数$N$，使得当$n>N$时，恒有

$$|x_n-a|<\varepsilon=\frac{a}{2}，即-\frac{a}{2}<x_n-a<\frac{a}{2},$$

从而
$$x_n>\frac{a}{2}>0.$$

同理可证$a<0$的情形．

推论 设$\{x_n\}$，$\{y_n\}$均为收敛数列，如果存在正整数N_0，当$n>N_0$时，有$x_n\leqslant y_n$，则$\lim\limits_{n\to\infty}x_n\leqslant\lim\limits_{n\to\infty}y_n$．

特别地，若$x_n\geqslant0$（或$x_n\leqslant0$），则$\lim\limits_{n\to\infty}x_n\geqslant0$（或$\lim\limits_{n\to\infty}x_n\leqslant0$）．

注：若将推论中的条件$x_n\leqslant y_n$改为$x_n<y_n$，也只能得到$\lim\limits_{n\to\infty}x_n\leqslant\lim\limits_{n\to\infty}y_n$．这就是说，即使条件是严格不等式，结论却不一定是严格不等式．比如，$\frac{1}{n}<\frac{2}{n}$，但$\lim\limits_{n\to\infty}\frac{1}{n}=\lim\limits_{n\to\infty}\frac{2}{n}=0$．

定理 2.4（夹逼准则） 如果数列$\{x_n\}$，$\{y_n\}$，$\{z_n\}$满足下列条件：

(1) 存在N_0，当$n>N_0$时，$y_n\leqslant x_n\leqslant z_n$；

(2) $\lim\limits_{n\to\infty}y_n=a$，$\lim\limits_{n\to\infty}z_n=a$，

则$\lim\limits_{n\to\infty}x_n=a$．

证 对任意正数ε，因为$\lim\limits_{n\to\infty}y_n=\lim\limits_{n\to\infty}z_n=a$，所以分别存在$N_1$，$N_2$，使得当$n>N_1$时，$a-\varepsilon<y_n$；当$n>N_2$时，$z_n<a+\varepsilon$．取$N=\max\{N_0,\ N_1,\ N_2\}$，则当$n>N$时

$$a-\varepsilon<y_n\leqslant x_n\leqslant z_n<a+\varepsilon,$$

即$|x_n-a|<\varepsilon$，所以$\lim\limits_{n\to\infty}x_n=a$．

例 2.4 求极限$\lim\limits_{n\to\infty}\left(\frac{1}{\sqrt{n^2+1}}+\frac{1}{\sqrt{n^2+2}}+\cdots+\frac{1}{\sqrt{n^2+n}}\right)$．

解 由于$\frac{n}{\sqrt{n^2+n}}<\frac{1}{\sqrt{n^2+1}}+\frac{1}{\sqrt{n^2+2}}+\cdots+\frac{1}{\sqrt{n^2+n}}<\frac{n}{\sqrt{n^2+1}}$，且

$$\lim_{n\to\infty}\frac{n}{\sqrt{n^2+n}}=\lim_{n\to\infty}\frac{1}{\sqrt{1+\frac{1}{n}}}=1,\quad\lim_{n\to\infty}\frac{n}{\sqrt{n^2+1}}=\lim_{n\to\infty}\frac{1}{\sqrt{1+\frac{1}{n^2}}}=1,$$

根据夹逼准则得

$$\lim_{n\to\infty}\left(\frac{1}{\sqrt{n^2+1}}+\frac{1}{\sqrt{n^2+2}}+\cdots+\frac{1}{\sqrt{n^2+n}}\right)=1.$$

定理 2.5(单调有界准则) **单调递增且有上界的数列必有极限；单调递减且有下界的数列必有极限．即单调有界数列必有极限．**

例 2.5 设 $x_n=\sqrt{2+\sqrt{2+\cdots+\sqrt{2}}}$ (n 重根式)，求 $\lim\limits_{n\to\infty}x_n$.

解 首先用数学归纳法证明 $\{x_n\}$ 是单调递增数列．

显然 $x_n>0$，因 $x_1=\sqrt{2}$，$x_2=\sqrt{2+\sqrt{2}}$，故 $x_2>x_1$. 设 $x_n>x_{n-1}$，则有

$$x_{n+1}-x_n=\sqrt{2+x_n}-\sqrt{2+x_{n-1}}=\frac{x_n-x_{n-1}}{\sqrt{2+x_n}+\sqrt{2+x_{n-1}}}>0,$$

所以 $\{x_n\}$ 是单调递增数列．

下证此数列有上界．

显然 $x_1=\sqrt{2}<2$，设 $x_n<2$，则 $x_{n+1}=\sqrt{2+x_n}<\sqrt{2+2}=2$，因此 $\{x_n\}$ 有上界．根据单调有界准则知 $\lim\limits_{n\to\infty}x_n$ 存在．

设 $\lim\limits_{n\to\infty}x_n=a$，于是有 $\lim\limits_{n\to\infty}x_{n+1}=\lim\limits_{n\to\infty}\sqrt{2+x_n}$，即 $a^2=2+a$，解得 $a_1=2$，$a_2=-1$，由极限的保号性知 $a>0$，所以 $\lim\limits_{n\to\infty}x_n=2$.

例 2.6 证明：极限 $\lim\limits_{n\to\infty}\left(1+\frac{1}{n}\right)^n$ 存在．

证 设 $x_n=\left(1+\frac{1}{n}\right)^n$，利用二项式展开，得

$$\begin{aligned}x_n&=\left(1+\frac{1}{n}\right)^n=1+n\cdot\frac{1}{n}+\frac{n(n-1)}{2!}\cdot\frac{1}{n^2}+\cdots+\frac{n(n-1)\cdots(n-n+1)}{n!}\cdot\frac{1}{n^n}\\&=1+1+\frac{1}{2!}\left(1-\frac{1}{n}\right)+\cdots+\frac{1}{n!}\left(1-\frac{1}{n}\right)\left(1-\frac{2}{n}\right)\cdots\left(1-\frac{n-1}{n}\right),\end{aligned}$$

$$\begin{aligned}x_{n+1}=&1+1+\frac{1}{2!}\left(1-\frac{1}{n+1}\right)+\cdots+\frac{1}{n!}\left(1-\frac{1}{n+1}\right)\left(1-\frac{2}{n+1}\right)\cdots\\&\left(1-\frac{n-1}{n+1}\right)+\frac{1}{(n+1)!}\left(1-\frac{1}{n+1}\right)\left(1-\frac{2}{n+1}\right)\cdots\left(1-\frac{n}{n+1}\right),\end{aligned}$$

比较 x_n，x_{n+1} 的展开式，可以看出，除前两项外，x_n 的每一项都小于 x_{n+1} 的对应项，并且 x_{n+1} 还多了最后一项，其值大于 0，因此

$$x_n<x_{n+1},\ n=1,\ 2,\ \cdots,$$

所以 $\{x_n\}$ 是单调递增数列．

又因

$$x_n<1+1+\frac{1}{2!}+\frac{1}{3!}+\cdots+\frac{1}{n!}<1+1+\frac{1}{2}+\frac{1}{2^2}+\cdots+\frac{1}{2^{n-1}}=1+\frac{1-\frac{1}{2^n}}{1-\frac{1}{2}}=3-\frac{1}{2^{n-1}}<3,$$

所以 $\{x_n\}$ 是有界数列．

根据单调有界准则可知，极限 $\lim\limits_{n\to\infty}\left(1+\frac{1}{n}\right)^n$ 存在．这个极限我们用 e 来表示，即

$$\lim_{n\to\infty}\left(1+\frac{1}{n}\right)^n=\mathrm{e}.$$

这里 e 是个无理数，它的值为

$$\mathrm{e}=2.718281828459045\cdots.$$

指数函数 $y=\mathrm{e}^x$ 以及对数函数 $y=\ln x$ 中的底数 e 就是这个常数.

四、数列极限的运算法则

定理 2.6 若 $\lim\limits_{n\to\infty}x_n=a$，$\lim\limits_{n\to\infty}y_n=b$，则 $\lim\limits_{n\to\infty}(x_n\pm y_n)$，$\lim\limits_{n\to\infty}(x_n\cdot y_n)$ 存在，且有

(1) $\lim\limits_{n\to\infty}(x_n\pm y_n)=\lim\limits_{n\to\infty}x_n\pm\lim\limits_{n\to\infty}y_n=a\pm b$；

(2) $\lim\limits_{n\to\infty}(x_n\cdot y_n)=\lim\limits_{n\to\infty}x_n\cdot\lim\limits_{n\to\infty}y_n=ab$，特别地，$\lim\limits_{n\to\infty}(cx_n)=c\lim\limits_{n\to\infty}x_n$；

(3) 若 $y_n\neq0$，$\lim\limits_{n\to\infty}y_n\neq0$，则 $\lim\limits_{n\to\infty}\dfrac{x_n}{y_n}$ 存在，且 $\lim\limits_{n\to\infty}\dfrac{x_n}{y_n}=\dfrac{\lim\limits_{n\to\infty}x_n}{\lim\limits_{n\to\infty}y_n}=\dfrac{a}{b}$.

例 2.7 求极限 $\lim\limits_{n\to\infty}\dfrac{a^n}{1+a^n}(a\neq-1)$.

解 当 $|a|<1$ 时，因为 $\lim\limits_{n\to\infty}a^n=0$，所以由极限的四则运算法则，得

$$\lim_{n\to\infty}\frac{a^n}{1+a^n}=\frac{\lim\limits_{n\to\infty}a^n}{\lim\limits_{n\to\infty}(1+a^n)}=0.$$

当 $a=1$ 时，$\lim\limits_{n\to\infty}\dfrac{a^n}{1+a^n}=\dfrac{1}{2}$.

当 $|a|>1$ 时，因为 $\lim\limits_{n\to\infty}\left(\dfrac{1}{a}\right)^n=0$，所以 $\lim\limits_{n\to\infty}\dfrac{a^n}{1+a^n}=\lim\limits_{n\to\infty}\dfrac{1}{\left(\dfrac{1}{a}\right)^n+1}=1$.

习题 2-1

1. 根据数列极限的定义证明.

(1) $\lim\limits_{n\to\infty}\dfrac{2n+1}{3n+1}=\dfrac{2}{3}$；

(2) $\lim\limits_{n\to\infty}\dfrac{n!}{n^n}=0$；

(3) $\lim\limits_{n\to\infty}\dfrac{\sqrt{n^2+a^2}}{n}=1$；

(4) $\lim\limits_{n\to\infty}\dfrac{1}{n^2}=0$.

2. 求下列数列的极限.

(1) $\lim\limits_{n\to\infty}\dfrac{5n^2-1}{n^2+2n}$；

(2) $\lim\limits_{n\to\infty}\left(\dfrac{n^2}{n-1}-\dfrac{n^2}{n+1}\right)$；

(3) $\lim\limits_{n\to\infty}\dfrac{(-3)^n+4^n}{(-1)^n+3^n}$；

(4) $\lim\limits_{n\to\infty}\dfrac{5^{n+1}+6^{n+1}}{5^n+6^n}$；

(5) $\lim\limits_{n\to\infty}\dfrac{1+2+3+\cdots+(n-1)}{n^2}$；

(6) $\lim\limits_{n\to\infty}\dfrac{1^2+2^2+3^2+\cdots+(n-1)^2}{n^3}$；

(7) $\lim\limits_{n\to\infty}\left(1+\dfrac{1}{3}+\dfrac{1}{3^2}+\cdots+\dfrac{1}{3^n}\right)$；

(8) $\lim\limits_{n\to\infty}\left(\dfrac{1}{1\times2}+\dfrac{1}{2\times3}+\cdots+\dfrac{1}{n(n+1)}\right)$.

3. 设数列 $\{x_n\}$ 的一般项 $x_n=\dfrac{1}{n}\cos\dfrac{n\pi}{2}$，

(1) 求$\lim\limits_{n\to\infty}x_n$；

(2) 当$\varepsilon=0.001$时，求N，使得当$n>N$时，x_n与极限之差的绝对值小于正数ε.

4. 若$\lim\limits_{n\to\infty}u_n=a$，证明：$\lim\limits_{n\to\infty}|u_n|=|a|$. 并举例说明：如果数列$\{|x_n|\}$有极限，但数列$\{x_n\}$未必有极限.

5. 利用夹逼准则证明：

(1) $\lim\limits_{n\to\infty}\left(\frac{1}{n^2}+\frac{1}{(n+1)^2}+\cdots+\frac{1}{(2n)^2}\right)=0$；

(2) $\lim\limits_{n\to\infty}\sqrt[n]{1+2^n+3^n+\cdots+10^n}=10$.

6. 设数列$x_1=1$，$x_2=1+\frac{x_1}{1+x_1}$，…，$x_{n+1}=1+\frac{x_n}{1+x_n}$，利用单调有界准则证明该数列极限存在，并求此极限.

第二节　一元函数的极限

第一节我们讨论了数列$\{x_n\}$的极限，由于数列$\{x_n\}$可看作自变量为n的函数：$x_n=f(n)$，n为正整数，所以数列的极限是函数极限中的特殊情形. 其特殊性是：自变量n只取正整数，且n趋向于无穷大. 在这一节将讨论自变量的变化过程为其他情形时，函数$f(x)$的极限，主要研究自变量$x\to\infty$和$x\to x_0$时，对应函数值$f(x)$的变化情形.

一、$x\to\infty$时函数的极限

如果在$x\to\infty$的过程中，对应的函数值$f(x)$无限接近于确定的常数A，那么称A为函数$f(x)$当$x\to\infty$时的极限. 精确地说，就是

定义 2.6(**ε-X 语言**)　设函数$f(x)$当$|x|$大于某一正数时有定义，如果存在常数A，对于任意给定的$\varepsilon>0$，总存在正数X，使得当$|x|>X$时，恒有

$$|f(x)-A|<\varepsilon,$$

则称常数A为函数$f(x)$当$x\to\infty$时的**极限**，记作

$$\lim_{x\to\infty}f(x)=A \text{ 或 } f(x)\to A(x\to\infty),$$

此时也称当$x\to\infty$时，$f(x)$的极限存在，否则称当$x\to\infty$时，$f(x)$的极限不存在.

上述定义可简单表达为

$\lim\limits_{x\to\infty}f(x)=A\Leftrightarrow\forall\varepsilon>0$，$\exists X>0$，使得当$|x|>X$时，恒有$|f(x)-A|<\varepsilon$.

$\lim\limits_{x\to\infty}f(x)=A$的**几何意义**：对任意给定的$\varepsilon>0$，总存在$X>0$，使得当$|x|>X$时，函数$f(x)$的图形总是介于直线$y=A\pm\varepsilon$之间(图 2-7). 注意到$\varepsilon$可任意小，从而两平行线$y=A\pm\varepsilon$之间的距离可任意窄，且当$|x|$越大时，函数图形越接近于直线$y=A$，即以$y=A$为渐近线.

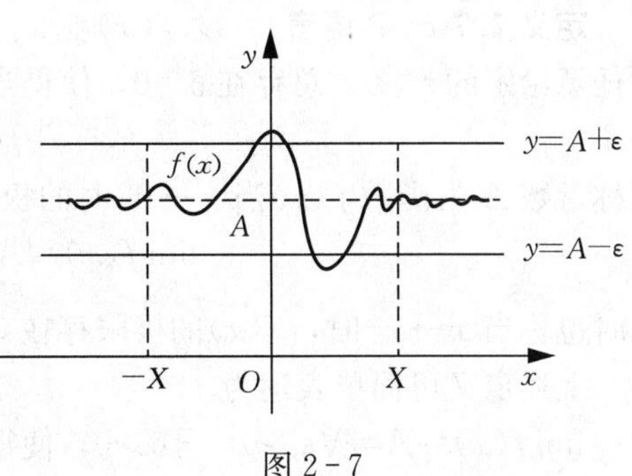

图 2-7

如果$x>0$且无限增大时，$f(x)$无限接近于常数A，记作$\lim\limits_{x\to+\infty}f(x)=A$或$f(x)\to A(x\to$

$+\infty$). 同样，如果 $x<0$ 且 $|x|$ 无限增大时，$f(x)$ 无限接近于常数 A，记作 $\lim\limits_{x\to-\infty} f(x)=A$ 或 $f(x)\to A(x\to-\infty)$.

极限 $\lim\limits_{x\to-\infty} f(x)=A$ 与 $\lim\limits_{x\to+\infty} f(x)=A$ 称为**单侧极限**.

结论：$\lim\limits_{x\to\infty} f(x)=A \Leftrightarrow \lim\limits_{x\to-\infty} f(x)=\lim\limits_{x\to+\infty} f(x)=A$.

例 2.8 证明：$\lim\limits_{x\to\infty}\frac{1}{x}=0$.

证 $\forall\varepsilon>0$，要使 $|f(x)-A|=\left|\frac{1}{x}-0\right|=\frac{1}{|x|}<\varepsilon$，只要 $|x|>\frac{1}{\varepsilon}$ 即可，因此可取 $X=\frac{1}{\varepsilon}$，则当 $|x|>X$ 时，恒有

$$|f(x)-A|<\varepsilon,$$

所以 $\lim\limits_{x\to\infty}\frac{1}{x}=0$.

例 2.9 试由极限的几何意义确定 $\lim\limits_{x\to+\infty}\arctan x$ 和 $\lim\limits_{x\to-\infty}\arctan x$，并问 $\lim\limits_{x\to\infty}\arctan x$ 是否存在.

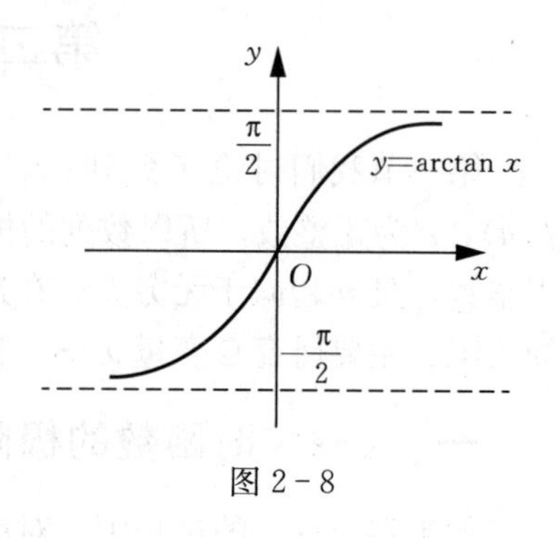

图 2-8

解 由 $y=\arctan x$ 的图形可以看出(图 2-8)，当 $x\to+\infty$ 时，$\arctan x$ 以直线 $y=\frac{\pi}{2}$ 为渐近线；而当 $x\to-\infty$ 时，$y=\arctan x$ 以直线 $y=-\frac{\pi}{2}$ 为渐近线，所以

$$\lim_{x\to+\infty}\arctan x=\frac{\pi}{2},\quad \lim_{x\to-\infty}\arctan x=-\frac{\pi}{2}.$$

由于 $\lim\limits_{x\to+\infty}\arctan x\neq\lim\limits_{x\to-\infty}\arctan x$，所以 $\lim\limits_{x\to\infty}\arctan x$ 不存在.

二、$x\to x_0$ 时函数的极限

设 $f(x)$ 在 x_0 的某去心邻域 $\mathring{U}(x_0)$ 内有定义，如果当 x 无限接近于 x_0 时，对应的函数值 $f(x)$ 无限接近于常数 A，则称 A 是 $f(x)$ 的当 $x\to x_0$ 时的极限，记作 $\lim\limits_{x\to x_0} f(x)=A$ 或 $f(x)\to A(x\to x_0)$.

类似于 $x\to\infty$ 时 $f(x)$ 的极限定义，$f(x)\to A$ 可用 $|f(x)-A|<\varepsilon$ 来刻画，而 $x\to x_0$ 则可用 $|x-x_0|<\delta$ 来刻画. 因此有如下精确定义：

定义 2.7(ε-δ **语言**) 设 $f(x)$ 在 x_0 的某去心邻域 $\mathring{U}(x_0)$ 内有定义，如果存在常数 A，对任意给定的 $\varepsilon>0$，总存在 $\delta>0$，使得当 $0<|x-x_0|<\delta$ 时，恒有

$$|f(x)-A|<\varepsilon,$$

则称常数 A 为函数 $f(x)$ 当 $x\to x_0$ 时的**极限**，记作

$$\lim_{x\to x_0} f(x)=A \text{ 或 } f(x)\to A(x\to x_0),$$

此时也称当 $x\to x_0$ 时，$f(x)$ 的极限存在. 否则称当 $x\to x_0$ 时，$f(x)$ 的极限不存在.

上述定义可简单表达为

$\lim\limits_{x\to x_0} f(x)=A \Leftrightarrow \forall\varepsilon>0$，$\exists\delta>0$，使得当 $0<|x-x_0|<\delta$ 时，恒有 $|f(x)-A|<\varepsilon$.

注：上述定义中"$0<|x-x_0|$"表示 $x\neq x_0$，因此$\lim\limits_{x\to x_0}f(x)$是否存在与 $f(x)$在 x_0 是否有定义无关.

$\lim\limits_{x\to x_0}f(x)=A$ 的**几何意义**：对任意给定的 $\varepsilon>0$，总存在 $\delta>0$，使得当 $0<|x-x_0|<\delta$ 时，即当 $x\in\mathring{U}(x_0,\delta)$时，函数 $f(x)$的图形总是介于直线 $y=A\pm\varepsilon$ 之间(图 2-9). 注意到 ε 可任意小，从而两平行线 $y=A\pm\varepsilon$ 之间的距离可任意窄，且当 x 越接近于 x_0 时，函数图形越接近于直线 $y=A$，即以 $y=A$ 为渐近线.

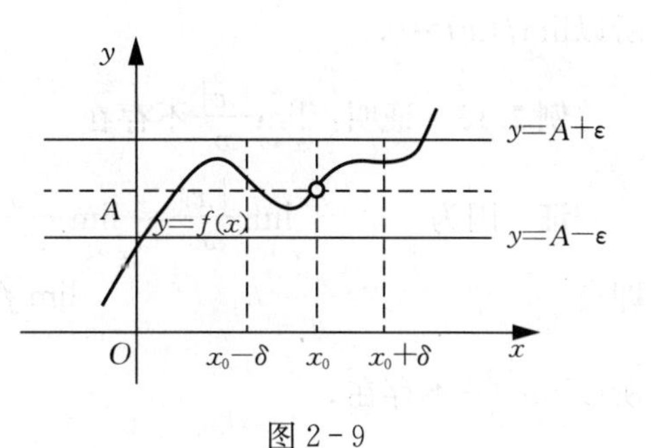

图 2-9

例 2.10　证明：$\lim\limits_{x\to 1}(2x-1)=1$.

证　因为

$$|(2x-1)-1|=2|x-1|,$$

于是对 $\forall\varepsilon>0$，要使 $2|x-1|<\varepsilon$，只需 $|x-1|<\dfrac{\varepsilon}{2}$，因此可取 $\delta=\dfrac{\varepsilon}{2}$，当 $0<|x-1|<\delta$ 时，恒有

$$|(2x-1)-1|=2|x-1|<\varepsilon,$$

故$\lim\limits_{x\to 1}(2x-1)=1$.

例 2.11　证明：$\lim\limits_{x\to 2}\dfrac{2(x^2-4)}{x-2}=8$.

证　因为

$$\left|\frac{2(x^2-4)}{x-2}-8\right|=|2(x+2)-8|=2|x-2|,$$

于是对 $\forall\varepsilon>0$，要使 $2|x-2|<\varepsilon$，只需 $|x-2|<\dfrac{\varepsilon}{2}$，因此可取 $\delta=\dfrac{\varepsilon}{2}$，当 $0<|x-2|<\delta$ 时，恒有

$$\left|\frac{2(x^2-4)}{x-2}-8\right|=2|x-2|<\varepsilon,$$

故$\lim\limits_{x\to 2}\dfrac{2(x^2-4)}{x-2}=8$.

注：虽然函数在 $x=2$ 时没有定义，但这与函数在该点是否有极限并无关系.

单侧极限：若将定义 2.7 中的 $0<|x-x_0|<\delta$ 分成$-\delta<x-x_0<0$ 和 $0<x-x_0<\delta$ 两部分，即考察：

(1) 当 x 从 x_0 的左侧趋向于 x_0 时，函数 $f(x)$的极限称为 $f(x)$在点 x_0 的**左极限**，记作

$$\lim_{x\to x_0^-}f(x)\text{或 }f(x_0-0).$$

(2) 当 x 从 x_0 的右侧趋向于 x_0 时，函数 $f(x)$的极限称为 $f(x)$在点 x_0 的**右极限**，记作

$$\lim_{x\to x_0^+}f(x)\text{或 }f(x_0+0).$$

结论：$\lim\limits_{x\to x_0}f(x)=A\Leftrightarrow\lim\limits_{x\to x_0^-}f(x)=\lim\limits_{x\to x_0^+}f(x)=A$.

因此 $\lim\limits_{x\to x_0^-}f(x)\neq\lim\limits_{x\to x_0^+}f(x)$或者 $\lim\limits_{x\to x_0^-}f(x)$，$\lim\limits_{x\to x_0^+}f(x)$中只要有一个不存在，均说明极限$\lim\limits_{x\to x_0}f(x)$不存在.

例 2.12　设 $f(x)=\begin{cases}x, & x\leqslant 0,\\ \sin x, & x>0,\end{cases}$求$\lim\limits_{x\to 0}f(x)$.

解 因为 $$\lim_{x\to0^-}f(x)=\lim_{x\to0^-}x=0,\quad \lim_{x\to0^+}f(x)=\lim_{x\to0^+}\sin x=0,$$
即有
$$\lim_{x\to0^-}f(x)=\lim_{x\to0^+}f(x)=0,$$
所以$\lim\limits_{x\to0}f(x)=0$.

例 2.13 证明：$\lim\limits_{x\to0}\dfrac{|x|}{x}$不存在.

证 因为 $$\lim_{x\to0^-}\frac{|x|}{x}=\lim_{x\to0^-}\frac{-x}{x}=-1,\quad \lim_{x\to0^+}\frac{|x|}{x}=\lim_{x\to0^+}\frac{x}{x}=1,$$
即有
$$\lim_{x\to0^-}f(x)\neq\lim_{x\to0^+}f(x),$$
所以$\lim\limits_{x\to0}\dfrac{|x|}{x}$不存在.

三、函数极限的性质

函数极限与数列极限一样，也具有唯一性、有界性、保号性等性质，并且证明方法和几何解释均类似，因此我们只给出这些定理的结论而不再证明或作出几何解释.

下面仅以 $x\to x_0$ 的极限形式为代表给出这些性质，至于其他形式的极限性质，可类似得到.

定理 2.7(唯一性) **若 $\lim\limits_{x\to x_0}f(x)$存在，则其极限唯一.**

定理 2.8(局部有界性) **若 $\lim\limits_{x\to x_0}f(x)=A$，则存在 $M>0$，$\delta>0$，使得当 $0<|x-x_0|<\delta$ 时，有 $|f(x)|\leqslant M$.**

定理 2.9(局部保号性) **若 $\lim\limits_{x\to x_0}f(x)=A$，且 $A>0$(或 $A<0$)，则存在常数 $\delta>0$，使得当 $0<|x-x_0|<\delta$ 时，有 $f(x)>0$(或 $f(x)<0$).**

由定理 2.9，得以下推论：

推论 **若 $\lim\limits_{x\to x_0}f(x)=A$，且在 x_0 的某去心邻域内 $f(x)\geqslant0$(或 $f(x)\leqslant0$)，则 $A\geqslant0$(或$A\leqslant0$).**

定理 2.10(夹逼准则) **当 $x\in\mathring{U}(x_0)$时，函数 $h(x)$，$f(x)$，$g(x)$满足下列条件：**

(1) $h(x)\leqslant f(x)\leqslant g(x)$；

(2) $\lim\limits_{x\to x_0}h(x)=\lim\limits_{x\to x_0}g(x)=A$，

则$\lim\limits_{x\to x_0}f(x)=A$.

注：其他如 $x\to\infty$等形式的极限，也有与定理 2.10 类似的结论.

四、函数极限的运算法则

下面仅以 $x\to x_0$ 的极限形式为代表给出函数极限的运算法则，其他极限形式对应的运算法则可类似得到.

定理 2.11 **若 $\lim\limits_{x\to x_0}f(x)=A$，$\lim\limits_{x\to x_0}g(x)=B$，则 $\lim\limits_{x\to x_0}[f(x)\pm g(x)]$，$\lim\limits_{x\to x_0}[f(x)\cdot g(x)]$ 存在，且有**

(1) $\lim\limits_{x\to x_0}[f(x)\pm g(x)]=\lim\limits_{x\to x_0}f(x)\pm\lim\limits_{x\to x_0}g(x)=A\pm B$；

(2) $\lim\limits_{x\to x_0}[f(x)\cdot g(x)]=\lim\limits_{x\to x_0}f(x)\cdot\lim\limits_{x\to x_0}g(x)=A\cdot B$，**特别地**，$\lim\limits_{x\to x_0}[cf(x)]=c\lim\limits_{x\to x_0}f(x)$；

(3) 若 $g(x)\neq 0$，$\lim\limits_{x\to x_0}g(x)\neq 0$，则$\lim\limits_{x\to x_0}\frac{f(x)}{g(x)}$存在，且$\lim\limits_{x\to x_0}\frac{f(x)}{g(x)}=\frac{\lim\limits_{x\to x_0}f(x)}{\lim\limits_{x\to x_0}g(x)}=\frac{A}{B}$.

例 2.14　求$\lim\limits_{x\to 2}\frac{2x^3+x^2-4}{x-6}$.

解　由定理 2.11 得

$$\lim_{x\to 2}(x-6)=-4\neq 0,$$

所以

$$\lim_{x\to 2}\frac{2x^3+x^2-4}{x-6}=\frac{\lim\limits_{x\to 2}(2x^3+x^2-4)}{\lim\limits_{x\to 2}(x-6)}=\frac{16}{-4}=-4.$$

例 2.15　设 $f(x)=a_0x^n+a_1x^{n-1}+\cdots+a_{n-1}x+a_n$，其中 a_0，a_1，…，a_{n-1}，a_n 为常数，$a_0\neq 0$，n 为非负整数，称 $f(x)$为 n 次多项式，则有

(1) $\lim\limits_{x\to x_0}f(x)=f(x_0)$；

(2) 若 $f(x)$，$g(x)$均为多项式，称$\frac{f(x)}{g(x)}$为有理函数．若 $g(x_0)\neq 0$，则

$$\lim_{x\to x_0}\frac{f(x)}{g(x)}=\frac{f(x_0)}{g(x_0)}.$$

例 2.16　求$\lim\limits_{x\to 3}\frac{x-3}{x^2-9}$.

解　由于$\lim\limits_{x\to 3}(x^2-9)=0$，故商的极限运算法则不能直接应用．但我们可以运用消去零因子法，得出结果．

$$\lim_{x\to 3}\frac{x-3}{x^2-9}=\lim_{x\to 3}\frac{x-3}{(x-3)(x+3)}=\lim_{x\to 3}\frac{1}{x+3}=\frac{1}{6}.$$

习题 2-2

1. 用函数极限的定义证明．

(1) $\lim\limits_{x\to 2}(3x+4)=10$；　　(2) $\lim\limits_{x\to 2}(x^2+1)=5$；

(3) $\lim\limits_{x\to -3}\frac{x^2-9}{x+3}=-6$；　　(4) $\lim\limits_{x\to 1}\frac{x^2-1}{x-1}=2$；

(5) $\lim\limits_{x\to +\infty}\frac{\cos x}{\sqrt{x}}=0$；　　(6) $\lim\limits_{x\to\infty}\frac{x+1}{x^2+2}=0$.

2. 求下列函数的极限．

(1) $\lim\limits_{x\to 3}\frac{x^2+3}{x-5}$；　　(2) $\lim\limits_{x\to 0}\frac{x^2-x-2}{x^2-2x+2}$；

(3) $\lim\limits_{a\to 0}\frac{(x+a)^2-x^2}{a}$；　　(4) $\lim\limits_{x\to\infty}\left(3+\frac{1}{x}-\frac{1}{x^2}\right)$；

(5) $\lim\limits_{x\to\infty}\left(2+\frac{1}{x}\right)\left(3-\frac{1}{x^2}\right)$；　　(6) $\lim\limits_{x\to\infty}\frac{x^3-1}{3x^3-x^2-1}$；

(7) $\lim\limits_{x\to 1}\left(\frac{1}{1-x}-\frac{3}{1-x^3}\right)$；　　(8) $\lim\limits_{x\to 0}\frac{x}{\sqrt{2+x}-\sqrt{2-x}}$；

(9) $\lim\limits_{x\to 0}\dfrac{\sqrt{x^2+a^2}-a}{\sqrt{x^2+b^2}-b}$； (10) $\lim\limits_{x\to 1}\dfrac{x^3-1}{x^2-1}$；

(11) $\lim\limits_{x\to+\infty}(\sqrt{x+1}-\sqrt{x})$； (12) $\lim\limits_{x\to+\infty}x(\sqrt{x^2+1}-x)$.

3. 设 $f(x)=\begin{cases} e^{\frac{1}{x}}, & x<0, \\ x^2+a, & x\geqslant 0, \end{cases}$ 问常数 a 为何值时，$\lim\limits_{x\to 0}f(x)$ 存在.

4. 若 $\lim\limits_{x\to 3}\dfrac{x^2-2x+k}{x-3}=4$，求 k 的值.

5. 若 $\lim\limits_{x\to 2}\dfrac{x^2+ax+b}{x^2-x-2}=2$，求 a，b 的值.

第三节　两个重要极限

一、$\lim\limits_{x\to 0}\dfrac{\sin x}{x}=1$

下面利用夹逼准则证明该极限.

证 由于函数 $\dfrac{\sin x}{x}$ 对于一切 $x\neq 0$ 都有定义，且是偶函数，故只需讨论 $x\to 0^+$ 的情形，不妨设 $0<x<\dfrac{\pi}{2}$.

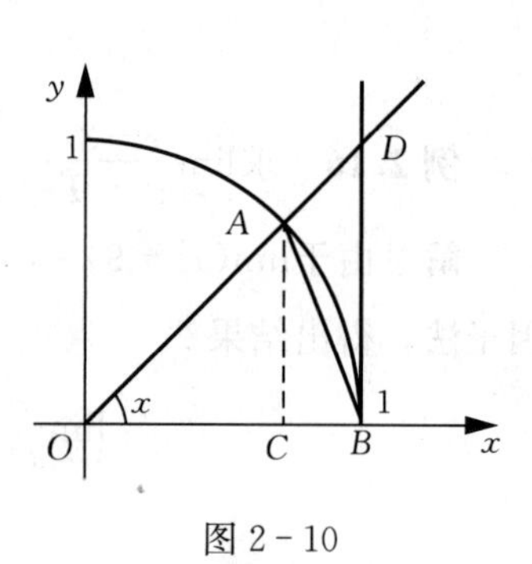

图 2-10

作一个单位圆，在第一象限中取此单位圆周上的两点 A，B(图 2-10). 设圆心角 $\angle AOB=x$，由于

$$S_{\triangle AOB}<S_{\text{扇形}AOB}<S_{\triangle DOB},$$

即

$$\frac{1}{2}\sin x<\frac{1}{2}x<\frac{1}{2}\tan x,$$

故当 $0<x<\dfrac{\pi}{2}$ 时，有 $1<\dfrac{x}{\sin x}<\dfrac{1}{\cos x}$，于是

$$\cos x<\frac{\sin x}{x}<1.$$

而 $\lim\limits_{x\to 0^+}\cos x=1$，$\lim\limits_{x\to 0^+}1=1$，由夹逼准则得

$$\lim_{x\to 0^+}\frac{\sin x}{x}=1.$$

同理可证 $\lim\limits_{x\to 0^-}\dfrac{\sin x}{x}=1$，所以 $\lim\limits_{x\to 0}\dfrac{\sin x}{x}=1$.

例 2.17 求极限 $\lim\limits_{x\to 0}\dfrac{\sin ax}{x}$（$a$ 为非零常数）.

解 $\lim\limits_{x\to 0}\dfrac{\sin ax}{x}=\lim\limits_{x\to 0}\dfrac{a\sin ax}{ax}=a\lim\limits_{x\to 0}\dfrac{\sin ax}{ax}=a$.

例 2.18 求极限 $\lim\limits_{x\to 0}\dfrac{\tan x}{x}$.

解 $\lim\limits_{x\to 0}\dfrac{\tan x}{x}=\lim\limits_{x\to 0}\left(\dfrac{\sin x}{x}\cdot\dfrac{1}{\cos x}\right)=\lim\limits_{x\to 0}\dfrac{\sin x}{x}\cdot\lim\limits_{x\to 0}\dfrac{1}{\cos x}=1$.

例 2.19 求极限 $\lim\limits_{x\to\pi}\dfrac{\sin x}{x-\pi}$.

解　令 $t=x-\pi$，则当 $x\to\pi$ 时，$t\to 0$，故

$$\lim_{x\to\pi}\frac{\sin x}{x-\pi}=\lim_{t\to 0}\frac{\sin(t+\pi)}{t}=-\lim_{t\to 0}\frac{\sin t}{t}=-1.$$

例 2.20　求极限 $\lim\limits_{x\to 0}\frac{1-\cos x}{x^2}$.

解　$\lim\limits_{x\to 0}\frac{1-\cos x}{x^2}=\lim\limits_{x\to 0}\frac{2\sin^2\frac{x}{2}}{x^2}=\frac{1}{2}\lim\limits_{x\to 0}\left(\frac{\sin\frac{x}{2}}{\frac{x}{2}}\right)^2=\frac{1}{2}.$

例 2.21　求极限 $\lim\limits_{x\to 0}\frac{\tan x-\sin x}{x^3}$.

解　$\lim\limits_{x\to 0}\frac{\tan x-\sin x}{x^3}=\lim\limits_{x\to 0}\frac{\sin x(1-\cos x)}{x^3\cos x}=\lim\limits_{x\to 0}\left(\frac{\sin x}{x}\cdot\frac{1-\cos x}{x^2}\cdot\frac{1}{\cos x}\right)=\frac{1}{2}.$

二、$\lim\limits_{x\to\infty}\left(1+\frac{1}{x}\right)^x=\mathrm{e}$

在例 2.6 中已证 $\lim\limits_{n\to\infty}\left(1+\frac{1}{n}\right)^n=\mathrm{e}$，下面证明：$\lim\limits_{x\to+\infty}\left(1+\frac{1}{x}\right)^x=\mathrm{e}$ 和 $\lim\limits_{x\to-\infty}\left(1+\frac{1}{x}\right)^x=\mathrm{e}$.

证　设

$$f(x)=\left(1+\frac{1}{n+1}\right)^n,\ n\leqslant x<n+1,\ n=1,\ 2,\ \cdots,$$

$$g(x)=\left(1+\frac{1}{n}\right)^{n+1},\ n\leqslant x<n+1,\ n=1,\ 2,\ \cdots,$$

则有

$$f(x)\leqslant\left(1+\frac{1}{x}\right)^x\leqslant g(x),\ x\in[1,\ +\infty).$$

因为

$$\lim_{x\to+\infty}f(x)=\lim_{n\to\infty}\left(1+\frac{1}{n+1}\right)^n=\mathrm{e},$$

$$\lim_{x\to+\infty}g(x)=\lim_{n\to\infty}\left(1+\frac{1}{n}\right)^{n+1}=\mathrm{e},$$

所以由夹逼准则得

$$\lim_{x\to+\infty}\left(1+\frac{1}{x}\right)^x=\mathrm{e}.$$

当 $x<0$ 时，令 $x=-y(y>0)$，则

$$\left(1+\frac{1}{x}\right)^x=\left(1-\frac{1}{y}\right)^{-y}=\left(1+\frac{1}{y-1}\right)^y,$$

当 $x\to-\infty$ 时，$y\to+\infty$，所以

$$\lim_{x\to-\infty}\left(1+\frac{1}{x}\right)^x=\lim_{y\to+\infty}\left(1+\frac{1}{y-1}\right)^{y-1}\left(1+\frac{1}{y-1}\right)=\mathrm{e},$$

从而

$$\lim_{x\to\infty}\left(1+\frac{1}{x}\right)^x=\mathrm{e}.$$

在上式中，令 $t=\frac{1}{x}$，则当 $x\to\infty$ 时，$t\to 0$，于是

$$\lim_{x\to\infty}\left(1+\frac{1}{x}\right)^x=\lim_{t\to 0}(1+t)^{\frac{1}{t}}=\mathrm{e}.$$

综合起来，得到以下两个极限：

$$\lim_{x\to\infty}\left(1+\frac{1}{x}\right)^x=\mathrm{e},\ \lim_{x\to 0}(1+x)^{\frac{1}{x}}=\mathrm{e},$$

且可进一步推广为

$$\lim_{\alpha(x)\to 0}[1+\alpha(x)]^{\frac{1}{\alpha(x)}}=\mathrm{e},\ \lim_{\alpha(x)\to\infty}\left[1+\frac{1}{\alpha(x)}\right]^{\alpha(x)}=\mathrm{e}.$$

例 2.22 求极限$\lim\limits_{x\to\infty}\left(1+\frac{1}{x}\right)^{3x}$.

解 $\lim\limits_{x\to\infty}\left(1+\frac{1}{x}\right)^{3x}=\lim\limits_{x\to\infty}\left[\left(1+\frac{1}{x}\right)^x\right]^3=\left[\lim\limits_{x\to\infty}\left(1+\frac{1}{x}\right)^x\right]^3=\mathrm{e}^3$.

类似地，$\lim\limits_{x\to\infty}\left(1+\frac{1}{x}\right)^{kx}=\lim\limits_{x\to\infty}\left[\left(1+\frac{1}{x}\right)^x\right]^k=\mathrm{e}^k$，其中 k 为常数.

例 2.23 求极限$\lim\limits_{x\to\infty}\left(1+\frac{k}{x}\right)^x$，其中 k 为常数且 $k\neq 0$.

解 $\lim\limits_{x\to\infty}\left(1+\frac{k}{x}\right)^x=\lim\limits_{x\to\infty}\left[\left(1+\frac{k}{x}\right)^{\frac{x}{k}}\right]^k=\mathrm{e}^k$.

例 2.24 求极限$\lim\limits_{x\to\infty}\left(1-\frac{1}{x}\right)^x$.

解 令 $t=-x$，则 $x\to\infty$时，$t\to\infty$，于是

$$\lim_{x\to\infty}\left(1-\frac{1}{x}\right)^x=\lim_{t\to\infty}\left(1+\frac{1}{t}\right)^{-t}=\lim_{t\to\infty}\frac{1}{\left(1+\frac{1}{t}\right)^t}=\frac{1}{\mathrm{e}},$$

或

$$\lim_{x\to\infty}\left(1-\frac{1}{x}\right)^x=\lim_{x\to\infty}\left(1+\frac{1}{-x}\right)^{(-x)(-1)}=\left[\lim_{x\to\infty}\left(1+\frac{1}{-x}\right)^{-x}\right]^{-1}=\mathrm{e}^{-1}.$$

例 2.25 求极限$\lim\limits_{x\to 0}(1-x)^{\frac{k}{x}}$，$k$ 为常数.

解 $\lim\limits_{x\to 0}(1-x)^{\frac{k}{x}}=\lim\limits_{x\to 0}(1-x)^{\left(-\frac{1}{x}\right)(-k)}=\lim\limits_{x\to 0}\left[(1-x)^{\left(-\frac{1}{x}\right)}\right]^{(-k)}=\mathrm{e}^{-k}$.

例 2.26 求极限$\lim\limits_{x\to 0}\frac{\ln(1+x)}{x}$.

解 $\lim\limits_{x\to 0}\frac{\ln(1+x)}{x}=\lim\limits_{x\to 0}\frac{1}{x}\ln(1+x)=\lim\limits_{x\to 0}\ln(1+x)^{\frac{1}{x}}=\ln\mathrm{e}=1$.

例 2.27 求极限$\lim\limits_{x\to 0}\frac{\mathrm{e}^x-1}{x}$.

解 令 $u=\mathrm{e}^x-1$，则 $x=\ln(1+u)$，当 $x\to 0$ 时，$u\to 0$，所以

$$\lim_{x\to 0}\frac{\mathrm{e}^x-1}{x}=\lim_{u\to 0}\frac{u}{\ln(1+u)}=\lim_{u\to 0}\frac{1}{\frac{1}{u}\ln(1+u)}=1.$$

由例 2.26 和例 2.27，得到两个常用的结论：

$$\lim_{u\to 0}\frac{\ln(1+u)}{u}=1,\ \lim_{u\to 0}\frac{\mathrm{e}^u-1}{u}=1,$$

其中 u 可以是自变量，也可以是 x 的函数.

例 2.28 求极限$\lim\limits_{x\to\infty}\left(\frac{x+1}{x-1}\right)^x$.

解 $\lim\limits_{x\to\infty}\left(\frac{x+1}{x-1}\right)^x=\lim\limits_{x\to\infty}\left[\left(1+\frac{2}{x-1}\right)^{\frac{x-1}{2}}\right]^2\cdot\left(1+\frac{2}{x-1}\right)=\mathrm{e}^2$,

或
$$\lim_{x\to\infty}\left(\frac{x+1}{x-1}\right)^x=\lim_{x\to\infty}\frac{\left(1+\frac{1}{x}\right)^x}{\left(1-\frac{1}{x}\right)^x}=\frac{\mathrm{e}}{\mathrm{e}^{-1}}=\mathrm{e}^2.$$

例 2.29　求极限$\lim\limits_{x\to 0}(\cos x)^{x^{-2}}$.

解　$\lim\limits_{x\to 0}(\cos x)^{x^{-2}}=\lim\limits_{x\to 0}[1+(\cos x-1)]^{x^{-2}}=\lim\limits_{x\to 0}[1+(\cos x-1)]^{\frac{1}{\cos x-1}\cdot\frac{\cos x-1}{x^2}}=\mathrm{e}^{-\frac{1}{2}}$,

其中$\lim\limits_{x\to 0}[1+(\cos x-1)]^{\frac{1}{\cos x-1}}=\mathrm{e}$，$\lim\limits_{x\to 0}\frac{\cos x-1}{x^2}=-\frac{1}{2}$(参看例 2.20).

习题 2-3

1. 求下列函数的极限.

(1) $\lim\limits_{x\to 0}\frac{\sin 3x}{\tan 5x}$;　(2) $\lim\limits_{n\to\infty}3^n\sin\frac{\pi}{3^n}$;

(3) $\lim\limits_{x\to 0}\frac{\sin 7x-\tan 3x}{x}$;　(4) $\lim\limits_{x\to 0}\frac{\tan x-\sin x}{\sin^3 x}$;

(5) $\lim\limits_{x\to 0}\frac{1-\cos 2x}{x\sin x}$;　(6) $\lim\limits_{x\to 0}\frac{x-\sin 2x}{x+\sin 2x}$;

(7) $\lim\limits_{x\to 0}\frac{x}{\sqrt{1-\cos x}}$;　(8) $\lim\limits_{x\to 0}x\cot(kx)(k\neq 0)$.

2. 求下列函数的极限.

(1) $\lim\limits_{x\to 0}(1-3x)^{\frac{2}{x}}$;　(2) $\lim\limits_{x\to 0}(1+2x)^{\frac{1}{x}}$;

(3) $\lim\limits_{x\to\infty}\left(\frac{1+x}{x}\right)^{3x}$;　(4) $\lim\limits_{x\to\infty}\left(1-\frac{2}{x}\right)^{5x}$;

(5) $\lim\limits_{x\to\infty}\left(\frac{2x+3}{2x+1}\right)^{x+1}$;　(6) $\lim\limits_{x\to\infty}\left(\frac{x+3}{x+1}\right)^{2x+1}$.

3. 已知 $x_n=\left(1+\frac{1}{n}+\frac{1}{n^2}\right)^n$，求$\lim\limits_{n\to\infty}x_n$.

4. 已知 $f(x)=\begin{cases}\frac{\sin x}{x}, & x<0,\\ (1+x)^{\frac{1}{x}}, & x>0,\end{cases}$ 讨论$\lim\limits_{x\to 0}f(x)$是否存在.

5. 已知$\lim\limits_{x\to\infty}\left(\frac{x+c}{x-c}\right)^{\frac{x}{2}}=3$，求常数 c.

第四节　无穷小与无穷大

一、无穷小

1. 无穷小的定义

定义 2.8　如果$\lim\limits_{x\to x_0}f(x)=0$(或$\lim\limits_{x\to\infty}f(x)=0$)，那么称函数 $f(x)$为当 $x\to x_0$(或 $x\to\infty$)时的无穷小量，简称无穷小.

根据函数极限的“ε-δ”定义，给出无穷小的精确定义如下：

$\lim\limits_{x\to x_0}f(x)=0$（或$\lim\limits_{x\to\infty}f(x)=0$）$\Leftrightarrow\forall\varepsilon>0$，$\exists\delta>0$（或 $X>0$），使得当 $0<|x-x_0|<\delta$（或 $|x|>X$）时，恒有 $|f(x)|<\varepsilon$.

例如，$\lim\limits_{x\to\infty}\dfrac{1}{x}=0$，所以函数$\dfrac{1}{x}$为当 $x\to\infty$时的无穷小；

$\lim\limits_{x\to 1}(x^2-1)=0$，所以函数 x^2-1 为当 $x\to 1$ 时的无穷小；

$\lim\limits_{n\to\infty}\dfrac{1}{n}=0$，所以数列$\left\{\dfrac{1}{n}\right\}$为当 $n\to\infty$时的无穷小.

注：(1) 无穷小量与极限过程分不开，不能脱离极限过程说 $f(x)$是无穷小量；

(2) 不要把无穷小量与非常小的数混淆.

定理 2.12 **$\lim\limits_{x\to x_0}f(x)=A$ 的充分必要条件是 $f(x)=A+\alpha$，其中 α 为 $x\to x_0$ 时的无穷小.**

证 必要性：设$\lim\limits_{x\to x_0}f(x)=A$，则$\forall\varepsilon>0$，$\exists\delta>0$，使得当 $0<|x-x_0|<\delta$时，恒有

$$|f(x)-A|<\varepsilon.$$

令 $\alpha=f(x)-A$，则 α 是 $x\to x_0$ 时的无穷小，且

$$f(x)=A+\alpha,$$

即 $f(x)$等于它的极限 A 与一个无穷小α 的和.

反之，设 $f(x)=A+\alpha$，其中 A 是常数，α 是 $x\to x_0$ 时的无穷小，于是

$$|f(x)-A|=|\alpha|.$$

因 α 是 $x\to x_0$ 时的无穷小，则对$\forall\varepsilon>0$，$\exists\delta>0$，使得当 $0<|x-x_0|<\delta$时，恒有$|\alpha|<\varepsilon$，即

$$|f(x)-A|<\varepsilon,$$

从而

$$\lim_{x\to x_0}f(x)=A.$$

类似地，可证明 $x\to\infty$时的情形.

例如，$\dfrac{1+x^4}{5x^4}=\dfrac{1}{5}+\dfrac{1}{5x^4}$，由于$\lim\limits_{x\to\infty}\dfrac{1}{5x^4}=0$，所以$\lim\limits_{x\to\infty}\dfrac{1+x^4}{5x^4}=\dfrac{1}{5}$.

2. **无穷小的性质**

下面仅讨论当 $x\to x_0$ 时函数为无穷小的情形，其他如 $x\to\infty$及单侧极限等情形可类似给出.

定理 2.13 **有限个无穷小的和仍为无穷小.**

证 设 $\lim\limits_{x\to x_0}\alpha=0$，$\lim\limits_{x\to x_0}\beta=0$，根据函数极限的四则运算得

$$\lim_{x\to x_0}(\alpha+\beta)=\lim_{x\to x_0}\alpha+\lim_{x\to x_0}\beta=0.$$

注：无限多个无穷小量的和不一定是无穷小.

例如，$n\to\infty$时，$\dfrac{1}{n}\to 0$，但 n 个$\dfrac{1}{n}$相加等于 1，不是无穷小，即$\lim\limits_{n\to\infty}\left(\dfrac{1}{n}+\dfrac{1}{n}+\cdots+\dfrac{1}{n}\right)=1$.

定理 2.14 **有界函数与无穷小的乘积是无穷小.**

证 设函数 u 在$\mathring{U}(x_0,\delta_1)$内有界，即$\exists M>0$，使得当 $0<|x-x_0|<\delta_1$ 时，恒有 $|u|\leqslant M$. 又设 α 是当 $x\to x_0$ 时的无穷小，即$\forall\varepsilon>0$，$\exists\delta_2>0$，使得当 $0<|x-x_0|<\delta_2$ 时，有$|\alpha|<\dfrac{\varepsilon}{M}$.

取 $\delta=\min\{\delta_1, \delta_2\}$，则当 $0<|x-x_0|<\delta$ 时，有

$$|u\cdot\alpha|=|u|\cdot|\alpha|<M\cdot\frac{\varepsilon}{M}<\varepsilon,$$

这说明 $u\cdot\alpha$ 也是无穷小．

例如，当 $x\to\infty$ 时，$\frac{1}{x}$是无穷小，$\sin x$ 是有界函数，所以$\lim\limits_{x\to\infty}\frac{\sin x}{x}=0$.

推论 1　常数与无穷小的乘积是无穷小．

推论 2　有限个无穷小的乘积也是无穷小．

二、无穷大

定义 2.9　如果$\lim\limits_{x\to x_0}f(x)=\infty$(或$\lim\limits_{x\to\infty}f(x)=\infty$)，那么称函数 $f(x)$为当 $x\to x_0$(或 $x\to\infty$)时的**无穷大量**，简称**无穷大**．

根据函数极限的“ε-δ”定义，给出无穷大的精确定义如下：

$\lim\limits_{x\to x_0}f(x)=\infty$(或$\lim\limits_{x\to\infty}f(x)=\infty$)$\Leftrightarrow\forall\varepsilon>0$，$\exists\delta>0$(或 $X>0$)，使得当 $0<|x-x_0|<\delta$ (或$|x|>X$)时，恒有$|f(x)|>M$.

注：(1) 这里 M 是任意大的正数，而记法“$\lim\limits_{x\to x_0}f(x)=\infty$(或$\lim\limits_{x\to\infty}f(x)=\infty$)”只是为了便于表述函数的这一性态，实际上函数 $f(x)$的极限是不存在的；

(2) 无穷大量与极限过程分不开，不能脱离极限过程说 $f(x)$是无穷大量；

(3) 不要把无穷大量与非常大的数混淆．

如果将上述定义中“$|f(x)|>M$”换为“$f(x)>M$(或 $f(x)<-M$)”，则称函数 $f(x)$为当 $x\to x_0$ 或 $x\to\infty$时的正无穷大(或负无穷大)，记作

$$\lim_{\substack{x\to x_0\\ \text{或}x\to\infty}}f(x)=+\infty\left(\text{或}\lim_{\substack{x\to x_0\\ \text{或}x\to\infty}}f(x)=-\infty\right).$$

例 2.30　求下列极限．

(1) $\lim\limits_{x\to\frac{\pi}{2}^-}\tan x$，$\lim\limits_{x\to\frac{\pi}{2}^+}\tan x$，$\lim\limits_{x\to\frac{\pi}{2}}\tan x$；

(2) $\lim\limits_{x\to+\infty}e^x$，$\lim\limits_{x\to-\infty}e^x$，$\lim\limits_{x\to\infty}e^x$；

(3) $\lim\limits_{x\to+\infty}\ln x$，$\lim\limits_{x\to0^+}\ln x$.

解　(1) 由 $y=\tan x$ 的函数图形可知

$$\lim_{x\to\frac{\pi}{2}^-}\tan x=+\infty,\quad \lim_{x\to\frac{\pi}{2}^+}\tan x=-\infty,$$

综合起来可知$\lim\limits_{x\to\frac{\pi}{2}}\tan x=\infty$.

(2) $\lim\limits_{x\to+\infty}e^x=+\infty$，$\lim\limits_{x\to-\infty}e^x=0$，所以$\lim\limits_{x\to\infty}e^x$ 不存在．

(3) $\lim\limits_{x\to+\infty}\ln x=+\infty$，$\lim\limits_{x\to0^+}\ln x=-\infty$.

三、无穷小与无穷大的关系

定理 2.15　在自变量的同一变化过程中，如果 $f(x)$为无穷大，则$\frac{1}{f(x)}$为无穷小；反

之，如果 $f(x)$ 为无穷小，且 $f(x)\neq 0$，则 $\dfrac{1}{f(x)}$ 为无穷大．

证 设 $\lim\limits_{x\to x_0}f(x)=\infty$. $\forall\varepsilon>0$，由无穷大的定义，对于 $M=\dfrac{1}{\varepsilon}$，存在 $\delta>0$，当 $0<|x-x_0|<\delta$ 时，恒有

$$|f(x)|>M=\frac{1}{\varepsilon},$$

即 $\left|\dfrac{1}{f(x)}\right|<\varepsilon$，所以 $\dfrac{1}{f(x)}$ 为 $x\to x_0$ 时的无穷小．

设 $\lim\limits_{x\to x_0}f(x)=0$，且 $f(x)\neq 0$，那么对于 $\varepsilon=\dfrac{1}{M}$，存在 $\delta>0$，当 $0<|x-x_0|<\delta$ 时，恒有

$$|f(x)|<\varepsilon=\frac{1}{M},$$

由于 $f(x)\neq 0$，从而

$$\left|\frac{1}{f(x)}\right|>M,$$

所以 $\dfrac{1}{f(x)}$ 为 $x\to x_0$ 时的无穷大．

$x\to\infty$ 时的情形与此类似．

四、无穷小的比较

我们知道，在同一极限过程中，两个无穷小的和、差、积仍然是无穷小，但是它们的商一般来说是不确定的．

例如，当 $x\to 0$ 时，x，$3x$，x^2，$\sin x$，$x^2\sin\dfrac{1}{x}$ 都是无穷小，但它们的商的极限存在如下情形：

$\lim\limits_{x\to 0}\dfrac{x^2}{3x}=0$，即 $\dfrac{x^2}{3x}$ 当 $x\to 0$ 时仍为无穷小；

$\lim\limits_{x\to 0}\dfrac{x}{x^2}=\infty$，即 $\dfrac{x}{x^2}$ 当 $x\to 0$ 时为无穷大；

$\lim\limits_{x\to 0}\dfrac{\sin x}{x}=1$，即当 $x\to 0$ 时，$\dfrac{\sin x}{x}$ 的极限为非零常数 1；

$\lim\limits_{x\to 0}\dfrac{x^2\sin\dfrac{1}{x}}{x^2}=\lim\limits_{x\to 0}\sin\dfrac{1}{x}$，极限不存在且不为无穷大．

从以上可以看出各极限不同，反映了各无穷小趋向于零的“快慢”程度不同．为了便于考察两个无穷小趋于零的“快慢”程度，我们给出如下定义．在下面的定义中，记号“lim”没有标注自变量的变化过程，是指对 $x\to x_0$ 和 $x\to\infty$ 以及单侧极限均成立．

定义 2.10 设 α，β 是同一极限过程的两个无穷小，即 $\lim\alpha=0$，$\lim\beta=0$，且 $\beta\neq 0$.

(1) 若 $\lim\dfrac{\alpha}{\beta}=0$，则称 α 是比 β **高阶的无穷小**，记作 $\alpha=o(\beta)$；

（2）若 $\lim\dfrac{\alpha}{\beta}=\infty$，则称 α 是比 β **低阶的无穷小**；

（3）若 $\lim\dfrac{\alpha}{\beta}=c\neq0$，则称 α 与 β 是**同阶无穷小**；

（4）若 $\lim\dfrac{\alpha}{\beta}=1$，则称 α 与 β 是**等价无穷小**，记作 $\alpha\sim\beta$；

（5）若 $\lim\dfrac{\alpha}{\beta^k}=c\neq0$，$k>0$，则称 α 是关于 β 的 k **阶无穷小**.

显然，等价无穷小是同阶无穷小的特殊情形，即 $c=1$ 的情形.

例如，由于 $\lim\limits_{x\to0}\dfrac{x^2}{3x}=0$，所以当 $x\to0$ 时，x^2 是比 $3x$ 高阶的无穷小，即 $x^2=o(3x)$；

由于 $\lim\limits_{x\to0}\dfrac{x}{x^2}=\infty$，所以当 $x\to0$ 时，x 是比 x^2 低阶的无穷小；

由于 $\lim\limits_{x\to0}\dfrac{1-\cos x}{x^2}=\dfrac{1}{2}$，所以当 $x\to0$ 时，$1-\cos x$ 与 x^2 是同阶无穷小，或 $1-\cos x$ 是关于 x 的二阶无穷小，或 $1-\cos x$ 与 $\dfrac{1}{2}x^2$ 是等价无穷小，即 $1-\cos x\sim\dfrac{1}{2}x^2$.

五、等价无穷小的应用

关于等价无穷小，有如下两个定理成立.

定理 2.16　α 与 β 是等价无穷小的充分必要条件为

$$\beta=\alpha+o(\alpha).$$

证　必要性：设 $\alpha\sim\beta$，则

$$\lim\frac{\beta-\alpha}{\alpha}=\lim\left(\frac{\beta}{\alpha}-1\right)=\lim\frac{\beta}{\alpha}-1=0,$$

因此 $\beta-\alpha=o(\alpha)$，即 $\beta=\alpha+o(\alpha)$.

充分性：设 $\beta=\alpha+o(\alpha)$，则

$$\lim\frac{\beta}{\alpha}=\lim\frac{\alpha+o(\alpha)}{\alpha}=\lim\left(1+\frac{o(\alpha)}{\alpha}\right)=1,$$

因此 $\alpha\sim\beta$.

定理 2.17（**等价无穷小代换定理**）　**设在自变量的同一变化过程中，α，α'，β，β' 都是无穷小，且 $\alpha\sim\alpha'$，$\beta\sim\beta'$. 若 $\lim\dfrac{\beta'}{\alpha'}$ 存在，则 $\lim\dfrac{\beta}{\alpha}=\lim\dfrac{\beta'}{\alpha'}$.**

证　$\lim\dfrac{\beta}{\alpha}=\lim\left(\dfrac{\beta}{\beta'}\cdot\dfrac{\beta'}{\alpha'}\cdot\dfrac{\alpha'}{\alpha}\right)=\lim\dfrac{\beta'}{\alpha'}$.

注：求两个无穷小之比的极限时，可将其中的分子或分母或乘积因子中的无穷小用其等价无穷小代替，以简化计算.

当 $x\to0$ 时，有下列常用的等价无穷小：

$\sin x\sim x$；　$\tan x\sim x$；　$\arcsin x\sim x$；　$\arctan x\sim x$；

$\ln(1+x)\sim x$；　$\mathrm{e}^x-1\sim x$；　$a^x-1\sim x\ln a\,(a>0)$；　$1-\cos x\sim\dfrac{1}{2}x^2$；

$(1+x)^{\alpha}-1\sim\alpha x$（$\alpha\neq0$ 且为常数）； $\sqrt[n]{1+x}-1\sim\frac{1}{n}x$； $\sqrt{1+x}-1\sim\frac{1}{2}x$.

例 2.31 求极限$\lim\limits_{x\to0}\frac{\tan^2 2x}{1-\cos x}$.

解 $\lim\limits_{x\to0}\frac{\tan^2 2x}{1-\cos x}=\lim\limits_{x\to0}\frac{(2x)^2}{\frac{1}{2}x^2}=8$.

例 2.32 求极限$\lim\limits_{x\to0}\frac{\arctan x}{\sin 2x}$.

解 $\lim\limits_{x\to0}\frac{\arctan x}{\sin 2x}=\lim\limits_{x\to0}\frac{x}{2x}=\frac{1}{2}$.

例 2.33 求极限$\lim\limits_{x\to0}\frac{\tan x-\sin x}{\sin x^3}$.

解 $\lim\limits_{x\to0}\frac{\tan x-\sin x}{\sin x^3}=\lim\limits_{x\to0}\frac{\tan x-\sin x}{x^3}=\lim\limits_{x\to0}\frac{\sin x(1-\cos x)}{x^3\cos x}=\lim\limits_{x\to0}\frac{x\cdot\left(\frac{1}{2}x^2\right)}{x^3}=\frac{1}{2}$.

例 2.34 求极限$\lim\limits_{x\to\infty}x^3\ln\left(1+\frac{4}{x^3}\right)$.

解 $\lim\limits_{x\to\infty}x^3\ln\left(1+\frac{4}{x^3}\right)=\lim\limits_{x\to\infty}\left(x^3\cdot\frac{4}{x^3}\right)=4$.

注：等价无穷小代换定理只保证了在求函数的乘积和商的极限时，可用等价无穷小代换，但在求函数的和、差的极限时不适用，这时若用等价无穷小量作代换则可能出现错误.

比如，在例 2.33 中，若将分子、分母中的 $\tan x$，$\sin x$ 用等价无穷小代换，就会得出错误结论：

$$\lim_{x\to0}\frac{\tan x-\sin x}{\sin x^3}=\lim_{x\to0}\frac{x-x}{x^3}=0.$$

习题 2-4

1. 当 $x\to0$ 时，比较下列各对无穷小的阶.

(1) $\sin 2x-2\sin x$ 与 x^3； (2) $\frac{2}{\pi}\cos\frac{\pi}{2}(1-x)$ 与 x；

(3) $x\sin x$ 与 $2x^3$； (4) $\csc x-\cot x$，$x\in(0,\pi)$.

2. 利用无穷小的等价求下列函数极限.

(1) $\lim\limits_{x\to0}\frac{2\arcsin x}{3x}$； (2) $\lim\limits_{x\to0}\frac{\tan 5x}{7x}$；

(3) $\lim\limits_{x\to0}\frac{1-\cos x}{\sin^2 x}$； (4) $\lim\limits_{x\to0}\frac{\sqrt{1-\sin^2 x}-1}{x\tan x}$；

(5) $\lim\limits_{x\to0}\frac{\tan(\tan x)}{\sin 2x}$； (6) $\lim\limits_{x\to0}\frac{(e^{-x}-1)\ln(1+2x^2)}{x\tan^2 x}$；

(7) $\lim\limits_{x\to0}\frac{e^{5x}-1}{\ln(1+2x)}$； (8) $\lim\limits_{x\to0}\frac{2^x-1}{\arctan x}$.

3. 已知当 $x\to0$ 时，$(1+ax^2)^{\frac{1}{3}}-1$ 与 $\cos x-1$ 是等价无穷小量，求常数 a.

4. 已知 $f(x)=\dfrac{\sqrt[m]{1+ax}-\sqrt[n]{1+bx}}{x}$，求 $\lim\limits_{x\to 0}f(x)$.

5. 设 a，b，A 为非零常数，证明：$\lim\limits_{x\to a}\dfrac{f(x)-b}{x-a}=A$ 的充分必要条件是 $\lim\limits_{x\to a}\dfrac{e^{f(x)}-e^{b}}{x-a}=Ae^{b}$.

第五节　二元函数的极限

一、定义

二元函数的极限概念与一元函数的极限概念类似，如果在 $P(x,\ y)\to P(x_0,\ y_0)$ 的过程中，对应的函数值 $f(x,\ y)$ 无限接近于一个确定的常数 A，则称 A 是函数 $f(x,\ y)$ 当 $(x,\ y)\to(x_0,\ y_0)$ 时的极限．下面用"ε - δ"语言来描述二元函数的极限的定义：

定义 2.11　设函数 $z=f(x,\ y)$ 在 $P(x_0,\ y_0)$ 的某个去心领域 $\mathring{U}(P_0,\ \delta)$ 内有定义，如果存在常数 A，对于任意给定的 $\varepsilon>0$，总存在 $\delta>0$，使得当 $0<|PP_0|<\delta$，即 $0<\sqrt{(x-x_0)^2+(y-y_0)^2}<\delta$ 时，恒有

$$|f(x,\ y)-A|<\varepsilon,$$

则称常数 A 为函数 $f(x,\ y)$ 当 $P\to P_0$ 时的**极限**，记作

$$\lim_{(x,y)\to(x_0,y_0)}f(x,\ y)=A \text{ 或 } f(x,\ y)\to A(x\to x_0,\ y\to y_0).$$

此时也称当 $P\to P_0$ 时，$f(x,\ y)$ 的极限存在，否则称当 $P\to P_0$ 时，$f(x,\ y)$ 的极限不存在．

为了区别于一元函数的极限，二元函数的极限也称为二重极限．

上述定义可简单表达为

$\lim\limits_{(x,y)\to(x_0,y_0)}f(x,\ y)=A\Leftrightarrow\forall\varepsilon>0$，$\exists\delta>0$，使得当 $0<\sqrt{(x-x_0)^2+(y-y_0)^2}<\delta$ 时，恒有 $|f(x,\ y)-A|<\varepsilon$.

注：二重极限存在，是指 $P(x,\ y)$ 以任何方式趋于 $P(x_0,\ y_0)$ 时，函数 $f(x,\ y)$ 都无限接近于常数 A. 如果当 $P(x,\ y)$ 以两种不同方式趋于 $P(x_0,\ y_0)$ 时，函数趋于不同的值，则函数的极限不存在．

二、极限运算举例

例 2.35　证明：$\lim\limits_{\substack{x\to 0\\ y\to 0}}(x^2+y^2)\sin\dfrac{1}{x^2+y^2}=0$.

证　对任意给定的 $\varepsilon>0$，要使 $\left|(x^2+y^2)\sin\dfrac{1}{x^2+y^2}-0\right|<\varepsilon$，只需

$$\left|(x^2+y^2)\sin\frac{1}{x^2+y^2}-0\right|=|x^2+y^2|\cdot\left|\sin\frac{1}{x^2+y^2}\right|\leqslant x^2+y^2<\varepsilon,$$

所以取 $\delta=\sqrt{\varepsilon}$，则当 $0<\sqrt{(x-0)^2+(y-0)^2}<\delta$ 时，总有

$$\left|(x^2+y^2)\sin\frac{1}{x^2+y^2}-0\right|<\varepsilon,$$

因此 $\lim\limits_{\substack{x\to 0\\ y\to 0}}(x^2+y^2)\sin\dfrac{1}{x^2+y^2}=0$.

例 2.36 讨论函数 $f(x, y)=\begin{cases}\dfrac{xy}{x^2+y^2}, & x^2+y^2\neq 0,\\ 0, & x^2+y^2=0\end{cases}$ 在点(0，0)处极限是否存在.

解 当点 $P(x, y)$ 沿 x 轴趋于点(0，0)时，

$$\lim_{(x,y)\to(0,0)} f(x, y)=\lim_{x\to 0} f(x, 0)=\lim_{x\to 0} 0=0.$$

当点 $P(x, y)$ 沿 y 轴趋于点(0，0)时，

$$\lim_{(x,y)\to(0,0)} f(x, y)=\lim_{y\to 0} f(0, y)=\lim_{y\to 0} 0=0.$$

虽然点 $P(x, y)$ 以上述两种特殊方式趋于(0，0)时极限存在且相等，但是 $\lim\limits_{(x,y)\to(0,0)} f(x, y)$ 并不存在. 因为当点 $P(x, y)$ 沿直线 $y=kx(k\neq 0)$ 趋于点(0，0)时，有

$$\lim_{(x,y)\to(0,0)}\frac{xy}{x^2+y^2}=\lim_{x\to 0}\frac{kx^2}{x^2+k^2x^2}=\frac{k}{1+k^2},$$

其值随 k 的不同而变化，因此函数 $f(x, y)$ 在(0，0)处无极限.

关于二元函数极限的运算，有与一元函数类似的运算法则.

例 2.37 求下列函数的极限：

(1) $\lim\limits_{\substack{x\to 0\\ y\to 2}}\dfrac{\sin(xy)}{x}$；　　(2) $\lim\limits_{\substack{x\to 0\\ y\to 0}}\dfrac{\sqrt{\sin(xy)+1}-1}{\sin(xy)}$.

解 (1) $\lim\limits_{\substack{x\to 0\\ y\to 2}}\dfrac{\sin(xy)}{x}=\lim\limits_{\substack{x\to 0\\ y\to 2}}\dfrac{\sin(xy)}{xy}\cdot y=\lim\limits_{\substack{x\to 0\\ y\to 2}}\dfrac{\sin(xy)}{xy}\cdot\lim\limits_{\substack{x\to 0\\ y\to 2}} y=2.$

(2) $\lim\limits_{\substack{x\to 0\\ y\to 0}}\dfrac{\sqrt{\sin(xy)+1}-1}{\sin(xy)}=\lim\limits_{\substack{x\to 0\\ y\to 0}}\dfrac{\sin(xy)}{\sin(xy)\cdot(\sqrt{\sin(xy)+1}+1)}=\dfrac{1}{2}.$

习题 2-5

1. 证明下列极限不存在.

(1) $\lim\limits_{\substack{x\to 0\\ y\to 0}}\dfrac{x+y}{x-y^2}$；　　(2) $\lim\limits_{\substack{x\to 0\\ y\to 0}}\dfrac{x^3y}{x^6+y^2}$；

2. 证明：极限 $\lim\limits_{\substack{x\to 0\\ y\to 0}}\dfrac{\sin(x^2y)}{x^2+y^2}=0$.

3. 求下列极限.

(1) $\lim\limits_{\substack{x\to 2\\ y\to 0}}\dfrac{\ln(y+e^x)}{\sqrt{x^2+y^2}}$；　　(2) $\lim\limits_{\substack{x\to 0\\ y\to 0}}\dfrac{3-\sqrt{xy+9}}{xy}$；

(3) $\lim\limits_{\substack{x\to 3\\ y\to 0}}\dfrac{\sin(2xy)}{y}$；　　(4) $\lim\limits_{\substack{x\to 0\\ y\to 0}}\dfrac{e^{x^2+y^2}-1}{\sin(x^2+y^2)}$；

(5) $\lim\limits_{\substack{x\to 0\\ y\to 1}}\dfrac{1-xy}{x^2+y^2}$；　　(6) $\lim\limits_{\substack{x\to 0\\ y\to \pi}}[1+\sin(xy)]^{\frac{y}{x}}$；

(7) $\lim\limits_{\substack{x\to 0\\ y\to 0}}\dfrac{1-\cos\sqrt{x^2+y^2}}{(x^2+y^2)e^{x^2y^2}}$；　　(8) $\lim\limits_{\substack{x\to 0\\ y\to 0}}\dfrac{1-e^{x^2+y^2}}{\ln(1+2x^2+2y^2)}$.

第六节　函数的连续性

一、一元函数连续的定义

自然界中存在许多现象都具有连续变化的特点，如植物的生长、河水的流动、气温的变化等．这种现象在函数关系上的反映就是函数的连续性．例如，就气温的变化来看，在很短的时间间隔内，几乎感觉不到气温的变化，也就是说当时间变化很微小时，气温的变化也很微小，这种特点就是所谓的连续性．为了描述函数的连续性，并引出连续性的定义，下面首先引入增量的概念．

1. 函数的增量

设函数 $y=f(x)$ 在点 x_0 的某邻域内有定义，$\forall x\in U(x_0, \delta)$，称 $\Delta x=x-x_0$ 为自变量在点 x_0 的增量，$\Delta y=f(x)-f(x_0)$ 称为函数 $y=f(x)$ 相应于 Δx 的增量．如图 2－11、图 2－12 所示．

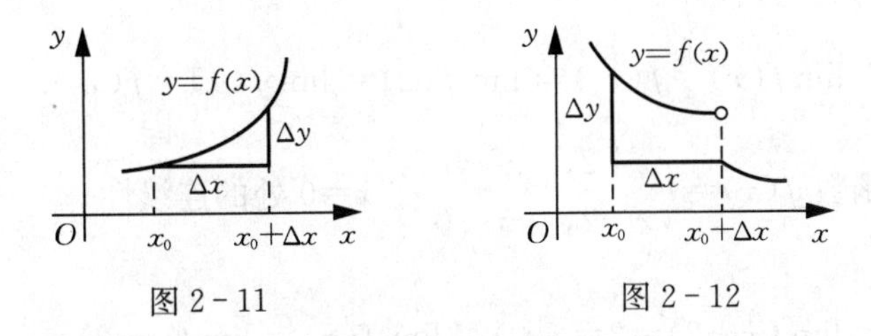

图 2－11　　　　图 2－12

注：增量 Δx，Δy 是一个不可分割的整体记号，它们可以取正值、负值或零．

2. 函数连续的定义

定义 2.12　设函数 $y=f(x)$ 在点 x_0 的某邻域内有定义，如果

$$\lim_{\Delta x\to 0}\Delta y=\lim_{x\to x_0}[f(x)-f(x_0)]=0,$$

那么就称函数 $y=f(x)$ 在点 x_0 处**连续**．

（1）函数连续的等价定义

设函数 $y=f(x)$ 在点 x_0 的某邻域内有定义，如果

$$\lim_{x\to x_0}f(x)=f(x_0),$$

那么就称函数 $y=f(x)$ 在点 x_0 处连续．

（2）函数连续的“$\varepsilon-\delta$”定义

设函数 $y=f(x)$ 在点 x_0 的某邻域内有定义，如果对于任意给定的 $\varepsilon>0$，总存在 $\delta>0$，使得当 $|x-x_0|<\delta$ 时，恒有

$$|f(x)-f(x_0)|<\varepsilon,$$

那么就称函数 $y=f(x)$ 在点 x_0 处连续．

“$\varepsilon-\delta$”定义的简单表述：

函数 $f(x)$ 在点 x_0 处连续 $\Leftrightarrow \forall\varepsilon>0$，$\exists\delta>0$，使得当 $|x-x_0|<\delta$ 时，恒有 $|f(x)-f(x_0)|<\varepsilon$.

注：由连续的定义可知，函数 $y=f(x)$ 在点 x_0 处连续，必须满足三个条件：

①函数在点 x_0 有定义；

②函数在 x_0 处的极限存在；

③函数在 x_0 处的极限与该点处的函数值相等．

三条中只要有一条不满足，函数 $y=f(x)$ 在 x_0 处就不连续．

例 2.38 试证：函数 $f(x)=\begin{cases} x\sin\dfrac{1}{x}, & x\neq 0, \\ 0, & x=0 \end{cases}$ 在 $x=0$ 处连续．

证 因为 $\lim\limits_{x\to 0}x\sin\dfrac{1}{x}=0$，且 $f(0)=0$，即 $\lim\limits_{x\to 0}f(x)=f(0)$，所以 $f(x)$ 在 $x=0$ 处连续．

3. 单侧连续

如果 $\lim\limits_{x\to x_0^-}f(x)=f(x_0)$，则称 $f(x)$ 在点 x_0 处左连续．

如果 $\lim\limits_{x\to x_0^+}f(x)=f(x_0)$，则称 $f(x)$ 在点 x_0 处右连续．

定理 2.18 函数 $f(x)$ 在点 x_0 处连续的充要条件是 $f(x)$ 在点 x_0 处既左连续又右连续，即

$$\lim_{x\to x_0}f(x)=f(x_0)\Leftrightarrow \lim_{x\to x_0^-}f(x)=\lim_{x\to x_0^+}f(x)=f(x_0).$$

例 2.39 讨论函数 $f(x)=\begin{cases} x+2, & x\geqslant 0, \\ x-2, & x<0 \end{cases}$ 在 $x=0$ 处的连续性．

解 由于

$$\lim_{x\to 0^+}f(x)=\lim_{x\to 0^+}(x+2)=2=f(0),\quad \lim_{x\to 0^-}f(x)=\lim_{x\to 0^-}(x-2)=-2\neq f(0),$$

即函数 $f(x)$ 在 $x=0$ 处右连续但不满足左连续，所以在 $x=0$ 处不连续．

例 2.40 当 a 取何值时，函数 $f(x)=\begin{cases} \cos x, & x<0, \\ a+x, & x\geqslant 0 \end{cases}$ 在 $x=0$ 处连续？

解 因为 $f(0)=a$，$\lim\limits_{x\to 0^-}f(x)=\lim\limits_{x\to 0^-}\cos x=1$，$\lim\limits_{x\to 0^+}f(x)=\lim\limits_{x\to 0^+}(a+x)=a$，要使函数 $f(x)$ 在 $x=0$ 处连续，必须有 $\lim\limits_{x\to 0^-}f(x)=\lim\limits_{x\to 0^+}f(x)=f(0)$，即 $a=1$．

4. 函数在区间上的连续性

如果函数 $f(x)$ 在区间 (a, b) 内的每一点都连续，则称函数在区间 (a, b) 内连续，或称 $f(x)$ 是区间 (a, b) 内的连续函数．区间 (a, b) 称为 $f(x)$ 的连续区间．

如果函数 $f(x)$ 是区间 (a, b) 内的连续函数，且在左端点 $x=a$ 处右连续，即 $\lim\limits_{x\to a^+}f(x)=f(a)$，在右端点 $x=b$ 处左连续，即 $\lim\limits_{x\to b^-}f(x)=f(b)$，则称函数 $f(x)$ 在闭区间 $[a, b]$ 上连续.

例 2.41 证明：函数 $y=\sin x$ 在区间 $(-\infty, +\infty)$ 内连续．

证 设 $\forall x\in(-\infty, +\infty)$，则有

$$\Delta y=\sin(x+\Delta x)-\sin x=2\sin\frac{\Delta x}{2}\cdot\cos\left(x+\frac{\Delta x}{2}\right).$$

由于

$$\left|\cos\left(x+\frac{\Delta x}{2}\right)\right|\leqslant 1,\quad \left|\sin\frac{\Delta x}{2}\right|\leqslant\left|\frac{\Delta x}{2}\right|,$$

所以

$$0\leqslant|\Delta y|\leqslant 2\cdot\left|\sin\frac{\Delta x}{2}\right|\cdot\left|\cos\left(x+\frac{\Delta x}{2}\right)\right|\leqslant 2\cdot\left|\frac{\Delta x}{2}\right|\leqslant|\Delta x|,$$

因此由夹逼准则得 $\lim\limits_{\Delta x\to 0}\Delta y=0$，这就证明了函数 $y=\sin x$ 对任意 $x\in(-\infty, +\infty)$ 都是连续

的，即在$(-\infty, +\infty)$内连续．

同理可证：函数 $y=\cos x$ 在区间$(-\infty, +\infty)$内也是连续的．

例 2.42　证明：函数 $y=a^x(a>0, a\neq 1)$在区间$(-\infty, +\infty)$内连续．

证　设$\forall x\in(-\infty, +\infty)$，则有

$$\lim_{\Delta x\to 0}\Delta y=\lim_{\Delta x\to 0}(a^{x+\Delta x}-a^x)=a^x\lim_{\Delta x\to 0}(a^{\Delta x}-1)=0.$$

这就证明了函数 $y=a^x$ 对任意 $x\in(-\infty, +\infty)$都是连续的，即在$(-\infty, +\infty)$内连续.

二、函数的间断点

1. 间断点的定义

定义 2.13　设函数 $f(x)$在点 x_0 的某去心邻域内有定义．若函数 $f(x)$在点 x_0 无定义，或者在点 x_0 有定义但不连续，那么称点 x_0 为函数 $f(x)$的一个**间断点**或**不连续点**．

由此，根据函数极限与连续之间的关系可知，如果函数 $f(x)$在点 x_0 不连续，则必出现下面两种情况之一：

(1) 函数 $f(x)$在点 x_0 无定义或在点 x_0 的极限不存在；

(2) 函数 $f(x)$在点 x_0 有定义且极限存在，但极限值不等于该点的函数值 $f(x_0)$.

2. 间断点的分类

根据上面的分析，我们对间断点进行如下分类：

(1) 可去间断点

若$\lim\limits_{x\to x_0}f(x)$存在，而 $f(x)$在点 x_0 无定义，或在点 x_0 有定义但$\lim\limits_{x\to x_0}f(x)\neq f(x_0)$，则称点 x_0 为函数 $f(x)$的一个可去间断点．

(2) 跳跃间断点

若函数 $f(x)$在 $x\to x_0$ 时，左、右极限都存在，但不相等，即 $\lim\limits_{x\to x_0^-}f(x)\neq\lim\limits_{x\to x_0^+}f(x)$，则称点 x_0 为函数 $f(x)$的一个跳跃间断点．

注：x_0 是 $f(x)$的跳跃间断点与函数 $f(x)$在点 x_0 是否有定义无关．

例 2.43　讨论函数 $f(x)=\dfrac{\sin x}{x}$在 $x=0$ 处的连续性，若不连续，请判别间断点的类型．

解　由于 $f(x)$的定义域为$(-\infty, 0)\cup(0, +\infty)$，所以 $f(x)=\dfrac{\sin x}{x}$在 $x=0$ 处不连续．但$\lim\limits_{x\to 0}\dfrac{\sin x}{x}=1$，故 $x=0$ 是函数 $f(x)$的一个可去间断点．

如果补充定义 $f(0)=1$，则函数 $f(x)$在 $x=0$ 处成为连续．

注：可去间断点只要补充或者改变间断处函数的定义，则可使其变为连续点．

例 2.44　讨论函数 $f(x)=\begin{cases}x+1, & x>0,\\ \dfrac{1}{2}, & x=0,\\ \sin x, & x<0\end{cases}$在点 $x=0$ 处的连续性，若不连续，请判别间断点的类型．

解　因为　$\lim\limits_{x\to 0^+}f(x)=\lim\limits_{x\to 0^+}(x+1)=1$，$\lim\limits_{x\to 0^-}f(x)=\lim\limits_{x\to 0^-}\sin x=0$，

即 $\lim\limits_{x\to 0^-}f(x)\neq\lim\limits_{x\to 0^+}f(x)$，所以 $f(x)$在 $x=0$ 不连续，且 $x=0$ 为 $f(x)$的一个跳跃间断点．

跳跃间断点和可去间断点的共同特点是：函数在此类间断点处的左、右极限都存在，所以把它们统称为**第一类间断点**．

（3）第二类间断点

除第一类间断点以外，函数的其他间断点统称为**第二类间断点**．其特点是：函数在此类间断点处的左、右极限至少有一个不存在．

函数的第二类间断点通常有无穷间断点和振荡间断点．

例 2.45 讨论函数 $f(x)=\begin{cases}\dfrac{1}{x}, & x>0,\\ x, & x\leqslant 0\end{cases}$ 在 $x=0$ 处的连续性．

解 由于 $\lim\limits_{x\to 0^+}f(x)=\lim\limits_{x\to 0^+}\dfrac{1}{x}=+\infty$，$\lim\limits_{x\to 0^-}f(x)=\lim\limits_{x\to 0^-}x=0$，

所以函数 $f(x)$ 在 $x=0$ 处不连续，点 $x=0$ 为 $f(x)$的第二类间断点，我们称之为无穷间断点.

例 2.46 讨论函数 $f(x)=\sin\dfrac{1}{x}$在 $x=0$ 处的连续性．

解 由于$\lim\limits_{x\to 0}f(x)=\lim\limits_{x\to 0}\sin\dfrac{1}{x}$不存在，且由图 2-13 可以看出，当 x 趋近于 0 时，函数 $f(x)$的图形在-1 与 1 之间来回振荡，故 $x=0$ 为函数 $f(x)$的第二类间断点，且称之为振荡间断点．

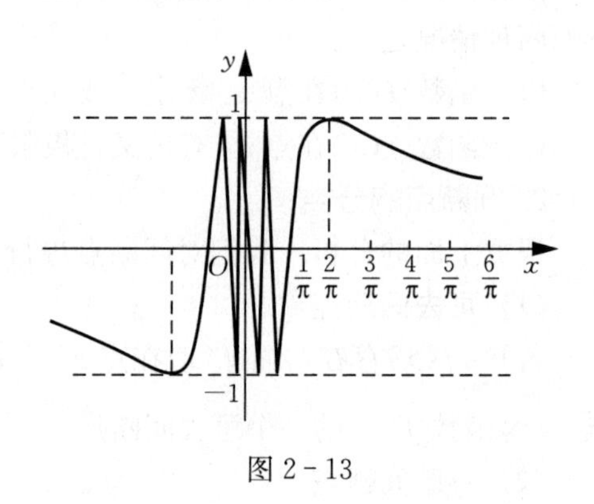

图 2-13

间断点的类型可用图形(图 2-14)来直观表示．

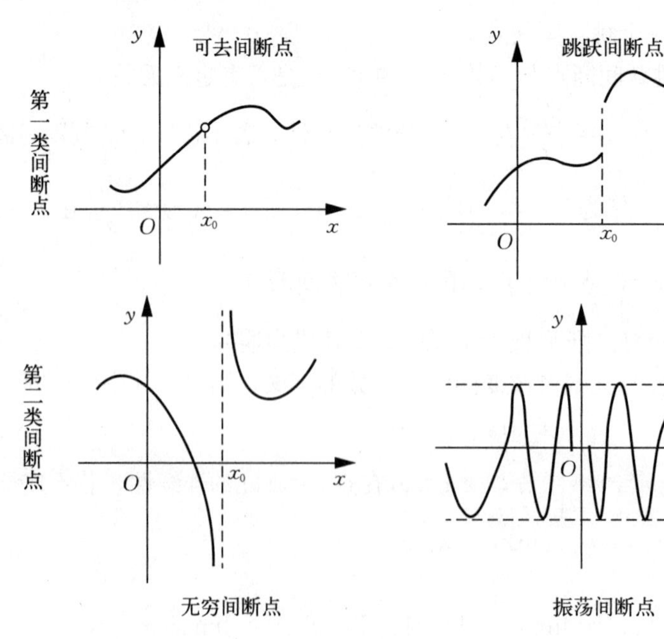

图 2-14

三、初等函数的连续性

1. 连续函数的运算

由函数在某点连续的定义和极限的四则运算法则，可得出如下定理：

定理 2.19（连续函数的四则运算）　设函数 $f(x)$ 和 $g(x)$ 在点 x_0 连续，则函数 $f(x)\pm g(x)$，$f(x)\cdot g(x)$，$\dfrac{f(x)}{g(x)}(g(x_0)\neq 0)$ 在点 x_0 也连续.

例如，由于 $\sin x$，$\cos x$ 在 $(-\infty, +\infty)$ 内连续，所以 $\tan x=\dfrac{\sin x}{\cos x}$，$\cot x=\dfrac{\cos x}{\sin x}$，$\sec x=\dfrac{1}{\cos x}$，$\csc x=\dfrac{1}{\sin x}$ 在它们的定义域内都是连续的.

定理 2.20（反函数的连续性）　如果函数 $y=f(x)$ 在区间 I_x 上单调增加（或单调减少）且连续，那么它的反函数 $x=f^{-1}(y)$ 也在对应的区间 $I_y=\{y|y=f(x), x\in I_x\}$ 上单调增加（或单调减少）且连续.

证明从略.

例如，由于函数 $y=\sin x$ 在闭区间 $\left[-\dfrac{\pi}{2}, \dfrac{\pi}{2}\right]$ 上单调增加且连续，所以它的反函数 $y=\arcsin x$ 在区间 $[-1, 1]$ 上也是单调增加且连续的.

同样，$y=\arccos x$ 在区间 $[-1, 1]$ 上也单调减少且连续；$y=\arctan x$ 在区间 $(-\infty, +\infty)$ 内单调增加且连续；$y=\operatorname{arccot} x$ 在区间 $(-\infty, +\infty)$ 内单调减少且连续.

总之，反三角函数 $\arcsin x$，$\arccos x$，$\arctan x$，$\operatorname{arccot} x$ 在它们的定义域内都是连续的.

由于指数函数 $y=a^x(a>0, a\neq 1)$ 在区间 $(-\infty, +\infty)$ 内是单调的和连续的，它的值域为 $(0, +\infty)$，而对数函数 $y=\log_a x(a>0, a\neq 1)$ 是指数函数的反函数，所以它在区间 $(0, +\infty)$ 也具有相应的单调性和连续性.

定理 2.21（复合函数的连续性）　设函数 $y=f[\varphi(x)]$ 由 $y=f(u)$，$u=\varphi(x)$ 复合而成. 若 $u=\varphi(x)$ 在 $x=x_0$ 处连续，且 $\varphi(x_0)=u_0$，而 $y=f(u)$ 在 $u=u_0$ 处连续，则复合函数 $y=f[\varphi(x)]$ 在 $x=x_0$ 处也连续，即 $\lim\limits_{x\to x_0}f[\varphi(x)]=f[\varphi(x_0)]$.

例 2.47　讨论函数 $y=\sin\dfrac{1}{x}$ 的连续性.

解　函数 $y=\sin\dfrac{1}{x}$ 可看作是由 $y=\sin u$ 与 $u=\dfrac{1}{x}$ 复合而成的. 由于函数 $y=\sin u$ 在 $(-\infty, +\infty)$ 内连续，$\dfrac{1}{x}$ 在 $(-\infty, 0)\cup(0, +\infty)$ 内连续，所以函数 $y=\sin\dfrac{1}{x}$ 在 $(-\infty, 0)\cup(0, +\infty)$ 内连续.

2. 初等函数的连续性

在基本初等函数中，我们已经证明了三角函数、反三角函数、指数函数、对数函数在它们的定义域内是连续的. 对于幂函数 $y=x^\mu$，其定义域随 μ 的值而变化，但无论 μ 为何值，在区间 $(0, +\infty)$ 内幂函数总是有定义的，可以证明，在区间 $(0, +\infty)$ 内幂函数是连续的. 事实上，设 $x>0$，则 $y=x^\mu=a^{\mu\log_a x}$，因此幂函数 $y=x^\mu$ 可看作是由 $y=a^u$ 与 $u=\mu\log_a x$ 复合而成的，根据定理 2.21，它在 $(0, +\infty)$ 内是连续的. 如果对于 μ 取各种不同值加以分别讨论，可以证明幂函数在它的定义域内是连续的．

结论：基本初等函数在它们的定义域内都是连续的．

由基本初等函数的连续性以及本节有关定理可得初等函数的连续性：一切初等函数在其定义区间内都是连续的．所谓定义区间，就是包含在定义域内的区间．

注：可利用初等函数的连续性求函数的极限，即$\lim\limits_{x\to x_0}f(x)=f(x_0)$.

例 2.48 求极限$\lim\limits_{x\to\frac{\pi}{2}}\ln\sin x$.

解 初等函数 $y=\ln\sin x$ 在点 $x=\frac{\pi}{2}$是有定义的，所以

$$\lim_{x\to\frac{\pi}{2}}\ln\sin x=\ln\sin\frac{\pi}{2}=0.$$

例 2.49 求极限$\lim\limits_{x\to 0}\frac{\sqrt{1+x^2}-1}{x}$.

解 $\lim\limits_{x\to 0}\frac{\sqrt{1+x^2}-1}{x}=\lim\limits_{x\to 0}\frac{(\sqrt{1+x^2}-1)(\sqrt{1+x^2}+1)}{x(\sqrt{1+x^2}+1)}=\lim\limits_{x\to 0}\frac{x}{\sqrt{1+x^2}+1}=0.$

例 2.50 求极限$\lim\limits_{x\to 0}\frac{\log_a(1+x)}{x}$.

解 $\lim\limits_{x\to 0}\frac{\log_a(1+x)}{x}=\lim\limits_{x\to 0}\log_a(1+x)^{\frac{1}{x}}=\log_a e=\frac{1}{\ln a}.$

四、闭区间上连续函数的性质

闭区间上的连续函数有一些重要性质，它们可作为分析和论证某些问题时的理论根据，下面我们以定理的形式给出这些性质．

我们首先引入最值的概念．

定义 2.14 设函数 $f(x)$在区间 I 上有定义，如果存在点 $x_0\in I$，使得对任意 $x\in I$，恒有

$$f(x)\leqslant f(x_0)（或\ f(x)\geqslant f(x_0)）$$

成立，则称 $f(x_0)$为函数 $f(x)$在区间 I 上的**最大值**(或**最小值**)，记为 $f(x_0)=\max\limits_{x\in I}f(x)$(或 $f(x_0)=\min\limits_{x\in I}f(x)$)，$x_0$ 称为函数 $f(x)$在区间 I 上的**最大值点**(或**最小值点**).

定理 2.22(最大值和最小值定理)　在闭区间上连续的函数在该区间上一定能取得它的最大值和最小值．

这就是说，如果函数 $f(x)$在闭区间$[a, b]$上连续，那么至少有一点 $\xi_1\in[a, b]$，使得 $f(\xi_1)$是 $f(x)$在$[a, b]$上的最大值；又至少有一点 $\xi_2\in[a, b]$，使得 $f(\xi_2)$是 $f(x)$在$[a, b]$上的最小值(图 2－15).

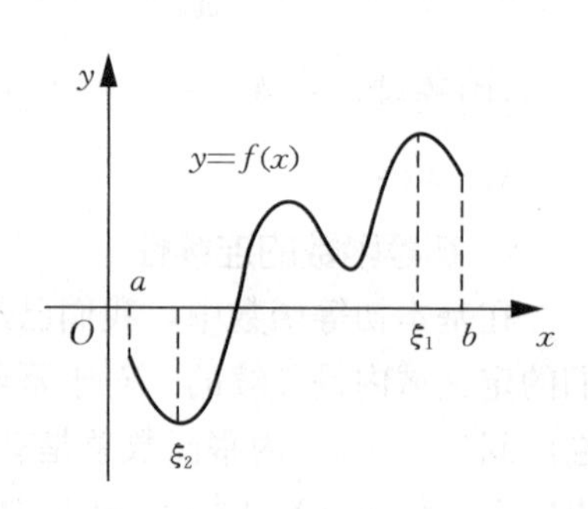

图 2－15

这个定理刻画了闭区间上连续函数的一个深刻的内涵，在今后的学习中有很广泛的应用.

注：如果函数在开区间内连续，或函数在闭区间上有间断点，那么函数在该区间上就不一定有最大值或最小值.

例如，函数 $y=\sin x$ 在开区间$\left(0, \frac{\pi}{2}\right)$内连续，但在该

区间内无最大值和最小值．又如，函数

$$y=f(x)=\begin{cases}-x+1, & 0\leqslant x<1,\\ 1, & x=1,\\ -x+3, & 1<x\leqslant 2\end{cases}$$

在闭区间$[0,\ 2]$上无最大值和最小值(图 2-16).

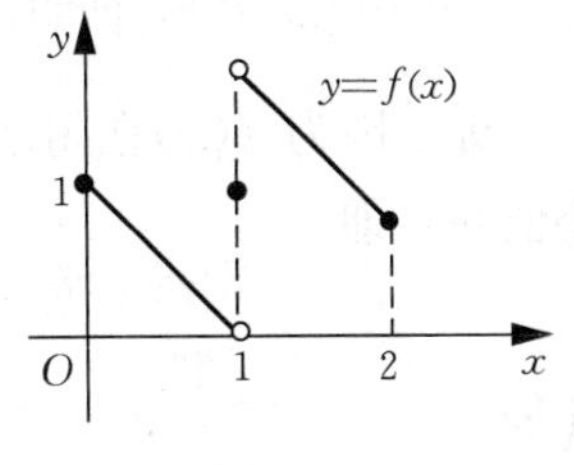

图 2-16

推论　若函数 $f(x)$ 在闭区间 $[a,\ b]$ 上连续，则 $f(x)$ 在 $[a,\ b]$ 上必有界．

如果存在 x_0，使得 $f(x_0)=0$，则称 x_0 为函数 $f(x)$ 的零点．

定理 2.23(零点定理或根的存在性定理)　设 $f(x)$ 在闭区间 $[a,\ b]$ 上连续，且两端点上的函数值异号，即 $f(a)\cdot f(b)<0$，则至少存在一点 $\xi\in(a,\ b)$，使得 $f(\xi)=0$. 即方程 $f(x)=0$ 在区间 $(a,\ b)$ 内至少存在一个实根．

零点定理的几何意义：若函数 $y=f(x)$ 在闭区间 $[a,\ b]$ 上连续，且 $f(a)$ 与 $f(b)$ 异号，则该函数对应的曲线至少穿过 x 轴一次(图 2-17).

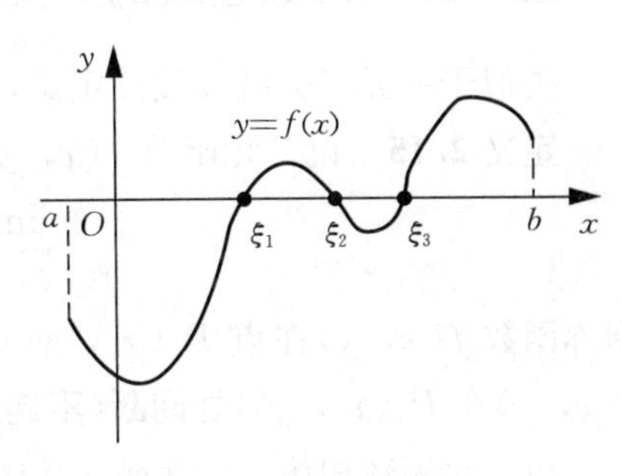

图 2-17

例 2.51　证明：方程 $x^3-4x^2+1=0$ 在 $(0,\ 1)$ 内至少有一根．

证　令 $f(x)=x^3-4x^2+1$，则 $f(x)$ 在 $[0,\ 1]$ 上连续，且 $f(0)=1>0$，$f(1)=-2<0$，故由零点定理得，至少存在一点 $\xi\in(0,\ 1)$，使得 $f(\xi)=0$，即方程 $x^3-4x^2+1=0$ 在 $(0,\ 1)$ 内至少有一根．

例 2.52　设函数 $f(x)$ 在区间 $[a,\ b]$ 上连续，且 $f(a)<a$，$f(b)>b$，证明：存在 $\xi\in(a,\ b)$，使得 $f(\xi)=\xi$.

证　令 $F(x)=f(x)-x$，则 $F(x)$ 在 $[a,\ b]$ 上连续，且 $F(a)=f(a)-a<0$，$F(b)=f(b)-b>0$，由零点定理，至少存在一点 $\xi\in(a,\ b)$，使得 $F(\xi)=f(\xi)-\xi=0$，即 $f(\xi)=\xi$.

由零点定理可推得较一般的定理．

定理 2.24(介值定理)　设函数 $f(x)$ 在闭区间 $[a,\ b]$ 上连续，且在这区间的端点取不同的函数值

$$f(a)=A,\ f(b)=B,$$

则对于 A 与 B 之间的任意一个数 C，则至少存在一点 $\xi\in(a,\ b)$，使得 $f(\xi)=C$.

证　设 $\varphi(x)=f(x)-C$，则 $\varphi(x)$ 在 $[a,\ b]$ 上连续，且 $\varphi(a)=f(a)-C=A-C$，$\varphi(a)=f(b)-C=B-C$，由于 C 是介于 A 与 B 之间的一个数，所以 $\varphi(a)\cdot\varphi(b)<0$，根据零点定理，至少存在一点 $\xi\in(a,\ b)$，使得 $\varphi(\xi)=f(\xi)-C=0$，即 $f(\xi)=C$.

介值定理的几何意义：连续曲线弧 $y=f(x)$ 与水平直线 $y=C$ 至少相交于一点(图 2-18).

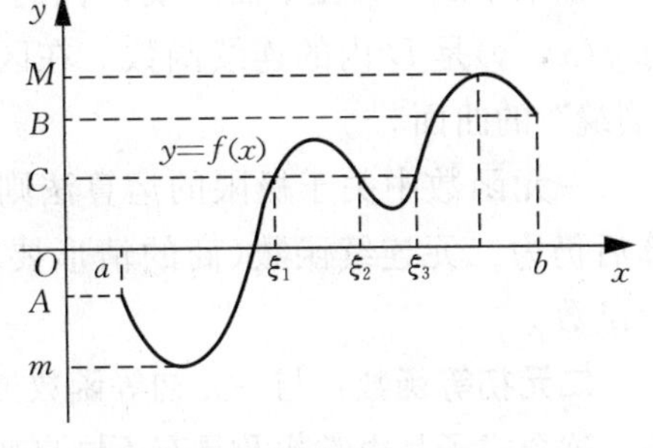

图 2-18

推论　设函数 $f(x)$ 在闭区间 $[a,\ b]$ 上连续，则 $f(x)$ 可取得介于其在区间 $[a,\ b]$ 上的最大值 M 与最小值 m 之间的任何值(图 2-18).

例 2.53　设 $f(x)$ 在闭区间 $[a,\ b]$ 上连续，$a<$

$x_1<x_2<\cdots<x_n<b$，证明：至少存在一点$\xi\in(x_1, x_n)$，使得$f(\xi)=\dfrac{f(x_1)+f(x_2)+\cdots+f(x_n)}{n}$.

证 因为$f(x)$在闭区间$[x_1, x_n]$上连续，所以$f(x)$在$[x_1, x_n]$上存在最大值M和最小值m，即

$$m\leqslant f(x_i)\leqslant M,\ i=1,\ 2,\ \cdots,\ n,$$

从而

$$m\leqslant\frac{f(x_1)+f(x_2)+\cdots+f(x_n)}{n}\leqslant M.$$

由推论知，至少存在一点$\xi\in(x_1, x_n)$，使得

$$f(\xi)=\frac{f(x_1)+f(x_2)+\cdots+f(x_n)}{n}.$$

五、二元函数连续的定义与性质

类似于一元函数的连续性定义，我们用二元函数的极限概念来定义二元函数的连续性.

定义 2.15 设二元函数$f(x, y)$在点$P_0(x_0, y_0)$的某邻域内有定义，如果

$$\lim_{\substack{x\to x_0\\ y\to y_0}}f(x,\ y)=f(x_0,\ y_0),$$

则称函数$f(x, y)$在点$P_0(x_0, y_0)$处**连续**，$P_0(x_0, y_0)$称为$f(x, y)$的**连续点**；否则称$f(x, y)$在$P_0(x_0, y_0)$处**间断(不连续)**，$P_0(x_0, y_0)$称为$f(x, y)$的**间断点**.

与一元函数相仿，二元函$z=f(x, y)$在点$P_0(x_0, y_0)$处连续，必须满足三个条件：

①函数在点P_0有定义；

②函数在P_0处的极限存在；

③函数在P_0处的极限与P_0处的函数值相等，

三条中只要有一条不满足，函数在P_0处就不连续.

例 2.54 讨论函数

$$f(x,\ y)=\begin{cases}\dfrac{xy}{x^2+y^2}, & x^2+y^2\neq 0,\\ 0, & x^2+y^2=0\end{cases}$$

在点(0，0)处的连续性.

解 由例 2.36 可知，函数$f(x, y)$在点(0，0)处的极限不存在，所以它在点(0，0)处不连续.

如果$f(x, y)$在平面区域D内的每一点处都连续，则称$f(x, y)$在区域D内连续，也称$f(x, y)$是D内的连续函数. 在区域D上连续函数的图形是一张既没有“洞”也没有“裂缝”的曲面.

一元函数中关于极限的运算法则对于二元函数仍适用，故二元连续函数经过四则运算后仍为二元连续函数(商的情形要求分母不为零)；二元连续函数的复合函数也是连续函数.

二元初等函数：与一元初等函数类似，二元初等函数是指可用一个式子所表示的二元函数，这个式子是由常数及具有不同自变量的一元基本初等函数经过有限次的四则运算和复合

运算而得到的．例如，$\frac{x+x^2-y^2}{1+y^2}$，$\sin(x+y)$，$e^{x^2+y^2}$都是二元初等函数．

一切二元初等函数在其定义区域内是连续的．

由二元连续函数的连续性，如果要求二元连续函数 $f(x, y)$在点 $P_0(x_0, y_0)$处的极限，而该点又在此函数的定义区域内，则

$$\lim_{(x,y)\to(x_0,y_0)} f(x, y)=f(x_0, y_0).$$

例 2.55　求极限 $\lim\limits_{(x,y)\to(1,2)}\frac{x+y}{xy}$.

解　由于 $f(x, y)=\frac{x+y}{xy}$是二元初等函数，其定义域 $D=\{(x, y)\mid x\neq0, y\neq0\}$，则

$$\lim_{(x,y)\to(1,2)} f(x, y)=f(1, 2)=\frac{3}{2}.$$

例 2.56　求极限 $\lim\limits_{(x,y)\to(0,0)}\frac{\sqrt{xy+1}-1}{xy}$.

解
$$\lim_{(x,y)\to(0,0)}\frac{\sqrt{xy+1}-1}{xy}=\lim_{(x,y)\to(0,0)}\frac{(\sqrt{xy+1}-1)(\sqrt{xy+1}+1)}{xy(\sqrt{xy+1}+1)}$$
$$=\lim_{(x,y)\to(0,0)}\frac{1}{\sqrt{xy+1}+1}=\frac{1}{2}.$$

与闭区间上一元连续函数的性质相类似，有界闭区域上的连续函数有如下性质．

性质 1(最值定理)　若 $f(x, y)$在有界闭区域 D 上连续，则 $f(x, y)$在 D 上必取得最大值与最小值．

推论　若 $f(x, y)$在有界闭区域 D 上连续，则 $f(x, y)$在 D 上有界．

性质 2(介值定理)　若 $f(x, y)$在有界闭区域 D 上连续，M 和 m 分别是 $f(x, y)$在 D 上的最大值与最小值，则对于介于 M 与 m 之间的任意一个数 C，必存在一点 $(x_0, y_0)\in D$，使得 $f(x_0, y_0)=C$.

习题 2－6

1. 研究下列函数的连续性，并画出函数的图形．

(1) $f(x)=\begin{cases}x^2, & 0\leqslant x\leqslant1,\\ 2-x, & 1<x\leqslant2;\end{cases}$　　(2) $f(x)=\begin{cases}x, & x\geqslant0,\\ -x, & x<0.\end{cases}$

2. 确定常数 a，b，使下列函数成为在$(-\infty, +\infty)$内的连续函数．

(1) $f(x)=\begin{cases}x\sin\frac{1}{x}, & x>0,\\ a+x^2, & x\leqslant0;\end{cases}$　　(2) $f(x)=\begin{cases}\frac{\sin ax}{x}, & x>0,\\ 1, & x=0,\\ \frac{1}{bx}\ln(1-2x), & x<0.\end{cases}$

3. 指出下列函数的间断点，并判定其类型．

(1) $f(x)=\frac{1+x}{1+x^3}$；　　(2) $f(x)=\frac{x^2-3x+2}{x^2-1}$；

(3) $f(x)=\dfrac{\sin x+x}{\sin x}$；　　(4) $f(x)=(1+|x|)^{\frac{1}{x}}$；

(5) $f(x)=\dfrac{x+2}{x^2-4}$；　　(6) $f(x)=x\sin\dfrac{1}{x}$；

(7) $f(x)=\dfrac{x^2-x}{|x|(x^2-1)}$；　　(8) $f(x)=\dfrac{1-e^{\frac{1}{x}}}{1+e^{\frac{1}{x}}}$.

4. 讨论函数 $f(x)=\lim\limits_{n\to\infty}\dfrac{(1-x^{2n})}{1+x^{2n}}$ 的连续性，若有间断点，判别其类型.

5. 求下列函数的极限.

(1) $\lim\limits_{x\to1}\dfrac{\arctan x}{\sqrt{x+\ln x}}$；　　(2) $\lim\limits_{t\to1}\dfrac{2^t-2}{3^t-3}$；

(3) $\lim\limits_{x\to0}\left(\cot x-\dfrac{e^{2x}}{\sin x}\right)$；　　(4) $\lim\limits_{x\to0}\dfrac{3\sin x+x^2\cos\dfrac{1}{x}}{(1+\cos x)\ln(1+x)}$.

6. 证明：方程 $(x-1)2^{\frac{x}{2}}=1$ 在 $[1, 2)$ 内至少有一个实根.

7. 证明方程 $x=a\sin x+b(a>0, b>0)$ 至少有一个正根，并且它不超过 $a+b$.

8. 讨论函数 $f(x, y)=\begin{cases}\dfrac{\sin(x^2+y^2)}{x^2+y^2}, & (x, y)\neq(0, 0),\\ 0, & (x, y)=(0, 0)\end{cases}$ 在 $(0, 0)$ 处的连续性.

思维导图与本章小结

一、思维导图

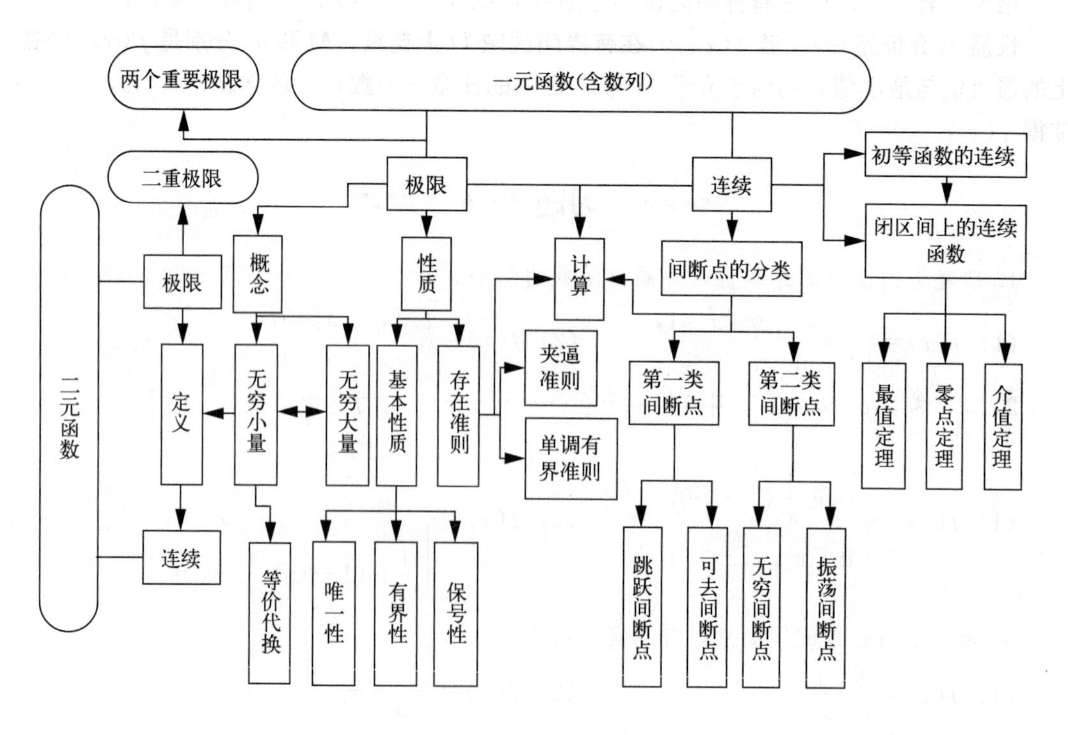

二、本章小结

结合思维导图，将本章分为两大模块：第一模块是极限，第二模块是连续．

第一模块，首先给出数列的定义，通过两个引例(刘徽的“割圆术”和庄周的“截杖术”)引出数列的极限思想，给出数列极限的描述性定义和精确定义．进一步讨论了数列的三个基本性质(唯一性、有界性、保号性)和两个存在准则(夹逼准则、单调有界准则)．由于数列是特殊的函数，所以以上对数列成立的定义和性质可类似地推广到函数(包括二元函数)．

当函数在某一变化过程中极限为零时，称该函数是这种变化过程中的无穷小量．无穷小量的等价代换定理在求函数的极限时起着很重要的作用，要求熟练掌握．

第二模块，在极限基础上，给出连续定义．如果函数在某点的极限等于该点的极限值，即为连续，所以函数在某点有定义和在该点极限存在是函数在该点连续的必要条件．

若函数在区间上连续，则称函数是该区间上的连续函数．本章给出了初等函数的连续性和闭区间上连续函数具有的性质(最值定理、零点定理、介值定理)．

另一方面，如果函数在某点不满足连续的条件，即为间断．根据函数在某点不满足连续的条件特点，将间断点分为两大类：第一类间断点和第二类间断点．左、右极限都存在但不等于该点函数值(或该点无定义)的间断点为第一类间断点，其余的均为第二类间断点．第一类间断点又分为跳跃间断点和可去间断点，左、右极限都存在但不相等的间断点为跳跃间断点，左、右极限都存在且相等但不等于该点函数值的间断点为可去间断点．第二类间断点的特点是左、右极限至少有一个不存在，常见的第二类间断点有无穷间断点和振荡间断点．

此部分要求会判断函数的连续性，若不连续，会判断间断点的类型．

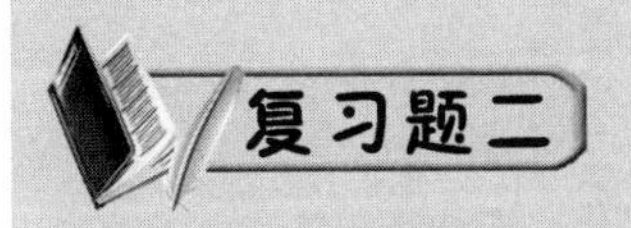

1. 填空题．

(1) $\lim\limits_{x\to\infty}\dfrac{\sin x}{x}=$________，$\lim\limits_{x\to\infty}x\sin\dfrac{1}{x}=$________．

(2) 若 $x\to 0$ 时，$(1-ax^2)^{\frac{1}{4}}-1$ 与 $x\sin x$ 是等价无穷小，则 $a=$________．

(3) 点 $x=1$ 是函数 $y=\dfrac{x^2-1}{x-1}$ 的第________类________间断点．

(4) 若 $\lim\limits_{x\to 1}\dfrac{x^3+a}{(x-1)(x+2)}$ 存在，则 $a=$________．

(5) 设 $f(x)=\begin{cases}\dfrac{e^x-2^x}{x}, & x\neq 0,\\ a, & x=0,\end{cases}$ 则当 $a=$________时，$f(x)$ 在 $x=0$ 处连续．

2. 选择题．

(1) 函数 $f(x)$ 在 x_0 处连续的充分必要条件是当 $x\to x_0$ 时(　　)．

A. 左极限存在；　　B. 右极限存在；

C. 极限等于 $f(x_0)$；　　D. 极限存在．

(2) 设当 $x\to0$ 时，$e^{\tan x}-e^x$ 与 x^n 为同阶无穷小量，则 n 为(　　).

A. 1；　　B. 2；　　C. 3；　　D. 4.

(3) 已知 $\lim\limits_{x\to0}\dfrac{5x^2-a(1-\cos x)}{3x^3+4\tan^2 x}=1$，则 $a=$(　　).

A. 2；　　B. -2；　　C. 4；　　D. -4.

(4) 设函数 $f(x)=\begin{cases}\dfrac{2}{\pi}\arctan\dfrac{1}{x}, & x<0,\\ \dfrac{3^{\frac{1}{x}}-1}{3^{\frac{1}{x}}+2}, & x>0,\end{cases}$ 则 $x=0$ 是 $f(x)$ 的(　　).

A. 可去间断点；　B. 跳跃间断点；　C. 无穷间断点；　D. 振荡间断点.

(5) 设对 $\forall x$，有 $\varphi(x)\leqslant f(x)\leqslant g(x)$，且 $\lim\limits_{x\to\infty}[g(x)-\varphi(x)]=0$，则 $\lim\limits_{x\to\infty}f(x)$ (　　).

A. 存在且等于零；　　B. 存在但不一定为零；

C. 一定不存在；　　D. 不一定存在.

3. 求下列函数的极限.

(1) $\lim\limits_{x\to\infty}\dfrac{1}{x}\sin\dfrac{1}{x}$；　　(2) $\lim\limits_{x\to0}\dfrac{\sqrt{1+\tan x}-\sqrt{1+\sin x}}{x\sqrt{1+\sin x}-x}$；

(3) $\lim\limits_{x\to\infty}\dfrac{3x^{\frac{5}{2}}-2x+1}{3x-2x^{\frac{5}{2}}+7}$；　　(4) $\lim\limits_{x\to0}\dfrac{\sqrt[n]{1-x}-1}{x}$；

(5) $\lim\limits_{x\to0}(1+\sin x)^{\frac{2\pi}{x}}$；　　(6) $\lim\limits_{x\to0}\dfrac{e^{\sin x}-e^x}{x-\sin x}$.

4. 已知 $\lim\limits_{x\to2}\dfrac{x^3+ax+b}{x^2-4}=4$，求常数 a，b 的值.

5. 已知函数 $f(x)=\begin{cases}\dfrac{\sin ax}{x}, & x>0,\\ e^x+b, & x\leqslant0\end{cases}$ 在 $x=0$ 处连续，则 a，b 满足什么条件?

6. 设函数 $f(x)=\begin{cases}\dfrac{\sin 2x+e^{2ax}-1}{x}, & x\neq0,\\ a, & x=0,\end{cases}$ 讨论函数 $f(x)$ 在 $x=0$ 处的连续性.

7. 设 $x_1=\sqrt{2}$，…，$x_n=\sqrt{2x_{n-1}}$，…，证明数列 $\{x_n\}$ 的极限存在，并求此极限.

8. 证明：方程 $x-\cos x=0$ 至少有一个正根.

9. 证明：曲线 $y=e^x-2$ 与直线 $y=x$ 在 $(0,2)$ 内至少有一个交点.

10. 证明：奇次多项式 $P(x)=a_0x^{2n+1}+a_1x^{2n}+\cdots+a_{2n+1}(a_0\neq0)$ 至少存在一个实根.

第三章　微 分 学

微积分学从字面上拆开来看就是微分学和积分学，简单通俗地来说，微分就是无限细分，积分就是无限求和．因此微分学是微积分学的重要组成部分．本章主要介绍一元函数导数与微分的概念、多元函数偏导数与全微分的概念，以及一元函数和多元函数的求导法则等.

导数是微分学重要的基础概念，它反映了因变量随着自变量变化而变化的快慢程度，即变化率．在生活实际中，我们会经常遇到各种各样的变化率，比如增长率、减少率、农作物的单位收获量、功率、角速度、线密度、边际利润等都可以用导数来描述．同时，导数是解决微积分中各种问题的工具，比如，单调性的判别、极值问题、最值问题、凹凸性的判别以及渐近线等．此外，导数在其他研究领域中也起着非常重要的作用，包括生物学、经济学和社会科学等．一元函数的变化率问题就是一元函数的导数．而对于多元函数，当多个自变量中只有一个自变量发生变化时，要想研究因变量相对于该自变量的变化率，就需要引入偏导数．偏导数的研究动力起初来自于早期偏微分方程方面的工作．

微分则是对一元函数局部变化的一种线性描述，是指当自变量有微小变化时，函数值的大致变化情况．而全微分是多元函数关于所有自变量求微分，它可以近似地描述各个自变量同时变化时，多元函数的大致变化情况．微分和全微分都反映了微积分这门学科的基本思想，即以直代曲，线性逼近．下面我们就来具体地介绍微分学．

第一节　一元函数的导数

一、引例

为了更好地理解变化率，我们先来讨论下面两个实际问题．

1. 变速直线运动的瞬时速度

设某质点沿 x 轴正方向做变速直线运动，在$[0, t]$时间段内经过的路程为 s，则路程 s 是时间 t 的函数，记为 $s=s(t)$，那么该质点在任意时刻 $t_0\in[0, t]$的速度如何确定呢?

首先可以考虑近似求解．取时间间隔$[t_0, t_0+\Delta t]$，在该时间段内，质点经过的路程 Δs 为

$$\Delta s=s(t_0+\Delta t)-s(t_0),$$

质点的平均速度 $\bar{v}$ 为

$$\bar{v}=\frac{\Delta s}{\Delta t}=\frac{s(t_0+\Delta t)-s(t_0)}{\Delta t},$$

我们可以用$[t_0, t_0+\Delta t]$时间段内的平均速度 $\bar{v}$ 作为 t_0 时刻速度的近似值，显然这种近似是

不精确的．但是可以看出，所取时间间隔 Δt 越小，近似的精确程度就越高，因此令 $\Delta t\to 0$，如果 $\bar{v}$ 的极限存在，记作 v，即

$$v=\lim_{\Delta t\to 0}\frac{\Delta s}{\Delta t}=\lim_{\Delta t\to 0}\frac{s(t_0+\Delta t)-s(t_0)}{\Delta t},$$

并称此极限值 v 是质点在时刻 t_0 的瞬时速度．

由这个例子可以看出，平均速度就是位移改变量与时间改变量的比值，即平均变化率，而平均速度的极限就是瞬时速度，即平均变化率的极限就是变化率．

2. 平面曲线的切线斜率

圆的切线被定义为“与曲线只有一个交点的直线”．但是这个定义显然不适用于所有的平面曲线．例如，抛物线 $y=x^2$，x 轴和 y 轴都与该曲线只有一个交点，然而只有 x 轴是该曲线在原点 O 处的切线，y 轴则不是．下面给出适用于所有平面曲线的切线定义．

设有曲线 C，M_0 和 N 为曲线 C 上不同的两点(图 3－1)，作割线 M_0N. 当点 N 沿着曲线 C 趋于点 M_0 时，如果割线 M_0N 绕点 M_0 旋转而趋于极限位置 M_0T，则称直线 M_0T 为曲线 C 在点 M_0 处的切线．这里极限位置的含义是：弦长 $|M_0N|$ 趋于零，$\angle NM_0T$ 也趋于零．

如果已知曲线 C 的函数为 $y=f(x)$，那么曲线 C 在点 M_0 处的切线斜率如何表示呢？为此，设点 M_0，N 的坐标分别为 $(x_0,\ y_0)$，$(x_0+\Delta x,\ y_0+\Delta y)$，其中 $\Delta x\neq 0$，割线 M_0N 的倾角为 φ，切线 M_0T 的倾角为 α(图 3－2)，则割线 M_0N 的斜率为

$$\tan\varphi=\frac{\Delta y}{\Delta x}=\frac{f(x_0+\Delta x)-f(x_0)}{\Delta x}.$$

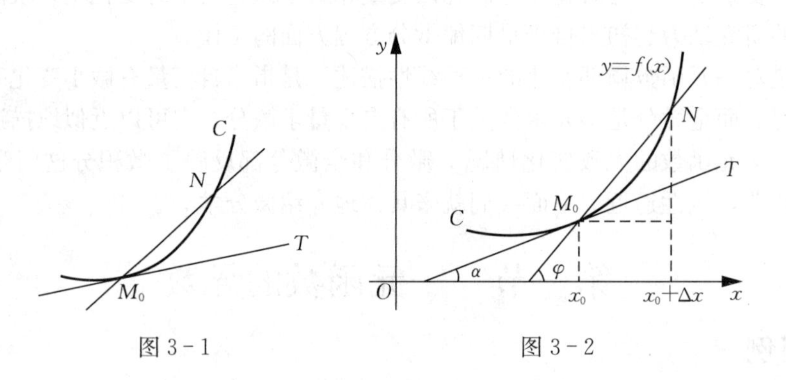

图 3－1　　图 3－2

根据上述切线定义，当点 N 沿着曲线 C 趋于点 M_0 时，即 $\Delta x\to 0$ 时，割线 M_0N 绕着 M_0 转动，此时其倾角 φ 趋于切线 M_0T 的倾角 α，那么割线 M_0N 的斜率 $\tan\varphi$ 也趋于切线 M_0T 的斜率 $\tan\alpha$.

由此可见，当 $\Delta x\to 0$ 时，如果 $\tan\varphi=\dfrac{\Delta y}{\Delta x}$ 的极限存在，那么此极限值就是曲线 C 在点 M_0 处切线 M_0T 的斜率，记为 k，即

$$k=\tan\alpha=\lim_{\Delta x\to 0}\tan\varphi=\lim_{\Delta x\to 0}\frac{\Delta y}{\Delta x}=\lim_{\Delta x\to 0}\frac{f(x_0+\Delta x)-f(x_0)}{\Delta x},$$

因此我们把曲线 $y=f(x)$ 在点 $(x_0,\ y_0)$ 处的切线斜率定义为

$$k=\tan\alpha=\lim_{\Delta x\to 0}\frac{f(x_0+\Delta x)-f(x_0)}{\Delta x}.$$

由这个例子可以看出，割线斜率就是函数值改变量与自变量改变量的比值，即平均变化率，而割线斜率的极限就是切线斜率，即平均变化率的极限就是变化率．

上面所述的“瞬时速度”与“切线斜率”，虽然是两个具有不同意义的具体问题，但在计算上最终都可以归结为平均变化率的极限，也就是变化率：$\lim\limits_{\Delta t\to 0}\dfrac{\Delta s}{\Delta t}$和$\lim\limits_{\Delta x\to 0}\dfrac{\Delta y}{\Delta x}$. 如果去除这些变化率的实际意义，仅从数学结构上看，它们的形式是完全相同的，因此有必要从中抽象出一个数学概念来加以研究，这就是导数．

二、导数的定义

1. 函数在一点处的导数

定义 3.1　设函数 $y=f(x)$在点 x_0 的某个邻域内有定义，当自变量 x 在点 x_0 处取得增量 Δx(点 $x_0+\Delta x$ 仍在该邻域内)时，相应地，因变量 y 取得增量 $\Delta y=f(x_0+\Delta x)-f(x_0)$. 如果当 $\Delta x\to 0$ 时，极限$\lim\limits_{\Delta x\to 0}\dfrac{\Delta y}{\Delta x}$存在，则称函数 $y=f(x)$在点 x_0 处**可导**，并称此极限值为函数 $y=f(x)$在点 x_0 处的**导数**，记作 $f'(x_0)$，即

$$f'(x_0)=\lim_{\Delta x\to 0}\frac{\Delta y}{\Delta x}=\lim_{\Delta x\to 0}\frac{f(x_0+\Delta x)-f(x_0)}{\Delta x},\tag{3.1}$$

也可记作$y'\big|_{x=x_0}$，$\dfrac{\mathrm{d}y}{\mathrm{d}x}\bigg|_{x=x_0}$或$\dfrac{\mathrm{d}f(x)}{\mathrm{d}x}\bigg|_{x=x_0}$．

若(3.1)式的极限不存在，则称函数 $y=f(x)$在点 x_0 处**不可导**．

由导数定义可知，导数 $f'(x_0)$是函数 $f(x)$的平均变化率的极限，即函数 $f(x)$在点 x_0 处的变化率，也称之为瞬时变化率，它反映了函数随自变量的变化而变化的快慢程度．在上述两例中，变速直线运动的质点在 t_0 时刻的瞬时速度就是路程函数 $s(t)$在 t_0 处的导数 $s'(t_0)$；平面曲线 C 在点 M_0 处的切线斜率就是曲线函数 $f(x)$在 x_0 处的导数 $f'(x_0)$.

导数的定义式(3.1)也可以取不同的形式，常见的有：

(1) 在(3.1)式中，令 $\Delta x=h$，则有

$$f'(x_0)=\lim_{h\to 0}\frac{f(x_0+h)-f(x_0)}{h}.\tag{3.2}$$

(2) 在(3.1)式中，令 $x_0+\Delta x=x$，则当 $\Delta x\to 0$ 时就有 $x\to x_0$. 相应地，

$$\Delta x=x-x_0,\quad \Delta y=f(x_0+\Delta x)-f(x_0)=f(x)-f(x_0),$$

于是(3.1)式可改写为

$$f'(x_0)=\lim_{x\to x_0}\frac{f(x)-f(x_0)}{x-x_0}.\tag{3.3}$$

这里，(3.2)式和(3.3)式同样可以作为导数 $f'(x_0)$的定义式．

2. 单侧导数

根据函数 $y=f(x)$在点 x_0 处的导数定义，导数 $f'(x_0)$为

$$\lim_{\Delta x\to 0}\frac{f(x_0+\Delta x)-f(x_0)}{\Delta x},$$

它是一个极限，而 $\Delta x\to 0$ 的方向是包括左、右两侧的，那么定义这个极限的左极限和右极

限分别为**左导数**和**右导数**，分别记作 $f'_-(x_0)$和 $f'_+(x_0)$，即

$$f'_-(x_0)=\lim_{\Delta x\to 0^-}\frac{f(x_0+\Delta x)-f(x_0)}{\Delta x}, \tag{3.4}$$

$$f'_+(x_0)=\lim_{\Delta x\to 0^+}\frac{f(x_0+\Delta x)-f(x_0)}{\Delta x}. \tag{3.5}$$

左导数和右导数统称为**单侧导数**.

由导数 $f'(x_0)$的定义式(3.2)和(3.3)可知，左导数和右导数同样可以定义为如下两种常见形式：

$$f'_-(x_0)=\lim_{h\to 0^-}\frac{f(x_0+h)-f(x_0)}{h}\text{或}f'_-(x_0)=\lim_{x\to x_0^-}\frac{f(x)-f(x_0)}{x-x_0};$$

$$f'_+(x_0)=\lim_{h\to 0^+}\frac{f(x_0+h)-f(x_0)}{h}\text{或}f'_+(x_0)=\lim_{x\to x_0^+}\frac{f(x)-f(x_0)}{x-x_0}.$$

函数极限存在的充分必要条件是左、右极限都存在且相等，由此可得如下定理：

定理 3.1 函数 $y=f(x)$在点 x_0 处可导的充分必要条件是函数 $y=f(x)$在点 x_0 处的左、右导数都存在且相等.

3. 导函数

如果函数 $y=f(x)$在开区间(a, b)内的每一点都可导，则称函数 $y=f(x)$**在开区间**(a, b)**内可导**.

若函数 $y=f(x)$在开区间(a, b)内可导，则对于任一 $x\in(a, b)$，都有一个确定的导数值 $f'(x)$与之对应，这样就构成了一个新函数，即 $f'(x)$也是 x 的函数，称此函数为 $f(x)$的**导函数**，记作 $f'(x)$，y'，$\frac{\mathrm{d}f(x)}{\mathrm{d}x}$或$\frac{\mathrm{d}y}{\mathrm{d}x}$.

在导数 $f'(x_0)$的定义式(3.1)中把 x_0 换作 x，即得导函数的定义式

$$f'(x)=\lim_{\Delta x\to 0}\frac{f(x+\Delta x)-f(x)}{\Delta x}. \tag{3.6}$$

注意：在(3.6)式中，虽然 x 可以取区间(a, b)内的任何数值，但在此极限过程中，x 是常量，Δx 是变量.

显然，函数 $y=f(x)$在点 x_0 处的导数 $f'(x_0)$就是导函数 $f'(x)$在点 x_0 处的函数值，即

$$f'(x_0)=f'(x)\big|_{x=x_0}.$$

导函数 $f'(x)$简称为导数，而 $f'(x_0)$称为函数 $f(x)$在点 x_0 处的导数或导数 $f'(x)$在点 x_0 处的值.

如果函数 $y=f(x)$在开区间(a, b)内可导，且 $f'_+(a)$和 $f'_-(b)$都存在，那么称函数 $f(x)$在**闭区间**$[a, b]$**上可导**.

4. 利用定义求导举例

例 3.1 求函数 $f(x)=C$(C 为常数)的导数.

解 $f'(x)=\lim\limits_{\Delta x\to 0}\frac{f(x+\Delta x)-f(x)}{\Delta x}=\lim\limits_{\Delta x\to 0}\frac{C-C}{\Delta x}=0$,

即

$$(C)'=0,$$

这就是说，常数的导数等于零.

例 3.2 求函数 $f(x)=x^n$（n 为正整数）的导数．

解 $$f'(x)=\lim_{\Delta x\to 0}\frac{f(x+\Delta x)-f(x)}{\Delta x}=\lim_{\Delta x\to 0}\frac{(x+\Delta x)^n-x^n}{\Delta x}$$
$$=\lim_{\Delta x\to 0}\frac{C_n^0x^n+C_n^1x^{n-1}\Delta x+C_n^2x^{n-2}(\Delta x)^2+\cdots+C_n^n(\Delta x)^n-x^n}{\Delta x}$$
$$=\lim_{\Delta x\to 0}(C_n^1x^{n-1}+C_n^2x^{n-2}\Delta x+\cdots+C_n^n(\Delta x)^{n-1})$$
$$=nx^{n-1},$$
即
$$(x^n)'=nx^{n-1}.$$

一般地，幂函数 $y=x^\mu$（μ 为常数）的导数为
$$(x^\mu)'=\mu x^{\mu-1}.$$
这就是幂函数的导数公式．

比如，取 $\mu=\frac{1}{2}$ 时，$(\sqrt{x})'=(x^{\frac{1}{2}})'=\frac{1}{2}x^{\frac{1}{2}-1}=\frac{1}{2\sqrt{x}}$；

取 $\mu=-1$ 时，$\left(\frac{1}{x}\right)'=(x^{-1})'=(-1)x^{-1-1}=-\frac{1}{x^2}$.

例 3.3 求函数 $f(x)=\cos x$ 的导数．

解 $$f'(x)=\lim_{\Delta x\to 0}\frac{f(x+\Delta x)-f(x)}{\Delta x}=\lim_{\Delta x\to 0}\frac{\cos(x+\Delta x)-\cos x}{\Delta x}$$
$$=\lim_{\Delta x\to 0}\frac{-2\sin\left(x+\frac{\Delta x}{2}\right)\sin\frac{\Delta x}{2}}{\Delta x}=-\lim_{\Delta x\to 0}\sin\left(x+\frac{\Delta x}{2}\right)\frac{\sin\frac{\Delta x}{2}}{\frac{\Delta x}{2}}$$
$$=-\sin x,$$
即
$$(\cos x)'=-\sin x.$$

用类似的方法，可得
$$(\sin x)'=\cos x,$$
这就是正弦函数和余弦函数的导数公式．

例 3.4 求函数 $f(x)=\log_a x$（$a>0$，$a\neq 1$）的导数．

解 $$f'(x)=\lim_{h\to 0}\frac{f(x+h)-f(x)}{h}=\lim_{h\to 0}\frac{\log_a(x+h)-\log_a x}{h}$$
$$=\lim_{h\to 0}\frac{1}{h}\log_a\frac{x+h}{x}=\lim_{h\to 0}\frac{1}{x}\cdot\frac{x}{h}\log_a\left(1+\frac{h}{x}\right)$$
$$=\lim_{h\to 0}\frac{1}{x}\log_a\left(1+\frac{h}{x}\right)^{\frac{x}{h}}=\frac{1}{x}\log_a \mathrm{e}$$
$$=\frac{1}{x\ln a},$$
即
$$(\log_a x)'=\frac{1}{x\ln a}.$$

这就是对数函数的导数公式．特殊地，当 $a=\mathrm{e}$ 时，$f(x)=\ln x$，则
$$(\ln x)'=\frac{1}{x}.$$

例 3.5 求函数 $f(x)=\begin{cases}\sin x, & x<0,\\ x, & x\geqslant 0\end{cases}$ 在 $x=0$ 处的导数.

分析：由于 $f(x)$ 是分段函数，并且在点 $x=0$ 的两侧，函数的解析式不同，因此求 $x=0$ 处的导数需要分别计算左导数和右导数.

解 $f'_-(0)=\lim\limits_{x\to 0^-}\dfrac{f(x)-f(0)}{x-0}=\lim\limits_{x\to 0^-}\dfrac{\sin x-0}{x-0}=\lim\limits_{x\to 0^-}\dfrac{\sin x}{x}=1$,

$$f'_+(0)=\lim_{x\to 0^+}\frac{f(x)-f(0)}{x-0}=\lim_{x\to 0^+}\frac{x-0}{x-0}=\lim_{x\to 0^+}\frac{x}{x}=1,$$

因为 $f'_-(0)=f'_+(0)=1$，所以 $f'(0)=1$.

注意：对于分段函数，求其在分段点处的导数时，一定要利用单侧导数的定义来计算，而不能直接套用导数公式. 如果当分段点处的左、右导数有任意一个不存在，或两者都存在但不相等时，那么函数在该分段点处都不可导.

例 3.6 已知 $f'(x_0)=A$，求 $\lim\limits_{h\to 0}\dfrac{f(x_0+h)-f(x_0-h)}{h}$.

解
$$\begin{aligned}\lim_{h\to 0}\frac{f(x_0+h)-f(x_0-h)}{h}&=\lim_{h\to 0}\frac{[f(x_0+h)-f(x_0)]-[f(x_0-h)-f(x_0)]}{h}\\&=\lim_{h\to 0}\left[\frac{f(x_0+h)-f(x_0)}{h}+\frac{f(x_0-h)-f(x_0)}{-h}\right]\\&=2f'(x_0)=2A.\end{aligned}$$

例 3.7 已知 $f(0)=1$，$\lim\limits_{h\to 0}\dfrac{f(2h)-1}{3h}=4$，求 $f'(0)$.

解 因为
$$\lim_{h\to 0}\frac{f(2h)-f(0)}{3h}=\lim_{h\to 0}\frac{2}{3}\cdot\frac{f(2h)-f(0)}{2h}=\frac{2}{3}f'(0)=4,$$

所以 $f'(0)=6$.

三、导数的几何意义

根据引例中对切线斜率的讨论以及导数的定义可知，函数 $y=f(x)$ 在点 x_0 处的导数 $f'(x_0)$ 在几何上表示曲线 $y=f(x)$ 在点 $M_0(x_0, f(x_0))$ 处的切线的斜率，即

$$k=\tan\alpha=f'(x_0),$$

其中 α 是曲线在点 M_0 处切线的倾角(图 3-3).

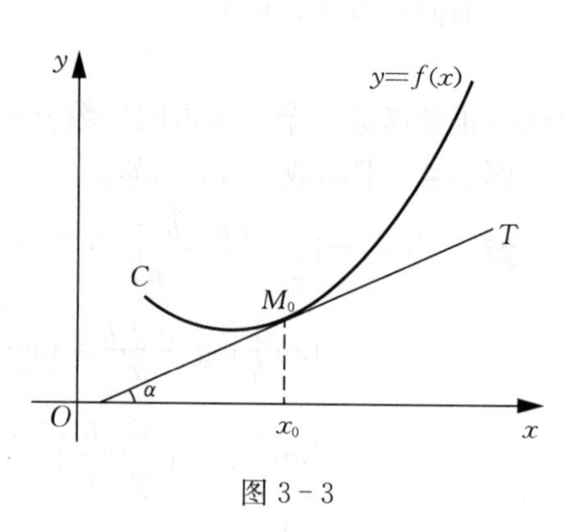

图 3-3

利用直线的点斜式方程可知，曲线 $y=f(x)$ 在点 $M_0(x_0, y_0)$ 处的切线方程为

$$y-y_0=f'(x_0)(x-x_0).$$

特别地，当 $f'(x_0)=0$ 时，切线斜率为 0，则切线平行于 x 轴，此时切线方程为 $y=y_0$；当 $f'(x_0)=\infty$ 时，切线斜率为 ∞，则切线垂直于 x 轴，此时切线方程为 $x=x_0$.

过切点 $M_0(x_0, y_0)$ 且与切线垂直的直线叫作曲线 $y=f(x)$ 在点 M_0 处的法线. 如果 $f'(x_0)\neq 0$，则法线的斜率为 $-\dfrac{1}{f'(x_0)}$，从而法线方程为

$$y-y_0=-\frac{1}{f'(x_0)}(x-x_0).$$

例 3.8　求曲线 $y=x^{\frac{4}{3}}$ 在点(1，1)处的切线方程和法线方程．

解　由于
$$y'=(x^{\frac{4}{3}})'=\frac{4}{3}x^{\frac{1}{3}}=\frac{4}{3}\sqrt[3]{x},$$
所以
$$y'|_{x=1}=\frac{4}{3},$$
故切线方程为
$$y-1=\frac{4}{3}(x-1)，即 4x-3y-1=0；$$
法线方程为
$$y-1=-\frac{3}{4}(x-1)，即 3x+4y-7=0.$$

四、函数可导性与连续性的关系

由导数的定义可知，导数讨论的是函数增量与自变量增量之间的变化关系．而函数的连续性分析的也是这两者之间的关系，因此函数的可导性与连续性之间存在着一定的联系．

定理 3.2　**若函数 $y=f(x)$ 在点 x_0 处可导，则函数 $y=f(x)$ 在点 x_0 处连续．**

证　设函数 $y=f(x)$ 在点 x_0 处可导，即
$$\lim_{\Delta x\to 0}\frac{\Delta y}{\Delta x}=f'(x_0),$$
则有
$$\frac{\Delta y}{\Delta x}=f'(x_0)+\alpha,$$
其中 α 是当 $\Delta x\to 0$ 时的无穷小，由此可得
$$\Delta y=f'(x_0)\Delta x+\alpha\Delta x,$$
从而有
$$\lim_{\Delta x\to 0}\Delta y=\lim_{\Delta x\to 0}[f'(x_0)\Delta x+\alpha\Delta x]=0,$$
所以函数 $y=f(x)$ 在点 x_0 处连续．

注意：定理 3.2 的逆命题未必成立，即函数 $y=f(x)$ 在点 x_0 处连续，但在点 x_0 处不一定可导，举例如下．

例 3.9　讨论函数 $f(x)=|x|$ 在 $x=0$ 处的连续性与可导性．

分析：函数 $f(x)=|x|$ 是分段函数：$f(x)=\begin{cases}x, & x\geqslant 0,\\ -x, & x<0,\end{cases}$ 所以 $f(x)$ 在 $x=0$ 处的连续性和可导性要分左、右连续和左、右导数来讨论．

解　因为
$$\lim_{x\to 0^-}f(x)=\lim_{x\to 0^-}(-x)=0,\quad \lim_{x\to 0^+}f(x)=\lim_{x\to 0^+}x=0，且 f(0)=0,$$
所以
$$\lim_{x\to 0^-}f(x)=\lim_{x\to 0^+}f(x)=f(0),$$
由此可得，函数 $f(x)=|x|$ 在 $x=0$ 处连续；

又因为
$$\lim_{x\to 0^-}\frac{f(x)-f(0)}{x-0}=\lim_{x\to 0^-}\frac{-x}{x}=-1,\quad \lim_{x\to 0^+}\frac{f(x)-f(0)}{x-0}=\lim_{x\to 0^+}\frac{x}{x}=1,$$

由于 $f'_{-}(0) \neq f'_{+}(0)$，所以函数 $f(x)=|x|$ 在 $x=0$ 处不可导．

例 3.10 讨论函数 $f(x)=\sqrt[5]{x}$ 在定义域内的连续性和可导性．

解 函数 $f(x)=\sqrt[5]{x}$ 的定义域为 $(-\infty, +\infty)$，由于 $f(x)=\sqrt[5]{x}$ 为初等函数，所以其在定义域 $(-\infty, +\infty)$ 内连续．

由于 $f'(x)=(\sqrt[5]{x})'=\frac{1}{5}x^{-\frac{4}{5}}$，显然，$f'(x)$ 在除了点 $x=0$ 以外的其他点处是可导的．下面考察 $f(x)$ 在点 $x=0$ 处的可导性．由导数定义可得

$$f'(0)=\lim_{x\to 0}\frac{f(x)-f(0)}{x-0}=\lim_{x\to 0}\frac{\sqrt[5]{x}-0}{x-0}=\lim_{x\to 0}\frac{1}{x^{4/5}}=+\infty,$$

所以函数 $f(x)=\sqrt[5]{x}$ 在点 $x=0$ 处不可导．

故函数 $f(x)=\sqrt[5]{x}$ 在定义域 $(-\infty, +\infty)$ 内连续，但仅在 $(-\infty, 0)\cup(0, +\infty)$ 内可导.

综合定理 3.2 和以上两例，函数的可导性与连续性的关系可以简单地描述为：可导必连续，但连续未必可导．

例 3.11 求常数 a，b，使得 $f(x)=\begin{cases} e^x, & x\geqslant 0, \\ ax+b, & x<0 \end{cases}$ 在点 $x=0$ 可导．

解 若使 $f(x)$ 在点 $x=0$ 可导，必使之连续，故 $\lim\limits_{x\to 0^+}f(x)=\lim\limits_{x\to 0^-}f(x)=f(0)$，即 $e^0=a\cdot 0+b$，从而 $b=1$.

又若使 $f(x)$ 在点 $x=0$ 可导，必使之左、右导数都存在且相等，由函数 $f(x)$ 的表达式可知，其左、右导数是存在的，且

$$f'_{-}(0)=\lim_{x\to 0^-}\frac{(ax+b)-e^0}{x-0}=a,$$

$$f'_{+}(0)=\lim_{x\to 0^+}\frac{e^x-e^0}{x-0}=\lim_{x\to 0^+}\frac{e^x-1}{x}=1,$$

所以若有 $a=1$，则 $f'_{-}(0)=f'_{+}(0)$，此时 $f(x)$ 在点 $x=0$ 可导，所以所求常数为 $a=b=1$.

习题 3－1

1. 当物体的温度高于周围介质的温度时，物体就不断冷却．若物体的温度 T 与时间 t 的函数关系为 $T=T(t)$，应怎样确定该物体在时刻 t 的冷却速度？

2. 根据导数的定义求函数 $y=2x^2-1$ 在 $x=1$ 处的导数．

3. 设 $f'(x_0)$ 存在，利用导数的定义求下列极限．

(1) $\lim\limits_{\Delta x\to 0}\frac{f(x_0-2\Delta x)-f(x_0)}{\Delta x}$；　(2) $\lim\limits_{h\to 0}\frac{f(x_0-h)-f(x_0)}{h}$；

(3) $\lim\limits_{x\to 0}\frac{f(x)}{x}=A$，其中 $f(0)=0$，且 $f'(0)$ 存在．

4. 求下列函数的导数．

(1) $y=x^5$；　(2) $y=\frac{1}{\sqrt[5]{x^3}}$；　(3) $y=x^{3.7}$；　(4) $y=x^2\sqrt[3]{x}$.

5. 求函数 $y=(1+|x-1|)\sin(x-1)$ 在 $x=1$ 处的导数.

6. 求函数 $f(x)=\begin{cases} x, & x<0, \\ \ln(1+x), & x\geqslant 0 \end{cases}$ 在 $x=0$ 处的导数.

7. 已知物体的运动规律为 $s=t^3$(m)，求这个物体在 $t=2$(s)时的速度.

8. 求曲线 $y=x^3-3x^2+5$ 上的一点，使得该点处的切线垂直于直线 $x+9y-1=0$.

9. 求曲线 $y=\sin x$ 在点 $\left(\frac{\pi}{4}, \frac{\sqrt{2}}{2}\right)$ 处的切线方程与法线方程.

10. 讨论下列函数在指定点处的连续性与可导性.

(1) $f(x)=\begin{cases} x^2+1, & 0\leqslant x<1, \\ 3x-1, & x\geqslant 1 \end{cases}$ 在 $x=1$ 处；

(2) $f(x)=\begin{cases} x\sin^2\dfrac{1}{x}, & x\neq 0, \\ 0, & x=0 \end{cases}$ 在 $x=0$ 处；

(3) $f(x)=\begin{cases} \sin x, & x<0, \\ \ln(1+x), & x\geqslant 0 \end{cases}$ 在 $x=0$ 处.

11. 确定 a，b 的值，使函数

$$f(x)=\begin{cases} \sin ax, & x\leqslant 0, \\ \ln(1+x)+b, & x>0 \end{cases}$$

在点 $x=0$ 处可导.

第二节　函数的求导法则

本节中，我们先由导数定义推导出导数的四则运算法则和反函数的求导法则，然后根据这些求导法则和上一节中已经导出的几个基本初等函数的导数公式，求出其余的基本初等函数的导数公式，从而利用这些法则和公式较为简便地计算一些初等函数的导数.

一、导数的四则运算

定理 3.3　如果函数 $u=u(x)$ 和 $v=v(x)$ 都在点 x 处可导，则 $u(x)\pm v(x)$，$u(x)v(x)$，$\frac{u(x)}{v(x)}(v(x)\neq 0)$ 也在点 x 处可导，且

(1) $[u(x)\pm v(x)]'=u'(x)\pm v'(x)$；

(2) $[u(x)v(x)]'=u'(x)v(x)+u(x)v'(x)$；

(3) $\left[\frac{u(x)}{v(x)}\right]'=\frac{u'(x)v(x)-u(x)v'(x)}{v^2(x)}(v(x)\neq 0)$.

证　(1) 由导数的定义可知

$$\begin{aligned}[u(x)\pm v(x)]'&=\lim_{\Delta x\to 0}\frac{[u(x+\Delta x)\pm v(x+\Delta x)]-[u(x)\pm v(x)]}{\Delta x}\\ &=\lim_{\Delta x\to 0}\frac{u(x+\Delta x)-u(x)}{\Delta x}\pm\lim_{\Delta x\to 0}\frac{v(x+\Delta x)-v(x)}{\Delta x}\\ &=u'(x)\pm v'(x).\end{aligned}$$

(2) $[u(x)v(x)]'=\lim\limits_{\Delta x\to 0}\dfrac{u(x+\Delta x)v(x+\Delta x)-u(x)v(x)}{\Delta x}$

$$=\lim_{\Delta x\to 0}\frac{u(x+\Delta x)v(x+\Delta x)-u(x)v(x+\Delta x)+u(x)v(x+\Delta x)-u(x)v(x)}{\Delta x}$$

$$=\lim_{\Delta x\to 0}\left[\frac{u(x+\Delta x)-u(x)}{\Delta x}\cdot v(x+\Delta x)+u(x)\cdot\frac{v(x+\Delta x)-v(x)}{\Delta x}\right]$$

$$=\lim_{\Delta x\to 0}\frac{u(x+\Delta x)-u(x)}{\Delta x}\cdot\lim_{\Delta x\to 0}v(x+\Delta x)+u(x)\cdot\lim_{\Delta x\to 0}\frac{v(x+\Delta x)-v(x)}{\Delta x}$$

$$=u'(x)v(x)+u(x)v'(x).$$

(3) $\left[\dfrac{u(x)}{v(x)}\right]'=\lim\limits_{\Delta x\to 0}\dfrac{\dfrac{u(x+\Delta x)}{v(x+\Delta x)}-\dfrac{u(x)}{v(x)}}{\Delta x}$

$$=\lim_{\Delta x\to 0}\frac{u(x+\Delta x)v(x)-u(x)v(x+\Delta x)}{v(x+\Delta x)v(x)\Delta x}$$

$$=\lim_{\Delta x\to 0}\frac{u(x+\Delta x)v(x)-u(x)v(x)+u(x)v(x)-u(x)v(x+\Delta x)}{v(x+\Delta x)v(x)\Delta x}$$

$$=\lim_{\Delta x\to 0}\frac{[u(x+\Delta x)-u(x)]v(x)-u(x)[v(x+\Delta x)-v(x)]}{v(x+\Delta x)v(x)\Delta x}$$

$$=\lim_{\Delta x\to 0}\left[\frac{u(x+\Delta x)-u(x)}{\Delta x}v(x)-u(x)\frac{v(x+\Delta x)-v(x)}{\Delta x}\right]\cdot\frac{1}{v(x+\Delta x)v(x)}$$

$$=\frac{u'(x)v(x)-u(x)v'(x)}{v^2(x)}.$$

注意：(1) 定理 3.3 中的法则(1)、(2)可推广到有限多个可导函数的情形．记 $u_1=u_1(x)$，$u_2=u_2(x)$，…，$u_n=u_n(x)$都在区间 I 可导，则

$$(u_1\pm u_2\pm\cdots\pm u_n)'=u_1'\pm u_2'\pm\cdots\pm u_n';$$

$$(u_1\cdot u_2\cdot\cdots\cdot u_n)'=u_1'\cdot u_2\cdot\cdots\cdot u_n+u_1\cdot u_2'\cdot\cdots\cdot u_n+\cdots+u_1\cdot u_2\cdot\cdots\cdot u_n'.$$

(2) 在法则(2)中，若 $v(x)=C$(C 为常数)，则

$$(Cu)'=Cu'.$$

(3) 在法则(3)中，若 $u(x)=C$(C 为常数)，则

$$\left(\frac{C}{v}\right)'=-C\frac{v'}{v^2}.$$

例 3.12 设 $f(x)=x+2\sqrt{x}-\dfrac{2}{\sqrt{x}}$，求 $f'(x)$.

解 $f'(x)=\left(x+2\sqrt{x}-\dfrac{2}{\sqrt{x}}\right)'=(x)'+(2\sqrt{x})'-\left(\dfrac{2}{\sqrt{x}}\right)'$

$$=1+\frac{2}{2}\cdot\frac{1}{\sqrt{x}}-2\left(-\frac{1}{2}\right)\cdot\frac{1}{\sqrt{x^3}}$$

$$=1+\frac{1}{\sqrt{x}}+\frac{1}{\sqrt{x^3}}.$$

例 3.13 设函数 $f(x)=\ln x-\sin x+\cos\dfrac{\pi}{4}$，求 $f'(x)$及 $f'\left(\dfrac{\pi}{4}\right)$.

解 $f'(x)=\dfrac{1}{x}-\cos x$，$f'\left(\dfrac{\pi}{4}\right)=\dfrac{4}{\pi}-\dfrac{\sqrt{2}}{2}$.

例 3.14　求函数 $y=5x\log_a x\cdot\cos x$ 的导数．

解　$y'=(5x\log_a x\cdot\cos x)'$

$$=5\left(\log_a x\cdot\cos x+x\cdot\frac{1}{x\ln a}\cdot\cos x-x\log_a x\cdot\sin x\right)$$

$$=5\log_a x\cdot\cos x+\frac{5}{\ln a}\cdot\cos x-5x\log_a x\cdot\sin x.$$

例 3.15　求函数 $y=\cot x$ 的导数．

解　$y'=(\cot x)'=\left(\dfrac{\cos x}{\sin x}\right)'=\dfrac{(\cos x)'\sin x-\cos x(\sin x)'}{\sin^2 x}$

$$=\frac{-\cos^2 x-\sin^2 x}{\sin^2 x}=-\frac{1}{\sin^2 x}=-\csc^2 x,$$

即
$$(\cot x)'=-\csc^2 x.$$

同理可得

$$(\tan x)'=\sec^2 x.$$

这就是正切函数和余切函数的导数公式．

例 3.16　求函数 $y=\sec x$ 的导数．

解　$y'=(\sec x)'=\left(\dfrac{1}{\cos x}\right)'=-\dfrac{(\cos x)'}{\cos^2 x}=\dfrac{\sin x}{\cos^2 x}=\sec x\tan x,$

即
$$(\sec x)'=\sec x\tan x.$$

同理可得

$$(\csc x)'=-\csc x\cot x.$$

这就是正割函数和余割函数的导数公式．

二、反函数的求导法则

定理 3.4　**设 $y=f(x)$ 为 $x=\varphi(y)$ 的反函数，如果 $x=\varphi(y)$ 在某区间 I_y 内严格单调、可导，且 $\varphi'(y)\neq 0$，则 $y=f(x)$ 也在对应的区间 I_x 内可导，且有**

$$f'(x)=\frac{1}{\varphi'(y)}\text{或}\frac{\mathrm{d}y}{\mathrm{d}x}=\frac{1}{\frac{\mathrm{d}x}{\mathrm{d}y}}.$$

证　因为函数 $x=\varphi(y)$ 在区间 I_y 内严格单调、可导，则 $x=\varphi(y)$ 在区间 I_y 内严格单调、连续，从而其反函数 $y=f(x)$ 存在，且在区间 I_x 内也严格单调、连续．

任取 $x\in I_x$，设 x 取增量 $\Delta x\neq 0(x+\Delta x\in I_x)$，由于 $y=f(x)$ 在区间 I_x 内也严格单调，因此

$$\Delta y=f(x+\Delta x)-f(x)\neq 0,$$

又因为函数 $y=f(x)$ 在区间 I_x 内连续，即 $\lim\limits_{\Delta x\to 0}\Delta y=0$，故有

$$f'(x)=\lim_{\Delta x\to 0}\frac{\Delta y}{\Delta x}=\lim_{\Delta y\to 0}\frac{1}{\frac{\Delta x}{\Delta y}}=\frac{1}{\varphi'(y)}.$$

反函数求导法则可简述为：反函数的导数等于直接函数导数的倒数．

例 3.17　求函数 $y=a^x(a>0,\ a\neq 1)$ 的导数．

解　因为函数 $y=a^x(x\in(-\infty,\ +\infty))$ 是函数 $x=\log_a y(y\in(0,\ +\infty))$ 的反函数，且 $x=\log_a y$ 在区间 $(0,\ +\infty)$ 内严格单调、可导，故

$$y'=(a^x)'=\frac{1}{(\log_a y)'}=\frac{1}{\frac{1}{y\ln a}}=y\ln a=a^x\ln a,$$

即
$$(a^x)'=a^x\ln a.$$

这就是指数函数的导数公式.

特殊地，当 $a=\mathrm{e}$ 时，函数 $y=\mathrm{e}^x$，则

$$(\mathrm{e}^x)'=\mathrm{e}^x.$$

例 3.18 求函数 $y=\arcsin x$ 的导数.

解 因为 $y=\arcsin x(x\in(-1,1))$ 是函数 $x=\sin y\left(y\in\left(-\frac{\pi}{2},\frac{\pi}{2}\right)\right)$ 的反函数，且 $x=\sin y$ 在区间 $\left(-\frac{\pi}{2},\frac{\pi}{2}\right)$ 内严格单调、可导，故

$$y'=(\arcsin x)'=\frac{1}{(\sin y)'}=\frac{1}{\cos y}=\frac{1}{\sqrt{1-\sin^2 y}}=\frac{1}{\sqrt{1-x^2}},$$

即
$$(\arcsin x)'=\frac{1}{\sqrt{1-x^2}}.$$

这就是反正弦函数的导数公式.

同理可推导得反余弦函数的导数公式：

$$(\arccos x)'=-\frac{1}{\sqrt{1-x^2}}.$$

例 3.19 求函数 $y=\arctan x$ 的导数.

解 因为 $y=\arctan x(x\in(-\infty,+\infty))$ 是函数 $x=\tan y\left(y\in\left(-\frac{\pi}{2},\frac{\pi}{2}\right)\right)$ 的反函数，且 $x=\tan y$ 在区间 $\left(-\frac{\pi}{2},\frac{\pi}{2}\right)$ 内严格单调、可导，故

$$y'=(\arctan x)'=\frac{1}{(\tan y)'}=\frac{1}{\sec^2 y}=\frac{1}{1+\tan^2 y}=\frac{1}{1+x^2},$$

即
$$(\arctan x)'=\frac{1}{1+x^2}.$$

这就是反正切函数的导数公式.

同理可推导得反余切函数的导数公式：

$$(\mathrm{arccot}\,x)'=-\frac{1}{1+x^2}.$$

三、基本求导公式

根据前面对求导法则的讨论以及求导举例，现将基本初等函数的求导公式和基本求导法则归纳如下：

1. 基本初等函数的求导公式

(1) $(C)'=0$（C 为常数）；　　(2) $(x^\mu)'=\mu x^{\mu-1}$；

(3) $(a^x)'=a^x\ln a$（$a>0$，且 $a\neq1$）；　　(4) $(\mathrm{e}^x)'=\mathrm{e}^x$；

(5) $(\log_a x)'=\dfrac{1}{x\ln a}(a>0$，且 $a\neq1)$；

(6) $(\ln x)'=\dfrac{1}{x}$；

(7) $(\sin x)'=\cos x$；

(8) $(\cos x)'=-\sin x$；

(9) $(\tan x)'=\sec^2 x$；

(10) $(\cot x)'=-\csc^2 x$；

(11) $(\sec x)'=\sec x\tan x$；

(12) $(\csc x)'=-\csc x\cot x$；

(13) $(\arcsin x)'=\dfrac{1}{\sqrt{1-x^2}}$；

(14) $(\arccos x)'=-\dfrac{1}{\sqrt{1-x^2}}$；

(15) $(\arctan x)'=\dfrac{1}{1+x^2}$；

(16) $(\text{arccot}\, x)'=-\dfrac{1}{1+x^2}$.

2. 函数的求导法则

(1) 导数的四则运算

设函数 $u=u(x)$ 和 $v=v(x)$ 都在点 x 处可导，则

$(u\pm v)'=u'\pm v'$，

$(uv)'=u'v+uv'$，$(Cu)'=Cu'$（C 为常数），

$\left(\dfrac{u}{v}\right)'=\dfrac{u'v-uv'}{v^2}(v\neq0)$，$\left(\dfrac{C}{v}\right)'=-C\dfrac{v'}{v^2}$（$C$ 为常数）.

(2) 反函数求导法则

设 $x=\varphi(y)$ 在区间 I_y 内严格单调、可导，且 $\varphi'(y)\neq0$，则其反函数 $y=f(x)$ 在对应的区间 I_x 内也可导，且有

$$f'(x)=\frac{1}{\varphi'(y)}\text{或}\frac{\mathrm{d}y}{\mathrm{d}x}=\frac{1}{\dfrac{\mathrm{d}x}{\mathrm{d}y}}.$$

习题 3－2

1. 求下列函数的导数.

(1) $y=3x+5\sqrt{x}-\dfrac{1}{x^2}$；

(2) $y=\tan x+2\sec x-1$；

(3) $y=x^3+3^x-3\mathrm{e}^x$；

(4) $y=3\mathrm{e}^x\tan x$；

(5) $y=x\sin x+\cos x$；

(6) $y=x^2\ln x\cdot\cos x$；

(7) $y=\dfrac{1+\sin x}{1+\cos x}$；

(8) $y=\dfrac{\sin x}{x}+\dfrac{x}{\sin x}$.

2. 求下列函数在给定点处的导数.

(1) $y=\dfrac{\ln x}{x^2}$，求 $y'|_{x=\mathrm{e}}$；

(2) $f(x)=\mathrm{e}^x\sin x$，求 $f'\left(\dfrac{\pi}{2}\right)$；

(3) $\rho=\theta\sin\theta+\dfrac{1}{2}\cos\theta$，求 $\left.\dfrac{\mathrm{d}\rho}{\mathrm{d}\theta}\right|_{\theta=\frac{\pi}{4}}$.

3. 求曲线 $y=3^x x$ 在原点处的切线方程.

4. 设曲线 $y=x^2+5x+4$，问 b 取何值时，直线 $y=3x+b$ 为该曲线的切线.

5. 利用反函数求导法则计算函数 $y=\arccos x$ 的导数.

第三节　多元函数的偏导数

一、偏导数的定义

通过第一节的学习，我们知道了一元函数 $y=f(x)$ 关于 x 的变化率就是 $y=f(x)$ 关于 x 的导数．对于多元函数同样也需要讨论变化率的问题．在这一节中，我们主要考虑当多元函数的多个自变量中只有一个自变量发生变化时，因变量相对于该自变量的变化率，即偏导数．下面给出偏导数的定义．

定义 3.2　设函数 $z=f(x, y)$ 在点 (x_0, y_0) 的某一邻域内有定义，当 y 固定在 y_0 而 x 在 x_0 处有增量 Δx 时，相应地函数有增量

$$f(x_0+\Delta x, y_0)-f(x_0, y_0),$$

如果

$$\lim_{\Delta x\to 0}\frac{f(x_0+\Delta x, y_0)-f(x_0, y_0)}{\Delta x}$$

存在，则称此极限为函数 $z=f(x, y)$ 在点 (x_0, y_0) 处对 x 的**偏导数**，记作

$$\left.\frac{\partial z}{\partial x}\right|_{\substack{x=x_0\\y=y_0}},\ \left.\frac{\partial f}{\partial x}\right|_{\substack{x=x_0\\y=y_0}},\ z'_x\big|_{\substack{x=x_0\\y=y_0}} \text{或 } f'_x(x_0, y_0),$$

即

$$f'_x(x_0, y_0)=\lim_{\Delta x\to 0}\frac{f(x_0+\Delta x, y_0)-f(x_0, y_0)}{\Delta x}. \tag{3.7}$$

同理可以把函数 $z=f(x, y)$ 在点 (x_0, y_0) 处对 y 的偏导数定义为

$$\lim_{\Delta y\to 0}\frac{f(x_0, y_0+\Delta y)-f(x_0, y_0)}{\Delta y},$$

记作

$$\left.\frac{\partial z}{\partial y}\right|_{\substack{x=x_0\\y=y_0}},\ \left.\frac{\partial f}{\partial y}\right|_{\substack{x=x_0\\y=y_0}},\ z'_y\big|_{\substack{x=x_0\\y=y_0}} \text{或 } f'_y(x_0, y_0),$$

即

$$f'_y(x_0, y_0)=\lim_{\Delta y\to 0}\frac{f(x_0, y_0+\Delta y)-f(x_0, y_0)}{\Delta y}. \tag{3.8}$$

如果函数 $z=f(x, y)$ 在区域 D 内每一点 (x, y) 处对 x 的偏导数都存在，那么这个偏导数就是 x，y 的函数，称此函数为 $z=f(x, y)$ 对 x 的偏导函数，记作

$$\frac{\partial z}{\partial x},\ \frac{\partial f}{\partial x},\ z'_x \text{或 } f'_x(x, y),$$

即

$$f'_x(x, y)=\lim_{\Delta x\to 0}\frac{f(x+\Delta x, y)-f(x, y)}{\Delta x}.$$

同理可以定义 $z=f(x, y)$ 对 y 的**偏导函数**，记作

$$\frac{\partial z}{\partial y},\ \frac{\partial f}{\partial y},\ z'_y \text{或 } f'_y(x, y).$$

由偏导函数的定义可知，$z=f(x, y)$ 在点 (x_0, y_0) 处的偏导数，可以看作是偏导函数 $f'_x(x, y)$，$f'_y(x, y)$ 在 (x_0, y_0) 处的函数值．类似于一元函数的导函数，以后在不至于混淆的地方也把偏导函数简称为偏导数．

偏导数的概念还可以推广到更多元的函数．例如，三元函数 $u=f(x, y, z)$ 在点 (x, y, z) 处对 x 的偏导数定义为

$$f'_x(x, y, z)=\lim_{\Delta x\to 0}\frac{f(x+\Delta x, y, z)-f(x, y, z)}{\Delta x}, \qquad (3.9)$$

其中 (x, y, z) 是函数 $u=f(x, y, z)$ 的定义域的内点．

二、偏导数计算举例

多元函数求偏导数仍旧是一元函数的微分法问题，因此无需建立新的求导法则．以二元函数为例，对于 $z=f(x, y)$，要求 $\frac{\partial f}{\partial x}$，只需将 y 视为常数，此时函数 $f(x, y)$ 就可以看作是关于 x 的一元函数，对 x 按照一元函数求导即可；同样，要求 $\frac{\partial f}{\partial y}$，只需将 x 视为常数，此时函数 $f(x, y)$ 就可以看作是关于 y 的一元函数，对 y 按照一元函数求导即可．因此一元函数的所有求导法则、求导公式在这里仍然适用．对于二元以上的函数求偏导数也是转化为一元函数的微分法．

例 3.20　求 $z=x^3+4x^2y+y^2$ 在点 $(2, 1)$ 处的偏导数．

解　把 y 看作常量，得

$$\frac{\partial z}{\partial x}=3x^2+8xy,$$

把 x 看作常量，得

$$\frac{\partial z}{\partial y}=4x^2+2y.$$

将 $(2, 1)$ 代入上面的结果，就得

$$\left.\frac{\partial z}{\partial x}\right|_{\substack{x=2\\y=1}}=3\times 2^2+8\times 2\times 1=28,$$

$$\left.\frac{\partial z}{\partial y}\right|_{\substack{x=2\\y=1}}=4\times 2^2+2\times 1=18.$$

例 3.21　求 $z=\ln x\cdot\cos y$ 的偏导数．

解　$\frac{\partial z}{\partial x}=\frac{1}{x}\cdot\cos y=\frac{\cos y}{x}$,

$\frac{\partial z}{\partial y}=\ln x\cdot(-\sin y)=-\ln x\cdot\sin y.$

例 3.22　设 $z=x^y\,(x>0, x\neq 1)$，求证：$\frac{x}{y}\frac{\partial z}{\partial x}+\frac{1}{\ln x}\frac{\partial z}{\partial y}=2z.$

证　因为 $\frac{\partial z}{\partial x}=yx^{y-1}$，$\frac{\partial z}{\partial y}=x^y\ln x$，所以

$$\frac{x}{y}\frac{\partial z}{\partial x}+\frac{1}{\ln x}\frac{\partial z}{\partial y}=\frac{x}{y}yx^{y-1}+\frac{1}{\ln x}x^y\ln x=x^y+x^y=2z.$$

例 3.23　求 $u=\frac{x^2+y^2}{z}$ 的偏导数．

解　求 $\frac{\partial u}{\partial x}$ 时，把 y，z 都看作常数，得

$$\frac{\partial u}{\partial x}=\frac{1}{z}\cdot 2x=\frac{2x}{z}.$$

类似地，

$$\frac{\partial u}{\partial y}=\frac{1}{z}\cdot 2y=\frac{2y}{z},\ \frac{\partial u}{\partial z}=(x^2+y^2)\cdot\left(-\frac{1}{z^2}\right)=-\frac{x^2+y^2}{z^2}.$$

例 3.24 设
$$z=f(x,y)=\begin{cases}\dfrac{xy}{x^2+y^2}, & x^2+y^2\neq 0,\\ 0, & x^2+y^2=0,\end{cases}$$
求 $f'_x(0,0)$，$f'_y(0,0)$以及 $\lim\limits_{(x,y)\to(0,0)}f(x,y)$.

解 因为 $f(x,0)=\dfrac{x\cdot 0}{x^2+0}=0$，$f(0,y)=\dfrac{0\cdot y}{0+y^2}=0$，所以

$$f'_x(0,0)=\lim_{\Delta x\to 0}\frac{f(0+\Delta x,0)-f(0,0)}{\Delta x}=\lim_{\Delta x\to 0}\frac{0-0}{\Delta x}=0,$$

$$f'_y(0,0)=\lim_{\Delta y\to 0}\frac{f(0,0+\Delta y)-f(0,0)}{\Delta y}=\lim_{\Delta y\to 0}\frac{0-0}{\Delta y}=0.$$

令 $y=kx$，则当点 $P(x,y)$沿着直线 $y=kx$ 趋于点(0，0)时，有

$$\lim_{\substack{(x,y)\to(0,0)\\ y=kx}}\frac{xy}{x^2+y^2}=\lim_{x\to 0}\frac{kx^2}{x^2+k^2x^2}=\frac{k}{1+k^2},$$

显然极限是随着 k 值的不同而改变的，因此 $\lim\limits_{(x,y)\to(0,0)}f(x,y)$不存在.

注意：在一元函数中，函数在某点可导，则它在该点必连续，但对于多元函数，即使在某点处其偏导数都存在，它在该点也未必连续．这是因为偏导数描述了多元函数在某点处各坐标轴的特定方向变化的分析性质，而不是多元函数在相应点发生变化时整体的分析性质．这也正是一元函数与多元函数间的重要区别之一．

习题 3-3

1. 求下列函数的偏导数．

(1) $z=2x^4y+5y^3x+1$；　　(2) $s=\dfrac{u^2+v^2}{uv}$；

(3) $z=3e^x\cos y$；　　(4) $z=x\sin y-\arctan y\ln x$；

(5) $u=x^2\ln y\cdot\cos z$；　　(6) $u=2xy^z$.

2. 求 $z=x^2e^y+\log_5 x\cdot\ln y$ 在点(2，1)处的偏导数．

3. 设 $z=f(x,y)=\begin{cases}\dfrac{2y^3}{x^2+y^2}, & x^2+y^2\neq 0,\\ 0, & x^2+y^2=0,\end{cases}$ 求 $f'_x(0,0)$和 $f'_y(0,0)$.

第四节　高阶导数

一、一元函数的高阶导数

通过前面的求导举例，我们可以看到，一元函数 $y=f(x)$的导数 $f'(x)$仍然是 x 的函

数，而对于这个函数 $f'(x)$ 我们可以继续考察它的可导性．

定义 3.3　如果 $f(x)$ 可导，且 $f'(x)$ 仍然可导，则 $f'(x)$ 的导数称为 $f(x)$ 的**二阶导数**，记作 y''，$f''(x)$，$\frac{\mathrm{d}^2y}{\mathrm{d}x^2}$ 或 $\frac{\mathrm{d}^2f(x)}{\mathrm{d}x^2}$，即

$$f''(x)=[f'(x)]'=\lim_{\Delta x\to 0}\frac{f'(x+\Delta x)-f'(x)}{\Delta x} 或 \frac{\mathrm{d}^2y}{\mathrm{d}x^2}=\frac{\mathrm{d}}{\mathrm{d}x}\left(\frac{\mathrm{d}y}{\mathrm{d}x}\right).$$

相应地，称 $y=f(x)$ 的导数 $f'(x)$ 为 $y=f(x)$ 的一阶导数．

在第一节中我们知道，变速直线运动的瞬时速度 $v(t)$ 是路程 $s(t)$ 相对于时间 t 的变化率，则 $v(t)=s'(t)$，即 $v(t)$ 是路程 $s(t)$ 的一阶导数；而加速度 $a(t)$ 是速度 $v(t)$ 相对于时间 t 的变化率，则 $a(t)=v'(t)=s''(t)$，即 $a(t)$ 是路程 $s(t)$ 的二阶导数．

类似地，二阶导数的导数，称为**三阶导数**，记作 y'''，$f'''(x)$，$\frac{\mathrm{d}^3y}{\mathrm{d}x^3}$ 或 $\frac{\mathrm{d}^3f(x)}{\mathrm{d}x^3}$．

三阶导数的导数，称为**四阶导数**，记作 $y^{(4)}$，$f^{(4)}(x)$，$\frac{\mathrm{d}^4y}{\mathrm{d}x^4}$ 或 $\frac{\mathrm{d}^4f(x)}{\mathrm{d}x^4}$．

依此类推，$(n-1)$ 阶导数的导数（如果存在的话），称为 n **阶导数**，记作 $y^{(n)}$，$f^{(n)}(x)$，$\frac{\mathrm{d}^ny}{\mathrm{d}x^n}$ 或 $\frac{\mathrm{d}^nf(x)}{\mathrm{d}x^n}$．

函数 $y=f(x)$ 具有 n 阶导数，也可称作函数 $f(x)$ n 阶可导．显然，如果函数 $y=f(x)$ 在点 x 处 n 阶可导，那么 $y=f(x)$ 在点 x 处必定具有一切低于 n 阶的导数．二阶及二阶以上的导数统称为**高阶导数**．

根据高阶导数的定义可知，求高阶导数就是利用前面学习过的求导法则继续求导，如果需要求函数的高阶导数公式，则需要在逐次求导过程中，善于寻求它的某种规律．

例 3.25　设 $y=ax^2+bx+c$（其中 a，b，c 为常数），求 y''，y'''，$y^{(4)}$．

解　$y'=2ax+b$，$y''=2a$，$y'''=0$，$y^{(4)}=0$．

例 3.26　设 $f(x)=\arctan x$，求 $f'''(0)$．

解　$f'(x)=\frac{1}{1+x^2}$，$f''(x)=-\frac{2x}{(1+x^2)^2}$，$f'''(x)=\frac{6x^2-2}{(1+x^2)^3}$，

故 $f'''(0)=-2$．

下面介绍几个初等函数的 n 阶导数．

例 3.27　设 $y=\mathrm{e}^x$，求 $y^{(n)}$．

解　$y'=\mathrm{e}^x$，$y''=\mathrm{e}^x$，$y'''=\mathrm{e}^x$，$y^{(4)}=\mathrm{e}^x$，…，

一般地，可得 $y^{(n)}=\mathrm{e}^x$，即

$$(\mathrm{e}^x)^{(n)}=\mathrm{e}^x.$$

例 3.28　求幂函数 $y=x^\mu$（μ 是任意常数），求 $y^{(n)}$．

解　$y'=\mu x^{\mu-1}$，$y''=\mu(\mu-1)x^{\mu-2}$，

$y'''=\mu(\mu-1)(\mu-2)x^{\mu-3}$，

$y^{(4)}=\mu(\mu-1)(\mu-2)(\mu-3)x^{\mu-4}$，

…………

一般地，可得 $y^{(n)}=\mu(\mu-1)(\mu-2)\cdots(\mu-n+1)x^{\mu-n}$，即

$$(x^\mu)^{(n)}=\mu(\mu-1)(\mu-2)\cdots(\mu-n+1)x^{\mu-n}.$$

当 $\mu=n$ 时，得到 $(x^n)^{(n)}=n(n-1)(n-2)\cdots 3\cdot 2\cdot 1=n!$，而

$$(x^n)^{(n+1)}=0.$$

例 3.29 设 $y=\cos x$，求 $y^{(n)}$.

解 $y'=-\sin x=\cos\left(x+\dfrac{\pi}{2}\right)$,

$y''=-\sin\left(x+\dfrac{\pi}{2}\right)=\cos\left(x+2\cdot\dfrac{\pi}{2}\right)$,

$y'''=-\sin\left(x+2\cdot\dfrac{\pi}{2}\right)=\cos\left(x+3\cdot\dfrac{\pi}{2}\right)$,

$y^{(4)}=-\sin\left(x+3\cdot\dfrac{\pi}{2}\right)=\cos\left(x+4\cdot\dfrac{\pi}{2}\right)$,

…………

一般地，可得 $y^{(n)}=\cos\left(x+n\cdot\dfrac{\pi}{2}\right)$，即

$$(\cos x)^{(n)}=\cos\left(x+n\cdot\frac{\pi}{2}\right).$$

同理可得

$$(\sin x)^{(n)}=\sin\left(x+n\cdot\frac{\pi}{2}\right).$$

例 3.30 设 $y=\ln x$，求 $y^{(n)}$.

解 $y'=\dfrac{1}{x}=x^{-1}$，$y''=-\dfrac{1}{x^2}=-x^{-2}$，

$y'''=2x^{-3}$，$y^{(4)}=-3\cdot 2x^{-4}$，

…………

一般地，可得 $y^{(n)}-(-1)^{n-1}(n-1)(n-2)\cdots 3\cdot 2x^{-n}=(-1)^{n-1}(n-1)!x^{-n}$，即

$$(\ln x)^{(n)}=(-1)^{n-1}(n-1)!x^{-n}.$$

根据定义直接求高阶导数的方法，一般称为直接法．下面给出一些常用的求高阶导数的运算法则，利用已知高阶导数公式，结合这些运算法则、变量代换等来计算高阶导数的方法称为间接法．常用运算法则列举如下．

设函数 $u=u(x)$，$v=v(x)$都在点 x 处 n 阶可导，则

(1) $(u\pm v)^{(n)}=u^{(n)}\pm v^{(n)}$；

(2) $(Cu)^{(n)}=Cu^{(n)}$(C 为常数)；

(3) 莱布尼茨(Leibniz)公式

$$(uv)^{(n)}=\sum_{k=0}^{n}C_n^k u^{(n-k)}v^{(k)},$$

其中 $u^{(0)}=u$，$v^{(0)}=v$.

证 (1)、(2)证明很容易，仅给出(3)的证明，利用数学归纳法：

当 $n=1$ 时，$(uv)'=u'v+uv'$，公式成立；

假设对$(n-1)$阶导数也成立，即

$$(uv)^{(n-1)}=\sum_{k=0}^{n-1}C_{n-1}^k u^{(n-k-1)}v^{(k)},$$

则 n 阶导数

$$(uv)^{(n)}=[(uv)^{(n-1)}]'=\Big[\sum_{k=0}^{n-1}C_{n-1}^{k}u^{(n-k-1)}v^{(k)}\Big]'=\sum_{k=0}^{n-1}C_{n-1}^{k}[u^{(n-k-1)}v^{(k)}]'$$

$$=\sum_{k=0}^{n-1}C_{n-1}^{k}[u^{(n-k)}v^{(k)}+u^{(n-k-1)}v^{(k+1)}]=\sum_{k=0}^{n-1}C_{n-1}^{k}u^{(n-k)}v^{(k)}+\sum_{k=0}^{n-1}C_{n-1}^{k}u^{(n-k-1)}v^{(k+1)}$$

$$=C_{n-1}^{0}u^{(n)}v+C_{n-1}^{1}u^{(n-1)}v'+C_{n-1}^{2}u^{(n-2)}v''+\cdots+C_{n-1}^{n-1}u'v^{(n-1)}+$$

$$C_{n-1}^{0}u^{(n-1)}v'+C_{n-1}^{1}u^{(n-2)}v''+\cdots+C_{n-1}^{n-2}u'v^{(n-1)}+C_{n-1}^{n-1}uv^{(n)},$$

因为

$$C_{n-1}^{0}=C_{n}^{0},\ C_{n-1}^{n-1}=C_{n}^{n},\ C_{n-1}^{k-1}+C_{n-1}^{k}=C_{n}^{k},$$

所以按上述箭头对应相加可得

$$(uv)^{(n)}=C_{n}^{0}u^{(n)}v+C_{n}^{1}u^{(n-1)}v'+C_{n}^{2}u^{(n-2)}v''+\cdots+C_{n}^{n-1}u'v^{(n-1)}+C_{n}^{n}uv^{(n)},$$

即

$$(uv)^{(n)}=\sum_{k=0}^{n}C_{n}^{k}u^{(n-k)}v^{(k)}.$$

例 3.31 设 $y=\dfrac{x\ln x+5}{x}$，求 $y^{(n)}$.

解 因为

$$y=\frac{x\ln x+5}{x}=\ln x+\frac{5}{x},$$

所以

$$y^{(n)}=(\ln x)^{(n)}+\left(\frac{5}{x}\right)^{(n)}=(\ln x)^{(n)}+5\cdot\left(\frac{1}{x}\right)^{(n)},$$

又由

$$\left(\frac{1}{x}\right)^{(n)}=(-1)^{n}\frac{n!}{x^{n+1}},\ (\ln x)^{(n)}=(-1)^{n-1}(n-1)!x^{-n},$$

可得

$$y^{(n)}=(-1)^{n-1}(n-1)!x^{-n}+(-1)^{n}n!\cdot 5\cdot x^{-(n+1)}$$
$$=(-1)^{n-1}(n-1)!x^{-(n+1)}(x-5n).$$

例 3.32 设 $y=x^{3}\sin x$，求 $y^{(30)}$.

解 设 $u=x^{3}$，$v=\sin x$，则

$$u'=3x^{2},\ u''=6x,\ u'''=6,\ u^{(4)}=\cdots=u^{(30)}=0,$$

$$v^{(k)}=\sin\left(x+k\cdot\frac{\pi}{2}\right)(k=1,\ 2,\ \cdots,\ 30),$$

根据莱布尼茨公式可得

$$y^{(30)}=\sum_{k=0}^{30}C_{30}^{k}u^{(30-k)}v^{(k)}$$
$$=C_{30}^{27}u'''v^{(27)}+C_{30}^{28}u''v^{(28)}+C_{30}^{29}u'v^{(29)}+C_{30}^{30}u^{(0)}v^{(30)}$$
$$=\frac{30\cdot 29\cdot 28}{3!}\cdot 6\cdot\sin\left(x+27\cdot\frac{\pi}{2}\right)+\frac{30\cdot 29}{2!}\cdot 6x\cdot\sin\left(x+28\cdot\frac{\pi}{2}\right)+$$
$$30\cdot 3x^{2}\cdot\sin\left(x+29\cdot\frac{\pi}{2}\right)+x^{3}\cdot\sin\left(x+30\cdot\frac{\pi}{2}\right)$$
$$=-24360\cos x+2610x\sin x+90x^{2}\cos x-x^{3}\sin x.$$

二、二元函数的高阶偏导数

在第三节中，我们介绍了二元函数的偏导数，可以看到，函数 $z=f(x,\ y)$ 的偏导数 $f'_x(x,\ y)$，$f'_y(x,\ y)$ 仍然是关于 x，y 的二元函数，因此对于这些二元函数我们可以继续考察它们的可导性.

定义 3.4 如果函数 $z=f(x, y)$ 在区域 D 内的偏导数 $f'_x(x, y)$，$f'_y(x, y)$ 仍然有偏导数，则称其偏导数为函数 $z=f(x, y)$ 的**二阶偏导数**．按照对变量求导次序的不同有下列四个二阶偏导数，分别记为

$$\frac{\partial}{\partial x}\left(\frac{\partial z}{\partial x}\right)=\frac{\partial^2 z}{\partial x^2}=f''_{xx}(x, y)=f''_{11}(x, y), \quad \frac{\partial}{\partial y}\left(\frac{\partial z}{\partial x}\right)=\frac{\partial^2 z}{\partial x\,\partial y}=f''_{xy}(x, y)=f''_{12}(x, y),$$

$$\frac{\partial}{\partial x}\left(\frac{\partial z}{\partial y}\right)=\frac{\partial^2 z}{\partial y\,\partial x}=f''_{yx}(x, y)=f''_{21}(x, y), \quad \frac{\partial}{\partial y}\left(\frac{\partial z}{\partial y}\right)=\frac{\partial^2 z}{\partial y^2}=f''_{yy}(x, y)=f''_{22}(x, y),$$

其中 $\frac{\partial^2 z}{\partial x\,\partial y}$ 与 $\frac{\partial^2 z}{\partial y\,\partial x}$ 称为**混合偏导数**．

类似地，二阶偏导数的偏导数，称为三阶偏导数．一般地，$(n-1)$ 阶偏导数的偏导数，称为 n 阶偏导数．二阶及二阶以上的偏导数统称为高阶偏导数．

例 3.33 设 $z=x^4y^2+5x^2y^3-xy+9$，求 $\frac{\partial^2 z}{\partial x\,\partial y}$，$\frac{\partial^2 z}{\partial y\,\partial x}$ 和 $\frac{\partial^3 z}{\partial x^3}$.

解 $\frac{\partial z}{\partial x}=4x^3y^2+10xy^3-y$，$\frac{\partial z}{\partial y}=2x^4y+15x^2y^2-x$；

$\frac{\partial^2 z}{\partial x\,\partial y}=8x^3y+30xy^2-1$，$\frac{\partial^2 z}{\partial y\,\partial x}=8x^3y+30xy^2-1$，

$\frac{\partial^2 z}{\partial x^2}=12x^2y^2+10y^3$，$\frac{\partial^3 z}{\partial x^3}=24xy^2$.

在这个例子中，我们可以看到两个二阶混合偏导数是相等的，即 $\frac{\partial^2 z}{\partial y\,\partial x}=\frac{\partial^2 z}{\partial x\,\partial y}$，这并非偶然，相关定理如下：

定理 3.5 如果函数 $z=f(x, y)$ 的两个二阶混合偏导数 $\frac{\partial^2 z}{\partial y\,\partial x}$ 及 $\frac{\partial^2 z}{\partial x\,\partial y}$ 在区域 D 内连续，那么在该区域内这两个二阶混合偏导数必相等．（证明略）

此定理说明，二阶混合偏导数在连续的条件下与求导次序无关．

对于二元以上的函数，可以类似地定义其高阶偏导数，而且高阶混合偏导数在偏导数连续的条件下也与求导次序无关．

例 3.34 设 $u=z^3\arctan y\ln x+3y\cos z$，求 $\frac{\partial^2 u}{\partial z\,\partial x}$，$\frac{\partial^3 u}{\partial z\,\partial x\,\partial y}$ 和 $\frac{\partial^3 u}{\partial z\,\partial^2 x}$.

解 将 u 中的 x，y 看作常数，对 z 求导，得

$$\frac{\partial u}{\partial z}=3z^2\arctan y\ln x-3y\sin z,$$

将 $\frac{\partial u}{\partial z}$ 中的 y，z 看作常数，对 x 求导，得

$$\frac{\partial^2 u}{\partial z\,\partial x}=\frac{3z^2\arctan y}{x},$$

将 $\frac{\partial^2 u}{\partial z\,\partial x}$ 中的 x，z 看作常数，对 y 求导，得

$$\frac{\partial^3 u}{\partial z\,\partial x\,\partial y}=\frac{3z^2}{x(1+y^2)},$$

将 $\frac{\partial^2 u}{\partial z\,\partial x}$ 中的 y，z 看作常数，对 x 求导，得

$$\frac{\partial^3 u}{\partial z\,\partial^2 x}=-\frac{3z^2\arctan y}{x^2}.$$

习题 3 - 4

1. 求下列函数的二阶导数.

(1) $y=x^4-2x^3+3x^2-x+1$;　　(2) $y=x\sin x$;

(3) $y=\mathrm{e}^{-x}\sin x$;　　(4) $y=\tan x$;

(5) $y=(1+x^2)\arctan x$;　　(6) $y=\dfrac{\ln x}{x}$.

2. 设 $f(x)=2x^3+\ln x$，求 $f'''(1)$.

3. 已知物体的运动规律为 $s=A\sin\omega t$(A，ω 是常数)，求物体运动的加速度，并验证：

$$\frac{\mathrm{d}^2 s}{\mathrm{d}t^2}+\omega^2 s=0.$$

4. 验证函数 $y=\mathrm{e}^x\sin x$ 满足关系式 $y''-2y'+2y=0$.

5. 设 $y=x^3\mathrm{e}^x$，求 $y^{(30)}$.

6. 求下列函数的 n 阶导数.

(1) $y=x\mathrm{e}^x$;　　(2) $y=x\ln x$.

7. 设 $y=\dfrac{3-x\cos x}{x}$，利用间接法求 $y^{(n)}$.

8. 求下列函数的$\dfrac{\partial^2 z}{\partial x^2}$，$\dfrac{\partial^2 z}{\partial y^2}$和$\dfrac{\partial^2 z}{\partial x\,\partial y}$.

(1) $z=x^4+y^4-4x^2y^2$;　　(2) $z=x^2\sin y$;　　(3) $z=y^x$.

9. 设 $f(x, y, z)=xy^2+yz^2+zx^2$，求 $f''_{xx}(0, 0, 1)$，$f''_{xz}(1, 0, 2)$，$f''_{yz}(0, -1, 0)$.

10. 设 $z=\varphi(x)g(y)$，证明：$z\cdot\dfrac{\partial^2 z}{\partial x\,\partial y}=\dfrac{\partial z}{\partial x}\cdot\dfrac{\partial z}{\partial y}$.

11. 设 $u=\dfrac{y}{x}\tan z$，求$\dfrac{\partial^3 u}{\partial x\,\partial y\,\partial z}$，$\dfrac{\partial^3 u}{\partial x^2\,\partial z}$.

第五节　函数的微分

前面学习的导数研究的是函数相对于自变量的变化率，而微分研究的则是当自变量有微小变化时，函数的变化情况，即当自变量 x 取得增量 Δx 时，研究函数的增量 $\Delta y=f(x+\Delta x)-f(x)$. 然而，当 $y=f(x)$比较复杂时，计算 Δy 的精确值是很烦琐的. 于是产生了微分的概念，将 Δy 近似表示为关于 Δx 的线性函数，从而较为简单地求得 Δy 的近似值.

一、一元函数微分的概念

1. 微分的定义

先分析一个具体问题. 一块正方形金属薄片由于受到温度变化的影响，边长从 x_0 变到 $x_0+\Delta x$(图 3 - 4)，问此薄片的面积改变了多少?

设此正方形薄片的边长为 x，面积为 A，则 A 是 x 的函数：$A=x^2$. 薄片受温度变化的影响时面积的改变量可以看成是当自变量 x 自 x_0 取得增量 Δx 时，函数 $A=x^2$ 相应的增量 ΔA，即

$$\Delta A=(x_0+\Delta x)^2-x_0^2=2x_0\Delta x+(\Delta x)^2.$$

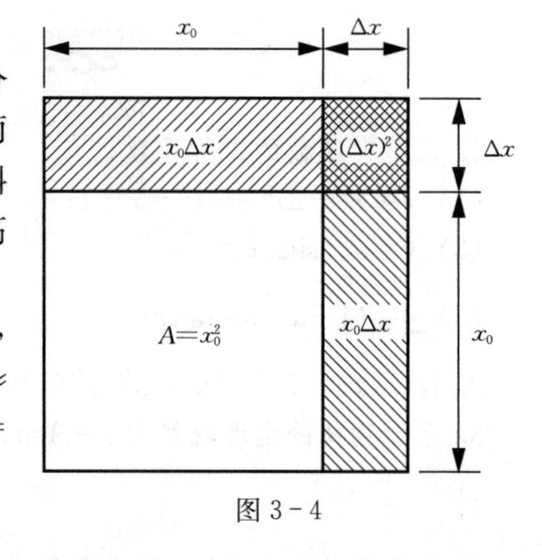

图 3-4

从上式可以看出，ΔA 包含两部分，第一部分 $2x_0\Delta x$ 是关于 Δx 的线性函数，即图中带有斜线的两个矩形面积之和；第二部分 $(\Delta x)^2$ 是图中带有交叉斜线的小正方形面积，当 $\Delta x\to 0$ 时，$(\Delta x)^2$ 是比 Δx 高阶的无穷小，即 $(\Delta x)^2=o(\Delta x)$.

显然，当边长的改变量很微小，即 $|\Delta x|$ 很小时，可以用第一部分 $2x_0\Delta x$ 近似地表示 ΔA，即 $\Delta A\approx 2x_0\Delta x$. 这个关于 Δx 的线性函数 $2x_0\Delta x$ 就是函数 $A=x^2$ 在点 x_0 处的微分.

下面给出微分的定义.

定义 3.5 设函数 $y=f(x)$ 在某区间内有定义，x_0 和 $x_0+\Delta x$ 在这区间内，如果函数的增量

$$\Delta y=f(x_0+\Delta x)-f(x_0)$$

可表示为

$$\Delta y=A\Delta x+o(\Delta x), \tag{3.10}$$

其中 A 是不依赖于 Δx 的常数，那么称函数 $y=f(x)$ 在点 x_0 处是**可微的**，而 $A\Delta x$ 叫作函数 $y=f(x)$ 在点 x_0 相应于自变量增量 Δx 的**微分**，记作 $\mathrm{d}y$，即

$$\mathrm{d}y=A\Delta x. \tag{3.11}$$

由微分的定义可以看出，当自变量 x 取得增量 Δx 时，Δy 由 $A\Delta x$ 和 $o(\Delta x)$ 两部分组成，其中 $A\Delta x$ 是 Δx 的线性函数，而 $o(\Delta x)$ 是 Δx 的高阶无穷小量，由此可见，当 $A\neq 0$ 时，在 Δy 中 $A\Delta x$ 起主要作用，因此 $A\Delta x$ 也称为 Δy 的线性主部，此时可以用 $\mathrm{d}y$ 近似代替 Δy，其误差为 $o(\Delta x)$，当 $|\Delta x|$ 很小时，有近似等式

$$\Delta y\approx \mathrm{d}y.$$

2. 函数可微的条件

下面讨论函数可微的条件，同时讨论如何确定微分定义中的常数 A.

设函数 $y=f(x)$ 在点 x_0 处可微，由微分定义有

$$\Delta y=A\Delta x+o(\Delta x),$$

上式两端除以 Δx，得

$$\frac{\Delta y}{\Delta x}=A+\frac{o(\Delta x)}{\Delta x},$$

于是当 $\Delta x\to 0$ 时，可以得到

$$f'(x_0)=\lim_{\Delta x\to 0}\frac{\Delta y}{\Delta x}=\lim_{\Delta x\to 0}\left(A+\frac{o(\Delta x)}{\Delta x}\right)=A,$$

因此如果函数 $y=f(x)$ 在点 x_0 处可微，那么 $y=f(x)$ 在点 x_0 处也一定可导（即 $f'(x_0)$ 存在），且 $A=f'(x_0)$.

反之，如果函数 $y=f(x)$ 在点 x_0 处可导，即

$$\lim_{\Delta x\to 0}\frac{\Delta y}{\Delta x}=f'(x_0)$$

存在，根据极限与无穷小的关系可知

$$\frac{\Delta y}{\Delta x}=f'(x_0)+\alpha,$$

其中当 $\Delta x\to 0$ 时，$\alpha\to 0$. 将上式两端乘以 Δx，可得

$$\Delta y=f'(x_0)\Delta x+\alpha\Delta x.$$

由于 $\lim\limits_{\Delta x\to 0}\frac{\alpha\Delta x}{\Delta x}=0$，即 $\alpha\Delta x=o(\Delta x)$，而 $f'(x_0)$不依赖于 Δx，由微分定义可知，函数 $y=f(x)$在点 x_0 处可微．

综上所述可得如下定理：

定理 3.6　函数 $y=f(x)$在点 x_0 处可微的充分必要条件是函数 $y=f(x)$在点 x_0 处可导，且当 $f(x)$在点 x_0 处可微时，其微分是

$$\mathrm{d}y=f'(x_0)\Delta x. \tag{3.12}$$

如果函数 $y=f(x)$在区间 I 内任一点 x 都可微，则称 $f(x)$是区间 I 内的可微函数．$f(x)$在任意点 x 的微分，称为函数的微分，记作 $\mathrm{d}y$ 或 $\mathrm{d}f(x)$，即

$$\mathrm{d}y=f'(x)\Delta x.$$

如果取函数 $f(x)=x$，则由 $\mathrm{d}y=f'(x)\Delta x$ 可得

$$\mathrm{d}x=x'\Delta x，即\ \mathrm{d}x=\Delta x,$$

于是函数 $y=f(x)$的微分又可记作

$$\mathrm{d}y=f'(x)\mathrm{d}x, \tag{3.13}$$

从而有

$$\frac{\mathrm{d}y}{\mathrm{d}x}=f'(x).$$

这就是说，函数的微分 $\mathrm{d}y$ 与自变量的微分 $\mathrm{d}x$ 的商等于该函数的导数，因此导数也叫作“微商”．

例 3.35　求函数 $y=x-\sin x$ 在 $x=\frac{\pi}{2}$处的微分．

解　函数 $y=x-\sin x$ 在 $x=\frac{\pi}{2}$处的微分为

$$\mathrm{d}y=(x-\sin x)'\big|_{x=\frac{\pi}{2}}\mathrm{d}x=(1-\cos x)\big|_{x=\frac{\pi}{2}}\mathrm{d}x=\mathrm{d}x.$$

例 3.36　求函数 $y=x^3$ 当 $x=2$，$\Delta x=0.01$ 时的增量和微分．

解　函数的增量

$$\Delta y=(2+0.01)^3-2^3=0.120601,$$

函数在任意点 x 的微分

$$\mathrm{d}y=(x^3)'\Delta x=3x^2\Delta x,$$

当 $x=2$，$\Delta x=0.01$ 时，函数微分为

$$\mathrm{d}y\big|_{\substack{x=2\\ \Delta x=0.01}}=3\times 2^2\times 0.01=0.12.$$

二、基本初等函数的微分公式与微分运算法则

由函数的微分表达式 $\mathrm{d}y=f'(x)\mathrm{d}x$ 可以看出，要求函数的微分，只要计算函数的导数，再乘以自变量的微分即可．因此由导数公式和求导运算法则，很容易得到如下的微分公式和微分运算法则．

1. 基本初等函数的微分公式

(1) $\mathrm{d}(C)=0$(C 为常数)；

(2) $\mathrm{d}(x^{\mu})=\mu x^{\mu-1}\mathrm{d}x$；

(3) $\mathrm{d}(a^{x})=a^{x}\ln a\mathrm{d}x(a>0$，且 $a\neq1)$；

(4) $\mathrm{d}(\mathrm{e}^{x})=\mathrm{e}^{x}\mathrm{d}x$；

(5) $\mathrm{d}(\log_{a}x)=\dfrac{1}{x\ln a}\mathrm{d}x(a>0$，且 $a\neq1)$；

(6) $\mathrm{d}(\ln x)=\dfrac{1}{x}\mathrm{d}x$；

(7) $\mathrm{d}(\sin x)=\cos x\mathrm{d}x$；

(8) $\mathrm{d}(\cos x)=-\sin x\mathrm{d}x$；

(9) $\mathrm{d}(\tan x)=\sec^{2}x\mathrm{d}x$；

(10) $\mathrm{d}(\cot x)=-\csc^{2}x\mathrm{d}x$；

(11) $\mathrm{d}(\sec x)=\sec x\tan x\mathrm{d}x$；

(12) $\mathrm{d}(\csc x)=-\csc x\cot x\mathrm{d}x$；

(13) $\mathrm{d}(\arcsin x)=\dfrac{1}{\sqrt{1-x^{2}}}\mathrm{d}x$；

(14) $\mathrm{d}(\arccos x)=-\dfrac{1}{\sqrt{1-x^{2}}}\mathrm{d}x$；

(15) $\mathrm{d}(\arctan x)=\dfrac{1}{1+x^{2}}\mathrm{d}x$；

(16) $\mathrm{d}(\mathrm{arccot}\,x)=-\dfrac{1}{1+x^{2}}\mathrm{d}x$.

2. 微分的四则运算

设函数 $u=u(x)$，$v=v(x)$都可导，则

(1) $\mathrm{d}(u\pm v)=\mathrm{d}u\pm\mathrm{d}v$；

(2) $\mathrm{d}(uv)=v\mathrm{d}u+u\mathrm{d}v$，$\mathrm{d}(Cu)=C\mathrm{d}u$($C$ 为常数)；

(3) $\mathrm{d}\left(\dfrac{u}{v}\right)=\dfrac{v\mathrm{d}u-u\mathrm{d}v}{v^{2}}$.

例 3.37 求函数 $y=\sec x\ln x$ 的微分 .

解
$$\begin{aligned}\mathrm{d}y&=\mathrm{d}(\sec x)\cdot\ln x+\sec x\cdot\mathrm{d}(\ln x)\\&=\sec x\tan x\mathrm{d}x\cdot\ln x+\sec x\cdot\frac{1}{x}\mathrm{d}x\\&=\left(\sec x\tan x\ln x+\frac{\sec x}{x}\right)\mathrm{d}x.\end{aligned}$$

三、微分的几何意义与近似计算

1. 微分的几何意义

下面通过几何上观察 $\mathrm{d}y$ 与 Δy，来说明微分的几何意义 .

设点 $M(x_0，y_0)$是曲线 $y=f(x)$上的一个确定点，当自变量 x 有微小增量 Δx 时，得到曲线上另一点 $N(x_0+\Delta x，y_0+\Delta y)$. 过点 M，N 分别作垂直于 y 轴和 x 轴的垂线，相交于点 Q，则

$$MQ=\Delta x，QN=\Delta y.$$

过点 M 作曲线的切线 MT，其倾角为 α，MT 与 QN 相交于点 P，则有

$$QP=MQ\cdot\tan\alpha=\Delta x\cdot f'(x)=\mathrm{d}y.$$

由此可知，如果 $y=f(x)$是可微函数，当 Δy 是曲线 $y=f(x)$上点的纵坐标的增量时，$\mathrm{d}y$ 就是曲线的切线上点的纵坐标的相应增量，此时用 $\mathrm{d}y$ 代替 Δy 所产生的误差为

$$\Delta y-\mathrm{d}y=NP.$$

由图可知，当$|\Delta x|$越小时，误差 NP 就越小，切线就越靠近曲线 . 这就意味着，在点 M 的邻近，我们可以用点 M 处的切线段来近似代替曲线段，这就是微分的几何意义，它体现了微积分这门学科的基本思想方法之一——以直代曲，线性逼近 .

2. 微分在近似计算中的应用

由微分的定义可知，如果函数 $f'(x_0)\neq0$，且 $|\Delta x|$ 很小时，我们可以用微分 dy 近似代替函数的增量 Δy，即

$$\Delta y\approx dy=f'(x_0)\Delta x.$$

这个式子也可改写为

$$\Delta y=f(x_0+\Delta x)-f(x_0)\approx f'(x_0)\Delta x,\tag{3.14}$$

或 $$f(x_0+\Delta x)\approx f(x_0)+f'(x_0)\Delta x.\tag{3.15}$$

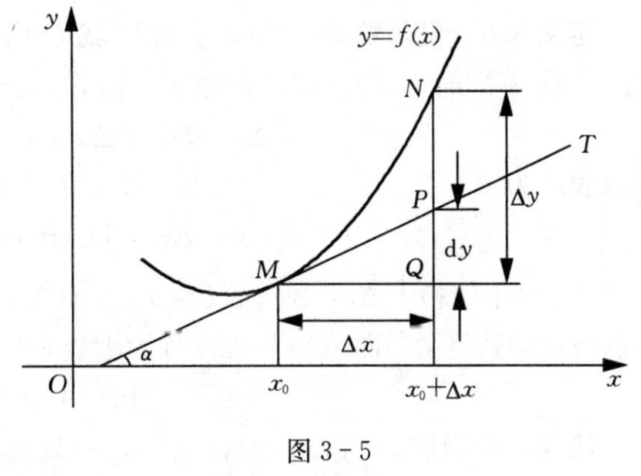

图 3-5

如果令 $x=x_0+\Delta x$，上式又可写成

$$f(x)\approx f(x_0)+f'(x_0)(x-x_0).$$

显然，当 $f(x_0)$ 和 $f'(x_0)$ 易于计算时，(3.14)式可以用来计算函数增量 Δy 的近似值，(3.15)式可以计算 $f(x_0+\Delta x)$ 或 $f(x)$ 的近似值．

例 3.38　求 $\sqrt[3]{998.5}$ 的近似值．

解　$\sqrt[3]{998.5}$ 可以看作 $\sqrt[3]{1000-1.5}=10\sqrt[3]{1-0.0015}$，则记

$$f(x)=10\sqrt[3]{x},\ x_0=1,\ \Delta x=-0.0015,$$

由 $f(x_0+\Delta x)\approx f(x_0)+f'(x_0)\Delta x$ 可得

$$\sqrt[3]{998.5}\approx10\times\sqrt[3]{1}+10\times\frac{1}{3}\times1^{-\frac{2}{3}}\times(-0.0015)=9.995.$$

例 3.39　证明：当 $|x|$ 很小时，有

(1) $e^x\approx1+x$；　　(2) $\ln(1+x)\approx x$.

证　(1) 令 $f(x)=e^x$，$x_0=0$，则由 $f(x)\approx f(x_0)+f'(x_0)(x-x_0)$ 可得

$$f(x)\approx f(0)+f'(0)x,$$

即 $$e^x\approx1+x.$$

(2) 令 $f(x)=\ln x$，$x_0=1$，$\Delta x=x$，则由 $f(x_0+\Delta x)\approx f(x_0)+f'(x_0)\Delta x$ 可得

$$f(1+x)\approx f(1)+f'(1)\Delta x,$$

即 $$\ln(1+x)\approx x.$$

类似地，当 $|x|$ 很小时，可以证明下列常用的近似公式：

(1) $(1+x)^\alpha\approx1+\alpha x(x\in\mathbf{R})$；　　(2) $e^x\approx1+x$；

(3) $\ln(1+x)\approx x$；　　(4) $\sin x\approx x$（x 为弧度）；

(5) $\tan x\approx x$（x 为弧度）.

四、二元函数全微分的定义与计算

一元函数的微分研究的是当自变量 x 取得增量 Δx 时，将函数的增量 Δy 近似表示为关于 Δx 的线性函数．而对于二元函数 $z=f(x,y)$，当自变量 x，y 分别取得增量 Δx，Δy 时，我们同样希望用自变量的增量 Δx，Δy 的线性函数来近似地代替函数的增量 Δz，从而引入全微分的定义．

1. 全微分的定义

定义 3.6 设函数 $z=f(x, y)$在区域 D 内有定义，点(x, y)及$(x+\Delta x, y+\Delta y)\in D$ (Δx，Δy 不同时为零)，如果函数在点(x, y)处的**全增量**

$$\Delta z=f(x+\Delta x, y+\Delta y)-f(x, y)$$

可以表示为

$$\Delta z=A\Delta x+B\Delta y+o(\rho), \tag{3.16}$$

其中 A，B 不依赖于 Δx，Δy 而仅与 x，y 有关，$\rho=\sqrt{(\Delta x)^2+(\Delta y)^2}$，则称函数 $z=f(x, y)$ 在点(x, y)处可微，而 $A\Delta x+B\Delta y$ 称为函数 $z=f(x, y)$在(x, y)处的**全微分**，记作 $\mathrm{d}z$，即

$$\mathrm{d}z=A\Delta x+B\Delta y. \tag{3.17}$$

注意：若函数 $z=f(x, y)$在点(x, y)处可微，则函数必在该点连续．事实上，由可微定义即得

$$\lim_{\substack{\Delta x\to 0\\ \Delta y\to 0}}\Delta z=\lim_{\rho\to 0}\Delta z=\lim_{\rho\to 0}[A\Delta x+B\Delta y+o(\rho)]=0,$$

故 $z=f(x, y)$在(x, y)处连续．

如果 $z=f(x, y)$在区域 D 内的每一点都可微，则称此函数在 D 内可微．

2. 二元函数可微的条件

下面讨论二元函数可微的条件，同时确定全微分定义中的常数 A 和 B.

定理 3.7(必要条件)　如果函数 $z=f(x, y)$在点(x, y)可微，则该函数在点(x, y)的偏导数$\frac{\partial z}{\partial x}$，$\frac{\partial z}{\partial y}$必定存在，且函数 $z=f(x, y)$在点(x, y)的全微分为

$$\mathrm{d}z=\frac{\partial z}{\partial x}\Delta x+\frac{\partial z}{\partial y}\Delta y. \tag{3.18}$$

证　由函数 $z=f(x, y)$在点(x, y)可微可得

$$\Delta z=f(x+\Delta x, y+\Delta y)-f(x, y)=A\Delta x+B\Delta y+o(\rho).$$

特别地，当 $\Delta y=0$ 时，$\rho=|\Delta x|$，则有

$$f(x+\Delta x, y)-f(x, y)=A\cdot\Delta x+o(|\Delta x|).$$

将上式两端同时除以 Δx，再取 $\Delta x\to 0$ 时的极限，得

$$\lim_{\Delta x\to 0}\frac{f(x+\Delta x, y)-f(x, y)}{\Delta x}=A,$$

即偏导数$\frac{\partial z}{\partial x}$存在，且等于 A.

同理可得$\frac{\partial z}{\partial y}=B$. 因此函数 $z=f(x, y)$在点(x, y)的全微分可表示为

$$\mathrm{d}z=\frac{\partial z}{\partial x}\Delta x+\frac{\partial z}{\partial y}\Delta y.$$

注意：(1) 由于 $\mathrm{d}x=\Delta x$，$\mathrm{d}y=\Delta y$，所以全微分通常写为

$$\mathrm{d}z=\frac{\partial z}{\partial x}\mathrm{d}x+\frac{\partial z}{\partial y}\mathrm{d}y. \tag{3.19}$$

(2) 在一元函数中，导数存在是可微的充分必要条件．但对于二元函数来说，各偏导数都存在只是可微的必要条件，而非充分条件．

因为当偏导数都存在时，虽然可以写出$\frac{\partial z}{\partial x}\Delta x+\frac{\partial z}{\partial y}\Delta y$这样的形式，但它与$\Delta z$之差并不一定是$\rho$的高阶无穷小，因此它不一定是函数的全微分．

例如，函数$z=f(x,\ y)=\begin{cases}\frac{xy}{\sqrt{x^2+y^2}}, & x^2+y^2\neq 0,\\ 0, & x^2+y^2=0\end{cases}$在点$(0,\ 0)$处有$f'_x(0,\ 0)=0$及$f'_y(0,\ 0)=0$，则

$$\Delta z-[f'_x(0,\ 0)\cdot\Delta x+f'_y(0,\ 0)\cdot\Delta y]=\frac{\Delta x\cdot\Delta y}{\sqrt{(\Delta x)^2+(\Delta y)^2}},$$

而极限
$$\lim_{\substack{\Delta x\to 0\\ \Delta y\to 0}}\frac{\frac{\Delta x\cdot\Delta y}{\sqrt{(\Delta x)^2+(\Delta y)^2}}}{\rho}=\lim_{\substack{\Delta x\to 0\\ \Delta y\to 0}}\frac{\Delta x\cdot\Delta y}{(\Delta x)^2+(\Delta y)^2}$$
不存在，这表示当$\rho\to 0$时，
$$\Delta z-[f'_x(0,\ 0)\cdot\Delta x+f'_y(0,\ 0)\cdot\Delta y]$$
并不是ρ的高阶无穷小，因此函数在点$(0,\ 0)$处的全微分并不存在，即函数在点$(0,\ 0)$处是不可微的．

那么二元函数可微的充分条件是什么呢？如果假定函数的各个偏导数不仅存在而且连续，则函数一定是可微的，即有如下定理．

定理 3.8（充分条件）　如果函数$z=f(x,\ y)$的偏导数$\frac{\partial z}{\partial x}$，$\frac{\partial z}{\partial y}$在点$(x,\ y)$处连续，则函数$z=f(x,\ y)$在点$(x,\ y)$处可微．（证明从略）

由此我们可以看出，二元函数中的偏导数存在，可微、连续不再有一元函数彼此间的相应关系．综合以上讨论，并与一元函数作比较，可得如下关系：

一元函数在某点处：可微⇔可导⇒连续⇒极限存在；

二元函数在某点处：偏导数连续⇒可微⇒连续⇒极限存在

⇓

偏导数存在

以上关于二元函数全微分的定义以及可微的必要条件和充分条件，可以完全类似地推广到更多元的函数．比如，若三元函数$u=\varphi(x,\ y,\ z)$可微，那么它的全微分为

$$du=\frac{\partial u}{\partial x}dx+\frac{\partial u}{\partial y}dy+\frac{\partial u}{\partial z}dz. \tag{3.20}$$

3. 全微分的计算

由函数全微分的表达式可以看出，只要计算函数的各个偏导数，再分别乘以各自变量的微分即可求出函数的全微分．

例 3.40　求函数$z=e^y\arctan x$在$(2,\ 1)$处的全微分．

解　由于$\frac{\partial z}{\partial x}=\frac{e^y}{1+x^2}$，$\frac{\partial z}{\partial y}=e^y\arctan x$，则

$$\left.\frac{\partial z}{\partial x}\right|_{\substack{x=2\\ y=1}}=\frac{e}{5},\quad \left.\frac{\partial z}{\partial y}\right|_{\substack{x=2\\ y=1}}=e\cdot\arctan 2,$$

故有
$$dz=\frac{e}{5}dx+e\cdot\arctan 2dy.$$

例 3.41 求函数 $u=x^3\ln y+\cos z$ 的全微分.

解 由于
$$\frac{\partial u}{\partial x}=3x^2\ln y,\ \frac{\partial u}{\partial y}=\frac{x^3}{y},\ \frac{\partial u}{\partial z}=-\sin z,$$
故有
$$\mathrm{d}u=\frac{\partial u}{\partial x}\mathrm{d}x+\frac{\partial u}{\partial y}\mathrm{d}y+\frac{\partial u}{\partial z}\mathrm{d}z$$
$$=3x^2\ln y\mathrm{d}x+\frac{x^3}{y}\mathrm{d}y-\sin z\mathrm{d}z.$$

4. 全微分在近似计算中的应用

由二元函数全微分的定义以及可微的充分条件可知，如果 $z=f(x, y)$ 在点 (x_0, y_0) 处的偏导数 $f'_x(x_0, y_0)$，$f'_y(x_0, y_0)$ 存在且连续，当 $|\Delta x|$，$|\Delta y|$ 很小时，有近似等式
$$\Delta z\approx \mathrm{d}z=f'_x(x_0, y_0)\cdot\Delta x+f'_y(x_0, y_0)\cdot\Delta y, \tag{3.21}$$
或
$$f(x_0+\Delta x, y_0+\Delta y)\approx f(x_0, y_0)+f'_x(x_0, y_0)\cdot\Delta x+f'_y(x_0, y_0)\cdot\Delta y. \tag{3.22}$$
利用这两个公式可以分别计算函数增量 Δz 和函数 $f(x_0+\Delta x, y_0+\Delta y)$ 的近似值.

例 3.42 求 $(1.01)^{1.98}$ 的近似值.

解 设 $f(x, y)=x^y$，显然，要计算的就是 $f(1.01, 1.98)$ 的近似值.

取 $x_0=1$，$y_0=2$，$\Delta x=0.01$，$\Delta y=-0.02$，由
$$f'_x(x, y)=yx^{y-1},\ f'_y(x, y)=x^y\ln x,$$
可得 $f'_x(1, 2)=2$，$f'_y(1, 2)=0$，且 $f(1, 2)=1$，因此有
$$f(1+0.01, 2-0.02)\approx f(1, 2)+f'_x(1, 2)\Delta x+f'_y(1, 2)\Delta y,$$
即
$$(1.01)^{1.98}\approx 1+2\times 0.01+0\times(-0.02)=1.02.$$

例 3.43 有一圆柱体受压后发生形变，它的半径由 20cm 增大到 20.05cm，高度由 100cm减少到 99cm，求此圆柱体体积变化的近似值.

解 设圆柱体的半径为 x，高为 y，体积为 V，则有
$$V=\pi x^2y.$$
由题意可得 $x_0=20$，$y_0=100$，$\Delta x=0.05$，$\Delta y=-1$，由于
$$V'_x(x, y)=2\pi xy,\ V'_y(x, y)=\pi x^2,$$
可得 $V'_x(20, 100)=4000\pi$，$V'_y(20, 100)=400\pi$，因此有
$$\Delta V\approx V'_x(x_0, y_0)\cdot\Delta x+V'_y(x_0, y_0)\cdot\Delta y,$$
即
$$\Delta V\approx 4000\pi\times 0.05+400\pi\times(-1)=-200\pi(\mathrm{cm}^3),$$
因此这个圆柱体在受压后体积约减少了 $200\pi\mathrm{cm}^3$.

习题 3-5

1. 求下列函数的微分.

(1) $y=\sqrt{x}-\dfrac{1}{x^2}$；　　(2) $y=5x\sin x$；

(3) $y=\dfrac{\ln x}{x}$；　　(4) $y=\mathrm{e}^x\tan x$；

(5) $y=\arcsin x\cdot\sec x$；　　(6) $y=\dfrac{\cos x}{\mathrm{e}^x}$.

2. 求下列数值的近似值.

(1) $\sqrt{1.002}$；　　(2) $\sqrt[3]{996}$；

(3) $\cos 29^\circ$；　　(4) $e^{0.01}$.

3. 证明：当$|x|$较小时，有 $\tan x \approx x$(x是角的弧度值).

4. 一正方体的棱长 $x=10\text{cm}$，如果棱长增加 0.1cm，求此正方体体积增加的精确值和近似值.

5. 设 $z=xy^2$，当 $x=1$，$y=-1$，$\Delta x=0.01$，$\Delta y=-0.02$ 时，求 dz.

6. 求 $z=x^y$ 在点$(e, 2)$处的全微分.

7. 求函数 $u=x^y y^z z^x$ 的全微分.

8. 计算$\sqrt{(1.02)^3+(1.97)^3}$的近似值.

9. 计算$(1.97)^{1.05}$的近似值($\ln 2=0.693$).

第六节　复合函数求导法则

一、一元复合函数求导法则

在第二节中，我们介绍了一元函数的求导法则，得到了基本初等函数的导数公式，从而可以利用这些求导法则和导数公式较为简便地计算一些初等函数的导数．然而，对于由基本初等函数和常数经过有限次的复合运算而产生的初等函数，如何计算这类函数的导数？这就是本节介绍的内容之一．

定理 3.9　如果 $u=\varphi(x)$在点 x 处可导，而 $y=f(u)$在点 $u=\varphi(x)$处可导，那么复合函数 $y=f[\varphi(x)]$在点 x 处可导，且有

$$\frac{dy}{dx}=\frac{dy}{du}\cdot\frac{du}{dx}=f'(u)\varphi'(x). \tag{3.23}$$

证　因为 $y=f(u)$在点 u 处可导，所以

$$f'(u)=\lim_{\Delta u\to 0}\frac{\Delta y}{\Delta u}$$

存在．由极限与无穷小的关系可得

$$\frac{\Delta y}{\Delta u}=f'(u)+\alpha(\Delta u),$$

其中 $\alpha(\Delta u)$为 $\Delta u\to 0$ 时的无穷小．将上式两端同时乘以 $\Delta u\neq 0$，可得

$$\Delta y=f'(u)\Delta u+\alpha(\Delta u)\Delta u,$$

再用 $\Delta x\neq 0$ 除等式两端得

$$\frac{\Delta y}{\Delta x}=f'(u)\frac{\Delta u}{\Delta x}+\alpha(\Delta u)\frac{\Delta u}{\Delta x},$$

根据可导必连续可知，$u=\varphi(x)$在点 x 处连续，即 $\lim\limits_{\Delta x\to 0}\Delta u=0$，从而有

$$\lim_{\Delta x\to 0}\alpha(\Delta u)=\lim_{\Delta u\to 0}\alpha(\Delta u)=0.$$

又因为 $u=\varphi(x)$在点 x 处可导，则

$$\lim_{\Delta x\to 0}\frac{\Delta u}{\Delta x}=\varphi'(x),$$

于是
$$\lim_{\Delta x\to 0}\frac{\Delta y}{\Delta x}=\lim_{\Delta x\to 0}\left[f'(u)\frac{\Delta u}{\Delta x}+\alpha(\Delta u)\frac{\Delta u}{\Delta x}\right]$$
$$=f'(u)\lim_{\Delta x\to 0}\frac{\Delta u}{\Delta x}+\lim_{\Delta x\to 0}\alpha(\Delta u)\cdot\lim_{\Delta x\to 0}\frac{\Delta u}{\Delta x}$$
$$=f'(u)\varphi'(x).$$

例 3.44 已知 $y=\sqrt[3]{1-2x^2}$，求$\frac{\mathrm{d}y}{\mathrm{d}x}$.

解 函数 $y=\sqrt[3]{1-2x^2}$ 可看作由 $y=\sqrt[3]{u}$ 和 $u=1-2x^2$ 复合而成，故
$$\frac{\mathrm{d}y}{\mathrm{d}x}=\frac{\mathrm{d}y}{\mathrm{d}u}\cdot\frac{\mathrm{d}u}{\mathrm{d}x}=(\sqrt[3]{u})'\cdot(1-2x^2)'=\frac{1}{3}u^{-\frac{2}{3}}\cdot(-4x)=\frac{-4x}{3\sqrt[3]{(1-2x^2)^2}}.$$

例 3.45 求 $y=\arctan\frac{1}{x}$的导数.

解 函数 $y=\arctan\frac{1}{x}$可看作由 $y=\arctan u$ 与 $u=\frac{1}{x}$复合而成，故
$$\frac{\mathrm{d}y}{\mathrm{d}x}=\frac{\mathrm{d}y}{\mathrm{d}u}\cdot\frac{\mathrm{d}u}{\mathrm{d}x}=(\arctan u)'\cdot\left(\frac{1}{x}\right)'=\frac{1}{1+u^2}\cdot\left(-\frac{1}{x^2}\right)=-\frac{1}{1+x^2}.$$

注：复合函数求导法则可以推广到多个中间变量的情形．比如，设函数 $y=f(u)$，$u=\varphi(v)$，$v=\psi(x)$在相应点处的导数都存在，则复合函数 $y=f\{\varphi[\psi(x)]\}$的导数为
$$\frac{\mathrm{d}y}{\mathrm{d}x}=\frac{\mathrm{d}y}{\mathrm{d}u}\cdot\frac{\mathrm{d}u}{\mathrm{d}v}\cdot\frac{\mathrm{d}v}{\mathrm{d}x}=f'(u)\varphi'(v)\psi'(x).$$
复合函数的求导法则也统称为链式法则．

例 3.46 已知 $y=\mathrm{e}^{\sqrt{1-\sin x}}$，求 y'.

解 函数 $y=\mathrm{e}^{\sqrt{1-\sin x}}$ 可看作由 $y=\mathrm{e}^u$，$u=\sqrt{v}$，$v=1-\sin x$ 复合而成，故
$$\frac{\mathrm{d}y}{\mathrm{d}x}=\frac{\mathrm{d}y}{\mathrm{d}u}\cdot\frac{\mathrm{d}u}{\mathrm{d}v}\cdot\frac{\mathrm{d}v}{\mathrm{d}x}=\mathrm{e}^u\cdot\left(\frac{1}{2}v^{-\frac{1}{2}}\right)\cdot(-\cos x)$$
$$=\mathrm{e}^{\sqrt{1-\sin x}}\cdot\frac{1}{2}(1-\sin x)^{-\frac{1}{2}}(-\cos x)$$
$$=-\frac{1}{2}\frac{\cos x}{\sqrt{1-\sin x}}\mathrm{e}^{\sqrt{1-\sin x}}.$$

从以上例子可以看出，在对复合函数求导时，首先要分析所给函数是由哪些基本初等函数复合而成的，然后利用链式法则，从外层向内层，逐层求导再相乘即可．刚开始练习复合函数求导法则时，可以写出复合函数的分解过程，以便于求导，在分解熟练后，则不必再写出中间变量，直接求导就可以了．

例 3.47 求函数 $y=\sin(x^4)$的导数．

解 $y'=[\sin(x^4)]'=\cos(x^4)\cdot(x^4)'=4x^3\cos(x^4)$.

例 3.48 已知 $y=\ln(x+\sqrt{1+x^2})$，求 y'.

解 $y'=[\ln(x+\sqrt{1+x^2})]'=\dfrac{1}{x+\sqrt{1+x^2}}\cdot(x+\sqrt{1+x^2})'$
$$=\frac{1}{x+\sqrt{1+x^2}}\left[1+\frac{1}{2}\frac{1}{\sqrt{1+x^2}}(1+x^2)'\right]$$

$$=\frac{1}{x+\sqrt{1+x^2}}\left(1+\frac{1}{2}\frac{2x}{\sqrt{1+x^2}}\right)=\frac{1}{\sqrt{1+x^2}}.$$

例 3.49　设 $f(u)$ 可导，求函数 $y=f(e^{2x})$ 的导数．

解　$y'=[f(e^{2x})]'=f'(e^{2x})\cdot(e^{2x})'=2e^{2x}f'(e^{2x})$.

注　$f'(e^{2x})$ 指 $f(e^{2x})$ 对 e^{2x} 求导，即 $\frac{df(e^{2x})}{d(e^{2x})}$，而不是对 x 的导数．今后 $f'(u)$ 都是指 $\frac{df(u)}{du}$，而不是 $\frac{df(u)}{dx}$.

下面讨论一元复合函数的微分法则．设函数 $y=f(u)$ 和 $u=\varphi(x)$ 都可导，由于复合函数 $y=f[\varphi(x)]$ 的导数为

$$\frac{dy}{dx}=\frac{dy}{du}\cdot\frac{du}{dx}=f'(u)\varphi'(x),$$

所以其微分为

$$dy=f'(u)\varphi'(x)dx.$$

又因为 $\varphi'(x)dx=du$，所以复合函数 $y=f[\varphi(x)]$ 的微分也可写作

$$dy=f'(u)du.$$

由此可见，无论 u 是自变量还是中间变量，微分的形式 $dy=f'(u)du$ 是保持不变的．这一性质称为**一阶微分形式不变性**．

例 3.50　已知 $y=\ln(x^2+\cos x)$，求 dy.

解法一　记 $u=x^2+\cos x$，利用微分形式不变性可得

$$dy=\frac{1}{u}du=\frac{1}{x^2+\cos x}d(x^2+\cos x)=\frac{2x-\sin x}{x^2+\cos x}dx.$$

解法二　由于 $dy=y'dx$，且

$$y'=\frac{1}{x^2+\cos x}(x^2+\cos x)'=\frac{2x-\sin x}{x^2+\cos x},$$

所以

$$dy=\frac{2x-\sin x}{x^2+\cos x}dx.$$

例 3.51　已知 $y=e^{\tan^2 x}$，求 dy.

解　$dy=e^{\tan^2 x}d(\tan^2 x)=e^{\tan^2 x}\cdot 2\tan x d(\tan x)=2e^{\tan^2 x}\tan x\sec^2 x dx$.

例 3.52　已知 $y=\arctan 5x\log_3(\cos x)$，求 dy.

解　$dy=d(\arctan 5x)\cdot\log_3(\cos x)+\arctan 5x\cdot d[\log_3(\cos x)]$

$$=\frac{1}{1+(5x)^2}d(5x)\cdot\log_3(\cos x)+\arctan 5x\cdot\frac{1}{\cos x\ln 3}d(\cos x)$$

$$=\left(\frac{5\log_3(\cos x)}{1+(5x)^2}-\frac{1}{\ln 3}\tan x\arctan 5x\right)dx.$$

例 3.53　在括号内填入适当的函数，使等式成立．

(1) d(　　)$=xdx$；　　　　(2) d(　　)$=\sin 2x dx$.

解　(1) 由于 $d(x^2)=2xdx$，因此

$$xdx=\frac{1}{2}d(x^2)=d\left(\frac{x^2}{2}\right),$$

即
$$d\left(\frac{x^2}{2}\right)=xdx.$$

注意到
$$\left(\frac{x^2}{2}+C\right)'=x\quad(C\text{为任意常数}),$$

一般地，有
$$d\left(\frac{x^2}{2}+C\right)=xdx\quad(C\text{为任意常数}).$$

(2) 由于 $d(\cos2x)=-2\sin2xdx$，因此
$$\sin2xdx=-\frac{1}{2}d(\cos2x)=d\left(-\frac{\cos2x}{2}\right),$$

即
$$d\left(-\frac{\cos2x}{2}\right)=\sin2xdx.$$

注意到
$$\left(-\frac{\cos2x}{2}+C\right)'=\sin2x\quad(C\text{为任意常数}),$$

一般地，有
$$d\left(-\frac{\cos2x}{2}+C\right)=\sin2xdx\quad(C\text{为任意常数}).$$

二、多元复合函数求导法则

下面将一元复合函数的求导法则推广到多元复合函数的情形.

定理 3.10　设 $z=f(u, v)$，其中 $u=\varphi(x, y)$，$v=\psi(x, y)$，如果 $u=\varphi(x, y)$ 及 $v=\psi(x, y)$ 在点 (x, y) 处对 x 及对 y 的偏导数都存在，且 $z=f(u, v)$ 在对应点 (u, v) 处具有连续偏导数，则复合函数 $z=f[\varphi(x, y), \psi(x, y)]$ 在点 (x, y) 处的两个偏导数都存在，且有

$$\begin{cases}\dfrac{\partial z}{\partial x}=\dfrac{\partial z}{\partial u}\dfrac{\partial u}{\partial x}+\dfrac{\partial z}{\partial v}\dfrac{\partial v}{\partial x},\\[2mm]\dfrac{\partial z}{\partial y}=\dfrac{\partial z}{\partial u}\dfrac{\partial u}{\partial y}+\dfrac{\partial z}{\partial v}\dfrac{\partial v}{\partial y}.\end{cases}\tag{3.24}$$

证　设自变量 x 取得增量 Δx，相应地，中间变量 $u=\varphi(x, y)$，$v=\psi(x, y)$ 取得对应增量记为 Δu，Δv，函数 $z=f(u, v)$ 取得对应增量记为 Δz. 由于函数 $z=f(u, v)$ 在点 (u, v) 具有连续偏导数，因此 $z=f(u, v)$ 在点 (u, v) 处可微，于是有
$$\Delta z=\frac{\partial z}{\partial u}\Delta u+\frac{\partial z}{\partial v}\Delta v+o(\rho)\text{，其中 }\rho=\sqrt{(\Delta u)^2+(\Delta v)^2}.$$

将上式两端各除以 Δx，得
$$\frac{\Delta z}{\Delta x}=\frac{\partial z}{\partial u}\frac{\Delta u}{\Delta x}+\frac{\partial z}{\partial v}\frac{\Delta v}{\Delta x}+\frac{o(\rho)}{\Delta x}.$$

因为 $u=\varphi(x, y)$ 及 $v=\psi(x, y)$ 在点 (x, y) 处对 x 及对 y 的偏导数都存在，所以当 $\Delta x\to0$ 时，$\Delta u\to0$，$\Delta v\to0$，且 $\lim\limits_{\Delta x\to0}\dfrac{\Delta u}{\Delta x}=\dfrac{\partial u}{\partial x}$，$\lim\limits_{\Delta x\to0}\dfrac{\Delta v}{\Delta x}=\dfrac{\partial v}{\partial x}$，从而有
$$\begin{aligned}\lim_{\Delta x\to0}\frac{\Delta z}{\Delta x}&=\lim_{\Delta x\to0}\left(\frac{\partial z}{\partial u}\frac{\Delta u}{\Delta x}+\frac{\partial z}{\partial v}\frac{\Delta v}{\Delta x}+\frac{o(\rho)}{\Delta x}\right)\\&=\frac{\partial z}{\partial u}\frac{\partial u}{\partial x}+\frac{\partial z}{\partial v}\frac{\partial v}{\partial x}+\lim_{\Delta x\to0}\frac{o(\rho)}{\Delta x}\end{aligned}$$

$$=\frac{\partial z}{\partial u}\frac{\partial u}{\partial x}+\frac{\partial z}{\partial v}\frac{\partial v}{\partial x}+\lim_{\Delta x\to 0}\frac{o(\rho)}{\rho}\cdot\frac{\rho}{\Delta x}$$

$$=\frac{\partial z}{\partial u}\frac{\partial u}{\partial x}+\frac{\partial z}{\partial v}\frac{\partial v}{\partial x},$$

即
$$\frac{\partial z}{\partial x}=\frac{\partial z}{\partial u}\frac{\partial u}{\partial x}+\frac{\partial z}{\partial v}\frac{\partial v}{\partial x}.$$

同理可证
$$\frac{\partial z}{\partial y}=\frac{\partial z}{\partial u}\frac{\partial u}{\partial y}+\frac{\partial z}{\partial v}\frac{\partial v}{\partial y}.$$

公式(3.24)称为多元复合函数求偏导的**链式法则**．链式法则也可用图 3－6 表示，其中实线表示$\frac{\partial z}{\partial x}$的求解过程，虚线表示$\frac{\partial z}{\partial y}$的求解过程．

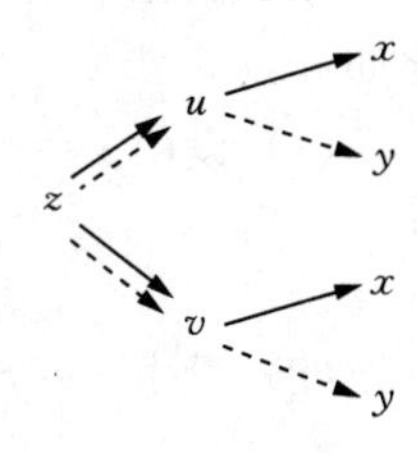

图 3－6

特别地，如果 $z=f(u,v)$，$u=\varphi(t)$，$v=\psi(t)$，并且 $u=\varphi(t)$和 $v=\psi(t)$都在点 t 可导，函数 $z=f(u,v)$在对应点(u,v)具有连续偏导数，则复合函数 $z=f[\varphi(t),\psi(t)]$在点 t 可导，且有

$$\frac{\mathrm{d}z}{\mathrm{d}t}=\frac{\partial z}{\partial u}\frac{\mathrm{d}u}{\mathrm{d}t}+\frac{\partial z}{\partial v}\frac{\mathrm{d}v}{\mathrm{d}t}. \qquad (3.25)$$

公式(3.25)中的$\frac{\mathrm{d}z}{\mathrm{d}t}$称为**全导数**．其求导过程如图 3－7 所示．

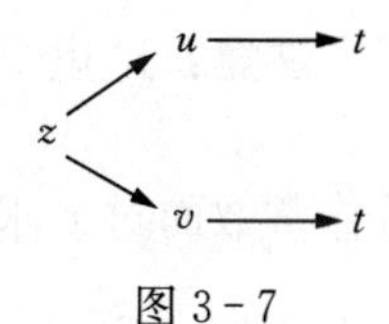

图 3－7

类似地，可以把公式(3.24)和公式(3.25)推广到复合函数的中间变量多于两个的情形，如下所示．

(1) 设 $z=f(u,v,w)$，$u=\varphi(x,y)$，$v=\psi(x,y)$，$w=\omega(x,y)$，如果 $u=\varphi(x,y)$，$v=\psi(x,y)$及 $w=\omega(x,y)$在点(x,y)处对 x 及对 y 的偏导数都存在，且$z=f(u,v,w)$在对应点(u,v,w)处具有连续偏导数，则复合函数 $z=f[\varphi(x,y),\psi(x,y),\omega(x,y)]$在点$(x,y)$处的两个偏导数都存在，且有

$$\begin{cases}\dfrac{\partial z}{\partial x}=\dfrac{\partial z}{\partial u}\dfrac{\partial u}{\partial x}+\dfrac{\partial z}{\partial v}\dfrac{\partial v}{\partial x}+\dfrac{\partial z}{\partial w}\dfrac{\partial w}{\partial x},\\[2ex]\dfrac{\partial z}{\partial y}=\dfrac{\partial z}{\partial u}\dfrac{\partial u}{\partial y}+\dfrac{\partial z}{\partial v}\dfrac{\partial v}{\partial y}+\dfrac{\partial z}{\partial w}\dfrac{\partial w}{\partial y}.\end{cases}$$

(2) 设 $z=f(u,v,w)$，$u=\varphi(t)$，$v=\psi(t)$，$w=\omega(t)$，如果函数 $u=\varphi(t)$，$v=\psi(t)$及 $w=\omega(t)$都在点 t 可导，函数 $z=f(u,v,w)$在对应点(u,v,w)具有连续偏导数，则复合函数 $z=f[\varphi(t),\psi(t),\omega(t)]$在点 t 可导，且有

$$\frac{\mathrm{d}z}{\mathrm{d}t}=\frac{\partial z}{\partial u}\frac{\mathrm{d}u}{\mathrm{d}t}+\frac{\partial z}{\partial v}\frac{\mathrm{d}v}{\mathrm{d}t}+\frac{\partial z}{\partial w}\frac{\mathrm{d}w}{\mathrm{d}t}.$$

例 3.54　设 $z=\mathrm{e}^u\cos v$，而 $u=xy$，$v=x-y$，求$\frac{\partial z}{\partial x}$和$\frac{\partial z}{\partial y}$.

解　$\frac{\partial z}{\partial x}=\frac{\partial z}{\partial u}\frac{\partial u}{\partial x}+\frac{\partial z}{\partial v}\frac{\partial v}{\partial x}=\mathrm{e}^u\cos v\cdot y-\mathrm{e}^u\sin v\cdot 1$

$=\mathrm{e}^{xy}[y\cos(x-y)-\sin(x-y)]$，

$\frac{\partial z}{\partial y}=\frac{\partial z}{\partial u}\frac{\partial u}{\partial y}+\frac{\partial z}{\partial v}\frac{\partial v}{\partial y}=\mathrm{e}^u\cos v\cdot x-\mathrm{e}^u\sin v\cdot(-1)$

$=\mathrm{e}^{xy}[x\cos(x-y)+\sin(x-y)]$.

例 3.55 设 $z=u^2+v\sin w$，而 $u=\mathrm{e}^t$，$v=\cos t$，$w=\ln t$，求全导数 $\frac{\mathrm{d}z}{\mathrm{d}t}$.

解 $$\frac{\mathrm{d}z}{\mathrm{d}t}=\frac{\partial z}{\partial u}\frac{\mathrm{d}u}{\mathrm{d}t}+\frac{\partial z}{\partial v}\frac{\mathrm{d}v}{\mathrm{d}t}+\frac{\partial z}{\partial w}\frac{\mathrm{d}w}{\mathrm{d}t}$$
$$=2u\cdot \mathrm{e}^t+\sin w\cdot(-\sin t)+v\cos w\cdot\frac{1}{t}$$
$$=2\mathrm{e}^{2t}-\sin t\cdot\sin(\ln t)+\frac{\cos t\cdot\cos(\ln t)}{t}.$$

除了定理中给出的公式以及它们的推广外，多元复合函数的求导法则还有很多形式．比如：

(1) 设由 $z=f(u,\ v)$，$u=\varphi(x,\ y)$，$v=\psi(y)$复合而成的复合函数的偏导数存在，则
$$\frac{\partial z}{\partial x}=\frac{\partial z}{\partial u}\cdot\frac{\partial u}{\partial x},\ \frac{\partial z}{\partial y}=\frac{\partial z}{\partial u}\cdot\frac{\partial u}{\partial y}+\frac{\partial z}{\partial v}\cdot\frac{\mathrm{d}v}{\mathrm{d}y}.$$

(2) 设由 $z=f(u,\ x,\ y)$，$u=\varphi(x,\ y)$复合而成的复合函数偏导数存在，则
$$\frac{\partial z}{\partial x}=\frac{\partial f}{\partial u}\frac{\partial u}{\partial x}+\frac{\partial f}{\partial x},\ \frac{\partial z}{\partial y}=\frac{\partial f}{\partial u}\frac{\partial u}{\partial y}+\frac{\partial f}{\partial y}.$$

注意：这里 $\frac{\partial z}{\partial x}$ 与 $\frac{\partial f}{\partial x}$ 是不同的，$\frac{\partial z}{\partial x}$ 是把复合以后的函数 $z=f(\varphi(x,\ y),\ x,\ y)$ 中的 y 看作常数而对 x 求偏导数，$\frac{\partial f}{\partial x}$ 是把外层函数 $f(u,\ x,\ y)$ 中的 u 及 y 看作常数而对 x 求偏导数．$\frac{\partial z}{\partial y}$ 与 $\frac{\partial f}{\partial y}$ 也有类似的区别．

由于多元复合函数的复合形式是多种多样的，因此多元复合函数的求导法则要根据具体的复合形式而定．大家可以自行练习多元复合函数的求导法则．

例 3.56 设 $u=f(x,\ y,\ z)=\mathrm{e}^{x^2+y^2+z}$，而 $z=\ln x\tan y$，求 $\frac{\partial u}{\partial x}$ 和 $\frac{\partial u}{\partial y}$.

解 $$\frac{\partial u}{\partial x}=\frac{\partial f}{\partial x}+\frac{\partial f}{\partial z}\cdot\frac{\partial z}{\partial x}=2x\mathrm{e}^{x^2+y^2+z}+\mathrm{e}^{x^2+y^2+z}\cdot\frac{\tan y}{x}$$
$$=\left(2x+\frac{\tan y}{x}\right)\mathrm{e}^{x^2+y^2+\ln x\tan y},$$
$$\frac{\partial u}{\partial y}=\frac{\partial f}{\partial y}+\frac{\partial f}{\partial z}\cdot\frac{\partial z}{\partial y}=2y\mathrm{e}^{x^2+y^2+z}+\mathrm{e}^{x^2+y^2+z}\cdot\ln x\cdot\sec^2 y$$
$$=(2y+\ln x\cdot\sec^2 y)\mathrm{e}^{x^2+y^2+z}.$$

例 3.57 设 $w=f(x+y+z,\ xyz)$，f 具有二阶连续偏导数，求 $\frac{\partial w}{\partial x}$ 及 $\frac{\partial^2 w}{\partial x\,\partial z}$.

解 令 $u=x+y+z$，$v=xyz$，则 $w=f(u,\ v)$. 为表达简便起见，引入以下记号：
$$f_1'=\frac{\partial f(u,\ v)}{\partial u},\ f_{12}''=\frac{\partial^2 f(u,\ v)}{\partial u\,\partial v},$$
这里下标 1 表示对第一个变量 u 求偏导数，下标 2 表示对第二个变量 v 求偏导数，同理有 f_2'，f_{11}''，f_{22}'' 等．

由于 $w=f(x+y+z,\ xyz)$ 是由 $w=f(u,\ v)$ 及 $u=x+y+z$，$v=xyz$ 复合而成，根据复合函数求导法则，有

$$\frac{\partial w}{\partial x}=\frac{\partial f}{\partial u}\frac{\partial u}{\partial x}+\frac{\partial f}{\partial v}\frac{\partial v}{\partial x}=f_1'+yzf_2',$$

$$\frac{\partial^2 w}{\partial x\,\partial z}=\frac{\partial}{\partial z}(f_1'+yzf_2')=\frac{\partial f_1'}{\partial z}+yf_2'+yz\,\frac{\partial f_2'}{\partial z}.$$

求$\frac{\partial f_1'}{\partial z}$及$\frac{\partial f_2'}{\partial z}$时，应注意 f_1'及 f_2'仍旧是复合函数，根据复合函数求导法则，有

$$\frac{\partial f_1'}{\partial z}=\frac{\partial f_1'}{\partial u}\frac{\partial u}{\partial z}+\frac{\partial f_1'}{\partial v}\frac{\partial v}{\partial z}=f_{11}''+xyf_{12}'',$$

$$\frac{\partial f_2'}{\partial z}=\frac{\partial f_2'}{\partial u}\frac{\partial u}{\partial z}+\frac{\partial f_2'}{\partial v}\frac{\partial v}{\partial z}=f_{21}''+xyf_{22}'',$$

于是

$$\begin{aligned}\frac{\partial^2 w}{\partial x\,\partial z}&=f_{11}''+xyf_{12}''+yf_2'+yzf_{21}''+xy^2zf_{22}''\\&=f_{11}''+y(x+z)f_{12}''+xy^2zf_{22}''+yf_2'.\end{aligned}$$

下面讨论多元复合函数的微分法则．一元复合函数具有一阶微分形式不变性，对于多元复合函数，也有类似的性质．设函数 $z=f(u,\ v)$具有连续偏导数，则有全微分

$$\mathrm{d}z=\frac{\partial z}{\partial u}\mathrm{d}u+\frac{\partial z}{\partial v}\mathrm{d}v.$$

如果 u，v 为中间变量，即 $u=\varphi(x,\ y)$，$v=\psi(x,\ y)$，且这两个函数也具有连续偏导数，则复合函数 $z=f[\varphi(x,\ y),\ \psi(x,\ y)]$的全微分为

$$\mathrm{d}z=\frac{\partial z}{\partial x}\mathrm{d}x+\frac{\partial z}{\partial y}\mathrm{d}y,$$

由多元复合函数的链式法则可知

$$\frac{\partial z}{\partial x}=\frac{\partial z}{\partial u}\frac{\partial u}{\partial x}+\frac{\partial z}{\partial v}\frac{\partial v}{\partial x},$$

$$\frac{\partial z}{\partial y}=\frac{\partial z}{\partial u}\frac{\partial u}{\partial y}+\frac{\partial z}{\partial v}\frac{\partial v}{\partial y}.$$

将$\frac{\partial z}{\partial x}$及$\frac{\partial z}{\partial y}$的求导公式代入全微分 $\mathrm{d}z$，可得

$$\begin{aligned}\mathrm{d}z&=\left(\frac{\partial z}{\partial u}\frac{\partial u}{\partial x}+\frac{\partial z}{\partial v}\frac{\partial v}{\partial x}\right)\mathrm{d}x+\left(\frac{\partial z}{\partial u}\frac{\partial u}{\partial y}+\frac{\partial z}{\partial v}\frac{\partial v}{\partial y}\right)\mathrm{d}y\\&=\frac{\partial z}{\partial u}\left(\frac{\partial u}{\partial x}\mathrm{d}x+\frac{\partial u}{\partial y}\mathrm{d}y\right)+\frac{\partial z}{\partial v}\left(\frac{\partial v}{\partial x}\mathrm{d}x+\frac{\partial v}{\partial y}\mathrm{d}y\right)\\&=\frac{\partial z}{\partial u}\mathrm{d}u+\frac{\partial z}{\partial v}\mathrm{d}v.\end{aligned}$$

由此可见，无论 u，v 是自变量还是中间变量，函数 z 的全微分形式都为

$$\mathrm{d}z=\frac{\partial z}{\partial u}\mathrm{d}u+\frac{\partial z}{\partial v}\mathrm{d}v.$$

这个性质叫作**全微分形式不变性**．

例 3.58　设 $z=\mathrm{e}^u\cos v$，而 $u=xy$，$v=x-y$，求 $\mathrm{d}z$.

解法一　利用全微分形式不变性：

$$\mathrm{d}z=\frac{\partial z}{\partial u}\mathrm{d}u+\frac{\partial z}{\partial v}\mathrm{d}v=\mathrm{e}^u\cos v\cdot\mathrm{d}(xy)-\mathrm{e}^u\sin v\cdot\mathrm{d}(x-y)$$

$$=e^{xy}\cos(x-y)\cdot(y\mathrm{d}x+x\mathrm{d}y)-e^{xy}\sin(x-y)\cdot(\mathrm{d}x-\mathrm{d}y)$$

$$=e^{xy}[y\cos(x-y)-\sin(x-y)]\mathrm{d}x+e^{xy}[x\cos(x-y)+\sin(x-y)]\mathrm{d}y.$$

解法二 由于 $\mathrm{d}z=\frac{\partial z}{\partial x}\mathrm{d}x+\frac{\partial z}{\partial y}\mathrm{d}y$，且

$$\frac{\partial z}{\partial x}=\frac{\partial z}{\partial u}\frac{\partial u}{\partial x}+\frac{\partial z}{\partial v}\frac{\partial v}{\partial x}=e^{u}\cos v\cdot y-e^{u}\sin v\cdot 1$$

$$=e^{xy}[y\cos(x-y)-\sin(x-y)],$$

$$\frac{\partial z}{\partial y}=\frac{\partial z}{\partial u}\frac{\partial u}{\partial y}+\frac{\partial z}{\partial v}\frac{\partial v}{\partial y}=e^{u}\cos v\cdot x-e^{u}\sin v\cdot(-1)$$

$$=e^{xy}[x\cos(x-y)+\sin(x-y)],$$

所以 $\mathrm{d}z=e^{xy}[y\cos(x-y)-\sin(x-y)]\mathrm{d}x+e^{xy}[x\cos(x-y)+\sin(x-y)]\mathrm{d}y.$

习题 3-6

1. 求下列函数的导数.

(1) $y=(3x+4)^5$；　(2) $y=\cos(2x-1)$；

(3) $y=e^{2x^2+x}$；　(4) $y=\ln(1+x+x^2)$；

(5) $y=\cot(x^3)$；　(6) $y=\sin^3(2x+1)$；

(7) $y=\sqrt{a^2-x^2}$；　(8) $y=\arctan(e^x)$；

(9) $y=x^2\sin\frac{1}{x}$；　(10) $y=\sin(x^2)\cdot\sin^2x$；

(11) $y=e^{\arctan\sqrt{2x+1}}$；　(12) $y=10^{x\tan 2x}$；

(13) $y=\sqrt{x+\sqrt{x}}$；　(14) $y=\ln\frac{1+\sqrt{x}}{1-\sqrt{x}}$.

2. 设函数 $f(x)$ 为可导函数，求下列函数的导数 $\frac{\mathrm{d}y}{\mathrm{d}x}$.

(1) $y=f(x^4)$；　(2) $y=f(\sin^2x)+f(\cos^2x)$.

3. 设 $f(1-x)=xe^{-x}$，且 $f(x)$ 可导，求 $f'(x)$.

4. 将适当的函数填入下列括号内，使等式成立.

(1) $\mathrm{d}(\quad)=x^2\mathrm{d}x$；　(2) $\mathrm{d}(\quad)=\frac{1}{x^2}\mathrm{d}x$；

(3) $\mathrm{d}(\quad)=e^{-2x}\mathrm{d}x$；　(4) $\mathrm{d}(\quad)=\cos 3x\mathrm{d}x$；

(5) $\mathrm{d}(\quad)=\frac{1}{1+x}\mathrm{d}x$；　(6) $\mathrm{d}(\quad)=\sec^2 5x\mathrm{d}x$；

(7) $\mathrm{d}(\quad)=\frac{1}{4+x^2}\mathrm{d}x$；　(8) $\mathrm{d}(\quad)=\frac{\ln x}{x}\mathrm{d}x$.

5. 求下列函数的全导数.

(1) 设 $y=u^v$，$u=\sin x$，$v=\ln x$，求 $\frac{\mathrm{d}y}{\mathrm{d}x}$；

(2) 设 $z=e^{x-2y}$，而 $x=\sin t$，$y=t^3$，求 $\frac{\mathrm{d}z}{\mathrm{d}t}$；

(3) 设 $z=\arctan(xy)$，而 $y=e^x$，求$\frac{dz}{dx}$；

(4) 设 $z=xy+yt$，$y=e^x$，$t=\sin x$，求$\frac{dz}{dx}$.

6. 求下列函数的一阶偏导数.

(1) 设 $z=u^2+v^2$，而 $u=x+y$，$v=x-y$；

(2) 设 $z=u^2\ln v$，而 $u=\frac{x}{y}$，$v=3x-2y$；

(3) 设 $u=x^2+y^2+z^2$，而 $z=x^2\cos y$；

(4) 设 $z=e^{xy}$，而 $x=\ln\sqrt{u^2+v^2}$，$y=\arctan\frac{u}{v}$.

7. 求下列函数的一阶偏导数(其中 f 具有一阶连续偏导数).

(1) $u=f(x, y)$，而 $x=s+t$，$y=st$；

(2) $u=f(x, y, z)$，而 $x=r^2+s^2+t^2$，$y=r^2-s^2-t^2$，$z=r^2-s^2+t^2$；

(3) $u=f\left(\frac{x}{y}, \frac{y}{z}\right)$.

8. 设 $z=\arctan\frac{x}{y}$，而 $x=u+v$，$y=u-v$，验证：$\frac{\partial z}{\partial u}+\frac{\partial z}{\partial v}=\frac{u-v}{u^2+v^2}$.

9. 利用一阶微分形式不变性求函数 $z=e^{xy}\sin(x+y)$ 的全微分.

10. 求下列函数的二阶偏导数(其中 f 具有二阶连续偏导数).

(1) $z=f(x^2+y^2)$；　　(2) $z=f(xy^2, x^2y)$.

第七节 隐函数的导数

一、一元隐函数求导法则

前面介绍的求导法则主要适用于显函数，下面讨论一元隐函数的求导方法.

设 $y=y(x)$是由方程 $F(x, y)=0$ 所确定的一个隐函数，将方程两端同时对变量 x 求导，在求导过程中把 y 看作关于 x 的函数，利用复合函数求导法则进行求导，这样就可以从所得等式中解出所求导数$\frac{dy}{dx}$. 下面举例说明.

例 3.59 求由方程 $e^{x+y}-\sin(xy)=0$ 所确定的隐函数的导数$\frac{dy}{dx}$.

解 将方程两端同时对变量 x 求导，得

$$\frac{d[e^{x+y}-\sin(xy)]}{dx}=0,$$

根据求导法则

$$e^{x+y}\left(1+\frac{dy}{dx}\right)-\cos(xy)\left(y+x\cdot\frac{dy}{dx}\right)=0,$$

故

$$\frac{dy}{dx}=\frac{e^{x+y}-y\cos(xy)}{x\cos(xy)-e^{x+y}}.$$

注：在隐函数的求导结果$\frac{dy}{dx}$中可以含有变量 y，它是由方程 $F(x, y)=0$ 所确定的隐函数 $y=y(x)$.

例 3.60 求曲线$(3y+2)^3=(2x+1)^2$ 在点 $x=0$ 处的切线方程 .

解 由导数的几何意义可知，曲线在点 $x=0$ 处切线的斜率为$\left.\frac{dy}{dx}\right|_{x=0}$，利用隐函数求导法，将方程的两端同时对变量 x 求导，得

$$3(3y+2)^2 \cdot 3 \cdot \frac{dy}{dx}=2(2x+1) \cdot 2,$$

解得

$$\frac{dy}{dx}=\frac{4(2x+1)}{9(3y+2)^2}.$$

根据曲线的方程可知，当 $x=0$ 时，$y=-\frac{1}{3}$，则

$$\left.\frac{dy}{dx}\right|_{x=0}=\frac{4}{9},$$

故切线方程为

$$y+\frac{1}{3}=\frac{4}{9}x，即 4x-9y-3=0.$$

例 3.61 求由方程 $x-y+\sin y=0$ 所确定的隐函数的二阶导数$\frac{d^2y}{dx^2}$.

解 先求一阶导数，方程两端同时对变量 x 求导，得

$$1-\frac{dy}{dx}+\cos y \cdot \frac{dy}{dx}=0,$$

解得

$$\frac{dy}{dx}=\frac{1}{1-\cos y}.$$

再求二阶导数，有两种方法：

方法一 将求导后的方程两端再对 x 求导，其中 y 仍看作关于 x 的函数，利用复合函数求导法则进行求导，可得

$$0-\frac{d^2y}{dx^2}-\sin y \cdot \frac{dy}{dx} \cdot \frac{dy}{dx}+\cos y \cdot \frac{d^2y}{dx^2}=0,$$

解得

$$\frac{d^2y}{dx^2}=\frac{\sin y}{\cos y-1} \cdot \left(\frac{dy}{dx}\right)^2,$$

将$\frac{dy}{dx}$的结果代入上式，则有

$$\frac{d^2y}{dx^2}=\frac{\sin y}{(\cos y-1)^3}.$$

方法二 将一阶导数$\frac{dy}{dx}$的结果继续求导，$\frac{dy}{dx}$中的 y 仍看作关于 x 的函数，利用复合函数求导法则进行求导，可得

$$\frac{d^2y}{dx^2}=\frac{d}{dx}\left(\frac{dy}{dx}\right)=\frac{d}{dx}\left(\frac{1}{1-\cos y}\right)=\frac{-\sin y}{(1-\cos y)^2}\cdot\frac{dy}{dx},$$

将$\frac{dy}{dx}$的结果代入上式，则有

$$\frac{d^2y}{dx^2}=\frac{\sin y}{(\cos y-1)^3}.$$

在某些场合，利用对数求导法求导数比用通常的方法简便些，比如幂指函数 $y=u(x)^{v(x)}(u(x)>0)$，其中 $u(x)$，$v(x)$都可导．所谓对数求导法是指先在函数 $y=f(x)$的两端取对数，然后利用隐函数求导法求出$\frac{dy}{dx}$的方法．当然对数求导法并不仅适用于幂指函数，下面举例说明．

例 3.62 设函数 $y=u(x)^{v(x)}$，其中 $u(x)$，$v(x)$一阶可导，且 $u(x)>0$，求 y'.

解 等式两端取对数，得

$$\ln y=v(x)\ln[u(x)],$$

上式两端同时对 x 求导，得

$$\frac{1}{y}\cdot y'=v'(x)\ln[u(x)]+v(x)\cdot\frac{u'(x)}{u(x)},$$

则

$$y'=y\cdot\left\{v'(x)\ln[u(x)]+v(x)\cdot\frac{u'(x)}{u(x)}\right\},$$

即

$$y'=u^v\cdot\left(v'\ln u+\frac{vu'}{u}\right).$$

例 3.63 设函数 $y=(\cos x)^{x^3}(\cos x>0)$，求 y'.

解 等式两端取对数，得

$$\ln y=x^3\ln(\cos x),$$

上式两端同时对 x 求导，注意到 $y=y(x)$，利用隐函数求导法则可得

$$\frac{1}{y}\cdot y'=3x^2\cdot\ln(\cos x)-x^3\cdot\frac{\sin x}{\cos x},$$

故

$$y'=(\cos x)^{x^3}\cdot\left[3x^2\cdot\ln(\cos x)-x^3\cdot\frac{\sin x}{\cos x}\right].$$

例 3.64 求函数 $y=\sqrt{\frac{(x+1)(x-2)^2}{x-4}}(x>4)$的导数．

解 等式两端取对数，得

$$\ln y=\frac{1}{2}[\ln(x+1)+2\ln(x-2)-\ln(x-4)],$$

上式两端同时对 x 求导，得

$$\frac{1}{y}\cdot y'=\frac{1}{2}\left(\frac{1}{x+1}+\frac{2}{x-2}-\frac{1}{x-4}\right),$$

故

$$y'=\frac{1}{2}\sqrt{\frac{(x+1)(x-2)^2}{x-4}}\left(\frac{1}{x+1}+\frac{2}{x-2}-\frac{1}{x-4}\right).$$

二、二元隐函数求导法则

前面我们介绍了一元隐函数求导法则，下面将根据多元复合函数的求导法则来导出一元以及二元隐函数的导数公式，即隐函数存在定理．

定理 3.11(隐函数存在定理 1)　设函数 $y=f(x)$**是由方程** $F(x,\ y)=0$ **所确定的隐函数，且** $F(x,\ y)$**的偏导数** $F'_x(x,\ y)$**和** $F'_y(x,\ y)$**存在且连续，则当** $F'_y(x,\ y)\neq 0$ **时，有隐函数求导公式**

$$\frac{\mathrm{d}y}{\mathrm{d}x}=-\frac{F'_x}{F'_y}. \tag{3.26}$$

证　由于 $y=f(x)$由方程 $F(x,\ y)=0$ 所确定，因此将 $y=f(x)$代入方程，可得恒等式

$$F(x,\ f(x))\equiv 0.$$

将恒等式两端同时对 x 求导数，其左端可以看作是由 $z=F(x,\ y)$，$y=f(x)$复合而成的复合函数，求此函数的全导数．由于恒等式两端求导后仍然恒等，即得

$$F'_x+F'_y\frac{\mathrm{d}y}{\mathrm{d}x}=0.$$

又因为 $F'_y(x,\ y)\neq 0$，所以有

$$\frac{\mathrm{d}y}{\mathrm{d}x}=-\frac{F'_x}{F'_y}.$$

例 3.65　求由方程 $x^3y+\mathrm{e}^{xy}=\sin y^2+2$ 所确定的隐函数 $y=f(x)$的导数．

解　设 $F(x,\ y)=x^3y+\mathrm{e}^{xy}-\sin y^2-2$，则

$$F'_x=3x^2y+y\mathrm{e}^{xy}，F'_y=x^3+x\mathrm{e}^{xy}-2y\cos y^2，$$

因此
$$\frac{\mathrm{d}y}{\mathrm{d}x}=-\frac{F'_x}{F'_y}=-\frac{3x^2y+y\mathrm{e}^{xy}}{x^3+x\mathrm{e}^{xy}-2y\cos y^2}.$$

隐函数存在定理还可以推广到多元函数．对于由方程 $F(x,\ y,\ z)=0$ 所确定的二元隐函数 $z=f(x,\ y)$的偏导数，我们有如下定理．

定理 3.12(隐函数存在定理 2)　设函数 $z=f(x,\ y)$**是由方程** $F(x,\ y,\ z)=0$ **所确定的隐函数，且** $F(x,\ y,\ z)$**的偏导数** $F'_x(x,\ y,\ z)$，$F'_y(x,\ y,\ z)$**和** $F'_z(x,\ y,\ z)$**存在且连续，则当** $F'_z\neq 0$ **时，有隐函数求导公式**

$$\frac{\partial z}{\partial x}=-\frac{F'_x}{F'_z}，\frac{\partial z}{\partial y}=-\frac{F'_y}{F'_z}. \tag{3.27}$$

证　由于函数 $z=f(x,\ y)$是由方程 $F(x,\ y,\ z)=0$ 所确定的隐函数，因此可得恒等式

$$F(x,\ y,\ f(x,\ y))\equiv 0.$$

将上式两端分别对 x，y 求偏导，利用多元复合函数求导法则可得

$$F'_x+F'_z\frac{\partial z}{\partial x}=0，F'_y+F'_z\frac{\partial z}{\partial y}=0.$$

又因为 $F'_z\neq 0$，所以有

$$\frac{\partial z}{\partial x}=-\frac{F'_x}{F'_z}，\frac{\partial z}{\partial y}=-\frac{F'_y}{F'_z}.$$

例 3.66 设 $x^2+y^2+z^2-4z=0$，求$\dfrac{\partial z}{\partial x}$，$\dfrac{\partial z}{\partial y}$，$\dfrac{\partial^2 z}{\partial x^2}$.

解 设 $F(x, y, z)=x^2+y^2+z^2-4z$，则

$$F'_x=2x,\ F'_y=2y,\ F'_z=2z-4.$$

由二元隐函数求导公式可得

$$\frac{\partial z}{\partial x}=-\frac{F'_x}{F'_z}=-\frac{2x}{2z-4}=\frac{x}{2-z},$$

$$\frac{\partial z}{\partial y}=-\frac{F'_y}{F'_z}=-\frac{2y}{2z-4}=\frac{y}{2-z}.$$

对$\dfrac{\partial z}{\partial x}$的结果再一次对 x 求偏导数，得

$$\frac{\partial^2 z}{\partial x^2}=\frac{(2-z)+x\dfrac{\partial z}{\partial x}}{(2-z)^2}=\frac{(2-z)+x\left(\dfrac{x}{2-z}\right)}{(2-z)^2}=\frac{(2-z)^2+x^2}{(2-z)^3}.$$

例 3.67 设由 $F\left(\dfrac{x}{z}, \dfrac{y}{z}\right)=0$ 所确定的隐函数 $z=f(x, y)$，求$\dfrac{\partial z}{\partial x}$，$\dfrac{\partial z}{\partial y}$.

解 $F'_x=F'_1\cdot\dfrac{1}{z}+F'_2\cdot 0=\dfrac{1}{z}\cdot F'_1$（此时求 F'_x时 y，z 均看作常数），

$$F'_y=F'_1\cdot 0+F'_2\cdot\frac{1}{z}=\frac{1}{z}\cdot F'_2,$$

$$F'_z=F'_1\cdot\left(-\frac{x}{z^2}\right)+F'_2\cdot\left(-\frac{y}{z^2}\right),$$

故由二元隐函数求导公式可得

$$\frac{\partial z}{\partial x}=-\frac{F'_x}{F'_z}=-\frac{\dfrac{1}{z}\cdot F'_1}{F'_1\cdot\left(-\dfrac{x}{z^2}\right)+F'_2\cdot\left(-\dfrac{y}{z^2}\right)}=\frac{zF'_1}{xF'_1+yF'_2},$$

$$\frac{\partial z}{\partial y}=-\frac{F'_y}{F'_z}=-\frac{\dfrac{1}{z}\cdot F'_2}{F'_1\cdot\left(-\dfrac{x}{z^2}\right)+F'_2\cdot\left(-\dfrac{y}{z^2}\right)}=\frac{zF'_2}{xF'_1+yF'_2}.$$

习题 3-7

1. 求由下列方程所确定的隐函数的导数$\dfrac{\mathrm{d}y}{\mathrm{d}x}$.

(1) $3x^2+4y^2-1=0$； (2) $\mathrm{e}^y=\sin(x+y)$；

(3) $y=1+x\mathrm{e}^y$； (4) $\arctan\dfrac{y}{x}=\ln\sqrt{x^2+y^2}$.

2. 求曲线$\sqrt{x}+\sqrt{y}=\sqrt{a}$（$a$ 为常数）在点$\left(\dfrac{a}{4}, \dfrac{a}{4}\right)$处的切线方程和法线方程.

3. 求由下列方程所确定的隐函数的二阶导数$\dfrac{\mathrm{d}^2 y}{\mathrm{d}x^2}$.

(1) $x^2-y^2=1$;　　(2) $\sin y=\ln(x+y)$;

(3) $y=\tan(x+y)$;　　(4) $y=x+\ln y$.

4. 设函数 $y=y(x)$ 由方程 $e^y+xy-e^x=0$ 所确定，求 $y''(0)$.

5. 利用对数求导法求下列函数的导数.

(1) $y=(1+x^2)^{\tan x}$;　　(2) $y=\left(\dfrac{x}{1+x}\right)^x$;

(3) $y=\sqrt{x\sin x\sqrt{1-e^x}}$;　　(4) $y=\dfrac{(2x+3)^4\sqrt{x-6}}{\sqrt[3]{x+1}}$.

6. 利用隐函数存在定理，求下列方程所确定的隐函数的导数或偏导数.

(1) $\cos(2x+y)=e^{xy}$，求$\dfrac{dy}{dx}$;

(2) $x^y=y^x(x\neq y)$，求$\dfrac{dy}{dx}$;

(3) $x+2y+z-2\sqrt{xyz}=0$，求$\dfrac{\partial z}{\partial x}$，$\dfrac{\partial z}{\partial y}$.

7. 设 z 是由方程 $e^{x+y}\sin(x+z)=0$ 所确定的 x，y 的函数，求 dz.

8. 设 $u=e^{xz}+\sin yz$，其中 z 是由方程 $\cos^2x+\cos^2y+\cos^2z=1$ 所确定的 x，y 的函数，求$\dfrac{\partial u}{\partial x}$.

9. 设 $z^3-3xyz=0$，求$\dfrac{\partial^2 z}{\partial x\partial y}$.

第八节　参数方程确定的函数的导数

一般地，在参数方程$\begin{cases}x=\varphi(t),\\y=\psi(t)\end{cases}$中，$x$，$y$ 都是关于参数 t 的函数，显然，当 t 取定一值时，x，y 都有唯一值与之对应，因此 x 与 y 的取值也是相对应的，即 y 与 x 之间也存在函数关系，我们称此函数关系所表达的函数为由参数方程所确定的函数. 通常要想从参数方程中消去 t 而直接得到函数关系 $y=f(x)$ 是比较困难的，或者得到的 $y=f(x)$ 是非常复杂的. 因此下面讨论直接由参数方程所确定的函数的求导方法.

设函数 $x=\varphi(t)$ 与 $y=\psi(t)$ 都可导，且函数 $x=\varphi(t)$ 具有单调连续反函数 $t=\bar{\varphi}(x)$. 如果此反函数 $t=\bar{\varphi}(x)$ 可以与函数 $y=\psi(t)$ 构成复合函数，那么由参数方程$\begin{cases}x=\varphi(t),\\y=\psi(t)\end{cases}$所确定的函数则可以看成是由函数 $y=\psi(t)$，$t=\bar{\varphi}(x)$ 复合而成的复合函数 $y=\psi[\bar{\varphi}(x)]$. 因此根据复合函数的求导法则与反函数的导数公式，当 $\varphi'(t)\neq 0$ 时，就有

$$\frac{dy}{dx}=\frac{dy}{dt}\cdot\frac{dt}{dx}=\frac{dy}{dt}\cdot\frac{1}{\frac{dx}{dt}}=\frac{\psi'(t)}{\varphi'(t)},$$

即

$$\frac{\mathrm{d}y}{\mathrm{d}x}=\frac{\psi'(t)}{\varphi'(t)}. \tag{3.28}$$

这就是由**参数方程**$\begin{cases}x=\varphi(t),\\y=\psi(t)\end{cases}$所确定的函数的**导数公式**. 上式也可写成

$$\frac{\mathrm{d}y}{\mathrm{d}x}=\frac{\frac{\mathrm{d}y}{\mathrm{d}t}}{\frac{\mathrm{d}x}{\mathrm{d}t}}.$$

如果 $x=\varphi(t)$，$y=\psi(t)$是二阶可导的，还可以继续推导出由参数方程$\begin{cases}x=\varphi(t),\\y=\psi(t)\end{cases}$所确定的函数的二阶导数公式.

由于$\frac{\mathrm{d}y}{\mathrm{d}x}=\frac{\psi'(t)}{\varphi'(t)}$，则有

$$\frac{\mathrm{d}^2y}{\mathrm{d}x^2}=\frac{\mathrm{d}}{\mathrm{d}x}\left(\frac{\mathrm{d}y}{\mathrm{d}x}\right)=\frac{\mathrm{d}}{\mathrm{d}t}\left(\frac{\psi'(t)}{\varphi'(t)}\right)\cdot\frac{\mathrm{d}t}{\mathrm{d}x}=\frac{\mathrm{d}}{\mathrm{d}t}\left(\frac{\psi'(t)}{\varphi'(t)}\right)\cdot\frac{1}{\frac{\mathrm{d}x}{\mathrm{d}t}},$$

$$=\frac{\psi''(t)\varphi'(t)-\psi'(t)\varphi''(t)}{\varphi'^2(t)}\cdot\frac{1}{\varphi'(t)}$$

即

$$\frac{\mathrm{d}^2y}{\mathrm{d}x^2}=\frac{\psi''(t)\varphi'(t)-\psi'(t)\varphi''(t)}{\varphi'^3(t)}. \tag{3.29}$$

这就是由**参数方程所确定的函数的二阶导数公式**.

例 3.68 求由参数方程$\begin{cases}x=\sec t,\\y=\ln(1+t^2)\end{cases}$所确定的函数的导数.

解 $\frac{\mathrm{d}y}{\mathrm{d}x}=\frac{[\ln(1+t^2)]'}{(\sec t)'}=\frac{\frac{2t}{1+t^2}}{\sec t\tan t}=\frac{2t}{(1+t^2)\sec t\tan t}$,

即
$$\frac{\mathrm{d}y}{\mathrm{d}x}=\frac{2t}{(1+t^2)\sec t\tan t}.$$

例 3.69 已知椭圆的参数方程为

$$\begin{cases}x=a\cos t,\\y=b\sin t,\end{cases}\quad 0\leqslant t\leqslant 2\pi,$$

求椭圆在 $t=\frac{\pi}{4}$处的切线方程与法线方程.

解 根据导数的几何意义，先求函数的导数，

$$\frac{\mathrm{d}y}{\mathrm{d}x}=\frac{(b\sin t)'}{(a\cos t)'}=\frac{b\cos t}{-a\sin t}=-\frac{b}{a}\cot t,$$

则函数在 $t=\frac{\pi}{4}$处的切线斜率为$\left.\frac{\mathrm{d}y}{\mathrm{d}x}\right|_{t=\frac{\pi}{4}}=-\frac{b}{a}$,

又当 $t=\frac{\pi}{4}$时，

$$x=a\cos t\big|_{t=\frac{\pi}{4}}=\frac{\sqrt{2}}{2}a,\ y=b\sin t\big|_{t=\frac{\pi}{4}}=\frac{\sqrt{2}}{2}b,$$

故切线方程为

$$y-\frac{\sqrt{2}}{2}b=-\frac{b}{a}\left(x-\frac{\sqrt{2}}{2}a\right),\text{ 即 } bx+ay=\sqrt{2}ab,$$

法线方程为

$$y-\frac{\sqrt{2}}{2}b=\frac{a}{b}\left(x-\frac{\sqrt{2}}{2}a\right),\text{ 即 } ax-by=\frac{a^2-b^2}{\sqrt{2}}.$$

例 3.70 已知摆线的参数方程为

$$\begin{cases}x=a(t-\sin t),\\ y=a(1-\cos t),\end{cases}$$

求该参数方程所确定的函数 $y=y(x)$ 的二阶导数.

解 $\dfrac{\mathrm{d}y}{\mathrm{d}x}=\dfrac{\frac{\mathrm{d}y}{\mathrm{d}t}}{\frac{\mathrm{d}x}{\mathrm{d}t}}=\dfrac{a\sin t}{a(1-\cos t)}=\dfrac{\sin t}{1-\cos t}$,

$$\frac{\mathrm{d}^2y}{\mathrm{d}x^2}=\frac{\mathrm{d}}{\mathrm{d}x}\left(\frac{\sin t}{1-\cos t}\right)=\frac{\mathrm{d}}{\mathrm{d}t}\left(\frac{\sin t}{1-\cos t}\right)\cdot\frac{\mathrm{d}t}{\mathrm{d}x}$$

$$=\frac{\cos t(1-\cos t)-\sin t\cdot\sin t}{(1-\cos t)^2}\cdot\frac{1}{a(1-\cos t)}$$

$$=-\frac{1}{a(1-\cos t)^2}.$$

习题 3-8

1. 求下列参数方程所确定的函数的导数 $\dfrac{\mathrm{d}y}{\mathrm{d}x}$.

(1) $\begin{cases}x=3t^2,\\ y=5t^3;\end{cases}$　　(2) $\begin{cases}x=\sqrt{1+\theta},\\ y=\sqrt{1-\theta};\end{cases}$

(3) $\begin{cases}x=\mathrm{e}^t\sin t,\\ y=\mathrm{e}^t\cos t;\end{cases}$　　(4) $\begin{cases}x=\dfrac{1+\ln t}{t^2},\\ y=\dfrac{3+2\ln t}{t}.\end{cases}$

2. 求曲线 $\begin{cases}x=\sin t,\\ y=\cos 2t\end{cases}$ 在 $t=\dfrac{\pi}{4}$ 的对应点处的切线方程和法线方程.

3. 求下列参数方程所确定的函数的二阶导数 $\dfrac{\mathrm{d}^2y}{\mathrm{d}x^2}$.

(1) $\begin{cases}x=3\mathrm{e}^{-t},\\ y=2\mathrm{e}^t;\end{cases}$　　(2) $\begin{cases}x=a\cos t,\\ y=b\sin t;\end{cases}$

(3) $\begin{cases}x=1-t^2,\\ y=t-t^3;\end{cases}$　　(4) $\begin{cases}x=\ln(1+t^2),\\ y=t-\arctan t.\end{cases}$

思维导图与本章小结

一、思维导图

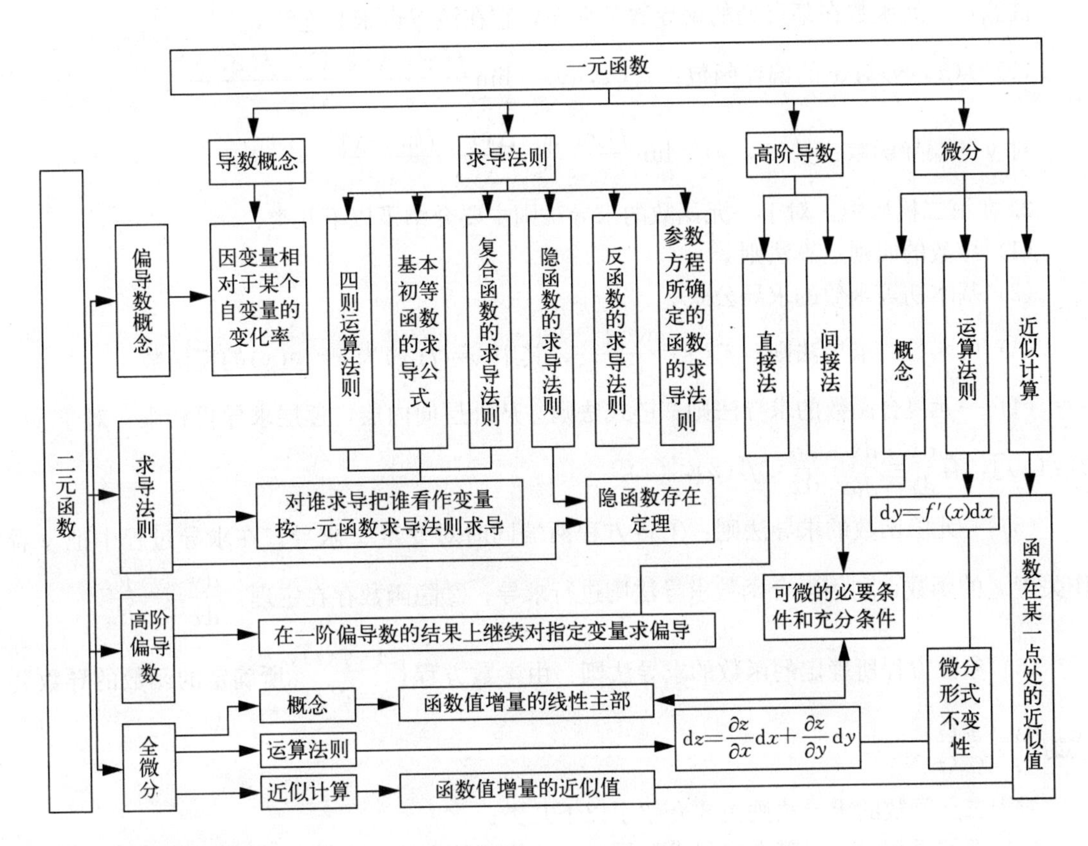

二、本章小结

结合思维导图，将本章内容分为 4 个模块，分别是导数与偏导数的概念、求导法则、高阶导数与高阶偏导数、微分与全微分.

1. 在第一模块中，对于一元函数的导数主要介绍了以下几个概念：

(1) $y=f(x)$在点 x_0 的导数：$f'(x_0)=\lim\limits_{\Delta x\to 0}\dfrac{f(x_0+\Delta x)-f(x_0)}{\Delta x}$.

注意：可导必连续，但连续未必可导.

(2) 左导数与右导数：

$$f'_-(x_0)=\lim_{\Delta x\to 0^-}\frac{f(x_0+\Delta x)-f(x_0)}{\Delta x},\quad f'_+(x_0)=\lim_{\Delta x\to 0^+}\frac{f(x_0+\Delta x)-f(x_0)}{\Delta x}.$$

注意：$f'(x_0)$存在$\Leftrightarrow f'_-(x_0)$与 $f'_+(x_0)$都存在且相等.

(3) $f(x)$的导函数：$f'(x)=\lim\limits_{\Delta x\to 0}\dfrac{f(x+\Delta x)-f(x)}{\Delta x}$.

对于二元函数的偏导数主要介绍了以下几个概念：

(1) $f(x, y)$在点(x_0, y_0)处对 x 的偏导数：

$$f'_x(x_0,\ y_0)=\lim_{\Delta x\to 0}\frac{f(x_0+\Delta x,\ y_0)-f(x_0,\ y_0)}{\Delta x}.$$

对 y 的偏导数：$f'_y(x_0,\ y_0)=\lim\limits_{\Delta y\to 0}\dfrac{f(x_0,\ y_0+\Delta y)-f(x_0,\ y_0)}{\Delta y}$.

注意：二元函数在某点处的偏导数都存在，它在该点也未必连续.

(2) $f(x,\ y)$对 x 的偏导函数：$f'_x(x,\ y)=\lim\limits_{\Delta x\to 0}\dfrac{f(x+\Delta x,\ y)-f(x,\ y)}{\Delta x}$；

对 y 的偏导函数：$f'_y(x,\ y)=\lim\limits_{\Delta y\to 0}\dfrac{f(x,\ y+\Delta y)-f(x,\ y)}{\Delta y}$.

2. 在第二模块中，对于一元函数的求导法则主要介绍了以下几类：

(1) 导数的四则运算法则.

(2) 基本初等函数的求导公式.

(3) 反函数的求导法则：$f'(x)=\dfrac{1}{\varphi'(y)}$，其中 $y=f(x)$为 $x=\varphi(y)$的反函数.

(4) 一元复合函数的求导法则：链式法则. 从外层向内层，逐层求导再相乘. 对于 $y=f[\varphi(x)]$，有$\dfrac{\mathrm{d}y}{\mathrm{d}x}=\dfrac{\mathrm{d}y}{\mathrm{d}u}\cdot\dfrac{\mathrm{d}u}{\mathrm{d}x}=f'(u)\varphi'(x)$.

(5) 一元隐函数的求导法则：①将方程两端同时对变量 x 求导，在求导过程中把 y 看作关于x 的函数，利用复合函数求导法则进行求导；②隐函数存在定理：$\dfrac{\mathrm{d}y}{\mathrm{d}x}=-\dfrac{F'_x}{F'_y}$.

(6) 参数方程所确定的函数的求导法则：由参数方程$\begin{cases}x=\varphi(t),\\ y=\psi(t)\end{cases}$所确定的函数的导数公式为$\dfrac{\mathrm{d}y}{\mathrm{d}x}=\dfrac{\psi'(t)}{\varphi'(t)}$.

对于二元函数的求导法则主要介绍了以下几类：

(1) 求偏导数时，对哪个变量求偏导，只需将其他变量视为常数，再对该变量按照一元函数求导法则求导即可.

(2) 二元复合函数 $z=f[\varphi(x,\ y),\ \psi(x,\ y)]$的求导法则：

$$\begin{cases}\dfrac{\partial z}{\partial x}=\dfrac{\partial z}{\partial u}\dfrac{\partial u}{\partial x}+\dfrac{\partial z}{\partial v}\dfrac{\partial v}{\partial x},\\[2ex] \dfrac{\partial z}{\partial y}=\dfrac{\partial z}{\partial u}\dfrac{\partial u}{\partial y}+\dfrac{\partial z}{\partial v}\dfrac{\partial v}{\partial y}.\end{cases}$$

注意：复合形式不同，对应的求导法则也是不同的.

(3) 二元隐函数的求导法则：隐函数存在定理 2，即$\dfrac{\partial z}{\partial x}=-\dfrac{F'_x}{F'_z}$，$\dfrac{\partial z}{\partial y}=-\dfrac{F'_y}{F'_z}$.

3. 在第三模块中，对于一元函数求高阶导数主要介绍了以下两种方法：

(1) 直接法：利用一元函数的求导法则继续求导.

(2) 间接法：利用已知高阶导数公式，结合运算法则、变量代换等来计算高阶导数. 对于二元函数求高阶偏导数，是在一阶偏导数的结果上继续对指定变量求偏导.

4. 在第四模块中，介绍了微分的概念、运算法则和近似计算.

(1) 概念：对于一元函数，如果 $\Delta y=A\Delta x+o(\Delta x)$，则 $y=f(x)$在点 x_0 处可微，且

$dy=A\Delta x$. **注意**：可微⇔可导.

对于二元函数，如果 $\Delta z=A\Delta x+B\Delta y+o(\rho)$，则 $z=f(x,y)$在点(x,y)处可微，且 $dz=A\Delta x+B\Delta y$. **注意**：偏导数连续⇒可微⇒偏导数存在.

(2) 运算法则：一元函数微分公式为 $dy=f'(x)dx$；

二元函数微分公式为 $dz=\frac{\partial z}{\partial x}dx+\frac{\partial z}{\partial y}dy$.

(3) 近似计算：一元函数近似公式为

$$\Delta y=f(x_0+\Delta x)-f(x_0)\approx f'(x_0)\Delta x,$$
$$f(x_0+\Delta x)\approx f(x_0)+f'(x_0)\Delta x.$$

二元函数近似公式为

$$\Delta z=f(x_0+\Delta x,y_0+\Delta y)-f(x_0,y_0)\approx f'_x(x_0,y_0)\cdot\Delta x+f'_y(x_0,y_0)\cdot\Delta y,$$
$$f(x_0+\Delta x,y_0+\Delta y)\approx f(x_0,y_0)+f'_x(x_0,y_0)\cdot\Delta x+f'_y(x_0,y_0)\cdot\Delta y.$$

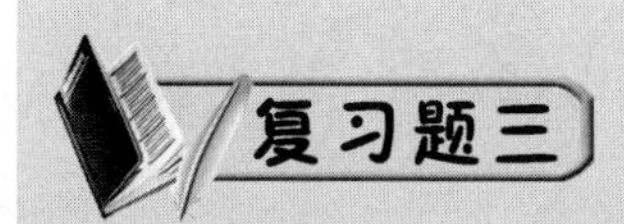

1. 选择题.

(1) 函数 $f(x)=x|\sin x|$ 在点 $x=0$ 处的导数(　　).

A. 等于1；　B. 等于−1；　C. 等于0；　D. 不存在.

(2) 设函数 $f(x)$在 $x=0$ 处连续，且$\lim\limits_{x\to 0}\frac{f(x^2)}{x^2}=1$，则(　　).

A. $f(0)=0$ 且 $f'(0)$存在；　B. $f(0)=1$ 且 $f'(0)$存在；

C. $f(0)=0$ 且 $f'_+(0)$存在；　D. $f(0)=1$ 且 $f'_+(0)$存在.

(3) 设$f'(x)$在$[a,b]$上连续，且 $f'(a)>0$，$f'(b)<0$，则下列结论错误的是(　　).

A. 至少存在一点 $x_0\in(a,b)$，使得 $f(x_0)>f(a)$；

B. 至少存在一点 $x_0\in(a,b)$，使得 $f(x_0)>f(b)$；

C. 至少存在一点 $x_0\in(a,b)$，使得 $f'(x_0)=0$；

D. 至少存在一点 $x_0\in(a,b)$，使得 $f(x_0)=0$.

(4) 设 $g(x)$可微，$h(x)=e^{1+g(x)}$，若 $h'(1)=1$，$g'(1)=2$，则 $g(1)=$(　　).

A. $\ln 3-1$；　B. $-\ln 3-1$；　C. $-\ln 2-1$；　D. $\ln 2-1$.

(5) 设 $y=x-\frac{1}{2}\sin x$，则$\frac{dx}{dy}=$(　　).

A. $1-\frac{1}{2}\cos y$；　B. $1-\frac{1}{2}\cos x$；　C. $\frac{2}{2-\cos y}$；　D. $\frac{2}{2-\cos x}$.

(6) 设 $z=f(x,y)$，下列命题中正确的是(　　).

A. 如果在点(x_0,y_0)处，$\frac{\partial z}{\partial x}$与$\frac{\partial z}{\partial y}$都存在，则在$(x_0,y_0)$处函数 $z=f(x,y)$一定可微；

B. 函数 $z=f(x,y)$在点(x_0,y_0)处可微，则必在(x_0,y_0)处连续；

C. 如果在点(x_0,y_0)处，$\frac{\partial z}{\partial x}$与$\frac{\partial z}{\partial y}$都存在且相等，则在$(x_0,y_0)$处函数 $z=f(x,y)$必连续；

D. 如果函数 $z=f(x,y)$在点(x_0,y_0)处连续，则$\frac{\partial z}{\partial x}$和$\frac{\partial z}{\partial y}$必存在．

(7) 设 $z=f(x,y)$，$y=\varphi(x)$，则$\frac{\mathrm{d}z}{\mathrm{d}x}=$(　　)．

A. $\frac{\partial f}{\partial x}+\frac{\partial f}{\partial y}\cdot\frac{\partial y}{\partial x}$；　　B. $\frac{\partial f}{\partial x}$；　　C. $\frac{\partial f}{\partial x}+\frac{\partial f}{\partial y}\cdot\frac{\mathrm{d}y}{\mathrm{d}x}$；　　D. $\frac{\partial f}{\partial x}+\frac{\partial f}{\partial y}$.

2. 填空题．

(1) 设函数 $f(x)=\begin{cases}x^2-1, & x>2,\\ ax+b, & x\leqslant 2,\end{cases}$其中 a，b 为常数，如果 $f'(2)$存在，则必有 $a=$________，$b=$________．

(2) 设函数 $f(x)$在 $x=2$ 的某邻域内可导，且 $f'(x)=\mathrm{e}^{f(x)}$，$f(2)=1$，则 $f'''(2)=$________．

(3) 曲线$\begin{cases}x=\cos t+\cos^2 t,\\ y=1+\sin t\end{cases}$上对应于 $t=\frac{\pi}{4}$的点处的法线斜率为________．

(4) 设 $y=(1+\sin x)^x$，则$\mathrm{d}y\big|_{x=\pi}=$________．

(5) 设函数 $f(x)=\frac{1}{1-2x}$，则 $f^{(10)}(1)=$________．

(6) 设函数 $z=x+\frac{y}{F(u)}$，$u=x^2-y^2$，则$\frac{\partial z}{\partial x}=$________．

(7) 如果 $z=xy$，则$\frac{\partial z}{\partial x}\cdot\frac{\partial x}{\partial y}\cdot\frac{\partial y}{\partial z}=$________．

3. 求下列函数的导数．

(1) $y=\left(\frac{x}{a}\right)^b+\left(\frac{b}{x}\right)^a+\left(\frac{b}{a}\right)^x$；　　(2) $y=\frac{\sqrt{1+x}-\sqrt{1-x}}{\sqrt{1+x}+\sqrt{1-x}}$；

(3) $y=x^{\sin x}(x>0)$；　　(4) $y=x\arcsin\frac{x}{2}+\sqrt{4-x^2}$．

4. 设 $f(x)$在 $x=2$ 处连续，且$\lim\limits_{x\to 2}\frac{f(x)}{x-2}=2$，求 $f'(2)$．

5. 设 $f(x)=x(x-1)(x-2)\cdots(x-100)$，求 $f'(0)$．

6. 设函数 $f(x)=\begin{cases}\frac{1-\cos x}{\sqrt{x}}, & x>0,\\ x^2 g(x), & x\leqslant 0,\end{cases}$其中 $g(x)$为有界函数，试讨论函数 $f(x)$在 $x=0$ 处的连续性和可导性．

7. 证明：曲线 $y=\frac{1}{x}(x>0)$上任意点$\left(x_0,\frac{1}{x_0}\right)$处切线与两坐标轴围成的直角三角形面积恒为 2.

8. 设 $z=(2x+y)^y$，求 $\left.\frac{\partial z}{\partial x}\right|_{(0,1)}$ 与 $\left.\frac{\partial z}{\partial y}\right|_{(0,1)}$.

9. 设 $z=x^3 f\left(\frac{y}{x^2}\right)$，其中 $f\left(\frac{y}{x^2}\right)$ 为可微函数，试证：$x\frac{\partial z}{\partial x}+2y\frac{\partial z}{\partial y}=3z$.

10. 求下列函数的 n 阶导数.

(1) $y=\frac{1}{x^2-3x+2}$；　　(2) $y=\sin^4 x+\cos^4 x$.

11. 设 $z=x^2\arctan\frac{y}{x}-y^2\arctan\frac{x}{y}$，求 $\frac{\partial^2 z}{\partial x\partial y}$.

12. 设 $\rho=f(u, v)$，$u=tx$，$v=ty$，求 $\frac{\partial^2\rho}{\partial t^2}$.

13. 设 $y=f(\ln x)e^{f(x)}$，其中 f 可微，求 dy.

14. 已知 $u=z\sqrt{\frac{x}{y}}$，求 du.

15. 设函数 $y=y(x)$ 由方程 $e^y+6xy+x^2-1=0$ 所确定，求 $y''(0)$.

16. 设函数 $f(x, y, z)=xy^2z^3$，其中 $z=z(x, y)$ 由方程 $x^2+y^2+z^2+3xyz=0$ 所确定，求 $f'_x(1, 1, 1)$.

17. 设参数方程为 $\begin{cases}x=5(t-\sin t),\\ y=5(1-\cos t),\end{cases}$ 求 $\frac{d^2y}{dx^2}$.

18. 已知单摆的振动周期 $T=2\pi\sqrt{\frac{l}{g}}$，其中 $g=980\text{cm/s}^2$，l 为摆长(单位：cm). 设原摆长为 20cm，为使周期 T 增大 0.05s，摆长约需加长多少？

第四章　微分学的应用

上一章，我们从研究函数的变化率问题引入了导数的概念，并讨论了导数的计算方法．导数只反映了函数的局部变化性态，为了研究函数在某一个区间上的整体性态，本章先介绍微分中值定理，它们是微分学的理论基础．利用中值定理和导数可以深入地对曲线的单调性、极值、凹凸性等进行研究，而极值问题也有着重要的实际应用．

第一节　微分中值定理

一、罗尔(Rolle)定理

先介绍费马(Fermat)引理，便于罗尔定理的证明．

费马引理　**设函数** $f(x)$ **在点** x_0 **的某邻域** $U(x_0)$ **内有定义，并且在** x_0 **处可导，如果对任意** $x\in U(x_0)$，**有** $f(x)\leqslant f(x_0)$ **或** $f(x)\geqslant f(x_0)$，**那么** $f'(x_0)=0$.

证　不妨设 $x\in U(x_0)$时，$f(x)\leqslant f(x_0)$（若 $f(x)\geqslant f(x_0)$，可以类似地证明），于是对于 $x_0+\Delta x\in U(x_0)$，有 $f(x_0+\Delta x)\leqslant f(x_0)$，从而

当 $\Delta x>0$ 时，$\dfrac{f(x_0+\Delta x)-f(x_0)}{\Delta x}\leqslant 0$；

当 $\Delta x<0$ 时，$\dfrac{f(x_0+\Delta x)-f(x_0)}{\Delta x}\geqslant 0$，

根据函数 $f(x)$在 x_0 处可导及极限的保号性得

$$f'(x_0)=f'_+(x_0)=\lim_{\Delta x\to 0^+}\frac{f(x_0+\Delta x)-f(x_0)}{\Delta x}\leqslant 0,$$

$$f'(x_0)=f'_-(x_0)=\lim_{\Delta x\to 0^-}\frac{f(x_0+\Delta x)-f(x_0)}{\Delta x}\geqslant 0,$$

所以 $f'(x_0)=0$.

定理 4.1(**罗尔定理**)　**如果函数** $f(x)$ **满足**：

(1) **在闭区间**$[a, b]$**上连续**；

(2) **在开区间**(a, b)**内可导**；

(3) $f(a)=f(b)$，

那么在(a, b)**内至少存在一点** $\xi(a<\xi<b)$，**使得** $f'(\xi)=0$.

证　由于 $f(x)$在$[a, b]$上连续，因此必有最大值 M 和最小值 m，于是有两种可能的情形：

(1) $M=m$，此时 $f(x)$在$[a, b]$上必然取相同的数值 M，即 $f(x)=M$，由此得$f'(x)=$

0，因此任取 $\xi\in(a,b)$，有 $f'(\xi)=0$.

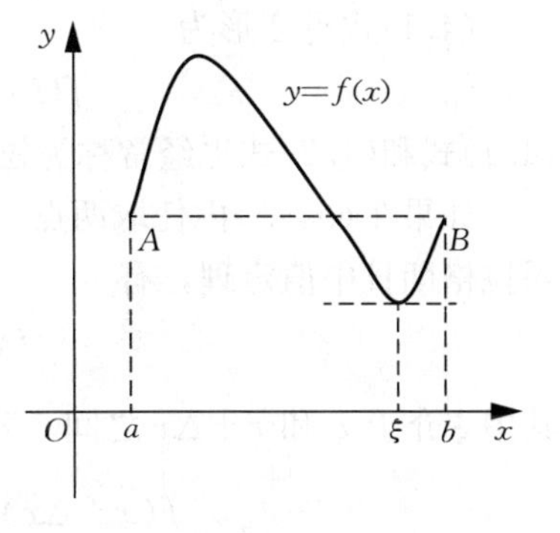

图 4-1

(2) $M>m$，由于 $f(a)=f(b)$，所以 M 和 m 至少有一个不等于 $f(x)$ 在区间 $[a,b]$ 端点处的函数值．不妨设 $M\neq f(a)$（若 $m\neq f(a)$，可类似证明），则必定在 (a,b) 内有一点 ξ，使得 $f(\xi)=M$，因此任取 $x\in[a,b]$，有 $f(x)\leqslant f(\xi)$，由费马引理可得 $f'(\xi)=0$.

罗尔定理的几何意义很明显．如图 4-1 所示，在两个端点有相同纵坐标的连续曲线弧 AB 上，除端点外，处处有不垂直于 x 轴的切线，则在该曲线上至少有一点 $(\xi,f(\xi))$，在该点处的切线是水平的．

例 4.1　证明：方程 $x^5-5x+1=0$ 有且仅有一个小于 1 的正实根．

证　设 $f(x)=x^5-5x+1$，则 $f(x)$ 在 $[0,1]$ 上连续，且 $f(0)=1$，$f(1)=-3$.

由介值定理，存在 $x_0\in(0,1)$，使得 $f(x_0)=0$，即 x_0 为方程的小于 1 的正实根．

设另有 $x_1\in(0,1)$，$x_1\neq x_0$，使 $f(x_1)=0$.

因为 $f(x)$ 在 x_0，x_1 之间满足罗尔定理的条件，所以至少存在一个 ξ（在 x_0 与 x_1 之间），使得 $f'(\xi)=0$，但 $f'(x)=5(x^4-1)<0(x\in(0,1))$，矛盾，所以 x_0 为方程的唯一实根．

由图 4-1 可以看出，两端点的连线 AB 是水平线，因此罗尔定理也可以理解为：满足定理条件的曲线上至少有一条平行于两端点连线的切线．如果 $f(a)\neq f(b)$，即 AB 不是水平线，是否还存在一条平行于两端点连线的切线呢？对此，有下面的拉格朗日中值定理．

二、拉格朗日(Lagrange)中值定理

定理 4.2（拉格朗日中值定理）　如果函数 $f(x)$ 满足：

(1) 在闭区间 $[a,b]$ 上连续；

(2) 在开区间 (a,b) 内可导，

那么在 (a,b) 内至少存在一点 $\xi(a<\xi<b)$，使得

$$f'(\xi)=\frac{f(b)-f(a)}{b-a}. \tag{4.1}$$

在证明之前，我们先给出定理的几何意义．

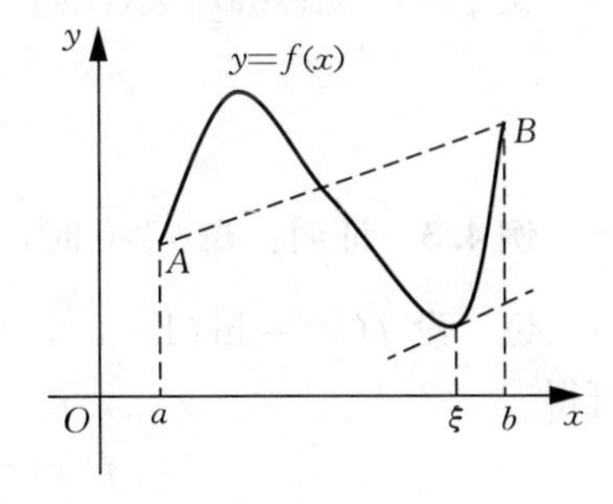

图 4-2

如图 4-2 所示，在连续的曲线弧 AB 上除端点外处处有不垂直于 x 轴的切线，则在该曲线上至少存在一点 $(\xi,f(\xi))$，在该点的切线平行于弦 AB.

证　作辅助函数

$$F(x)=f(x)-f(a)-\frac{f(b)-f(a)}{b-a}(x-a),$$

由连续函数的性质及导数运算法则知，$F(x)$ 在 $[a,b]$ 上连续，在 (a,b) 内可导，并且 $F(a)=F(b)=0$，$F(x)$ 在 $[a,b]$ 上满足罗尔定理的条件，故在 (a,b) 内至少存在一点 ξ，使得

$$F'(\xi)=f'(\xi)-\frac{f(b)-f(a)}{b-a}=0，即 f'(\xi)=\frac{f(b)-f(a)}{b-a}.$$

(4.1)式可变形为

$$f(b)-f(a)=f'(\xi)(b-a),\ a<\xi<b. \tag{4.2}$$

(4.1)式和(4.2)式也经常称为**拉格朗日中值公式**.

如果在(a, b)内任取两点x，$x+\Delta x(\Delta x\neq 0)$，则在$[x, x+\Delta x]$(或$[x+\Delta x, x]$)上应用拉格朗日中值定理，有

$$f(x+\Delta x)-f(x)=f'(\xi)\cdot\Delta x, \tag{4.3}$$

其中ξ介于x和$x+\Delta x$之间. 若记$\dfrac{\xi-x}{\Delta x}=\theta$，$0<\theta<1$，则有

$$f(x+\Delta x)-f(x)=f'(x+\theta\Delta x)\cdot\Delta x,\ 0<\theta<1,$$

即

$$\Delta y=f'(x+\theta\Delta x)\cdot\Delta x,\ 0<\theta<1,$$

这是拉格朗日中值公式的另一种表达形式，它给出了自变量、因变量的差分和函数的导数值之间的精确关系，这也被称为**有限增量公式**.

由拉格朗日中值定理可得下面的重要结论.

推论 1　如果函数$f(x)$在开区间I内的导数恒为零，那么$f(x)$在I上是一个常数.

证　在I上任取两点x_1，x_2，不妨设$x_1<x_2$，则$f(x)$在I上满足拉格朗日中值定理的条件，有

$$f(x_2)-f(x_1)=f'(\xi)(x_2-x_1)\quad(x_1<\xi<x_2).$$

由于$f'(\xi)=0$，所以$f(x_1)=f(x_2)$，而x_1，x_2是任取的两点，故$f(x)$在I内为一常数.

推论 2　若在I内$f'(x)=g'(x)$，则在I内恒有$f(x)=g(x)+C$(C为常数).

证　设$F(x)=f(x)-g(x)$，再根据推论1不难证明.

例 4.2　证明：$\arcsin x+\arccos x=\dfrac{\pi}{2}(-1\leqslant x\leqslant 1)$.

证　设$f(x)=\arcsin x+\arccos x$，$x\in[-1, 1]$，由于

$$f'(x)=\frac{1}{\sqrt{1-x^2}}+\left(-\frac{1}{\sqrt{1-x^2}}\right)=0,$$

所以$f(x)\equiv C$，$x\in(-1, 1)$.

又$f(0)=\arcsin 0+\arccos 0=0+\dfrac{\pi}{2}=\dfrac{\pi}{2}$，即$C=\dfrac{\pi}{2}$，且$f(\pm 1)=\dfrac{\pi}{2}$，故

$$\arcsin x+\arccos x=\frac{\pi}{2}.$$

例 4.3　证明：当$x>0$时，$\dfrac{x}{1+x}<\ln(1+x)<x$.

证　设$f(x)=\ln(1+x)$，显然$f(x)$在$[0, x]$上连续且可导，由拉格朗日中值定理可得

$$f(x)-f(0)=f'(\xi)(x-0),\ 0<\xi<x.$$

由于$f(0)=0$，$f'(x)=\dfrac{1}{1+x}$，代入上式可得

$$\ln(1+x)=\frac{x}{1+\xi},$$

又由$0<\xi<x$可得

$$\frac{x}{1+x}<\frac{x}{1+\xi}<x，即\frac{x}{1+x}<\ln(1+x)<x.$$

三、柯西(Cauchy)中值定理

定理 4.3(柯西中值定理)　若函数 $f(x)$和 $g(x)$满足条件：

(1) 在$[a, b]$上连续；

(2) 在(a, b)内可导，且 $g'(x)\neq 0$, $x\in(a, b)$,

则在(a, b)内至少存在一点ξ，使得

$$\frac{f(b)-f(a)}{g(b)-g(a)}=\frac{f'(\xi)}{g'(\xi)}.$$

证　作辅助函数

$$F(x)=f(x)-f(a)-\frac{f(b)-f(a)}{g(b)-g(a)}[g(x)-g(a)],$$

易验证，$F(x)$在$[a, b]$上满足罗尔定理的条件，由罗尔定理可知，在(a, b)内至少存在一点ξ，使得

$$F'(\xi)=f'(\xi)-\frac{f(b)-f(a)}{g(b)-g(a)}g'(\xi)=0,$$

即

$$\frac{f(b)-f(a)}{g(b)-g(a)}=\frac{f'(\xi)}{g'(\xi)}.$$

显然，如果在柯西中值定理中取 $g(x)=x$，则柯西中值定理就是拉格朗日中值定理．柯西中值定理是拉格朗日中值定理的推广，拉格朗日中值定理是三个定理中最重要、最常用的一个定理．

习题 4-1

1. 已知方程 $x^3+6x+4=0$ 在区间$(-1, 0)$内有实根，证明：方程在区间$(-1, 0)$内只有一个实根．

2. 若函数 $f(x)$在(a, b)内具有二阶导数，且 $f(x_1)=f(x_2)=f(x_3)$，其中 $a<x_1<x_2<x_3<b$，证明：在(x_1, x_3)内至少有一点ξ，使得 $f''(\xi)=0$.

3. 证明不等式：

(1) 当 $a>b>0$，$n>1$ 时，$nb^{n-1}(a-b)<a^n-b^n<na^{n-1}(a-b)$；

(2) 当 $a>b>0$ 时，$\frac{a-b}{a}<\ln\frac{a}{b}<\frac{a-b}{b}$.

4. 证明恒等式：$\arctan x+\operatorname{arccot} x=\frac{\pi}{2}$，$x\in(-\infty, +\infty)$.

第二节　洛必达法则

求极限时往往会遇到这种情形：当 $x\to x_0$(或 $x\to\infty$)时，两个函数 $f(x)$和 $g(x)$同时趋于零或趋于无穷大，此时$\frac{f(x)}{g(x)}$的极限可能存在、也可能不存在．通常把这两种类型的极限

分别称为$\frac{0}{0}$型未定式和$\frac{\infty}{\infty}$型未定式．下面将根据柯西中值定理来推出求解未定式的一个简便且高效的方法：**洛必达(L′ Hospital)法则**．

一、$\frac{0}{0}$型极限

定理 4.4(洛必达法则Ⅰ)　若函数 $f(x)$，$g(x)$满足：

(1) $\lim\limits_{x\to x_0}f(x)=0$，$\lim\limits_{x\to x_0}g(x)=0$；

(2) **在点 x_0 的某去心邻域内可导，且 $g'(x)\neq 0$；**

(3) $\lim\limits_{x\to x_0}\frac{f'(x)}{g'(x)}$**存在(或为∞)，**

则有

$$\lim_{x\to x_0}\frac{f(x)}{g(x)}=\lim_{x\to x_0}\frac{f'(x)}{g'(x)}.$$

注：上述定理中将 $x\to x_0$ 全部换成 $x\to\infty$，结论依然成立．

证　因为函数 $f(x)$，$g(x)$在点 x_0 的某去心邻域内可导，所以它们在该去心邻域内连续．我们将 $f(x)$，$g(x)$在点 x_0 处的定义换成或补充为 $f(x_0)=g(x_0)=0$，则函数 $f(x)$，$g(x)$在点 x_0 及其邻域内就都连续了．任取邻域内的一点 x，$x\neq x_0$，在 x_0 与 x 之间运用柯西中值定理，可知 x_0 与 x 之间存在一个点 ξ，使得

$$\frac{f(x)}{g(x)}=\frac{f(x)-f(x_0)}{g(x)-g(x_0)}=\frac{f'(\xi)}{g'(\xi)},$$

已知$\lim\limits_{x\to x_0}\frac{f'(x)}{g'(x)}$存在或为∞，在上式两端同时取 $x\to x_0$ 时的极限，由于此时 $\xi\to x_0$ 可得

$$\lim_{x\to x_0}\frac{f(x)}{g(x)}=\lim_{\xi\to x_0}\frac{f'(\xi)}{g'(\xi)}=\lim_{x\to x_0}\frac{f'(x)}{g'(x)}.$$

例 4.4　求$\lim\limits_{x\to 0}\frac{\sin 2x}{\sin 3x}$. $\left(\frac{0}{0}\text{型}\right)$

解　原式$=\lim\limits_{x\to 0}\frac{2\cos 2x}{3\cos 3x}=\frac{2}{3}$.

例 4.5　求$\lim\limits_{x\to 1}\frac{x^3-3x+2}{x^3+3x^2-9x+5}$. $\left(\frac{0}{0}\text{型}\right)$

解　原式$=\lim\limits_{x\to 1}\frac{x^2-1}{x^2+2x-3}=\lim\limits_{x\to 1}\frac{x}{x+1}=\frac{1}{2}$.

注：有时需多次使用洛必达法则才能将未定式变为确定式，但计算中每一步都应加以判断，若不是未定式则不能用洛必达法则．如上例中，注意$\lim\limits_{x\to 1}\frac{x}{x+1}$已不是未定式，不能再继续使用洛必达法则．

例 4.6　求$\lim\limits_{x\to 0}\frac{\tan x-x}{x^2\tan x}$. $\left(\frac{0}{0}\text{型}\right)$

解　原式$=\lim\limits_{x\to 0}\frac{\tan x-x}{x^3}=\lim\limits_{x\to 0}\frac{\sec^2 x-1}{3x^2}=\frac{1}{3}\lim\limits_{x\to 0}\frac{\tan^2 x}{x^2}=\frac{1}{3}$　($\tan x\sim x$，$x\to 0$).

注：洛必达法则是求未定式的一种有效方法，但与其他求极限方法结合使用，效果更好．在运用洛必达法则的过程中，如果出现极限不为零的因子，可将该因子的极限先计算．

二、$\frac{\infty}{\infty}$型极限

对于$\frac{\infty}{\infty}$型未定式，我们也有类似的定理．

定理 4.5（洛必达法则Ⅱ）　若函数 $f(x)$，$g(x)$满足：

（1）$\lim\limits_{x\to x_0}f(x)=\infty$，$\lim\limits_{x\to x_0}g(x)=\infty$；

（2）**在点 x_0 的某去心邻域内可导，且** $g'(x)\neq 0$；

（3）$\lim\limits_{x\to x_0}\dfrac{f'(x)}{g'(x)}$**存在（或为**$\infty$），

则有

$$\lim_{x\to x_0}\frac{f(x)}{g(x)}=\lim_{x\to x_0}\frac{f'(x)}{g'(x)}.$$

注：证明略．上述定理中将 $x\to x_0$ 全部换成 $x\to\infty$，结论依然是成立的．

例 4.7　求 $\lim\limits_{x\to+\infty}\dfrac{x^2}{\ln x}$. $\left(\dfrac{\infty}{\infty}型\right)$

解　原式$=\lim\limits_{x\to+\infty}\dfrac{2x}{\dfrac{1}{x}}=\lim\limits_{x\to+\infty}2x^2=+\infty$.

例 4.8　求 $\lim\limits_{x\to+\infty}\dfrac{x^n}{e^{\lambda x}}$（$n$ 为正整数，$\lambda>0$）. $\left(\dfrac{\infty}{\infty}型\right)$

解　原式$=\lim\limits_{x\to+\infty}\dfrac{nx^{n-1}}{\lambda e^{\lambda x}}=\lim\limits_{x\to+\infty}\dfrac{n(n-1)x^{n-2}}{\lambda^2 e^{\lambda x}}=\cdots=\lim\limits_{x\to+\infty}\dfrac{n!}{\lambda^n e^{\lambda x}}=0$.

三、其他未定型极限

除了$\frac{0}{0}$型和$\frac{\infty}{\infty}$型未定式，还有 $0\cdot\infty$，$\infty-\infty$，0^0，1^∞，∞^0 等类型．这些类型的未定式，通常是将它们通过变形化为$\frac{0}{0}$型或$\frac{\infty}{\infty}$型未定式，再使用洛必达法则进行计算．

对于 $0\cdot\infty$型，根据无穷小量与无穷大量互为倒数关系，即$\frac{1}{0}=\infty$，$\frac{1}{\infty}=0$ 可知，$0\cdot\infty$型可以转化为$\frac{0}{0}$型或$\frac{\infty}{\infty}$型．

例 4.9　求 $\lim\limits_{x\to 0^+}x\ln x$.（$0\cdot\infty$型）

解　原式$=\lim\limits_{x\to 0^+}\dfrac{\ln x}{\dfrac{1}{x}}=-\lim\limits_{x\to 0^+}\dfrac{\dfrac{1}{x}}{\dfrac{1}{x^2}}=-\lim\limits_{x\to 0^+}x=0$.

对于$\infty-\infty$型，设 $\lim\limits_{x\to x_0}f(x)=\infty$，$\lim\limits_{x\to x_0}g(x)=\infty$，则 $\lim\limits_{x\to x_0}[f(x)-g(x)]$为$\infty-\infty$型，显然

$$\lim_{x\to x_0}[f(x)-g(x)]=\lim_{x\to x_0}\frac{\left(\dfrac{1}{g(x)}-\dfrac{1}{f(x)}\right)}{\dfrac{1}{f(x)\cdot g(x)}},$$

等式右端极限为$\frac{0}{0}$型．对于其他的 x 趋势情况，可以模仿变化．

例 4.10 求$\lim\limits_{x\to0}\left(\frac{1}{\sin x}-\frac{1}{x}\right)$.（$\infty-\infty$型）

解 原式$=\lim\limits_{x\to0}\frac{x-\sin x}{x\sin x}=\lim\limits_{x\to0}\frac{x-\sin x}{x^2}=\lim\limits_{x\to0}\frac{1-\cos x}{2x}=0.$

对于 0^0，1^∞，∞^0 三种类型，变化形式类似：

$0^0\Rightarrow e^{\ln0^0}\Rightarrow e^{0\cdot\ln0}\Rightarrow e^{0\cdot\infty}$；

$1^\infty\Rightarrow e^{\ln1^\infty}\Rightarrow e^{\infty\cdot\ln1}\Rightarrow e^{\infty\cdot0}$；

$\infty^0\Rightarrow e^{\ln\infty^0}\Rightarrow e^{0\cdot\ln\infty}\Rightarrow e^{0\cdot\infty}$，

然后根据函数 e^x 在$(-\infty,+\infty)$上连续，对指数部分变为$\frac{0}{0}$型或$\frac{\infty}{\infty}$型，使用洛必达法则．

例 4.11 求 $\lim\limits_{x\to0^+}x^x$.（0^0 型）

解 由于 $x^x=e^{x\ln x}$，所以

$$原式=\lim_{x\to0^+}e^{x\ln x}=e^{\lim\limits_{x\to0^+}x\ln x}=e^0=1.$$

例 4.12 求$\lim\limits_{x\to1}x^{\frac{1}{1-x}}$.（$1^\infty$型）

解 由于 $x^{\frac{1}{1-x}}=e^{\frac{\ln x}{1-x}}$，所以

$$原式=\lim_{x\to1}e^{\frac{\ln x}{1-x}}=e^{\lim\limits_{x\to1}\frac{\ln x}{1-x}}=e^{\lim\limits_{x\to1}\frac{\frac{1}{x}}{-1}}=e^{-1}.$$

例 4.13 求 $\lim\limits_{x\to0^+}(\cot x)^{\frac{1}{\ln x}}$.（$\infty^0$ 型）

解 由于$(\cot x)^{\frac{1}{\ln x}}=e^{\frac{1}{\ln x}\cdot\ln(\cot x)}$，并且

$$\lim_{x\to0^+}\frac{\ln(\cot x)}{\ln x}=\lim_{x\to0^+}\frac{-\frac{1}{\cot x}\cdot\frac{1}{\sin^2x}}{\frac{1}{x}}$$

$$=\lim_{x\to0^+}\frac{-x}{\cos x\cdot\sin x}=-1,$$

可得

$$\lim_{x\to0^+}(\cot x)^{\frac{1}{\ln x}}=e^{-1}.$$

例 4.14 求$\lim\limits_{x\to\infty}\frac{x+\sin x}{x}$.$\left(\frac{\infty}{\infty}型\right)$

解 此极限为$\frac{\infty}{\infty}$型未定式，如果用洛必达法则，有

$$\lim_{x\to\infty}\frac{(x+\sin x)'}{x'}=\lim_{x\to\infty}(1+\cos x),$$

该极限不存在，但是

$$\lim_{x\to\infty}\frac{x+\sin x}{x}=\lim_{x\to\infty}\left(1+\frac{\sin x}{x}\right)=1.$$

注：若无法判定 $\lim \dfrac{f'(x)}{g'(x)}$ 的极限状态，或极限不是无穷大的不存在时，则洛必达法则失效，要用其他方法重新求极限．

习题 4－2

1．求下列极限．

(1) $\lim\limits_{x\to 0}\dfrac{x-\sin x}{x^3}$；　　(2) $\lim\limits_{x\to 0}\dfrac{e^x-e^{-x}}{\sin x}$；

(3) $\lim\limits_{x\to 0}\dfrac{x}{\ln(1-x)}$；　　(4) $\lim\limits_{x\to \pi}\dfrac{\sin 2x}{\tan 3x}$；

(5) $\lim\limits_{x\to +\infty}\dfrac{\ln x}{x^n}(n>0)$；　　(6) $\lim\limits_{x\to 0^+}\dfrac{\ln\tan 5x}{\ln\sin 2x}$；

(7) $\lim\limits_{x\to +\infty}\dfrac{\ln\left(1+\dfrac{1}{x}\right)}{\operatorname{arccot} x}$；　　(8) $\lim\limits_{x\to a}\dfrac{\sin x-\sin a}{x-a}$．

2．求下列极限．

(1) $\lim\limits_{x\to 0}x^2 e^{\frac{1}{x^2}}$；　　(2) $\lim\limits_{x\to \frac{\pi}{2}}(\sec x-\tan x)$；

(3) $\lim\limits_{x\to 0^+}x^{\sin x}$；　　(4) $\lim\limits_{x\to 0}(1-x)^{\frac{1}{\ln(1+x)}}$；

(5) $\lim\limits_{x\to +\infty}(1+x)^{\frac{1}{x}}$．

3．验证下列极限存在，但不能用洛必达法则求得．

(1) $\lim\limits_{x\to 0}\dfrac{x^2\sin\dfrac{1}{x}}{\sin x}$；　　(2) $\lim\limits_{x\to \infty}\dfrac{x-\sin x}{x+\sin x}$．

第三节　函数的单调性、极值与最值

从本节开始，我们利用导数来研究函数和曲线的变化性态．本节主要讨论函数的单调性、极值和最值．

一、函数的单调性与极值

如果函数 $y=f(x)$ 在 $[a, b]$ 上单调增加，那么它的图形是一条沿 x 轴正向上升的曲线．这时曲线的各点处的切线斜率是非负的，即 $y'=f'(x)\geqslant 0$. 由此可见，函数的单调性与导数的符号有着密切的关系．反过来，能否用导数的符号来判定函数的单调性呢?

定理 4.6　设函数 $f(x)$ 在闭区间 $[a, b]$ 上连续，在开区间 (a, b) 内可导，

(1) 若在 (a, b) 内 $f'(x)>0$，则函数 $f(x)$ 在闭区间 $[a, b]$ 上单调增加；

(2) 若在 (a, b) 内 $f'(x)<0$，则函数 $f(x)$ 在闭区间 $[a, b]$ 上单调减少．

证　在区间 $[a, b]$ 内任取两点 x_1，x_2，设 $x_1<x_2$，显然函数 $f(x)$ 在 $[x_1, x_2]$ 上满足拉格朗日中值定理的条件，由定理可知，至少存在一点 ξ，$x_1<\xi<x_2$，使得

$$f(x_2)-f(x_1)=f'(\xi)(x_2-x_1).$$

(1) 若在(a, b)内$f'(x)>0$，则$f'(\xi)>0$，则$f(x_2)-f(x_1)>0$. 即对于$[a, b]$内任意的两点$x_1<x_2$，都有$f(x_1)<f(x_2)$，因此函数$f(x)$在闭区间$[a, b]$上单调增加.

同理可证(2)的情形.

例 4.15 讨论函数$y=e^x-x-1$的单调性.

解 已知函数的定义域为$(-\infty, +\infty)$. 因为$y'=e^x-1$，令$y'=0$，得$x=0$.

在$(-\infty, 0)$内$y'<0$，所以函数$y=e^x-x-1$在$(-\infty, 0]$上单调减少；

在$(0, +\infty)$内$y'>0$，所以函数$y=e^x-x-1$在$(0, +\infty)$上单调增加.

注：函数的单调性是一个区间上的性质，要用导数在这一区间上的符号来判定，而不能用一点处的导数符号来判别一个区间上的单调性.

函数的单调性也可以用来证明一些不等式.

例 4.16 证明：不等式$2\sqrt{x}>3-\dfrac{1}{x}$，$x>1$.

证 令$f(x)=2\sqrt{x}-\left(3-\dfrac{1}{x}\right)$，则

$$f'(x)=\frac{1}{\sqrt{x}}-\frac{1}{x^2}=\frac{1}{x^2}(x\sqrt{x}-1).$$

当$x>1$时，$f'(x)>0$，$f(x)$在$[1, +\infty)$上单调增加，所以$f(x)>f(1)$.

又$f(1)=0$，故$f(x)>f(1)=0$，即

$$2\sqrt{x}-\left(3-\frac{1}{x}\right)>0,$$

因此

$$2\sqrt{x}>3-\frac{1}{x},\ x>1.$$

定义 4.1 设函数$f(x)$在点x_0的某邻域内有定义. 若对于去心邻域内的任一点x，都有

$$f(x)<f(x_0)\text{（或 }f(x)>f(x_0)\text{）},$$

则称点x_0为函数$f(x)$的一个**极大值点**(或**极小值点**).

函数值$f(x_0)$称为**极大值**(或**极小值**)，

函数的极大值与极小值统称为函数的**极值**，使函数取得极值的点统称为函数的**极值点**. 函数的极值点是区间的内点，从而区间的端点不必考虑. 函数的极值是函数在某一点及其附近的一个局部性态，是局部范围内的最大值或最小值，因此在同一个区间内，函数的一个极大值完全有可能小于某些极小值.

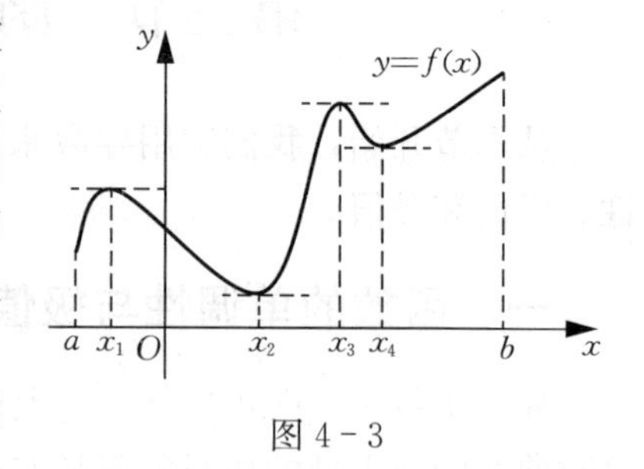

图 4 - 3

如图 4 - 3 所示，函数$f(x)$在$[a, b]$上有定义，函数值$f(x_1)$，$f(x_3)$为极大值，$f(x_2)$和$f(x_4)$为极小值，而极大值$f(x_1)$小于极小值$f(x_4)$，极小值$f(x_2)$也是函数在$[a, b]$上的最小值，而函数的最大值为$f(b)$，在端点处取到.

下面我们给出判定函数取得极值的必要条件和充分条件.

定理 4.7(必要条件) 设函数$f(x)$在点x_0处取得极值，若$f(x)$在点x_0可导，则$f'(x_0)=0$.

由费马引理可得定理 4.7.

通常称导数为零的点为函数的**驻点**(或**稳定点**、**临界点**).

由上述定理可知，函数 $f(x)$的极值点只能是以下两类点：驻点和导数不存在的点．反之，函数 $f(x)$的驻点或导数不存在的点并不一定是它的极值点．怎么判定它们是否是极值点呢？下面的结论给了我们方法．

定理 4.8(第一充分条件)　**设函数 $f(x)$在点 x_0 处连续，在点 x_0 的某一去心邻域内可导，如果**

(1) **当 $x<x_0$ 时，$f'(x)>0$；当 $x>x_0$ 时，$f'(x)<0$，则 $f(x_0)$为极大值；**

(2) **当 $x<x_0$ 时，$f'(x)<0$；当 $x>x_0$ 时，$f'(x)>0$，则 $f(x_0)$为极小值；**

(3) **$f'(x)$在 x_0 的两边同号，则 $f(x_0)$不是极值点．**

定理 4.9(第二充分条件)　**设函数 $f(x)$在点 x_0 处存在二阶导数，且 $f'(x_0)=0$，$f''(x_0)\neq 0$，**

(1) **当 $f''(x_0)<0$ 时，$f(x_0)$为极大值；**

(2) **当 $f''(x_0)>0$ 时，$f(x_0)$为极小值．**

证　不妨设 $f''(x_0)<0$. 由二阶导数的定义以及 $f'(x_0)=0$ 可得

$$f''(x_0)=\lim_{x\to x_0}\frac{f'(x)-f'(x_0)}{x-x_0}=\lim_{x\to x_0}\frac{f'(x)}{x-x_0}<0,$$

则在点 x_0 的某邻域内有，当 $x<x_0$ 时，$f'(x)>0$；当 $x>x_0$ 时，$f'(x)<0$.

由定理 4.8 可知，函数 $f(x)$在点 x_0 取得极大值．

例 4.17　求出函数 $f(x)=x^3+3x^2-24x-20$ 的极值．

解　$f'(x)=3x^2+6x-24=3(x+4)(x-2)$.

令 $f'(x)=0$，得驻点 $x_1=-4$，$x_2=2$. 由于 $f''(x)=6x+6$，且 $f''(-4)=-18<0$，所以极大值 $f(-4)=60$；$f''(2)=18>0$，所以极小值 $f(2)=-48$.

如果函数 $f(x)$在驻点处有 $f''(x_0)\neq 0$，那么该驻点一定是极值点，并且可以按照第二充分条件来判断 $f(x_0)$是极大值还是极小值．如果 $f''(x_0)=0$ 呢？事实上 $f'(x_0)=0$，$f''(x_0)=0$ 时，$f(x)$在 x_0 处可能是极大值，可能是极小值，也可能不是极值．例如 $f_1(x)=-x^4$，$f_2(x)=x^4$，$f_3(x)=x^3$ 这三个函数在 $x_0=0$ 处就分别属于这三种情形．因此如果函数在驻点处二阶导数也为零，必须用第一充分条件来判定．

综上所述，**求函数 $f(x)$的单调区间和极值的基本步骤如下：**

(1) 确定函数 $f(x)$的定义域；

(2) 求 $f'(x)=0$ 的点和导数不存在的点；

(3) 用这些点划分定义区间，判断每个区间内 $f'(x)$的符号，从而确定 $f(x)$的单调区间；

(4) 用极值判定的第一充分条件判断出极值点，求出极值．

例 4.18　求函数 $f(x)=\frac{1}{3}x^3-x^2-3x-3$ 的单调区间和极值．

解　$f'(x)=x^2-2x-3=(x-3)(x+1)$.

由 $f'(x)=0$ 可得驻点为 $x_1=-1$，$x_2=3$，无导数不存在的点．

x	$(-\infty, -1)$	-1	$(-1, 3)$	3	$(3, +\infty)$
$f'(x)$	$+$	0	$-$	0	$+$
$f(x)$	↗	极大值 $-\frac{4}{3}$	↘	极小值 -12	↗

因此函数 $f(x)$ 的单调增加区间为 $(-\infty, -1]$ 和 $[3, +\infty)$，单调减少区间为 $(-1, 3)$，函数 $f(x)$ 的极大值为 $f(-1)=-\frac{4}{3}$，极小值为 $f(3)=-12$.

例 4.19 求函数 $f(x)=x-\frac{3}{2}x^{\frac{2}{3}}$ 的单调区间和极值．

解 $f'(x)=1-x^{-\frac{1}{3}}$. 由 $f'(x)=0$ 可得驻点为 $x_1=1$；导数不存在的点有 $x_2=0$.

x	$(-\infty, 0)$	0	$(0, 1)$	1	$(1, +\infty)$
$f'(x)$	+	不存在	−	0	+
$f(x)$	↗	极大值 0	↘	极小值 $-\frac{1}{2}$	↗

因此函数 $f(x)$ 的单调增加区间为 $(-\infty, 0]$ 和 $[1, +\infty)$，单调减少区间为 $(0, 1)$，函数 $f(x)$ 的极大值为 $f(0)=0$，极小值为 $f(1)=-\frac{1}{2}$.

二、函数的最值

在工农业生产和科学实验中，常要遇到一定条件下，怎样用料最省、效率最高或性能最好等问题，这些问题归结到数学上，即为求函数的最大值或最小值问题．

假设函数 $f(x)$ 在闭区间 $[a, b]$ 上连续，在开区间 (a, b) 内除有限个点外，处处可导且至多只有有限个驻点，则由闭区间上连续函数的最值定理可知，函数 $f(x)$ 必有最大值和最小值．结合前面极值的知识，函数的最值只可能出现在极值点或区间的端点处．

综上所述，**求函数最大值和最小值的步骤如下：**

(1) 在 (a, b) 内，求出函数 $f(x)$ 的驻点和导数不存在的点；

(2) 计算上述点和端点处的函数值，比较大小，最大(小)者为函数 $f(x)$ 的最大(小)值.

注： 如果区间内只有一个极值，则这个极值就是最值(最大值或最小值)，称为**唯一性原理**.

例 4.20 求函数 $f(x)=x^4-2x^2+5$ 在区间 $[0, 2]$ 上的最值．

解 $f'(x)=4x^3-4x=4x(x-1)(x+1)$. 由 $f'(x)=0$，可得驻点为 $x_1=-1$，$x_2=0$，$x_3=1$，无导数不存在的点．

在 $[0, 2]$ 上，比较 $f(0)=5$，$f(1)=4$ 和 $f(2)=13$ 可得，函数 $f(x)$ 在区间 $[0, 2]$ 上的最大值为 $f(2)=13$，最小值为 $f(1)=4$.

例 4.21 人体对一定剂量药物的反应函数表示如下：

$$R(x)=x^2\left(\frac{C}{2}-\frac{x}{3}\right),$$

其中 C 是一正常数，x 是血液中吸收的一定量的药物．$R(x)$ 表示血压的变化(单位：毫米汞柱)，导数 $R'(x)$ 表示人体对药物的敏感性，求人体最敏感的药量是多少？

解 $R'(x)=x(C-x)$，$R''(x)=C-2x$.

令 $R'(x)=0$，解得驻点为 $x_1=0$，$x_2=C$. 而 $R''(x)\big|_{x=C}=-C<0$，因此当 $x=C$ 时，$R(x)$ 达到最大，故人体最敏感的药量为 C.

例 4.22 由直线 $y=0$，$x=8$ 及抛物线 $y=x^2$ 围成一个曲边三角形，在曲边 $y=x^2$ 上求一点，使曲线在该点处的切线与直线 $y=0$，$x=8$ 所围成的三角形面积最大．

解　如图 4-4 所示，设所求切点为 $P(x_0, y_0)$，切线 PT 的方程为

$$y-y_0=2x_0(x-x_0).$$

由于 $y_0=x_0^2$，所以 $A\left(\frac{1}{2}x_0, 0\right)$，$C(8, 0)$，$B(8, 16x_0-x_0^2)$，则

$$S_{\triangle ABC}=\frac{1}{2}\left(8-\frac{1}{2}x_0\right)(16x_0-x_0^2)(0\leqslant x_0\leqslant 8).$$

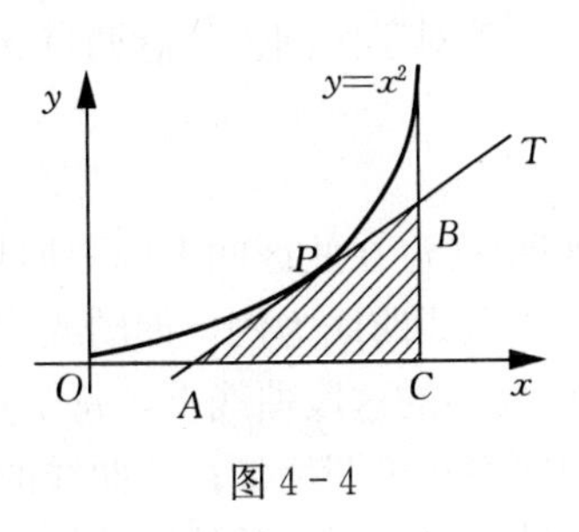

图 4-4

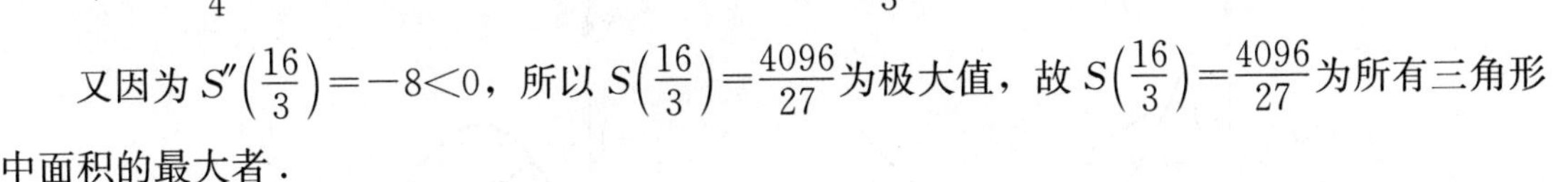

令 $S'=\frac{1}{4}(3x_0^2-64x_0+16\times 16)=0$，解得 $x_0=\frac{16}{3}$ 或 $x_0=16$（舍去）.

又因为 $S''\left(\frac{16}{3}\right)=-8<0$，所以 $S\left(\frac{16}{3}\right)=\frac{4096}{27}$ 为极大值，故 $S\left(\frac{16}{3}\right)=\frac{4096}{27}$ 为所有三角形中面积的最大者.

习题 4-3

1. 确定下列函数的单调区间和极值.

(1) $y=2x^3-3x^2-12x+1$；　　(2) $y=2x+\frac{8}{x}$，$x>0$；

(3) $y=2-(x-1)^{2/3}$；　　(4) $y=x-\ln(1+x)$.

2. 利用单调性证明以下不等式.

(1) $e^x>ex$，$x>1$；　　(2) $\sin x>x-\frac{x^3}{6}$，$x>0$.

3. 证明：方程 $x^3+x-1=0$ 有且仅有一个实根.

4. 确定下列函数的最值.

(1) $y=2x^3-3x^2$，$[-1, 4]$；　　(2) $y=\sqrt{x}\ln x$.

5. 一块长 3m、宽 2m 的铁皮，在四角截去同样大小的小正方形，做成一个无盖水箱，问小正方形边长为多少时，水箱的容积最大？

6. 某房地产公司有 50 套公寓要出租，当租金定为每月 180 元时，公寓会全部租出去．当租金每月增加 10 元时，就有一套公寓租不出去，而租出去的房子每月需花费 20 元的整修维护费．试问房租定为多少可获得最高收入？

第四节　曲线的凹凸性与拐点

前面研究了函数单调性的判别方法．函数的单调性反映了函数曲线的上升或下降．但是曲线在上升或下降的过程中，还有一个弯曲方向的问题．下面将利用二阶导数来研究曲线的凹凸性与拐点.

定义 4.2　设函数 $f(x)$ 在某个区间上连续，若对于区间上任意两点 x_1，x_2，恒有

$$f\left(\frac{x_1+x_2}{2}\right)<\frac{f(x_1)+f(x_2)}{2},$$

则称 $f(x)$ 在此区间上的图形是（向下）**凹**的.

若对于区间上任意两点 x_1，x_2，恒有

$$f\left(\frac{x_1+x_2}{2}\right)>\frac{f(x_1)+f(x_2)}{2},$$

则称 $f(x)$在此区间上的图形是(向上)**凸的**.

以凹曲线为例，如图 4-5(a)所示，从图形上看 $f(x)$任意两点间的弦总是在弧的上方，在 $f(x)$的这段曲线上，每个点的切线都位于曲线的下方，并且沿着曲线从左往右看，切线的斜率在单调增加；凸曲线的情形(图 4-5(b))与凹曲线的情形相反．因此我们可以利用以下结论来判断函数的凹凸性．

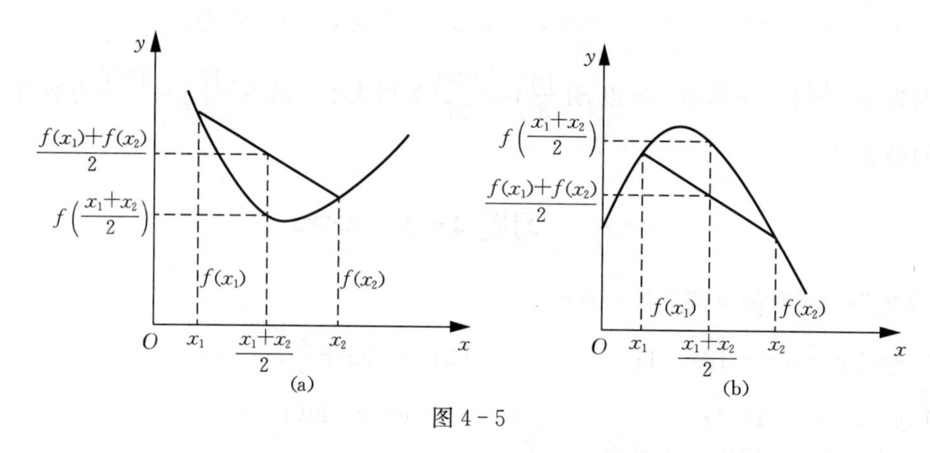

图 4-5

定理 4.10 **设函数 $f(x)$在闭区间$[a, b]$上连续，在开区间(a, b)内二阶可导，**

(1) **若在(a, b)内 $f''(x)>0$，则函数 $f(x)$在$[a, b]$上的图形是凹的；**

(2) **若在(a, b)内 $f''(x)<0$，则函数 $f(x)$在$[a, b]$上的图形是凸的．**

证明略．

例 4.23 判断曲线 $f(x)=x^3$ 的凹凸性．

解 $f'(x)=3x^2$，$f''(x)=6x$.

当 $x<0$ 时，$y''<0$，故曲线在$(-\infty, 0]$上是凸的；

当 $x>0$ 时，$y''>0$，故曲线在$(0, +\infty)$上是凹的．

注意到点$(0, 0)$是曲线由凸变凹的分界点．

定义 4.3 若函数 $f(x)$在点 $x=x_0$ 处连续并且在其左右两边的凹凸性相反，则点$(x_0, f(x_0))$称为 $f(x)$的**拐点**．

可以看出，函数凹凸性的判断与单调性的判断有很大的相似之处，一个用的是二阶导数而另一个用的是一阶导数．拐点的性质也与极值点类似，若点$(x_0, f(x_0))$为 $f(x)$的拐点，则必有 $f''(x_0)=0$ 或 $f''(x_0)$不存在．

综上所述，**求函数 $f(x)$的凹凸区间和拐点的一般步骤如下：**

(1) 求函数 $f(x)$的定义域；

(2) 求 $f''(x)=0$ 的点和二阶导数不存在的点；

(3) 用这些点划分定义区间，判断每个区间内 $f''(x)$的符号，从而确定 $f(x)$的凹凸区间及拐点；

例 4.24 求函数 $f(x)=\ln x$ 的凹凸区间和拐点．

解　$f'(x)=\frac{1}{x}$，$f''(x)=-\frac{1}{x^2}$.

当 $x>0$ 时，$f''(x)<0$，函数在整个定义域上都是凹的，因此函数 $f(x)=\ln x$ 的凹区间为 $(0, +\infty)$，无拐点.

例 4.25　求函数 $y=3x^4-4x^3+1$ 的凹凸区间和拐点.

解　$y'=12x^3-12x^2$，$y''=36x^2-24x=36x\left(x-\frac{2}{3}\right)$.

由 $y''=0$ 可得 $x_1=0$，$x_2=\frac{2}{3}$；无二阶导数不存在的点.

x	$(-\infty, 0)$	0	$\left(0, \frac{2}{3}\right)$	$\frac{2}{3}$	$\left(\frac{2}{3}, +\infty\right)$
y''	+	0	−	0	+
y	凹	拐点 $(0, 1)$	凸	拐点$\left(\frac{2}{3}, \frac{11}{27}\right)$	凹

因此函数 $y=3x^4-4x^3+1$ 在 $(-\infty, 0]$ 和 $\left[\frac{2}{3}, +\infty\right)$ 上是凹的，在 $\left(0, \frac{2}{3}\right)$ 上是凸的；拐点为点 $(0, 1)$ 和点 $\left(\frac{2}{3}, \frac{11}{27}\right)$.

习题 4-4

1. 确定下列函数的凹凸区间和拐点.

(1) $y=\frac{10}{3}x^3+5x^2+10$；　(2) $y=x^2+\ln x$；　(3) $y=\sqrt[3]{x}$.

2. 确定 a，b 的值，使得点 $(1, 3)$ 是曲线 $y=ax^3+bx^2$ 的拐点.

第五节　曲线的渐近线　函数图形的描绘*

一、渐近线

通过函数单调性和凹凸性的学习，我们了解了曲线的形状. 下面我们进一步学习如何判断曲线的变化趋势，比如一条单增的曲线，可能在无限的增长，也可能是无限接近于某条直线. 而我们中学就学习过，知道这样的直线称为曲线的**渐近线**，对渐近线有如下定义：

定义 4.4　设曲线方程为 $y=f(x)$，

(1) 若 $\lim\limits_{x\to-\infty} f(x)=A$ 或 $\lim\limits_{x\to+\infty} f(x)=A$，其中 A 为常数，则称直线 $y=A$ 是曲线 $y=f(x)$ 的一条**水平渐近线**；

(2) 若 $\lim\limits_{x\to x_0^-} f(x)=\infty$ 或 $\lim\limits_{x\to x_0^+} f(x)=\infty$，则称直线 $x=x_0$ 是曲线 $y=f(x)$ 的一条**铅直渐近线**；

(3) 若 $\lim\limits_{x\to\infty}\frac{f(x)}{x}=a$ 且 $\lim\limits_{x\to\infty}(f(x)-ax)=b$，其中 a，b 为常数且 $a\neq0$，则称直线 $y=ax+b$ 是曲线 $y=f(x)$ 的一条**斜渐近线**.

例 4.26 求曲线 $y=\dfrac{x^2}{x-1}$ 的渐近线．

解 因为 $\lim\limits_{x\to\infty}\dfrac{x^2}{x-1}=\infty$，所以该曲线没有水平渐近线；

因为 $\lim\limits_{x\to 1}\dfrac{x^2}{x-1}=\infty$，所以直线 $x=1$ 是该曲线的一条铅直渐近线；

因为 $\lim\limits_{x\to\infty}\dfrac{x^2}{x(x-1)}=1$，$\lim\limits_{x\to\infty}\left(\dfrac{x^2}{x-1}-x\right)=\lim\limits_{x\to\infty}\dfrac{x}{x-1}=1$，所以直线 $y=x+1$ 是该曲线的一条斜渐近线．

例 4.27 求曲线 $y=\dfrac{\ln(1+x)}{x}$ 的渐近线．

解 因为 $\lim\limits_{x\to+\infty}\dfrac{\ln(1+x)}{x}=\lim\limits_{x\to+\infty}\dfrac{1}{1+x}=0$，所以直线 $y=0$ 是该曲线的一条水平渐近线；

因为 $\lim\limits_{x\to-1^+}\dfrac{\ln(1+x)}{x}=\infty$，所以直线 $x=-1$ 是该曲线的一条铅直渐近线；

因为 $\lim\limits_{x\to\infty}\dfrac{\ln(1+x)}{x^2}=0$，所以该曲线无斜渐近线．

二、函数作图

根据已经学习的函数单调性、凹凸性、极值点、拐点以及渐近线等知识，就可以确定曲线的形状和趋势，从而较准确地画出函数图形，便于直观观察．

例 4.28 作出函数 $y=1+\dfrac{36x}{(x+3)^2}$ 的图形．

解 函数的定义域为 $(-\infty,\ -3)\cup(-3,\ +\infty)$，

$$y'=\frac{36(3-x)}{(x+3)^3},\quad y''=\frac{72(x-6)}{(x+3)^4}.$$

令 $y'=0$，得 $x_1=3$；令 $y''=0$，得 $x_2=6$，列表讨论如下：

x	$(-\infty,\ -3)$	$(-3,\ 3)$	3	$(3,\ 6)$	6	$(6,\ +\infty)$
y'	−	+	0	−	−	−
y''	−	−	−	−	0	+
y	单减、凸	单增、凸	极大值	单减、凸	拐点	单减、凹

则函数在 $x=3$ 取得极大值 $y|_{x=3}=4$，函数的拐点为 $\left(6,\ \dfrac{11}{3}\right)$；

又 $\lim\limits_{x\to+\infty}y=1$，$\lim\limits_{x\to-3}y=-\infty$，所以该曲线有一条水平渐近线 $y=1$ 和一条铅直渐近线 $x=-3$.

再取几个点辅助作图，函数的图形可描绘如图 4-6 所示．

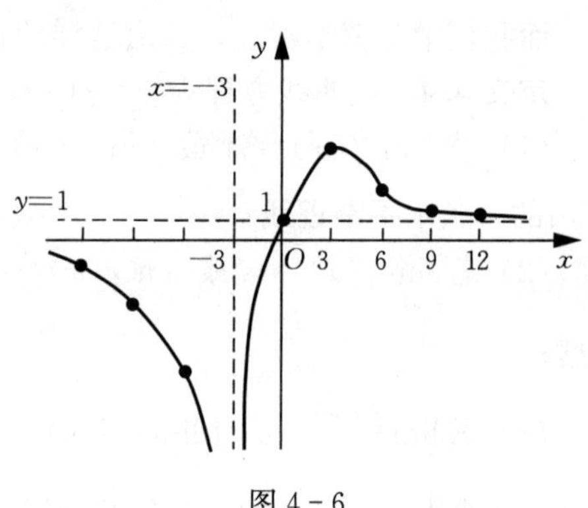

图 4-6

根据例 4.28，我们可以总结**函数作图的一般步骤**如下：

(1) 明确函数的定义域；

(2) 求函数的一阶导数、二阶导数，找到使得一阶导数、二阶导数等于零或不存在的点；

(3) 利用这些点划分定义域为若干小区间，列表，在各小区间内讨论函数的单调性和极值、凹凸性和拐点；

(4) 求出函数的极值，拐点坐标；

(5) 确定函数的渐近线；

(6) 用一些必要的点作辅助，描绘出函数的图形．

习题 4-5

1．求下列曲线的渐近线．

(1) $f(x)=\dfrac{1}{x-1}$；　　(2) $f(x)=\dfrac{(x+2)^2}{3(x-1)}$；

(3) $f(x)=\dfrac{x}{2}+\arctan x$；　　(4) $f(x)=x\mathrm{e}^{-x}$．

2．作出下列函数的图形．

(1) $y=x-\ln x$；　　(2) $f(x)=\dfrac{1}{\sqrt{2\pi}}\mathrm{e}^{-\frac{x^2}{2}}$．

第六节　多元函数的极值

在一元函数中，我们讨论了极值问题．在现实中，存在更多的多元函数，同样地，也存在极值问题．本节我们主要以二元函数为例讨论该问题．更多元的函数的极值问题可以类推．

一、无条件极值

定义 4.5　设函数 $z=f(x, y)$ 在点 (x_0, y_0) 的某邻域内有定义，对于该邻域内异于 (x_0, y_0) 的点，如果都有

$$f(x, y)<f(x_0, y_0),$$

则称函数 $f(x, y)$ 在点 (x_0, y_0) 有**极大值** $f(x_0, y_0)$．如果都有

$$f(x, y)>f(x_0, y_0),$$

则称函数 $f(x, y)$ 在点 (x_0, y_0) 有**极小值** $f(x_0, y_0)$．极大值和极小值统称为极值．使函数取得极值的点称为**极值点**．

例如，函数 $z=3x^2+4y^2$ 在点 $(0, 0)$ 处有极小值．因为对于点 $(0, 0)$ 的任一邻域内异于 $(0, 0)$ 的点，函数值都为正，而在点 $(0, 0)$ 处的函数值为零．从几何上看这也是显然的，因为点 $(0, 0, 0)$ 是开口朝上的椭圆抛物面 $z=3x^2+4y^2$ 的顶点．

再如，函数 $z=-\sqrt{x^2+y^2}$ 在点 $(0, 0)$ 处有极大值．因为在点 $(0, 0)$ 处函数值为零，而对于点 $(0, 0)$ 的任一邻域内异于 $(0, 0)$ 的点，函数值都为负，同样，几何上，点 $(0, 0, 0)$ 是位于 xOy 平面下方的锥面 $z=-\sqrt{x^2+y^2}$ 的顶点．

类似地，函数 $z=xy$ 在点 $(0, 0)$ 处既不取得极大值也不取得极小值．因为在点 $(0, 0)$ 处的函数值为零，而在点 $(0, 0)$ 的任一邻域内，总有使函数值为正的点，也有使函数值为负的点．

定理 4.11(极值存在的必要条件)　设函数 $z=f(x, y)$ 在点 (x_0, y_0) 具有偏导数，且在

点(x_0, y_0)处有极值，则它在该点的偏导数必然为零：

$$f'_x(x_0, y_0)=0, f'_y(x_0, y_0)=0.$$

证 不妨设$z=f(x, y)$在点(x_0, y_0)处有极大值．依极大值的定义，在点(x_0, y_0)的某邻域内异于(x_0, y_0)的点都适合不等式

$$f(x, y)<f(x_0, y_0).$$

特殊地，在该邻域内取$y=y_0$，而$x\neq x_0$的点，也应适合不等式

$$f(x, y)<f(x_0, y_0),$$

这表明一元函数$f(x, y_0)$在$x=x_0$处取得极大值，因此必有

$$f'_x(x_0, y_0)=0.$$

类似地，可证

$$f'_y(x_0, y_0)=0.$$

从几何上看，这时如果曲面$z=f(x, y)$在点(x_0, y_0, z_0)处有切平面，则切平面

$$z-z_0=f'_x(x_0, y_0)(x-x_0)+f'_y(x_0, y_0)(y-y_0)$$

成为平行于xOy坐标面的平面$z-z_0=0$.

仿照一元函数，凡是能使$f'_x(x, y)=0$，$f'_y(x, y)=0$同时成立的点(x_0, y_0)称为函数$z=f(x, y)$的驻点，从定理4.11可知，具有偏导数的函数的极值点必定是驻点．但是函数的驻点不一定是极值点，例如，点$(0, 0)$是函数$z=xy$的驻点，但是函数在该点并非取得极值．

怎样判定一个驻点是否是极值点呢？下面的定理回答了这个问题．

定理 4.12（极值存在的充分条件） 设函数$z=f(x, y)$在点(x_0, y_0)的某邻域内连续且有一阶及二阶连续偏导数，又$f'_x(x_0, y_0)=0$，$f'_y(x_0, y_0)=0$，令

$$f''_{xx}(x_0, y_0)=A, f''_{xy}(x_0, y_0)=B, f''_{yy}(x_0, y_0)=C,$$

则$z=f(x, y)$在(x_0, y_0)处是否取得极值的条件如下：

（1）$AC-B^2>0$ **时具有极值，且当$A<0$时有极大值，当$A>0$时有极小值；**

（2）$AC-B^2<0$ **时没有极值；**

（3）$AC-B^2=0$ **时可能有极值，也可能没有极值，还需另作讨论．**

定理证明略．利用定理4.11和定理4.12，我们把具有二阶连续偏导数的函数$z=f(x, y)$的极值的求法叙述如下：

第一步，解方程组

$$\begin{cases} f'_x(x, y)=0, \\ f'_y(x, y)=0, \end{cases}$$

求得一切实数解，即可以得到所有驻点；

第二步，对于每一个驻点(x_0, y_0)，求出二阶偏导数的值A，B和C；

第三步，确定$AC-B^2$的符号，按定理4.12的结论判定$f(x_0, y_0)$是否是极值，以及是极大值还是极小值．

例 4.29 求函数$f(x, y)=x^3-y^3+3x^2+3y^2-9x$的极值．

解 先解方程组

$$\begin{cases} f'_x(x, y)=3x^2+6x-9=0, \\ f'_y(x, y)=-3y^2+6y=0, \end{cases}$$

求得驻点分别为(1，0)，(1，2)，(−3，0)，(−3，2).

再求出二阶偏导数

$$f''_{xx}(x,\ y)=6x+6,\ f''_{xy}(x,\ y)=0,\ f''_{yy}(x,\ y)=-6y+6.$$

在点(1，0)处，$AC-B^2=72>0$，又$A>0$，所以函数在(1，0)处有极小值$f(1,\ 0)=-5$；

在点(1，2)处，$AC-B^2=-72<0$，所以(1，2)不是极值点；

在点(−3，0)处，$AC-B^2=-72<0$，所以(−3，0)不是极值点；

在点(−3，2)处，$AC-B^2=72>0$，又$A<0$，所以函数在(−3，2)处有极大值$f(-3,\ 2)=31$.

例 4.30　某厂要用铁板做成一个体积为 $2\mathrm{m}^3$ 的有盖长方体水箱，问当长、宽、高各取多少时，才能使用料最省?

解　设水箱的长为x(m)，宽为y(m)，则其高应为$\frac{2}{xy}$(m)，则此水箱所用材料的面积

$$A=2\left(xy+y\cdot\frac{2}{xy}+x\cdot\frac{2}{xy}\right),$$

即
$$A=2\left(xy+\frac{2}{x}+\frac{2}{y}\right)\quad(x>0,\ y>0),$$

可见材料面积A是x和y的二元函数，称为**目标函数**，下面求使这函数取得最小值的点$(x,\ y)$.

令
$$\begin{cases}A'_x=2\left(y-\dfrac{2}{x^2}\right)=0,\\[2ex]A'_y=2\left(x-\dfrac{2}{y^2}\right)=0,\end{cases}$$

解方程组得
$$x=\sqrt[3]{2},\ y=\sqrt[3]{2}\Rightarrow\frac{2}{xy}=\sqrt[3]{2},$$

这是唯一可能的极值点，又由问题本身知最小值一定存在，所以最小值就在这个可能的极值点取得，即水箱长、宽、高都为$\sqrt[3]{2}$m时，水箱用料最省.

从这个例子还可看出，在体积一定的长方体中，以立方体的表面积为最小.

二、条件极值

在现实中，除了无条件极值外，还经常出现在一定约束条件下寻求极值的情况．比如，在一定区域播种某作物，希望产量最大．显然，播种越多，获得产量可能越大．但播种区域是有限的，不可能无限的播种，即产量是受到播种面积约束的，这就是在一定约束条件下求极值的问题．当然，现实中种植比这复杂得多，还会受到天气、土壤等多种因素的影响，我们这里只是举个简单的例子进行说明．这种约束条件下求极值，对于二元函数来说，如果用数学方法表达出来，可以是如下形式：

目标函数：　　$z=f(x,\ y)$,

约束条件：　　$\varphi(x,\ y)=0$.

即用方程$\varphi(x,\ y)=0$来表达自变量所受到的约束.

这种在约束条件下的极值问题，一般称为**条件极值**.

这里的约束条件，我们用等式来表达，习惯称为等式约束．现实中也存在不等式约束情况．本节中仅讨论等式约束情况.

条件极值的计算方法，最直观的是求解方程$\varphi(x, y)=0 \Rightarrow y=g(x)$，然后将其代入目标函数，$z=f(x, y)=f(x, g(x))$变为一元函数，从而用一元函数求极值方法来计算．这种方法习惯称为**降元法**．但是有些方程难以解出$y=g(x)$的形式，比如我们前面学习过的隐函数，因此条件极值的计算，更多使用的是**拉格朗日乘数法**：

（1）构造辅助函数——**拉格朗日函数**

$$F(x, y, \lambda)=f(x, y)+\lambda\varphi(x, y)，\text{其中}\lambda\text{为参数},$$

则原条件极值问题转化为三元函数$F(x, y, \lambda)$的无条件极值问题；

（2）按照无条件极值计算方法，求解三元函数$F(x, y, \lambda)$的驻点：

$$\begin{cases} F'_x=f'_x(x, y)+\lambda\varphi'_x(x, y)=0, \\ F'_y=f'_y(x, y)+\lambda\varphi'_y(x, y)=0, \\ F'_\lambda=\varphi(x, y)=0, \end{cases} \Rightarrow \begin{cases} x=x_0, \\ y=y_0, \\ \lambda=\lambda_0, \end{cases}$$

则点(x_0, y_0)可能是函数$z=f(x, y)$在约束条件$\varphi(x, y)=0$下的极值点；

（3）根据实际问题，来判断(x_0, y_0)是否为极值点，一般可以应用唯一性原理．

例 4.31 设某农机生产厂商在生产过程中，需要投入劳动力和资本，符合柯布—道格拉斯(Cobb－Douglas)生产函数：$f(x, y)=100x^{\frac{3}{4}}y^{\frac{1}{4}}$，其中$x$，$y$分别为劳动力和资本的投入量．已知一单位劳动力和一单位资本的成本分别为 150 元和 250 元，且该厂商总预算为 50000 元，问该厂商应如何配置劳动力和资本，才能使得产量最大?

解 该问题可以表达为

目标函数：　$\max f(x, y)=100x^{\frac{3}{4}}y^{\frac{1}{4}}$,

约束条件：　$150x+250y=50000.$

这是一个条件极值问题，因此构造拉格朗日函数：

$$F(x, y, \lambda)=100x^{\frac{3}{4}}y^{\frac{1}{4}}+\lambda(150x+250y-50000),$$

求一阶偏导数得

$$\begin{cases} F'_x=75x^{-\frac{1}{4}}y^{\frac{1}{4}}+150\lambda=0, \\ F'_y=25x^{\frac{3}{4}}y^{-\frac{3}{4}}+250\lambda=0, \\ F'_\lambda=150x+250y-50000=0, \end{cases} \Rightarrow \begin{cases} x=250, \\ y=50, \\ \lambda=-\dfrac{1}{2}\cdot 5^{-\frac{1}{4}}, \end{cases}$$

根据唯一性原理可知，当$x=250$，$y=50$时，函数取最大值，即该厂商劳动力投入 250 单位，资本投入 50 单位时，产量最大．

习题 4－6

1. 求下列函数的极值．

(1) $f(x, y)=-3xy-x^3+y^3$；　(2) $f(x, y)=x^4+y^4$；

(3) $f(x, y)=x^2+y^2-2\ln x-2\ln y$；　(4) $f(x, y)=(x+y^2)e^{\frac{1}{2}x}$.

2. 把正数a分成 3 个正数之和，使它们的乘积最大．

3. 求椭圆$\dfrac{x^2}{a^2}+\dfrac{y^2}{b^2}=1$内接矩形的最大面积．

4. 求曲线$y=\sqrt{x}$上的动点到定点$(a, 0)$的最小距离．

5. 设某厂商生产某种商品需要使用两种原料 A 和 B，生产函数为

$$Q(x, y)=0.005x^2y,$$

其中 Q 为产量，x，y 分别为原材料 A 和 B 的投入量. 已知该厂商预算为 150 万元，而原材料 A 和 B 的单价分别为 1 万元和 2 万元，问该厂商应该如何购买两种原材料，可以使产量最大？

思维导图与本章小结

一、思维导图

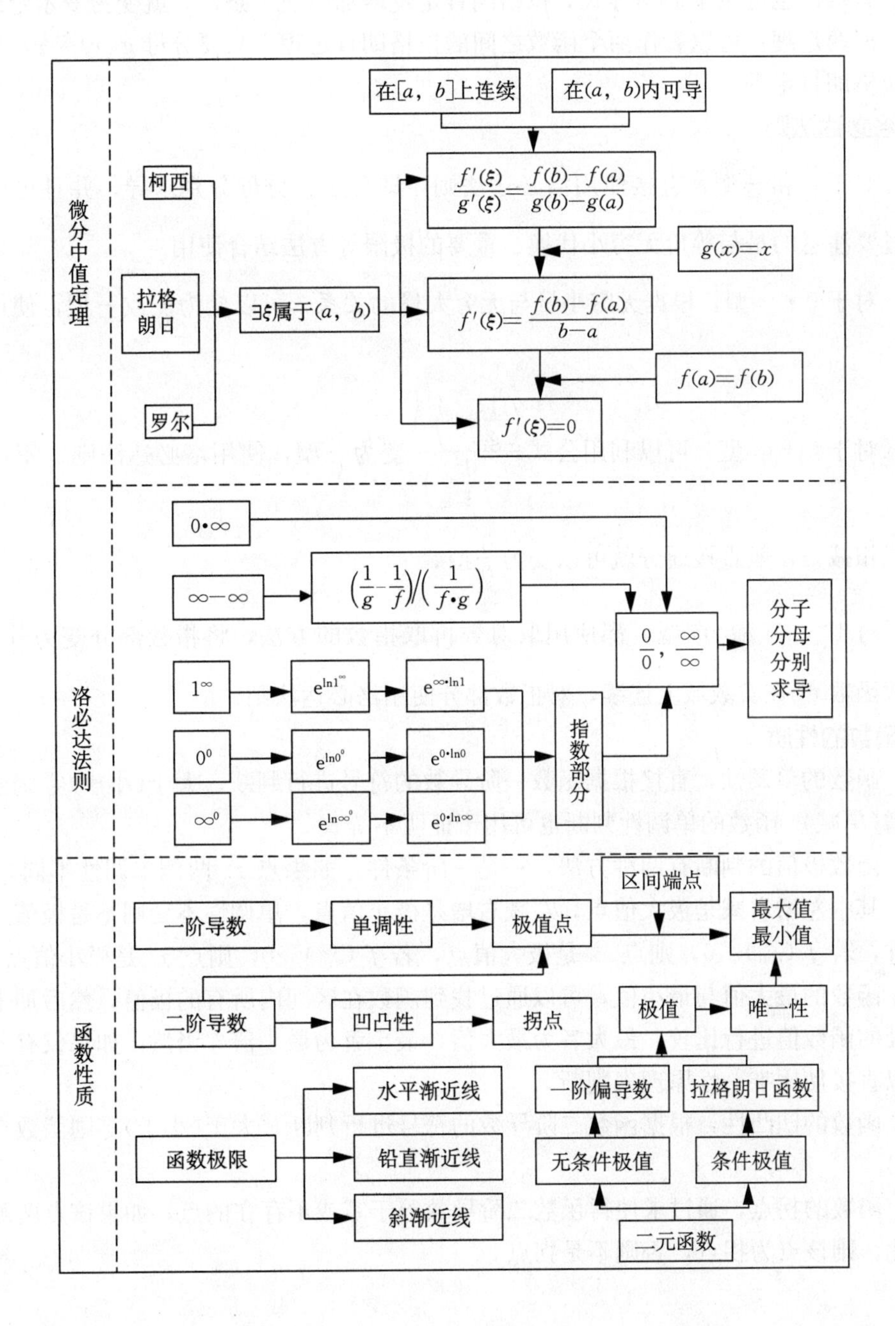

二、本章小结

本章主要包含微分中值定理、洛必达法则和函数的性质三个模块，知识点比较多，并且还包含一些证明，是同学们学习的难点.

1. 微分中值定理

(1) 罗尔定理：函数满足闭区间上连续、开区间内可导和区间端点函数值相等这三个条件，则函数的一阶导数存在零点．罗尔定理常常用于证明零点存在或等式．

(2) 拉格朗日定理：函数只需满足前两个条件，常常通过对函数的导数的讨论，来证明不等式．其推论也可用于证明等式．拉格朗日定理增加第三个条件，就变为罗尔定理．

(3) 柯西定理：可以看作两个函数之间的拉格朗日定理，只要分母 $g(x)=x$，则柯西定理变为拉格朗日定理．

2. 洛必达法则

(1) 对于$\frac{0}{0}$和$\frac{\infty}{\infty}$型，直接使用洛必达法则，即分子、分母分别求导，并且可以重复使用．不过要注意的是与等价无穷小代换、重要的极限等方法结合使用．

(2) 对于 $0\cdot\infty$型，根据无穷小量与无穷大量的关系，可以变为$\frac{0}{0}$或$\frac{\infty}{\infty}$型，使用洛必达法则．

(3) 对于$\infty-\infty$型，可以利用公式$\dfrac{\left(\dfrac{1}{g}-\dfrac{1}{f}\right)}{\left(\dfrac{1}{f\cdot g}\right)}$变为$\frac{0}{0}$型，使用洛必达法则．不过如果是两个分式相减，一般直接通分就可以变为$\frac{0}{0}$型．

(4) 对 1^{∞}，0^0 和∞^0 型，都使用取对数再取指数的方法，将指数部分变为$\frac{0}{0}$或$\frac{\infty}{\infty}$型，根据指数函数 e^x 在实数域上连续，对指数部分使用洛必达法则．

3. 函数的性质

(1) 函数的单调性，直接根据函数一阶导数的符号进行判断，大于(小于)零则函数在区间上单增(单减)．函数的单调性判断也可用于证明不等式．

(2) 函数极值的判断有两种方法：一是一阶条件，如果点 x_0 两侧单调性不同，x_0 即为极值点，其中左增右减是极大值点，左减右增是极小值点，单调性不变则不是极值点；二是二阶条件，若 $f''(x_0)<0$，则点 x_0 是极大值点，若 $f''(x_0)>0$，则点 x_0 是极小值点．

(3) 函数的最大值与最小值，可以通过找到函数在区间内所有的极值，然后加上区间两个端点处的函数值进行比较，最大者为最大值，最小者为最小值．当然，如果仅有一个极值点，可以直接使用唯一性原理来判断．

(4) 函数的凹凸性，根据函数二阶导数的符号进行判断，大于(小于)零则函数在区间上为凹(凸)．

(5) 函数的拐点，通过求使得函数二阶导数等于零或不存在的点，如果该点两侧凹凸性发生变化，则该点为拐点，否则不是拐点．

（6）函数的渐近线分为三种，分别通过$\lim\limits_{x\to\infty}f(x)=A$，$\lim\limits_{x\to x_0}f(x)=\infty$，$\lim\limits_{x\to\infty}\dfrac{f(x)}{x}=a$及$\lim\limits_{x\to\infty}(f(x)-ax)=b$，判断出水平渐近线$y=A$，铅直渐近线$x=x_0$和斜渐近线$y=ax+b$.

（7）二元函数的极值分为两种：无条件极值和条件极值．对于无条件极值，直接求两个一阶偏导数找出驻点，然后根据这些点处二阶偏导数之间的关系进行筛选，得到极值点；对于条件极值，首先根据目标函数和约束条件构造拉格朗日函数，然后求一阶偏导数找出驻点，进一步分析极值．二元函数的最大值最小值，在应用题中，一般可以通过唯一性原理进行判断．

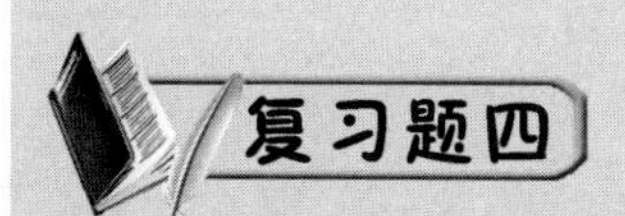

1. 填空题．

（1）函数$f(x)=2x^2-x-3$在区间$\left[-1,\ \dfrac{3}{2}\right]$上满足罗尔定理的点$\xi=$________.

（2）当$x\to 0$时，$(\cos x-1)\ln(1-x^2)$与ax^4+1+b为等价无穷小，则$a=$________，$b=$________.

（3）函数$y=2x^2-\ln x$的单增区间为________.

（4）函数$y=xe^{-x}$的拐点坐标为________.

（5）曲线$y=x+e^{-x}$的斜渐近线方程为________.

2. 选择题．

（1）设在$[0,\ 1]$上$f''(x)>0$，则$f'(0)$，$f'(1)$，$f(1)-f(0)$或$f(0)-f(1)$的大小顺序是（　　）.

A. $f'(1)>f'(0)>f(1)-f(0)$；　　B. $f'(1)>f(1)-f(0)>f'(0)$；

C. $f(1)-f(0)>f'(1)>f'(0)$；　　D. $f'(1)>f(0)-f(1)>f'(0)$.

（2）若两个函数$f(x)$，$g(x)$都在点$x=x_0$处取得极大值，则函数$f(x)\cdot g(x)$在点$x=x_0$处（　　）.

A. 必有极大值；　　B. 必有极小值；

C. 不可能取得极值；　　D. 是否取得极值不能确定．

（3）设$\lim\limits_{x\to a}\dfrac{f(x)-f(a)}{(x-a)^2}=-1$，则在点$x=a$处（　　）.

A. $f(x)$的导数存在，且$f'(a)\neq 0$；　　B. $f(x)$取得极大值；

C. $f(x)$取得极小值；　　D. $f(x)$的导数不存在．

（4）设函数$f(x)=\dfrac{|x-1|}{x}$，则下列结论正确的是（　　）.

A. $x=1$是$f(x)$的极值点，但$(1,\ 0)$不是曲线$y=f(x)$的拐点；

B. $x=1$不是$f(x)$的极值点，但$(1,\ 0)$是曲线$y=f(x)$的拐点；

C. $x=1$是$f(x)$的极值点，且$(1,\ 0)$是曲线$y=f(x)$的拐点；

D. $x=1$ 不是 $f(x)$ 的极值点，$(1, 0)$ 也不是曲线 $y=f(x)$ 的拐点.

(5) 曲线 $y=x+\sin\dfrac{1}{x}$ 有(　　)条渐近线.

A. 0；　　B. 1；　　C. 2；　　D. 3.

3. 求下列函数的极限.

(1) $\lim\limits_{x\to1}\dfrac{x^3-1+\ln x}{e^x-e}$；　　(2) $\lim\limits_{x\to0^+}\dfrac{\ln\tan 7x}{\ln\tan 2x}$；

(3) $\lim\limits_{x\to0}\dfrac{\tan x-x}{x-\sin x}$；　　(4) $\lim\limits_{x\to0}x\cot 2x$；

(5) $\lim\limits_{x\to0}x^2e^{\frac{1}{x^2}}$；　　(6) $\lim\limits_{x\to1}\left(\dfrac{x}{x-1}-\dfrac{1}{\ln x}\right)$；

(7) $\lim\limits_{x\to0}\dfrac{e^x+\ln(1-x)-1}{x-\arctan x}$；　　(8) $\lim\limits_{x\to0}(1+\sin x)^{\frac{1}{x}}$；

(9) $\lim\limits_{x\to0^+}\left(\dfrac{1}{x}\right)^{\tan x}$；　　(10) $\lim\limits_{x\to+\infty}(x+\sqrt{1+x^2})^{\frac{1}{x}}$.

4. 求下列函数的单调区间.

(1) $f(x)=x-e^x$；　　(2) $f(x)=\ln(x+\sqrt{1+x^2})$；

(3) $f(x)=\dfrac{2}{3}x-\sqrt[3]{x^2}$；　　(4) $f(x)=\dfrac{x^2}{1+x}$.

5. 求下列函数的极值.

(1) $f(x)=x+\sqrt{1-x}$；　　(2) $f(x)=x^2e^{-x}$；

(3) $f(x)=\dfrac{\ln^2x}{x}$；　　(4) $f(x)=2e^x+e^{-x}$.

6. 求下列函数图形的凹凸性与拐点坐标.

(1) $f(x)=x+\dfrac{x}{x^2-1}$；　　(2) $f(x)=\ln(x^2+1)$.

7. 求下列二元函数的极值.

(1) $f(x, y)=2xy-3x^3-2y^2+1$；

(2) $f(x, y)=xy+\dfrac{1}{x}+\dfrac{1}{y}$；

(3) $f(x, y)=\ln(1+x^2+y^2)+1-\dfrac{x^3}{15}-\dfrac{y^3}{4}$；

(4) $f(x, y)=xe^{-\frac{x^2+y^2}{2}}$.

8. 已知 $g(x)$ 在 $x=0$ 处二阶可导，且 $g(0)=0$. 设

$$f(x)=\begin{cases}\dfrac{g(x)}{x}, & x\neq0,\\ a, & x=0,\end{cases}$$

求常数 a 使得函数 $f(x)$ 在 $x=0$ 处可导，并求出 $f'(0)$.

9. 已知曲线 $y=ax^3+bx^2+cx+d$ 过点$(-2, 44)$，在 $x=-2$ 处有水平切线，且拐点坐标为$(1, -10)$，求常数 a，b，c，d.

10. 求下列函数在给定区间内的最大值、最小值.

(1) $f(x)=x^4-8x^2+2$，$x\in[-1, 3]$；　(2) $f(x)=x+\sqrt{1-x}$，$x\in[-5, 1]$.

11. 设某船只在 12h 内能航行 110nmile，试解释为什么在航行过程中，必定存在某时刻，该船只的速度超过了 9nmile/h.

12. 设函数 $f(x)$在$[0, 1]$上连续，在$(0, 1)$内可导，且 $f(1)=0$，证明：存在 $\xi\in(0, 1)$，使得 $f'(\xi)=-\dfrac{f(\xi)}{\xi}$.

13. 证明：方程 $x^5+x-1=0$ 仅有一个正实根.

14. 设函数 $f(x)$在(a, b)内具有有二阶导数，且 $f(x_1)=f(x_2)=f(x_3)$，其中 $a<x_1<x_2<x_3<b$，证明：至少存在一点 $\xi\in(a, b)$，使得 $f''(\xi)=0$.

15. 证明下列不等式：

(1) 当 $x>0$ 时，$x-\dfrac{1}{3}x^3<\sin x<x$；　(2) 当 $x>1$ 时，$\dfrac{\ln(1+x)}{\ln x}>\dfrac{x}{1+x}$.

16. 已知某公司生产某产品的成本函数为

$$C(x)=2600+2x+0.001x^2,$$

其中 x 为产量，问产量多大时，平均成本最低？

17. 在一块半径为 R 的圆形铁皮上，剪下一块圆心角为 α 的扇形，用剪下的铁皮做一个圆锥形漏斗，问 α 为多大时，漏斗容积最大？

18. 试确定 p 的取值范围，使得曲线 $y=x^3-3x+p$ 与 x 轴：

(1) 有一个交点；　(2) 有两个交点；　(3) 有三个交点.

19. 已知某公司生产某产品需要使用甲、乙两种原料，生产函数为

$$Q(x, y)=10xy+20.2x+30.3y-10x^2-5y^2,$$

其中 Q 为产量，x，y 分别为原料甲、乙的使用量. 又甲、乙原料的单价分别为 20 元和 30 元，产品销售单价为 100 元，产品固定成本为 1000 元，问甲、乙原料应该各使用多少，使得利润最大？

20. 设 $z=z(x, y)$是由方程 $x^2-6xy+10y^2-2yz-z^2+18=0$ 所确定的函数，求 $z=z(x, y)$的极值点和极值.

21. 已知某公司可通过电视和网络两种方式做某种商品的广告，根据统计资料，销售收入 R(万元)与电视广告费用 x_1(万元)及网络广告费用 x_2(万元)之间的关系为

$$R=15+14x_1+32x_2-8x_1x_2-2x_1^2-10x_2^2,$$

已知该公司用于广告的总费用为 1.5 万元，求最优广告策略.

22. 某工厂生产一种产品同时在两个市场销售，售价分别为 p_1，p_2，销售量分别为 q_1，q_2，满足关系 $q_1=24-0.2p_1$，$q_2=10-0.05p_2$. 已知总成本函数为 $C=35+40(q_1+q_2)$，试问该工厂应如何确定两个市场的售价，才能使其利润最大？

23. 某养殖场饲养两种鱼，如果甲种鱼放养 x(万尾)，乙种鱼放养 y(万尾)，收获时两种鱼的收获量分别为$(3-\alpha x-\beta y)x$，$(4-\beta x-2\alpha y)y$，其中 $\alpha>\beta>0$，求使得鱼产量最大的放养数.

第五章 不定积分与微分方程

微分方程就是包含导数或微分的方程，它是数学联系实际，并应用于实际的重要途径和桥梁，是各个学科进行科学研究的强有力的工具．在实际问题中，往往很难直接得到所研究的变量之间的关系，却容易建立这些变量与它们的导数或微分之间的联系，从而得到一个关于未知函数的导数或微分的方程，即微分方程．通过求解方程，可以找到未知函数的关系．而如何求解微分方程，需要用到不定积分的相关知识．正如加法有其逆运算减法，乘法有其逆运算除法一样，微分法也有它的逆运算——积分法．前面已经介绍如何从已知函数求出它的导函数，那么与之相反的问题是：求一个未知函数，使得其导函数恰好是某已知函数．

本章主要介绍不定积分的基本概念、性质、求不定积分的基本方法以及微分方程的基本概念，常见微分方程的类型及其解法．

第一节 微分方程的概念

首先介绍两个简单的例子．

例 5.1 设一条平面曲线通过点$\left(\frac{\pi}{2}, 2\right)$，且在该曲线上任一点$M(x, y)$处的切线的斜率为$\cos x$，求这条曲线方程．

解 设所求曲线的方程为$y=y(x)$．由导数的几何意义可知，函数$y=y(x)$满足关系式

$$\frac{\mathrm{d}y}{\mathrm{d}x}=\cos x, \tag{5.1}$$

同时还满足条件：

$$x=\frac{\pi}{2}\text{时}, \ y=2. \tag{5.2}$$

如何由(5.1)式求解出这条曲线方程？前面已经介绍如何从已知函数求出它的导函数，不难想到函数$\sin x$关于x的导数等于$\cos x$，进一步不难想到由于任意常数C的导数为零，所以$(\sin x+C)'=\cos x$，因此

$$y=\sin x+C. \tag{5.3}$$

同时欲求曲线还要满足(5.2)式，易知$C=1$．综上，所求平面曲线方程为

$$y=\cos x+1. \tag{5.4}$$

方程(5.1)的一般的求解方法在本章的第五节有详细介绍．

例 5.2 著名的科学家伽利略在当年研究落体运动时发现，如果自由落体在t时刻下落的距离为x，则加速度$\frac{\mathrm{d}^2x}{\mathrm{d}t^2}$是一个常数，即有方程

$$\frac{d^2x}{dt^2}=g, \tag{5.5}$$

容易得到落体运动的规律：

$$x(t)=\frac{1}{2}gt^2. \tag{5.6}$$

上述两例中(5.1)式和(5.5)式均为含有导数的方程，下面我们给出有关微分方程的一些基本概念.

定义 5.1　含有自变量、未知函数、未知函数的导数(或微分)的函数方程，称为**微分方程**.

定义 5.2　未知函数是一元函数的微分方程，称为**常微分方程**. 未知函数是多元函数的微分方程，称为**偏微分方程**.

注：本章只讨论常微分方程，下文中的微分方程均为常微分方程.

定义 5.3　微分方程中所出现的未知函数的最高阶导数的阶数，称为微分方程的**阶**.

例如，方程(5.1)是一阶常微分方程；方程(5.5)是二阶常微分方程.

定义 5.4　使微分方程成为恒等式的函数 $y=y(x)$，称为微分方程的**解**. 如果微分方程的解中含有任意常数，且任意常数的个数与微分方程的阶数相同(这里的任意常数应相互独立，即它们不能合并而使得任意常数的个数减少)，这样的解叫作**微分方程的通解**. 通解中的任意常数确定以后，就得到**微分方程的特解**.

例如，函数(5.3)是微分方程(5.1)的解，它含有一个任意常数，而方程(5.1)是一阶的常微分方程，所以函数(5.3)是方程(5.1)的通解. 函数(5.3)满足条件(5.2)确定任意常数 C 得到函数(5.4)，因此(5.4)是微分方程(5.1)的特解.

n 阶微分方程的一般形式是

$$F(x, y, y', \cdots, y^{(n)})=0, \tag{5.7}$$

其中 x 为自变量，y 为未知函数，F 是有$(n+2)$个变量的函数. 这里必须指出，在方程(5.7)中，$y^{(n)}$ 是必须出现的，而 x，y，y'，…，$y^{(n-1)}$ 等变量则可以不出现. 例如，三阶微分方程

$$y^{(3)}-1=0$$

中，除 $y^{(3)}$ 外，其他变量都没有出现.

一般地，n 阶微分方程 $F(x, y, y', y'', \cdots, y^{(n)})=0$ 的通解为

$$y=y(x, c_1, c_2, \cdots, c_n).$$

通常，为了确定 n 阶微分方程 $F(x, y, y', y'', \cdots, y^{(n)})=0$ 的某个特解，首先要求出其通解，通解的一般形式为 $y=y(x, c_1, c_2, \cdots, c_n)$，然后根据实际情况给出确定通解中 n 个常数的条件，此条件称为定解条件，最后根据定解条件求出满足条件的特解. 由定解条件求特解的问题称为微分方程的定解问题. 常见的定解条件：

$$y(x_0)=y_0, y'(x_0)=y_1, y''(x_0)=y_2, \cdots, y^{(n-1)}(x_0)=y_{n-1}. \tag{5.8}$$

条件(5.8)又称为方程的**初始条件**，y_0，y_1，y_2，…，y_{n-1} 为给定常数. 相应的定解问题又称为微分方程的**初值问题**. 微分方程解的图形又称为**微分方程的积分曲线**.

习题 5-1

1. 试指出下列各微分方程的阶数.

(1) $x^2\mathrm{d}y-y^2\mathrm{d}x=0$；

(2) $y'y'''-3y(y'')^4=0$；

(3) $L\dfrac{\mathrm{d}^2Q}{\mathrm{d}t^2}+R\dfrac{\mathrm{d}Q}{\mathrm{d}t}+\dfrac{Q}{C}=0$；

(4) $(7x-6y)\mathrm{d}x+(x+y)\mathrm{d}y=0$；

(5) $\dfrac{\mathrm{d}\rho}{\mathrm{d}\theta}+\rho=\sin^2\theta$；

(6) $y^{(5)}-2y'''+y'+y=0$.

2. 指出下列各题中的函数是否为所给微分方程的解.

(1) $x\dfrac{\mathrm{d}y}{\mathrm{d}x}+3y=0$，$y=\dfrac{C}{x^3}$；

(2) $x^2\dfrac{\mathrm{d}^2y}{\mathrm{d}x^2}-2x\dfrac{\mathrm{d}y}{\mathrm{d}x}+2y=0$，$y=2x-3x^2$；

(3) $\dfrac{\mathrm{d}^2s}{\mathrm{d}t^2}+\omega^2\dfrac{\mathrm{d}s}{\mathrm{d}t}=0$，$s=C_1\cos\omega t+C_2\sin\omega t$；

(4) $(x+y)\mathrm{d}x+x\mathrm{d}y=0$，$y=\dfrac{C-x^2}{2x}$；

(5) $y'-2xy=0$，$y=\mathrm{e}^{x^2}+\mathrm{e}^{x^2}\displaystyle\int_0^x\mathrm{e}^{-t^2}\mathrm{d}t$；

(6) $(x-2y)y'=2x-y$，$x^2-xy+y^2=C$.

3. 在下列各题中，确定函数关系中的常数，使函数满足所给的初始条件.

(1) $y^2-C(x-1)^2=1$，$y|_{x=0}=-2$；

(2) $y=(C_1+C_2x)\mathrm{e}^{-2x}$，$y|_{x=0}=0$，$y'|_{x=0}=1$；

(3) $y=C_1\sin(x-C_2)$，$y|_{x=\pi}=1$，$y'|_{x=\pi}=0$.

4. 设函数 $y=(1+x)^2u(x)$是方程 $y'-\dfrac{2}{x+1}y=(x+1)^2$ 的通解，求 $u(x)$.

5. 写出由下列条件确定的曲线所满足的微分方程.

(1) 曲线上任一点的切线介于两坐标轴间的部分被切点等分；

(2) 曲线上任一点的切线的纵截距等于切点横坐标的平方；

(3) 曲线上任一点的切线的纵截距是切点的横坐标与纵坐标的平均值；

(4) 曲线上任一点的切线与两坐标轴所围成的三角形的面积等于1.

第二节　不定积分的概念与性质

在前一节的例子中，我们发现求微分方程的通解时，需通过未知函数的导数求未知函数，这一节我们就来研究这个问题.

一、原函数与不定积分的定义

定义 5.5　若在某区间 I 上，函数 $f(x)$与 $F(x)$满足

$$F'(x)=f(x), \tag{5.9}$$

则称 $F(x)$为 $f(x)$在区间 I 上的一个**原函数**.

例如，$(\sin x)'=\cos x$，故 $\sin x$ 是 $\cos x$ 的一个原函数，显然函数 $\sin x+5$，$\sin x+\sqrt{3}$，$\sin x+C$(C 为任意常数)也都是 $\cos x$ 的原函数.

由此可见，一个函数若有原函数，则必有无穷多个原函数，因此对原函数我们需考虑如下两个问题：

（1）一个函数满足什么条件存在原函数？

（2）同一个函数的无穷多个原函数之间有什么关系？

定理 5.1　若函数 $f(x)$ 在区间 I 上连续，则 $f(x)$ 在 I 上必有原函数.

定理 5.1 的证明将在第六章给出. 由定理 5.1 可知，初等函数在其有定义的区间上必有原函数. 因此以下对于初等函数，我们不再说明其原函数是否存在的问题，而直接在有定义的区间上求其原函数.

定理 5.2　若函数 $f(x)$ 在区间 I 上有一个原函数 $F(x)$，则 $F(x)+C$ 表示 $f(x)$ 在 I 上的全体原函数，其中 C 为任意常数.

证　$(F(x)+C)'=F'(x)+(C)'=f(x)+0=f(x)$，

因而 $F(x)+C$ 是 $f(x)$ 的原函数. 另一方面，设 $G(x)$ 也是 $f(x)$ 的一个原函数，则

$$(G(x)-F(x))'=f(x)-f(x)=0.$$

由拉格朗日定理的推论知

$$G(x)-F(x)=C，即 G(x)=F(x)+C,$$

即 $f(x)$ 的任一原函数可用 $F(x)+C$ 来表示.

定义 5.6　函数 $f(x)$ 的全体原函数称为 $f(x)$ 的**不定积分**，记为 $\int f(x)\mathrm{d}x$，其中记号 $\int$ 称为**积分号**，$f(x)$ 称为**被积函数**，x 称为**积分变量**，$f(x)\mathrm{d}x$ 称为**被积表达式**，任意常数 C 称为**积分常数**.

若 $F(x)$ 为函数 $f(x)$ 的一个原函数 $F(x)$，则由定理 5.2 知

$$\int f(x)\mathrm{d}x = F(x)+C. \tag{5.10}$$

例 5.3　求下列不定积分.

（1）$\int \cos x\mathrm{d}x$；　　（2）$\int x^n\mathrm{d}x(n\neq -1)$；　　（3）$\int \frac{1}{x}\mathrm{d}x$.

解　（1）因为 $(\sin x)'=\cos x$，所以

$$\int \cos x\mathrm{d}x = \sin x + C.$$

（2）当 $n\neq -1$ 时，$\left(\frac{1}{n+1}x^{n+1}\right)'=x^n$，故

$$\int x^n\mathrm{d}x = \frac{1}{n+1}x^{n+1}+C.$$

（3）当 $x>0$ 时，

$$(\ln|x|)'=(\ln x)'=\frac{1}{x};$$

当 $x<0$ 时，

$$(\ln|x|)'=[\ln(-x)]'=\frac{1}{-x}\cdot(-1)=\frac{1}{x}.$$

因而对 $x\neq 0$，$\ln|x|$ 是 $\frac{1}{x}$ 的一个原函数，故

$$\int \frac{1}{x}\mathrm{d}x = \ln|x| + C.$$

例 5.4 已知一曲线过点(1, 2)，且在该曲线上任意一点 $M(x, y)$处的切线斜率为 $2x$，求这条曲线的方程．

解 根据导数的几何意义可知，所求曲线 $y=y(x)$应满足方程

$$y'=2x.$$

可见函数 y 是 $2x$ 的一个原函数，因此

$$y=x^2+C.$$

因所求曲线过点(1, 2)，以 $x=1$，$y=2$ 代入上式，得 $C=1$，故所求曲线方程为(图 5-1)

$$y=x^2+1.$$

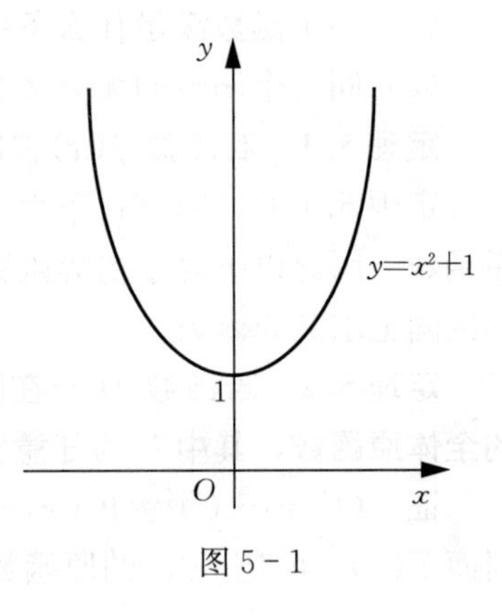

图 5-1

二、基本积分公式

由于不定积分是导数的逆运算，由导数的基本公式易得以下积分公式表：

(1) $\int k\mathrm{d}x = kx + C$($k$ 为常数)；

(2) $\int x^\mu \mathrm{d}x = \frac{1}{\mu+1}x^{\mu+1} + C(\mu \neq -1)$；

(3) $\int \cos x\mathrm{d}x = \sin x + C$；

(4) $\int \sin x\mathrm{d}x = -\cos x + C$；

(5) $\int \sec^2 x\mathrm{d}x = \int \frac{1}{\cos^2 x}\mathrm{d}x = \tan x + C$；

(6) $\int \csc^2 x\mathrm{d}x = \int \frac{1}{\sin^2 x}\mathrm{d}x = -\cot x + C$；

(7) $\int \sec x\tan x\mathrm{d}x = \sec x + C$；

(8) $\int \csc x\cot x\mathrm{d}x = -\csc x + C$；

(9) $\int a^x \mathrm{d}x = \frac{1}{\ln a}a^x + C$($a > 0$，且 $a \neq 1$)；

(10) $\int \mathrm{e}^x \mathrm{d}x = \mathrm{e}^x + C$；

(11) $\int \frac{1}{x}\mathrm{d}x = \ln|x| + C$；

(12) $\int \frac{1}{\sqrt{1-x^2}}\mathrm{d}x = \arcsin x + C$；

(13) $\int \frac{1}{1+x^2}\mathrm{d}x = \arctan x + C$.

这些基本公式是求不定积分的基础，应熟记．一个函数的原函数不唯一，因此验证不定积分结果是否正确的最好方法是对不定积分的结果求导．

三、不定积分的性质

由不定积分的定义易知以下性质成立：

性质 1 $\left(\int f(x)\mathrm{d}x\right)' = f(x)$，即 $\mathrm{d}\left(\int f(x)\mathrm{d}x\right) = f(x)\mathrm{d}x$.

性质 2 $\int F'(x)\mathrm{d}x = F(x) + C$，即 $\int \mathrm{d}F(x) = F(x) + C$.

性质 3 $\int [k_1 f_1(x) + k_2 f_2(x)]\mathrm{d}x = k_1\int f_1(x)\mathrm{d}x + k_2\int f_2(x)\mathrm{d}x$($k_1$，$k_2$ 为常数).

证(只证明性质 3，其他性质请读者自证) 由导数的运算性质得

$$\left(k_1\int f_1(x)\mathrm{d}x + k_2\int f_2(x)\mathrm{d}x\right)' = k_1\left(\int f_1(x)\mathrm{d}x\right)' + k_2\left(\int f_2(x)\mathrm{d}x\right)'$$

$$=k_1f_1(x)+k_2f_2(x),$$

因此性质 3 的右端是左端的被积函数的原函数．又性质 3 的右端含有两个不定积分号，形式上有两个任意常数，而两个任意常数之和仍然是任意常数，故性质 3 成立．

例 5.5　求 $\int\left(\frac{4}{\sqrt{1-x^2}}-\frac{3+2\sqrt{x}}{x}\right)\mathrm{d}x$.

解　被积函数比较复杂，不能直接用某一个公式积分求解，此时应考虑利用性质 3 将原积分化为几个积分来求．

$$\int\left(\frac{4}{\sqrt{1-x^2}}-\frac{3+2\sqrt{x}}{x}\right)\mathrm{d}x=4\int\frac{\mathrm{d}x}{\sqrt{1-x^2}}-3\int\frac{\mathrm{d}x}{x}-2\int x^{-\frac{1}{2}}\mathrm{d}x$$

$$=4\arcsin x-3\ln|x|-4\sqrt{x}+C.$$

例 5.6　求 $\int\frac{(x-1)^2}{\sqrt{x}}\mathrm{d}x$.

解　$\int\frac{(x-1)^2}{\sqrt{x}}\mathrm{d}x=\int(x^{\frac{3}{2}}-2x^{\frac{1}{2}}+x^{-\frac{1}{2}})\mathrm{d}x=\frac{2}{5}x^2\sqrt{x}-\frac{4}{3}x\sqrt{x}+2\sqrt{x}+C.$

例 5.7　求 $\int\frac{1+x+x^2}{x(1+x^2)}\mathrm{d}x$.

解　$\int\frac{1+x+x^2}{x(1+x^2)}\mathrm{d}x=\int\frac{x+(1+x^2)}{x(1+x^2)}\mathrm{d}x=\int\left(\frac{1}{1+x^2}+\frac{1}{x}\right)\mathrm{d}x$

$$=\int\frac{1}{1+x^2}\mathrm{d}x+\int\frac{1}{x}\mathrm{d}x=\arctan x+\ln|x|+C.$$

例 5.8　求 $\int\cot^2x\mathrm{d}x$.

解　基本积分表中没有这种类型的积分，故应先利用三角恒等式变形，然后再积分．

$$\int\cot^2x\mathrm{d}x=\int(\csc^2x-1)\mathrm{d}x=\int\csc^2x\mathrm{d}x-\int\mathrm{d}x=-\cot x-x+C.$$

例 5.9　求 $\int\frac{\cos2x}{\sin^2x\cos^2x}\mathrm{d}x$.

解　由于 $\cos2x=\cos^2x-\sin^2x$，因此

$$\text{原式}=\int\frac{\mathrm{d}x}{\sin^2x}-\int\frac{\mathrm{d}x}{\cos^2x}=-\cot x-\tan x+C.$$

例 5.10　求 $\int3^x\mathrm{e}^x\mathrm{d}x$.

解　$\int3^x\mathrm{e}^x\mathrm{d}x=\int(3\mathrm{e})^x\mathrm{d}x=\frac{1}{\ln(3\mathrm{e})}(3\mathrm{e})^x+C=\frac{1}{1+\ln3}3^x\mathrm{e}^x+C.$

习题 5－2

1．求下列不定积分．

(1) $\int\frac{1}{x^2}\mathrm{d}x$；　　(2) $\int x\sqrt{x}\,\mathrm{d}x$；

(3) $\int\frac{1}{\sqrt{x}}\mathrm{d}x$；　　(4) $\int x^2\sqrt[3]{x}\,\mathrm{d}x$；

(5) $\int \frac{1}{x^2\sqrt{x}}\mathrm{d}x$；

(6) $\int \sqrt[m]{x^n}\,\mathrm{d}x$；

(7) $\int 5x^3\mathrm{d}x$；

(8) $\int (x^2-3x+2)\mathrm{d}x$；

(9) $\int \frac{\mathrm{d}h}{\sqrt{2gh}}$($g$ 是常数)；

(10) $\int (x-2)^2\mathrm{d}x$；

(11) $\int (x^2+1)^2\mathrm{d}x$；

(12) $\int (\sqrt{x}+1)(\sqrt{x^3}-1)\mathrm{d}x$；

(13) $\int \left(3t^2+\frac{t}{2}\right)\mathrm{d}t$；

(14) $\int \frac{3x^4+3x^2+1}{x^2+1}\mathrm{d}x$；

(15) $\int \frac{x^2}{1+x^2}\mathrm{d}x$；

(16) $\int \left(2\mathrm{e}^x+\frac{3}{x}\right)\mathrm{d}x$；

(17) $\int \left(\frac{3}{1+x^2}-\frac{2}{\sqrt{1-x^2}}\right)\mathrm{d}x$；

(18) $\int \mathrm{e}^x\left(1-\frac{\mathrm{e}^{-x}}{\sqrt{x}}\right)\mathrm{d}x$；

(19) $\int \frac{1}{\sin^2\frac{x}{2}\cos^2\frac{x}{2}}\mathrm{d}x$；

(20) $\int \frac{2\cdot 3^x-5\cdot 2^x}{3^x}\mathrm{d}x$；

(21) $\int \sec x(\sec x-\tan x)\mathrm{d}x$；

(22) $\int \cos^2\frac{x}{2}\mathrm{d}x$；

(23) $\int \frac{1}{1+\cos 2x}\mathrm{d}x$；

(24) $\int \frac{\cos 2x}{\cos x-\sin x}\mathrm{d}x$；

(25) $\int (\tan x+\sec x)\cos x\mathrm{d}x$；

(26) $\int \left(1-\frac{1}{x^2}\right)\sqrt{x\sqrt{x}}\,\mathrm{d}x$.

2. 一曲线通过点(e^2，3)且在任一点处的切线的斜率等于该点横坐标的倒数，求该曲线的方程.

3. 一物体由静止开始运动经 t(s)后的速度是 $3t^2$(m/s)，问：

(1) 在 3s 后物体离开出发点的距离是多少？

(2) 物体走完 360m 需要多少时间？

第三节　不定积分的换元法与分部积分法

一、第一类换元积分法

定理 5.3　**若** $\int f(u)\mathrm{d}u=F(u)+C$，**又** $u=\varphi(x)$ **有连续导数，则**

$$\int f[\varphi(x)]\varphi'(x)\mathrm{d}x=F[\varphi(x)]+C. \tag{5.11}$$

证　由复合函数求导法则有

$$\{F[\varphi(x)]\}'=F'[\varphi(x)]\cdot\varphi'(x)=f[\varphi(x)]\cdot\varphi'(x),$$

可见 $F[\varphi(x)]$是 $f[\varphi(x)]\varphi'(x)$的一个原函数，故公式(5.11)成立.

当积分 $\int g(x)\mathrm{d}x$ 不便计算时，可考虑将 $g(x)$化为 $g(x)=f[\varphi(x)]\cdot\varphi'(x)$的形式，那么

$$\int g(x)\mathrm{d}x=\int f[\varphi(x)]\varphi'(x)\mathrm{d}x=\int f[\varphi(x)]\mathrm{d}\varphi(x)=\int f(u)\mathrm{d}u. \tag{5.12}$$

对 u 积分求出 $f(u)$ 的原函数 $F(u)$，再以 $u=\varphi(x)$ 代回即得所求积分．这种方法的关键在于凑中间变量 $\varphi(x)$ 的微分 $\mathrm{d}\varphi(x)$，因此称为**凑微分法**或**第一类换元积分法**．

例 5.11 求 $\int(2x+5)^{50}\mathrm{d}x$.

解 被积函数是复合函数，中间变量为 $u=2x+5$，故将 $\mathrm{d}x$ 凑微分为 $\frac{1}{2}\mathrm{d}(2x+5)$，得

$$\int(2x+5)^{50}\mathrm{d}x=\frac{1}{2}\int(2x+5)^{50}\mathrm{d}(2x+5)=\frac{1}{2}\int u^{50}\mathrm{d}u$$

$$=\frac{1}{102}u^{51}+C=\frac{1}{102}(2x+5)^{51}+C.$$

当运算比较熟练后，设定中间变量 $\varphi(x)=u$ 和回代过程 $u=\varphi(x)$ 可以省略，将 $\varphi(x)$ 当作 u 积分就行了．

例 5.12 求 $\int\frac{1}{\sqrt{x+1}+\sqrt{x-1}}\mathrm{d}x$.

解
$$\int\frac{1}{\sqrt{x+1}+\sqrt{x-1}}\mathrm{d}x=\int\frac{\sqrt{x+1}-\sqrt{x-1}}{(\sqrt{x+1}+\sqrt{x-1})(\sqrt{x+1}-\sqrt{x-1})}\mathrm{d}x$$

$$=\frac{1}{2}\int\sqrt{x+1}\,\mathrm{d}x-\frac{1}{2}\int\sqrt{x-1}\,\mathrm{d}x$$

$$=\frac{1}{2}\int\sqrt{x+1}\,\mathrm{d}(x+1)-\frac{1}{2}\int\sqrt{x-1}\,\mathrm{d}(x-1)$$

$$=\frac{1}{3}[(x+1)^{\frac{3}{2}}-(x-1)^{\frac{3}{2}}]+C.$$

例 5.13 求 $\int\mathrm{e}^{-2x+1}\mathrm{d}x$.

解 $\int\mathrm{e}^{-2x+1}\mathrm{d}x=-\frac{1}{2}\int\mathrm{e}^{-2x+1}\mathrm{d}(-2x+1)=-\frac{1}{2}\mathrm{e}^{-2x+1}+C.$

例 5.14 求 $\int(\sin x+\cos x)^2\mathrm{d}x$.

解
$$\int(\sin x+\cos x)^2\mathrm{d}x=\int(1+2\sin x\cos x)\mathrm{d}x=\int\mathrm{d}x+\int 2\sin x\mathrm{d}\sin x$$

$$=x+\sin^2x+C.$$

例 5.15 求 $\int\frac{\sin x\cos x}{1+\sin^4x}\mathrm{d}x$.

解 $\int\frac{\sin x\cos x}{1+\sin^4x}\mathrm{d}x=\int\frac{\sin x\mathrm{d}\sin x}{1+\sin^4x}=\frac{1}{2}\int\frac{\mathrm{d}\sin^2x}{1+(\sin^2x)^2}=\frac{1}{2}\arctan(\sin^2x)+C.$

例 5.16 求 $\int\tan x\mathrm{d}x$.

解 $\int\tan x\mathrm{d}x=\int\frac{\sin x}{\cos x}\mathrm{d}x=-\int\frac{1}{\cos x}\mathrm{d}\cos x=-\ln|\cos x|+C.$

同样的方法可以求得

$$\int\cot x\mathrm{d}x=\ln|\sin x|+C.$$

例 5.17 求$\int \sec x\mathrm{d}x$.

解 $\int \sec x\mathrm{d}x = \int \sec x \cdot \frac{\sec x + \tan x}{\sec x + \tan x}\mathrm{d}x = \int \frac{\sec^2 x + \sec x\tan x}{\sec x + \tan x}\mathrm{d}x$

$$= \int \frac{\mathrm{d}(\sec x + \tan x)}{\sec x + \tan x} = \ln|\sec x + \tan x| + C.$$

类似可得 $\int \csc x\mathrm{d}x = \ln|\csc x - \cot x| + C.$

例 5.18 求$\int \frac{1}{a^2 + x^2}\mathrm{d}x(a \neq 0)$.

解 $\int \frac{1}{a^2 + x^2}\mathrm{d}x = \frac{1}{a^2}\int \frac{1}{1+\left(\frac{x}{a}\right)^2}\mathrm{d}x = \frac{1}{a}\int \frac{1}{1+\left(\frac{x}{a}\right)^2}\mathrm{d}\left(\frac{x}{a}\right) = \frac{1}{a}\arctan\frac{x}{a} + C.$

例 5.19 求$\int \frac{1}{\sqrt{a^2 - x^2}}\mathrm{d}x(a > 0)$.

解 $\int \frac{1}{\sqrt{a^2 - x^2}}\mathrm{d}x = \frac{1}{a}\int \frac{\mathrm{d}x}{\sqrt{1-\left(\frac{x}{a}\right)^2}} = \int \frac{\mathrm{d}\left(\frac{x}{a}\right)}{\sqrt{1-\left(\frac{x}{a}\right)^2}}$

$$= \arcsin\frac{x}{a} + C.$$

例 5.20 求$\int \frac{x\mathrm{d}x}{(1+x^2)^2}$.

解 $\int \frac{x\mathrm{d}x}{(1+x^2)^2} = \frac{1}{2}\int (1+x^2)^{-2}\mathrm{d}(1+x^2) = -\frac{1}{2(1+x^2)} + C.$

例 5.21 求$\int \frac{\ln^2 x}{x}\mathrm{d}x$.

解 $\int \frac{\ln^2 x}{x}\mathrm{d}x = \int \ln^2 x\mathrm{d}\ln x = \frac{1}{3}\ln^3 x + C.$

例 5.22 求$\int \frac{1}{a^2 - x^2}\mathrm{d}x(a \neq 0)$.

解 由于$\frac{1}{a^2-x^2}=\frac{1}{2a}\left(\frac{1}{a+x}+\frac{1}{a-x}\right)$，故

$$\int \frac{\mathrm{d}x}{a^2 - x^2} = \frac{1}{2a}\int\left(\frac{1}{a+x} + \frac{1}{a-x}\right)\mathrm{d}x = \frac{1}{2a}\left[\int \frac{\mathrm{d}(a+x)}{a+x} - \int \frac{\mathrm{d}(a-x)}{a-x}\right]$$

$$= \frac{1}{2a}(\ln|a+x| - \ln|a-x|) + C = \frac{1}{2a}\ln\left|\frac{a+x}{a-x}\right| + C.$$

例 5.23 求$\int \frac{1}{\sqrt{x}}\mathrm{e}^{\sqrt{x}}\mathrm{d}x$.

解 $\int \frac{1}{\sqrt{x}}\mathrm{e}^{\sqrt{x}}\mathrm{d}x = 2\int \frac{1}{2\sqrt{x}}\mathrm{e}^{\sqrt{x}}\mathrm{d}x = 2\int \mathrm{e}^{\sqrt{x}}\mathrm{d}\sqrt{x} = 2\mathrm{e}^{\sqrt{x}} + C.$

例 5.24 求$\int \sin^2 x\mathrm{d}x$.

解 $\int \sin^2 x\mathrm{d}x = \frac{1}{2}\int(1-\cos 2x)\mathrm{d}x = \frac{1}{2}\int 1\mathrm{d}x - \frac{1}{2}\int \cos 2x\mathrm{d}x$

$$= \frac{1}{2}x - \frac{1}{4}\int \cos 2x \mathrm{d}(2x) = \frac{1}{2}x - \frac{1}{4}\sin 2x + C.$$

例 5.25　求 $\int \sec^4 x \mathrm{d}x$.

解　$\int \sec^4 x \mathrm{d}x = \int \sec^2 x \cdot \sec^2 x \mathrm{d}x = \int (1+\tan^2 x) \mathrm{d}\tan x$

$$= \tan x + \frac{1}{3}\tan^3 x + C.$$

例 5.26　求 $\int \frac{x+\mathrm{e}^{\arctan x}}{1+x^2}\mathrm{d}x$.

解　$\int \frac{x+\mathrm{e}^{\arctan x}}{1+x^2}\mathrm{d}x = \int \frac{x}{1+x^2}\mathrm{d}x + \int \frac{\mathrm{e}^{\arctan x}}{1+x^2}\mathrm{d}x$

$$= \frac{1}{2}\int \frac{1}{1+x^2}\mathrm{d}(1+x^2) + \int \mathrm{e}^{\arctan x}\mathrm{d}\arctan x$$

$$= \frac{1}{2}\ln(1+x^2) + \mathrm{e}^{\arctan x} + C.$$

二、第二类换元积分法

上面讨论的第一类换元法是把被积函数中的一部分连同 $\mathrm{d}x$ 凑成一个 $\varphi(x)$ 的微分，而剩余部分是 $\varphi(x)$ 的复合函数，它作为 $u=\varphi(x)$ 的函数，其原函数比较容易找到，从中我们体会到引入一个新变量可以简化被积函数．受到这一启发，有时第一类换元法不易求出积分时，我们往往直接把被积函数中的根式设成一个新变量，或者引入一个新变量以消除被积函数中的根式，或者引入一个新变量改变被积函数的形式，使得出现的不定积分容易求解，这些方法我们习惯上称为第二类换元积分法．

定理 5.4　**设 $x=\psi(t)$ 具有连续的导数，且 $\psi'(t)\neq 0$. 若**

$$\int f[\psi(t)]\psi'(t)\mathrm{d}t = \Phi(t) + C,$$

则

$$\int f(x)\mathrm{d}x = \Phi[\psi^{-1}(x)] + C, \tag{5.13}$$

其中 $t=\psi^{-1}(x)$ 是 $x=\psi(t)$ 的反函数．

证　由假设有

$$\frac{\mathrm{d}\Phi(t)}{\mathrm{d}t} = f[\psi(t)] \cdot \psi'(t) = f(x) \cdot \frac{\mathrm{d}x}{\mathrm{d}t},$$

利用复合函数求导公式和反函数求导公式，得

$$\frac{\mathrm{d}}{\mathrm{d}x}\Phi[\psi^{-1}(x)] = \frac{\mathrm{d}\Phi}{\mathrm{d}t} \cdot \frac{\mathrm{d}t}{\mathrm{d}x} = f(x)\frac{\mathrm{d}x}{\mathrm{d}t} \cdot \frac{\mathrm{d}t}{\mathrm{d}x} = f(x),$$

因此 $\Phi[\psi^{-1}(x)]$ 是 $f(x)$ 的一个原函数，(5.13)式成立．

例 5.27　求下列不定积分．

(1) $\int \frac{x}{1+\sqrt{1+x}}\mathrm{d}x$；　　　(2) $\int \frac{1}{\sqrt{x}+\sqrt[3]{x}}\mathrm{d}x$.

解　(1) 设 $\sqrt{1+x}=u$，则 $x=u^2-1$，$\mathrm{d}x=2u\mathrm{d}u$，于是

$$\int \frac{x}{1+\sqrt{1+x}}\mathrm{d}x = \int \frac{u^2-1}{1+u}\cdot 2u\mathrm{d}u = \int (u-1)\cdot 2u\mathrm{d}u$$

$$= \frac{2}{3}u^3 - u^2 + C = \frac{2}{3}\sqrt{(1+x)^3} - x + C.$$

注意：此题也可利用凑微分法求解，而且更简捷：

$$\int \frac{x}{1+\sqrt{1+x}}\mathrm{d}x = \int \frac{x(\sqrt{1+x}-1)}{(\sqrt{1+x})^2-1}\mathrm{d}x = \int (\sqrt{1+x}-1)\mathrm{d}x$$

$$= \int \sqrt{1+x}\,\mathrm{d}(1+x) - x = \frac{2}{3}\sqrt{(1+x)^3} - x + C.$$

(2) 令 $x=t^6$，则 $\mathrm{d}x=6t^5\mathrm{d}t$，所以

$$\int \frac{1}{\sqrt{x}+\sqrt[3]{x}}\mathrm{d}x = \int \frac{6t^5}{t^3+t^2}\mathrm{d}t = 6\int \frac{t^3}{t+1}\mathrm{d}t = 6\int \frac{(t^3+1)-1}{t+1}\mathrm{d}t$$

$$= 6\int (t^2-t+1)\mathrm{d}t - 6\int \frac{1}{t+1}\mathrm{d}t = 2t^3 - 3t^2 + 6t - 6\ln|t+1| + C$$

$$= 2\sqrt{x} - 3\sqrt[3]{x} + 6\sqrt[6]{x} - 6\ln(1+\sqrt[6]{x}) + C.$$

一般地，当被积函数含有形如 $\sqrt[n]{ax+b}$ 的根号时，可作代换 $\sqrt[n]{ax+b}=t$，解出 x 与 $\mathrm{d}x$，代入被积表达式，积分后回代原变量．有几个特殊的二次根式，为了消除根号，通常利用三角函数关系式来换元，具体见表 5－1.

表 5－1

被积函数含有	作 代 换
$\sqrt{a^2-x^2}$	$x=a\sin t\left(\lvert t\rvert<\frac{\pi}{2}\right)$
$\sqrt{x^2+a^2}$	$x=a\tan t\left(\lvert t\rvert<\frac{\pi}{2}\right)$
$\sqrt{x^2-a^2}$	$x=a\sec t\left(0<t<\frac{\pi}{2}\right)$

例 5.28 求下列不定积分．

(1) $\int \sqrt{a^2-x^2}\,\mathrm{d}x\,(a>0)$；　(2) $\int \frac{\mathrm{d}x}{\sqrt{a^2+x^2}}(a>0)$；　(3) $\int \frac{\mathrm{d}x}{\sqrt{x^2-a^2}}(a>0)$.

解 (1) 被积函数含有 $\sqrt{a^2-x^2}$，不便于积分，为此可令 $x=a\sin t$ 化去根式，此时

$$\sqrt{a^2-x^2}=a\cos t，\mathrm{d}x=a\cos t\mathrm{d}t.$$

于是
$$\int \sqrt{a^2-x^2}\,\mathrm{d}x = \int a\cos t\cdot a\cos t\mathrm{d}t = \frac{1}{2}a^2\int (1+\cos 2t)\mathrm{d}t$$

$$= \frac{1}{2}a^2\left(t+\frac{1}{2}\sin 2t\right)+C.$$

由于 $-\frac{\pi}{2}\leqslant t\leqslant\frac{\pi}{2}$，故

$$t=\arcsin\frac{x}{a}，\sin t=\frac{x}{a}，$$

$$\cos t=\sqrt{1-\sin^2 t}=\frac{\sqrt{a^2-x^2}}{a}，$$

$$\sin 2t=2\sin t\cos t=\frac{2x}{a^2}\sqrt{a^2-x^2},$$

因此
$$\int\sqrt{a^2-x^2}\,\mathrm{d}x=\frac{a^2}{2}\arcsin\frac{x}{a}+\frac{x}{2}\sqrt{a^2-x^2}+C.$$

我们也可用图解法(图 5-2)直接得到

$$\cos t=\frac{\sqrt{a^2-x^2}}{a}.$$

这种方法简捷，以后常采用这种方法.

(2) 令 $x=a\tan t$ 可化去根号 $\sqrt{a^2+x^2}$，此时

$$\sqrt{a^2+x^2}=\sqrt{a^2+a^2\tan^2 t}=a\sec t,\ \mathrm{d}x=a\sec^2 t\mathrm{d}t,$$

于是
$$\int\frac{\mathrm{d}x}{\sqrt{a^2+x^2}}=\int\frac{1}{a\sec t}a\sec^2 t\mathrm{d}t=\int\sec t\mathrm{d}t=\ln|\sec t+\tan t|+C.$$

由图 5-3 可知

$$\sec t=\frac{\sqrt{a^2+x^2}}{a},$$

所以
$$\int\frac{\mathrm{d}x}{\sqrt{a^2+x^2}}=\ln\left|\frac{\sqrt{a^2+x^2}}{a}+\frac{x}{a}\right|+C_1=\ln(x+\sqrt{x^2+a^2})+C(C=C_1-\ln a).$$

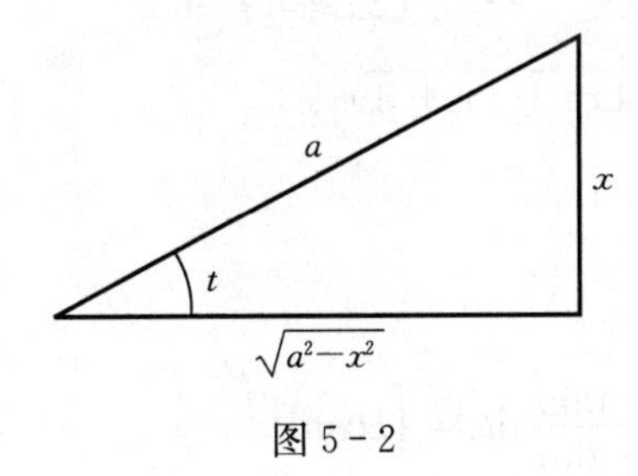

图 5-2

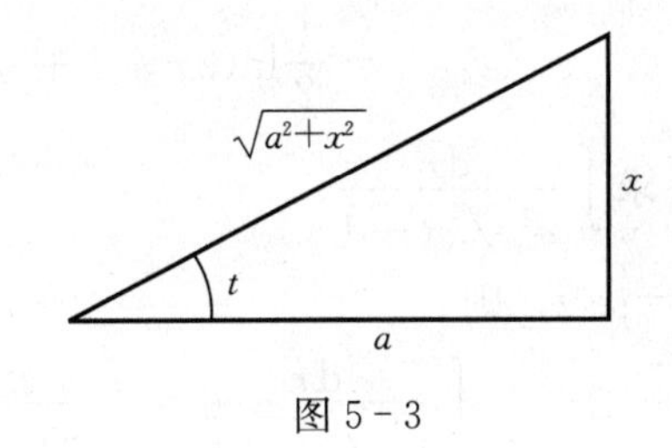

图 5-3

(3) 令 $x=a\sec t$ 可化去根号 $\sqrt{x^2-a^2}$，此时

$$\sqrt{x^2-a^2}=\sqrt{a^2\sec^2 t-a^2}=a\tan t,\ \mathrm{d}x=a\sec t\tan t\mathrm{d}t,$$

于是
$$\int\frac{\mathrm{d}x}{\sqrt{x^2-a^2}}=\int\frac{a\sec t\tan t}{a\tan t}\mathrm{d}t=\int\sec t\mathrm{d}t=\ln|\sec t+\tan t|+C_1.$$

因为 $\sec t=\frac{x}{a}$，由图 5-4 知

$$\tan t=\frac{\sqrt{x^2-a^2}}{a},$$

所以
$$\int\frac{\mathrm{d}x}{\sqrt{x^2-a^2}}=\ln\left|\frac{x}{a}+\frac{\sqrt{x^2-a^2}}{a}\right|+C_1$$
$$=\ln\left|x+\sqrt{x^2-a^2}\right|+C$$
$$(C=C_1-\ln a).$$

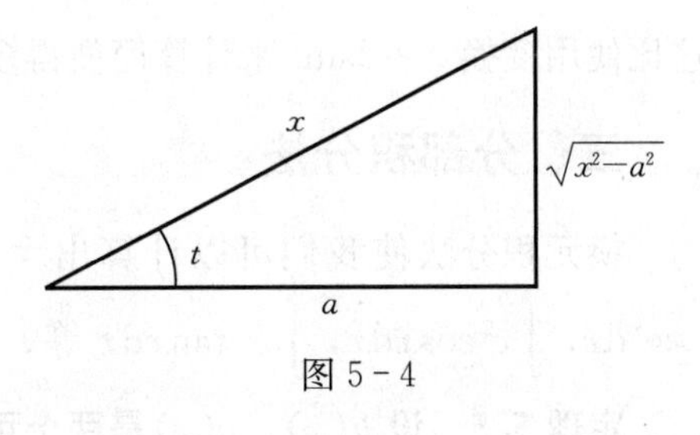

图 5-4

本节得到的一些积分结果常作公式使用，我们将它们列在下面，作为对基本公式的补充：

(14) $\int \tan x \mathrm{d}x = -\ln|\cos x| + C$;

(15) $\int \cot x \mathrm{d}x = \ln|\sin x| + C$;

(16) $\int \sec x \mathrm{d}x = \ln|\sec x + \tan x| + C$;

(17) $\int \cot x \mathrm{d}x = \ln|\csc x - \cot x| + C$;

(18) $\int \frac{\mathrm{d}x}{a^2 + x^2} = \frac{1}{a}\arctan\frac{x}{a} + C(a \neq 0)$;

(19) $\int \frac{\mathrm{d}x}{a^2 - x^2} = \frac{1}{2a}\ln\left|\frac{x+a}{x-a}\right| + C(a \neq 0)$;

(20) $\int \frac{\mathrm{d}x}{\sqrt{a^2 - x^2}} = \arcsin\frac{x}{a} + C(a > 0)$;

(21) $\int \frac{\mathrm{d}x}{\sqrt{x^2 \pm a^2}} = \ln\left|x + \sqrt{x^2 \pm a^2}\right| + C(a \neq 0)$.

例 5.29 求 $\int \frac{\mathrm{d}x}{\sqrt{4x^2 + 4x + 3}}$.

解
$$\int \frac{\mathrm{d}x}{\sqrt{4x^2 + 4x + 3}} = \int \frac{\mathrm{d}x}{\sqrt{(2x+1)^2 + 2}} = \frac{1}{2}\int \frac{\mathrm{d}(2x+1)}{\sqrt{(2x+1)^2 + 2}}$$
$$= \frac{1}{2}\ln(2x + 1 + \sqrt{4x^2 + 4x + 3}) + C.$$

例 5.30 求 $\int \frac{\mathrm{d}x}{x^2\sqrt{x^2 - 1}}$.

解 设 $x = \sec t$，则
$$\int \frac{\mathrm{d}x}{x^2\sqrt{x^2 - 1}} = \int \frac{\sec t \cdot \tan t}{\sec^2 t \cdot \tan t}\mathrm{d}t = \int \cos t \mathrm{d}t$$
$$= \sin t + C = \frac{1}{x}\sqrt{x^2 - 1} + C.$$

有些不定积分的计算可以选择不同的积分法，由于三角代换的回代过程比较麻烦，所以若能直接用公式或凑微分来积分，我们就避免用三角代换．例如，
$$\int x\sqrt{4 - x^2}\,\mathrm{d}x = -\frac{1}{2}\int \sqrt{4 - x^2}\,\mathrm{d}(4 - x^2),$$
这比使用变换 $x = 2\sin t$ 来计算简便得多．

三、分部积分法

换元积分法使我们可以计算出大量的不定积分，但是对另外一些积分却不适用，如 $\int x\mathrm{e}^x\mathrm{d}x$，$\int x^2\cos x\mathrm{d}x$，$\int \arctan x\mathrm{d}x$ 等．本节介绍的分部积分法，将有效地解决这一类问题．

定理 5.5 **设 $u(x)$，$v(x)$ 是两个可微函数，则有分部积分公式：**
$$\int u(x)v'(x)\mathrm{d}x = u(x)v(x) - \int u'(x)v(x)\mathrm{d}x, \tag{5.14}$$
或者

$$\int u\mathrm{d}v = uv - \int v\mathrm{d}u. \tag{5.15}$$

证　因为 $u(x)$，$v(x)$ 是两个可微函数，由

$$\mathrm{d}(uv) = v\mathrm{d}u + u\mathrm{d}v,$$

得

$$u\mathrm{d}v = \mathrm{d}(uv) - v\mathrm{d}u,$$

两端积分，可得

$$\int u\mathrm{d}v = \int \mathrm{d}(uv) - \int v\mathrm{d}u,$$

即

$$\int u(x)v'(x)\mathrm{d}x = u(x)v(x) - \int u'(x)v(x)\mathrm{d}x,$$

或者

$$\int u\mathrm{d}v = uv - \int v\mathrm{d}u.$$

应用分部积分法计算不定积分时，正确选取 u 与 $\mathrm{d}v$ 是关键，一般应掌握以下两条原则：

(1) v 要容易求出；

(2) $\int v\mathrm{d}u$ 要比 $\int u\mathrm{d}v$ 易于积分．

例 5.31　求 $\int x\cos x\mathrm{d}x$.

解　设 $u=x$，$\mathrm{d}v=\cos x\mathrm{d}x$，则 $\mathrm{d}u=\mathrm{d}x$，$v=\sin x$，故

$$\int x\cos x\mathrm{d}x = \int x\mathrm{d}\sin x = x\sin x - \int \sin x\mathrm{d}x$$
$$= x\sin x + \cos x + C.$$

注：显然 $\int \sin x\mathrm{d}x$ 比 $\int x\cos x\mathrm{d}x$ 易于积分，可见分部积分法有时会带来方便．此外，此例中若取 $u=\cos x$，$\mathrm{d}v=x\mathrm{d}x$，则 $\mathrm{d}u=-\sin x\mathrm{d}x$，且 $v=\frac{x^2}{2}$，得

$$\int x\cos x\mathrm{d}x = \frac{x^2}{2}\cos x + \int \frac{x^2}{2}\sin x\mathrm{d}x,$$

右端的积分比左端的积分更难计算．

例 5.32　求下列不定积分．

(1) $\int x^2\mathrm{e}^{-x}\mathrm{d}x$；　　(2) $\int \arcsin x\mathrm{d}x$；　　(3) $\int x\arctan x\mathrm{d}x$.

解　(1) $\int x^2\mathrm{e}^{-x}\mathrm{d}x = -\int x^2\mathrm{d}\mathrm{e}^{-x} = -\left(x^2\mathrm{e}^{-x} - \int \mathrm{e}^{-x}\mathrm{d}x^2\right)$

$$= -x^2\mathrm{e}^{-x} + 2\int x\mathrm{e}^{-x}\mathrm{d}x = -x^2\mathrm{e}^{-x} - 2\int x\mathrm{d}\mathrm{e}^{-x}$$
$$= -x^2\mathrm{e}^{-x} - 2\left(x\mathrm{e}^{-x} - \int \mathrm{e}^{-x}\mathrm{d}x\right)$$
$$= -x^2\mathrm{e}^{-x} - 2x\mathrm{e}^{-x} - 2\mathrm{e}^{-x} + C.$$

(2) $\int \arcsin x\mathrm{d}x = x\arcsin x - \int \frac{x}{\sqrt{1-x^2}}\mathrm{d}x$

$$= x\arcsin x + \frac{1}{2}\int \frac{1}{\sqrt{1-x^2}}\mathrm{d}(1-x^2)$$

$$= x\arcsin x + \sqrt{1-x^2} + C.$$

(3) $\int x\arctan x\mathrm{d}x = \int \arctan x\mathrm{d}\frac{x^2}{2} = \frac{x^2}{2}\arctan x - \frac{1}{2}\int \frac{x^2}{1+x^2}\mathrm{d}x$

$$= \frac{x^2}{2}\arctan x - \frac{1}{2}\int \frac{x^2+1-1}{1+x^2}\mathrm{d}x$$

$$= \frac{x^2}{2}\arctan x - \frac{x}{2} + \frac{1}{2}\arctan x + C.$$

例 5.33 求 $\int \mathrm{e}^x \cos x\mathrm{d}x$.

解 $\int \mathrm{e}^x\cos x\mathrm{d}x = \int \cos x\mathrm{d}\mathrm{e}^x = \mathrm{e}^x\cos x - \int \mathrm{e}^x\mathrm{d}\cos x = \mathrm{e}^x\cos x + \int \mathrm{e}^x\sin x\mathrm{d}x$,

对积分 $\int \mathrm{e}^x\sin x\mathrm{d}x$ 再用一次分部积分法，得

$$\int \mathrm{e}^x\sin x\mathrm{d}x = \int \sin x\mathrm{d}\mathrm{e}^x = \mathrm{e}^x\sin x - \int \mathrm{e}^x\mathrm{d}\sin x = \mathrm{e}^x\sin x - \int \mathrm{e}^x\cos x\mathrm{d}x,$$

因此
$$\int \mathrm{e}^x\cos x\mathrm{d}x = \mathrm{e}^x\cos x + \mathrm{e}^x\sin x - \int \mathrm{e}^x\cos x\mathrm{d}x,$$

移项，得
$$2\int \mathrm{e}^x\cos x\mathrm{d}x = \mathrm{e}^x(\cos x + \sin x) + C_1,$$

故
$$\int \mathrm{e}^x\cos x\mathrm{d}x = \frac{\mathrm{e}^x}{2}(\cos x + \sin x) + C\left(C = \frac{C_1}{2}\right).$$

由以上例题可以看出：对形如 $\int x^n\mathrm{e}^{ax}\mathrm{d}x$，$\int x^n\sin ax\mathrm{d}x$，$\int x^n\cos ax\mathrm{d}x$ 的积分，可取 $u=x^n$，用分部积分法计算；对形如 $\int x^n\ln x\mathrm{d}x$，$\int x^n\arcsin x\mathrm{d}x$，$\int x^n\arctan x\mathrm{d}x$ 的积分，可取 $\mathrm{d}v=x^n\mathrm{d}x$，用分部积分法计算．不过有时需要多次分部积分．此外，在积分过程中，常结合运用换元法与分部积分法．

例 5.34 求 $\int \sin\sqrt{x}\mathrm{d}x$.

解 令 $\sqrt{x}=t$，即 $x=t^2$，$\mathrm{d}x=2t\mathrm{d}t$，于是

$$\int \sin\sqrt{x}\mathrm{d}x = 2\int t\sin t\mathrm{d}t = -2\int t\mathrm{d}\cos t = -2\left(t\cos t - \int \cos t\mathrm{d}t\right)$$

$$= -2t\cos t + 2\sin t + C = -2\sqrt{x}\cos\sqrt{x} + 2\sin\sqrt{x} + C.$$

习题 5-3

1. 在下列各式等号右端的空白处填入适当的系数，使等式成立．

(1) $\mathrm{d}x=(\quad)\mathrm{d}(ax)$；

(2) $\mathrm{d}x=(\quad)\mathrm{d}(7x-3)$；

(3) $x\mathrm{d}x=(\quad)\mathrm{d}(x^2)$；

(4) $x\mathrm{d}x=(\quad)\mathrm{d}(5x^2)$；

(5) $x\mathrm{d}x=(\quad)\mathrm{d}(1-x^2)$；

(6) $x^3\mathrm{d}x=(\quad)\mathrm{d}(3x^4-2)$；

(7) $\mathrm{e}^{2x}\mathrm{d}x=(\quad)\mathrm{d}(\mathrm{e}^{2x})$；

(8) $\mathrm{e}^{-\frac{x}{2}}\mathrm{d}x=(\quad)\mathrm{d}(1+\mathrm{e}^{-\frac{x}{2}})$；

(9) $\sin\frac{3}{2}x\mathrm{d}x=(\quad)\mathrm{d}\left(\cos\frac{3}{2}x\right)$；

(10) $\frac{1}{x}\mathrm{d}x=(\quad)\mathrm{d}(5\ln|x|)$；

(11) $\frac{1}{x}dx=(\quad)d(3-5\ln|x|)$； (12) $\frac{1}{1+9x^2}dx=(\quad)d(\arctan 3x)$；

(13) $\frac{1}{\sqrt{1-x^2}}dx=(\quad)d(1-\arcsin x)$； (14) $\frac{x}{\sqrt{1-x^2}}dx=(\quad)d(\sqrt{1-x^2})$.

2. 求下列不定积分(其中 a，b 均为常数).

(1) $\int e^{5t}dt$； (2) $\int(3-2x)^3dx$；

(3) $\int\frac{1}{1-2x}dx$； (4) $\int\frac{dx}{\sqrt[3]{2-3x}}$；

(5) $\int(\sin ax-e^{\frac{x}{b}})dx$； (6) $\int\frac{\sin\sqrt{t}}{\sqrt{t}}dt$；

(7) $\int\tan^{10}x\cdot\sec^2xdx$； (8) $\int\frac{dx}{x\ln x\ln\ln x}$；

(9) $\int\tan\sqrt{1+x^2}\cdot\frac{x}{\sqrt{1+x^2}}dx$； (10) $\int\frac{dx}{\sin x\cos x}$；

(11) $\int\frac{1}{e^x+e^{-x}}dx$； (12) $\int xe^{-x^2}dx$；

(13) $\int x\cdot\cos(x^2)dx$； (14) $\int\frac{x}{\sqrt{2-3x^2}}dx$；

(15) $\int\frac{3x^3}{1-x^4}dx$； (16) $\int\cos^2(\omega t+\varphi)\sin(\omega t+\varphi)dt$；

(17) $\int\frac{\sin x}{\cos^3x}dx$； (18) $\int\frac{\sin x+\cos x}{\sqrt[3]{\sin x-\cos x}}dx$；

(19) $\int\frac{1-x}{\sqrt{9-4x^2}}dx$； (20) $\int\frac{x^3}{9+x^2}dx$；

(21) $\int\frac{1}{2x^2-1}dx$； (22) $\int\frac{1}{(x+1)(x-2)}dx$；

(23) $\int\cos^3xdx$； (24) $\int\cos^2(\omega t+\varphi)dt$；

(25) $\int\frac{1}{\sqrt{4t^2-25}}dt$； (26) $\int\sqrt{25-t^2}dt$；

(27) $\int\frac{3}{\sqrt{1+9x^2}}dx$； (28) $\int\frac{1}{\sqrt{(x^2-1)^3}}dx, x>1$；

(29) $\int\frac{e^t}{\sqrt{9+e^{2t}}}dt$； (30) $\int\frac{1}{y^2\sqrt{4-y^2}}dy$；

(31) $\int\frac{1}{x+\sqrt{1-x^2}}dx$； (32) $\int\frac{1}{\sqrt{5+4x+x^2}}dx$.

3. 用分部积分法求下列不定积分.

(1) $\int x\sin xdx$； (2) $\int\ln xdx$；

(3) $\int\arcsin xdx$； (4) $\int xe^{-x}dx$；

(5) $\int x^2\ln x\mathrm{d}x$；　　(6) $\int \mathrm{e}^{-x}\cos x\mathrm{d}x$；

(7) $\int \mathrm{e}^{-2x}\sin\frac{x}{2}\mathrm{d}x$；　　(8) $\int x\cos\frac{x}{2}\mathrm{d}x$；

(9) $\int x^2\arctan x\mathrm{d}x$；　　(10) $\int x\tan^2 x\mathrm{d}x$.

第四节　几种特殊函数的不定积分

一、有理函数积分

有理函数 $R(x)$ 是指两个多项式之商，如

$$\frac{4}{3x-5},\ \frac{2x^5-6x^2+3}{x^2+x+2}$$

等．当分子次数低于分母次数时，叫有理真分式；当分子次数不低于分母次数时，叫有理假分式．有理假分式总可以利用多项式除法化为整式与真分式之和，例如，

$$\frac{x^3+x+1}{x^2+1}=x+\frac{1}{x^2+1}.$$

由于多项式的积分易于计算，因而我们主要要解决真分式的积分问题．我们的主要方法是先将真分式分解为若干个不能再分解的简单分式之和，再分项积分．这种方法叫部分分式法．

例 5.35　求 $\int\frac{x+3}{x^2-5x+6}\mathrm{d}x$.

解　由于 $x^2-5x+6=(x-3)(x-2)$，可设

$$\frac{x+3}{x^2-5x+6}=\frac{A}{x-2}+\frac{B}{x-3},$$

其中 A，B 为待定常数．上式两端去分母得

$$x+3=A(x-3)+B(x-2),$$

即

$$x+3=(A+B)x-(3A+2B).$$

因为上式为恒等式，等式两端的系数必须分别相等，故有

$$\begin{cases}A+B=1,\\-(3A+2B)=3,\end{cases}$$

解得 $A=-5$，$B=6$，因此

$$\frac{x+3}{x^2-5x+6}=\frac{-5}{x-2}+\frac{6}{x-3}.$$

两端积分，得

$$\int\frac{x+3}{x^2-5x+6}\mathrm{d}x=-5\int\frac{1}{x-2}\mathrm{d}x+6\int\frac{1}{x-3}\mathrm{d}x$$
$$=-5\ln|x-2|+6\ln|x-3|+C.$$

化部分分式的运算一般较烦琐，在求有理函数积分时应灵活运用各种积分和化简方法．

例 5.36　求 $\int\frac{2x+6}{x^2-6x+13}\mathrm{d}x$.

解　$\int\frac{2x+6}{x^2-6x+13}\mathrm{d}x=\int\frac{2x-6+12}{x^2-6x+13}\mathrm{d}x=\int\frac{2x-6}{x^2-6x+13}\mathrm{d}x+\int\frac{12}{x^2-6x+13}\mathrm{d}x$

$$=\int\frac{\mathrm{d}(x^2-6x+13)}{x^2-6x+13}+\int\frac{12\mathrm{d}(x-3)}{4+(x-3)^2}$$

$$=\ln(x^2-6x+13)+6\arctan\frac{x-3}{2}+C.$$

例 5.37　求 $\int\frac{2x^2-5}{x^4-5x^2+6}\mathrm{d}x$.

解　此题若用待定系数法将被积函数化为部分分式，运算将相当复杂，注意到

$$\frac{2x^2-5}{x^4-5x^2+6}=\frac{x^2-2+x^2-3}{(x^2-2)(x^2-3)}=\frac{1}{x^2-3}+\frac{1}{x^2-2},$$

由此得

$$\int\frac{2x^2-5}{x^4-5x^2+6}\mathrm{d}x=\int\frac{1}{x^2-3}\mathrm{d}x+\int\frac{1}{x^2-2}\mathrm{d}x$$

$$=\frac{1}{2\sqrt{3}}\ln\left|\frac{x-\sqrt{3}}{x+\sqrt{3}}\right|+\frac{1}{2\sqrt{2}}\ln\left|\frac{x-\sqrt{2}}{x+\sqrt{2}}\right|+C.$$

有时可采用第二换元法计算有理函数的积分，例如，积分 $\int\frac{x^2}{(x-1)^{10}}\mathrm{d}x$，若令 $x-1=t$ 作换元，由于 $x^2=(t+1)^2$，$\mathrm{d}x=\mathrm{d}t$，则很容易求出积分(请读者自己完成).

二、三角函数有理式积分

由三角函数及常数经有限次四则运算得到的式子叫三角函数有理式．由于全部三角函数都是 $\sin x$ 与 $\cos x$ 的有理式，因此三角函数有理式总可化为 $\sin x$ 与 $\cos x$ 的有理式．

作变量代换 $\tan\frac{x}{2}=t$，则有

$$x=2\arctan t,\ \mathrm{d}x=\frac{2}{1+t^2}\mathrm{d}t,$$

$$\sin x=\frac{2\tan\frac{x}{2}}{1+\tan^2\frac{x}{2}}=\frac{2t}{1+t^2},\ \cos x=\frac{1-\tan^2\frac{x}{2}}{1+\tan^2\frac{x}{2}}=\frac{1-t^2}{1+t^2},$$

由此可见，三角函数有理式的积分都可通过代换“$\tan\frac{x}{2}=t$”化为有理函数的积分，称该代换为“万能代换”．

例 5.38　求 $\int\frac{1+\sin x}{\sin x(1+\cos x)}\mathrm{d}x$.

解　设 $\tan\frac{x}{2}=t$，将 $\sin x$，$\cos x$，$\mathrm{d}x$ 关于 t 的表达式代入积分，得

$$\int\frac{1+\sin x}{\sin x(1+\cos x)}\mathrm{d}x=\int\frac{1+\frac{2t}{1+t^2}}{\frac{2t}{1+t^2}\left(1+\frac{1-t^2}{1+t^2}\right)}\cdot\frac{2}{1+t^2}\mathrm{d}t$$

$$=\frac{1}{2}\int\left(t+2+\frac{1}{t}\right)\mathrm{d}t=\frac{1}{4}t^2+t+\frac{1}{2}\ln|t|+C$$

$$=\frac{1}{4}\tan^2\frac{x}{2}+\tan\frac{x}{2}+\frac{1}{2}\ln\left|\tan\frac{x}{2}\right|+C.$$

万能代换常不是最简单的方法，具体解题时应灵活运用各种不同的方法，方能事半功倍．

例 5.39 求$\int\frac{\mathrm{d}x}{1+\sin x}$.

解 $\int\frac{\mathrm{d}x}{1+\sin x}=\int\frac{1-\sin x}{1-\sin^2 x}\mathrm{d}x=\int\frac{1-\sin x}{\cos^2 x}\mathrm{d}x$

$$=\int\frac{1}{\cos^2 x}\mathrm{d}x+\int\frac{\mathrm{d}\cos x}{\cos^2 x}=\tan x-\frac{1}{\cos x}+C.$$

三、简单无理函数积分

在第三节中我们讨论了含有$\sqrt{a^2-x^2}$，$\sqrt{a^2+x^2}$，$\sqrt{x^2+a^2}$和$\sqrt[n]{ax+b}$的积分，下面只举例说明形如$R\left(x,\sqrt[n]{\frac{ax+b}{cx+d}}\right)$和$R(x,\sqrt[n]{ax^2+bx+c})$的积分的计算方法，其中$R(x,u)$为两个变量$x$，$u$的有理函数．

例 5.40 求$\int\frac{1}{x}\sqrt{\frac{1+x}{x}}\mathrm{d}x$.

解 本题不便于直接积分，我们考虑先去掉根号，为此令$t=\sqrt{\frac{1+x}{x}}$，则$x=\frac{1}{t^2-1}$，$\mathrm{d}x=\frac{-2t\mathrm{d}t}{(t^2-1)^2}$，因此

$$\int\frac{1}{x}\sqrt{\frac{1+x}{x}}\mathrm{d}x=\int(t^2-1)\cdot t\cdot\frac{-2t}{(t^2-1)^2}\mathrm{d}t=-2\int\left(1+\frac{1}{t^2-1}\right)\mathrm{d}t$$

$$=-2t-\ln\left|\frac{t-1}{t+1}\right|+C=-2\sqrt{\frac{1+x}{x}}-\ln\left|\frac{\sqrt{\frac{1+x}{x}}-1}{\sqrt{\frac{1+x}{x}}+1}\right|+C$$

$$=-2\sqrt{\frac{1+x}{x}}-2\ln(\sqrt{1+x}-\sqrt{x})+C.$$

例 5.41 求$\int(x+1)\sqrt{-x^2+2x+3}\,\mathrm{d}x$.

解 $\int(x+1)\sqrt{-x^2+2x+3}\,\mathrm{d}x$

$$=-\frac{1}{2}\int\sqrt{-x^2+2x+3}\,\mathrm{d}(-x^2+2x+3)+2\int\sqrt{4-(x-1)^2}\,\mathrm{d}x$$

$$=-\frac{1}{3}\sqrt{(-x^2+2x+3)^3}+2\left(\frac{x-1}{2}\sqrt{4-(x-1)^2}+2\arcsin\frac{x-1}{2}\right)+C.$$

习题 5－4

求下列不定积分．

(1) $\int\frac{x^3}{x+3}\mathrm{d}x$；　　(2) $\int\frac{2x+3}{x^2+3x-10}\mathrm{d}x$；

(3) $\int\frac{x^5+x^4-8}{x^3-x}\mathrm{d}x$；　　(4) $\int\frac{3}{x^3+1}\mathrm{d}x$；

(5) $\int \frac{x\mathrm{d}x}{(x+1)(x+2)(x+3)}$；　　(6) $\int \frac{x^2+1}{(x+1)^2(x-1)}\mathrm{d}x$；

(7) $\int \frac{\mathrm{d}x}{3+\sin^2 x}$；　　(8) $\int \frac{1}{3+\cos x}\mathrm{d}x$；

(9) $\int \frac{1}{1+\sqrt[3]{x+1}}\mathrm{d}x$；　　(10) $\int \frac{\mathrm{d}x}{\sqrt{x}+\sqrt[4]{x}}$.

第五节　一阶微分方程

一阶微分方程是微分方程中最基本的一类方程，它的一般形式可表示为

$$F(x,\ y,\ y')=0, \tag{5.16}$$

也可表示为

$$y'=f(x,\ y). \tag{5.17}$$

本节我们将介绍几种常见的一阶微分方程的解法．

一、可分离变量的微分方程

定义 5.7　若一阶微分方程可写成

$$g(y)\mathrm{d}y=f(x)\mathrm{d}x \tag{5.18}$$

的形式，即能把微分方程写成一端只含 y 的函数和 $\mathrm{d}y$，另一端只含 x 的函数和 $\mathrm{d}x$，那么原方程就称为**可分离变量的微分方程**．假定方程(5.18)中的函数 $g(y)$ 和 $f(x)$ 是连续的．

如何求解**可分离变量的微分方程**(5.18)？

将(5.18)式两端积分，得

$$\int g(y)\mathrm{d}y=\int f(x)\mathrm{d}x,$$

设 $G(y)$ 及 $F(x)$ 依次为 $g(y)$ 和 $f(x)$ 的原函数，于是有

$$G(y)=F(x)+C. \tag{5.19}$$

(5.19)式就是微分方程(5.18)的通解．

例 5.42　求微分方程

$$\frac{\mathrm{d}y}{\mathrm{d}x}=2xy \tag{5.20}$$

的通解．

解　方程(5.20)是可分离变量的，分离变量后得

$$\frac{\mathrm{d}y}{y}=2x\mathrm{d}x,$$

两端积分

$$\int \frac{\mathrm{d}y}{y}=\int 2x\mathrm{d}x,$$

得

$$\ln|y|=x^2+C_1,$$

从而

$$y=\pm \mathrm{e}^{x^2+C_1}=\pm \mathrm{e}^{C_1}\mathrm{e}^{x^2}=C\mathrm{e}^{x^2},$$

这里 C 为任意常数．

例 5.43　求微分方程 $x(y^2-1)\mathrm{d}x-(x^2+1)\mathrm{d}y=0$ 满足初始条件 $y|_{x=0}=-3$ 的特解．

解 将原方程分离变量，得

$$\frac{\mathrm{d}y}{y^2-1}=\frac{x}{x^2+1}\mathrm{d}x,$$

两端积分，得

$$\frac{1}{2}\ln\frac{y-1}{y+1}=\frac{1}{2}\ln(x^2+1)+\frac{1}{2}\ln C,$$

从而

$$\frac{y-1}{y+1}=C(x^2+1).$$

将初始条件 $y|_{x=0}=-3$ 代入上式，解得 $C=2$，所以得初值问题的特解为

$$\frac{y-1}{y+1}=2(x^2+1),$$

即

$$y=-\frac{2x^2+3}{2x^2+1}.$$

例 5.44 放射性元素铀由于不断地有原子放射出微粒子而变成其他元素，铀的含量就不断减少，这种现象叫作衰变．由原子物理学知道，铀的衰变速度与当时未衰变的原子的含量 M 成正比．已知 $t=0$ 时铀的含量为 M_0，求在衰变过程中含量 $M(t)$ 随时间变化的规律．

解 铀的衰变速度就是 $M(t)$ 对时间 t 的导数 $\frac{\mathrm{d}M}{\mathrm{d}t}$．由于铀的衰变速度与其含量成正比，得到微分方程如下：

$$\frac{\mathrm{d}M}{\mathrm{d}t}=-\lambda M, \tag{5.21}$$

其中 $\lambda(\lambda>0)$ 是常数，叫作衰变系数．λ 前的负号是指由于当 t 增加时 M 单调减少，即 $\frac{\mathrm{d}M}{\mathrm{d}t}<0$ 的缘故．

由题易知，初始条件为

$$M|_{t=0}=M_0.$$

方程(5.21)是可以分离变量的，分离后得

$$\frac{\mathrm{d}M}{M}=-\lambda\mathrm{d}t,$$

两端积分

$$\int\frac{\mathrm{d}M}{M}=\int(-\lambda)\mathrm{d}t,$$

以 $\ln C$ 表示任意常数，因为 $M>0$，得

$$\ln M=-\lambda t+\ln C,$$

即

$$M=C\mathrm{e}^{-\lambda t}$$

是方程(5.21)的通解．以初始条件代入上式，解得

$$M_0=C\mathrm{e}^0=C,$$

故得

$$M=M_0\mathrm{e}^{-\lambda t}.$$

由此可见，铀的含量随时间的增加而按指数规律衰减．

二、齐次微分方程

定义 5.8 如果一阶微分方程化为

$$\frac{\mathrm{d}y}{\mathrm{d}x}=\varphi\left(\frac{y}{x}\right), \tag{5.22}$$

则称此方程为**齐次微分方程**.

例如，$(x+y)\mathrm{d}x+(y-x)\mathrm{d}y=0$ 是齐次方程，因为其可化为

$$\frac{\mathrm{d}y}{\mathrm{d}x}=\frac{x+y}{x-y}=\frac{1+\frac{y}{x}}{1-\frac{y}{x}}.$$

如何求解齐次微分方程(5.22)？在齐次方程

$$\frac{\mathrm{d}y}{\mathrm{d}x}=\varphi\left(\frac{y}{x}\right)$$

中，引入变量替换

$$u=\frac{y}{x}$$

有

$$y=ux,\ \frac{\mathrm{d}y}{\mathrm{d}x}=u+x\frac{\mathrm{d}u}{\mathrm{d}x},$$

将它们代入齐次方程，得

$$u+x\frac{\mathrm{d}u}{\mathrm{d}x}=\varphi(u),$$

即

$$x\frac{\mathrm{d}u}{\mathrm{d}x}=\varphi(u)-u,$$

分离变量，得

$$\frac{\mathrm{d}u}{\varphi(u)-u}=\frac{\mathrm{d}x}{x},$$

两端积分，得

$$\int\frac{\mathrm{d}u}{\varphi(u)-u}=\int\frac{\mathrm{d}x}{x},$$

求出积分后，再用$\frac{y}{x}$代替 u，便得所给齐次方程的通解.

例 5.45　求微分方程 $xy'=y(1+\ln y-\ln x)$的通解.

解　原方程可化为

$$\frac{\mathrm{d}y}{\mathrm{d}x}=\frac{y}{x}\left(1+\ln\frac{y}{x}\right),$$

令 $u=\frac{y}{x}$，则$\frac{\mathrm{d}y}{\mathrm{d}x}=x\frac{\mathrm{d}u}{\mathrm{d}x}+u$，于是

$$x\frac{\mathrm{d}u}{\mathrm{d}x}+u=u(1+\ln u),$$

分离变量，得

$$\frac{\mathrm{d}u}{u\ln u}=\frac{\mathrm{d}x}{x},$$

两端积分，得

$$\ln\ln u=\ln x+\ln C,$$

即

$$\ln u=Cx,$$

亦即 $$u=e^{Cx},$$
故方程的通解为 $$y=xe^{Cx}.$$

例 5.46 设曲线上任一点 $M(x,\ y)$处的切线与 x 轴的交点为 T，且$|MT|$等于此切线的横截距的绝对值$|OT|$，又曲线过点(1，1)，试求该曲线的方程.

解 设所求曲线方程为 $y=y(x)$，则由导数的几何意义可知，过点 $M(x,\ y)$的切线斜率为 y'，切线 MT 的方程为

$$Y-y=y'(X-x).$$

在上式中令 $Y=0$，得 $X=x-\frac{y}{y'}$，所以点 T 的坐标为 $T\left(x-\frac{y}{y'},\ 0\right)$，从而

$$|OT|=\left|x-\frac{y}{y'}\right|,\ |PT|=\sqrt{\left(-\frac{y}{y'}\right)^2+y^2}.$$

由题意知$|PT|=|OT|$，即

$$\left|x-\frac{y}{y'}\right|=\sqrt{\left(-\frac{y}{y'}\right)^2+y^2},$$

上式两端平方并化简，有

$$y'=\frac{2xy}{x^2-y^2},$$

即 $$y'=\frac{2\cdot\frac{y}{x}}{1-\left(\frac{y}{x}\right)^2}.$$

令 $u=\frac{y}{x}$，则$\frac{\mathrm{d}y}{\mathrm{d}x}=x\frac{\mathrm{d}u}{\mathrm{d}x}+u$，于是

$$x\frac{\mathrm{d}u}{\mathrm{d}x}+u=\frac{2u}{1-u^2},$$

分离变量，得 $$\frac{(1-u^2)\mathrm{d}u}{u(1+u^2)}=\frac{\mathrm{d}x}{x},$$

两端积分 $$\int\left(\frac{1}{u}-\frac{2u}{1+u^2}\right)\mathrm{d}u=\int\frac{\mathrm{d}x}{x},$$

得 $$\ln\frac{u}{1+u^2}=\ln x+\ln C,$$

$$\frac{u}{1+u^2}=Cx,$$

即 $$y=C(x^2+y^2).$$

由初始条件 $y(1)=1$，得 $C=\frac{1}{2}$，故所求曲线的方程为

$$x^2+y^2=2y.$$

三、一阶线性微分方程

定义 5.9 方程

$$\frac{\mathrm{d}y}{\mathrm{d}x}+P(x)y=Q(x) \tag{5.23}$$

称为**一阶线性微分方程**，因为方程中未知函数及其导数均为一次的．如果 $Q(x)\equiv 0$，则方程称为**齐次的**；如果 $Q(x)$ 不恒等于零，则方程称为**非齐次的**．

首先，我们讨论(5.23)式所对应的**齐次线性方程**

$$\frac{\mathrm{d}y}{\mathrm{d}x}+P(x)y=0 \tag{5.24}$$

的通解问题，方程(5.24)是可分离变量的微分方程，分离变量，得

$$\frac{\mathrm{d}y}{y}=-P(x)\mathrm{d}x,$$

两端积分，得

$$\ln y=-\int P(x)\mathrm{d}x+\ln C$$

或

$$y=C\mathrm{e}^{-\int P(x)\mathrm{d}x}.$$

其次，我们使用**常数变易法**来求非齐次线性方程(5.23)的通解．将(5.23)的通解中的常数 C 换成未知函数 $u(x)$，即作变换

$$y=u\cdot \mathrm{e}^{-\int P(x)\mathrm{d}x}. \tag{5.25}$$

两端求导，得

$$\frac{\mathrm{d}y}{\mathrm{d}x}=u'\mathrm{e}^{-\int P(x)\mathrm{d}x}-uP(x)\mathrm{e}^{-\int P(x)\mathrm{d}x}. \tag{5.26}$$

将(5.25)式和(5.26)式代入方程(5.23)，得

$$u'\mathrm{e}^{-\int P(x)\mathrm{d}x}-uP(x)\mathrm{e}^{-\int P(x)\mathrm{d}x}+P(x)u\mathrm{e}^{-\int P(x)\mathrm{d}x}=Q(x),$$

即

$$u'=Q(x)\mathrm{e}^{\int P(x)\mathrm{d}x},$$

两端积分，得

$$u=\int Q(x)\mathrm{e}^{\int P(x)\mathrm{d}x}\mathrm{d}x+C,$$

于是得到非齐次线性方程(5.23)的通解

$$y=\mathrm{e}^{-\int P(x)\mathrm{d}x}\left[C+\int Q(x)\mathrm{e}^{\int P(x)\mathrm{d}x}\mathrm{d}x\right]. \tag{5.27}$$

将(5.27)式改写成两项之和

$$y=C\mathrm{e}^{-\int P(x)\mathrm{d}x}+\mathrm{e}^{-\int P(x)\mathrm{d}x}\int Q(x)\mathrm{e}^{\int P(x)\mathrm{d}x}\mathrm{d}x,$$

上式右端第一项是对应的齐次线性方程(5.24)的通解，第二项是非齐次线性方程(5.23)的一个特解(齐次线性方程(5.24)的通解中令 $C=0$ 便得到这个特解)．由此可知，一阶非齐次线性方程的通解等于对应的齐次方程的通解与非齐次方程的一个特解之和．

例 5.47　求方程 $x^2y'+xy=1$ 的通解．

解　方程可化为

$$y'+\frac{1}{x}y=\frac{1}{x^2},$$

这是一个非齐次线性方程．先求对应的齐次方程的通解．

$$y'+\frac{1}{x}y=0,$$

$$\frac{\mathrm{d}y}{y}=-\frac{\mathrm{d}x}{x},$$

$$\ln y=-\ln x+\ln C,$$

$$y=\frac{C}{x}.$$

用常数变异法，把 C 换成 u，即令

$$y=\frac{u}{x},$$

那么

$$\frac{\mathrm{d}y}{\mathrm{d}x}=\frac{u'}{x}-\frac{u}{x^2},$$

代入所给非齐次方程，得

$$u'=\frac{1}{x},$$

两端积分，得

$$u=\ln|x|+C,$$

从而原方程的通解为

$$y=\frac{1}{x}(\ln|x|+C).$$

例 5.48 求方程 $y\mathrm{d}x+(xy+x-\mathrm{e}^y)\mathrm{d}y=0$ 的通解.

解 把 y 看作自变量，x 看作因变量时，方程可化为

$$\frac{\mathrm{d}x}{\mathrm{d}y}+\frac{y+1}{y}x=\frac{\mathrm{e}^y}{y},$$

这是一阶线性方程，其中 $P(y)=\frac{y+1}{y}$，$Q(y)=\frac{\mathrm{e}^y}{y}$，其通解为

$$x=\mathrm{e}^{-\int\frac{y+1}{y}\mathrm{d}y}\left(\int\frac{\mathrm{e}^y}{y}\mathrm{e}^{\int\frac{y+1}{y}\mathrm{d}y}\mathrm{d}y+C_1\right)=\frac{\mathrm{e}^{-y}}{y}\left(\frac{1}{2}\mathrm{e}^{2y}+C_1\right)=\frac{1}{2y}(\mathrm{e}^y+C\mathrm{e}^{-y}).$$

定义 5.10 方程

$$\frac{\mathrm{d}y}{\mathrm{d}x}+P(x)y=Q(x)y^n(n\neq0,\ 1) \tag{5.28}$$

称为**伯努利**(Bernoulli)**方程**.

当 $n=0$ 时，它是一阶非齐次线性微分方程 $\frac{\mathrm{d}y}{\mathrm{d}x}+P(x)y=Q(x)$；

当 $n=1$ 时，它是一阶齐次线性微分方程 $\frac{\mathrm{d}y}{\mathrm{d}x}+[P(x)-Q(x)]y=0$.

当 $n\neq0$，1 时，如何求解伯努利方程(5.28)?

它是一阶非线性的微分方程，通过变量代换可化归为一阶线性微分方程. 事实上将方程(5.28)两端同除以 y^n，得

$$y^{-n}\frac{\mathrm{d}y}{\mathrm{d}x}+P(x)y^{1-n}=Q(x),$$

$$\frac{1}{1-n}\frac{\mathrm{d}(y^{1-n})}{\mathrm{d}x}+P(x)y^{1-n}=Q(x),$$

$$\frac{\mathrm{d}(y^{1-n})}{\mathrm{d}x}+(1-n)P(x)\cdot y^{1-n}=(1-n)Q(x).$$

令 $z=y^{1-n}$，方程化为关于 z 的一阶非齐次线性微分方程

$$\frac{dz}{dx}+(1-n)P(x)z=(1-n)Q(x),$$

求出这个方程的通解后，以 y^{1-n} 代 z，便得到伯努利方程的通解.

例 5.49　求 $\frac{dy}{dx}+\frac{2y}{x}=(\ln x)y^2$ 的通解.

解　将方程两端除以 y^2，得

$$y^{-2}\frac{dy}{dx}+\frac{2}{x}y^{-1}=\ln x,$$

令 $z=y^{-1}$，方程化为

$$\frac{dz}{dx}-\frac{2}{x}z=-\ln x,$$

这是一阶线性方程，它的通解为

$$z=e^{-\int\left(-\frac{2}{x}\right)dx}\left[\int(-\ln x)e^{\int\left(-\frac{2}{x}\right)dx}dx+C\right]=x^2\left(\frac{\ln x+1}{x}+C\right).$$

以 y^{-1} 代 z，得所求方程的通解为

$$yx^2\left(\frac{\ln x+1}{x}+C\right)=1.$$

习题 5-5

1. 求下列微分方程的通解.

(1) $xy'-y\ln y=0$；

(2) $\sqrt{1-x^2}\,y'=\sqrt{1-y^2}$；

(3) $\sec^2x\tan y\,dx+\sec^2y\tan x\,dy=0$；

(4) $(e^{x+y}-e^x)dx+(e^{x+y}+e^y)dy=0$；

(5) $(y+1)^2\frac{dy}{dx}+x^3=0$；

(6) $y\,dx+(x^2-4x)dy=0$；

(7) $x\frac{dy}{dx}=y(\ln y-\ln x)$；

(8) $y'=\frac{y}{x}+\tan\frac{y}{x}$；

(9) $y^2+x^2\frac{dy}{dx}=xy\frac{dy}{dx}$；

(10) $(1+2e^{\frac{x}{y}})dx+2e^{\frac{x}{y}}\left(1-\frac{x}{y}\right)dy=0$.

2. 求下列微分方程满足所给初始条件的特解.

(1) $y'=e^{2x-y}$，$y|_{x=0}=0$；

(2) $\cos y\,dx+(1+e^{-x})\sin y\,dy=0$，$y|_{x=0}=\frac{\pi}{4}$；

(3) $y'=e^{-\frac{y}{x}}+\frac{y}{x}$，$y|_{x=1}=1$；

(4) $(y^2-3x^2)dy+2xy\,dx=0$，$y|_{x=0}=1$.

3. 求下列微分方程的通解.

(1) $xy'+y=x^2+3x+2$；

(2) $y'+y\tan x=\sin 2x$；

(3) $\frac{d\rho}{d\theta}+3\rho=2$；

(4) $y\ln y\,dx+(x-\ln y)dy=0$；

(5) $(x-2)\frac{dy}{dx}=y+2(x-2)^3$；

(6) $\frac{dy}{dx}+y=y^2(\cos x-\sin x)$；

(7) $\dfrac{dy}{dx}-y=xy^5$；　　(8) $xdy-[y+xy^3(1+\ln x)]dx=0$.

4. 求下列微分方程满足所给初始条件的特解.

(1) $\dfrac{dy}{dx}+\dfrac{y}{x}=\dfrac{\sin x}{x}$，$y|_{x=\pi}=1$；　　(2) $\dfrac{dy}{dx}+y\cot x=5e^{\cos x}$，$y|_{x=\frac{\pi}{2}}=-4$；

(3) $(x^2-1)y'+2xy-\cos x=0$，$y|_{x=0}=1$；　(4) $\dfrac{dy}{dx}+y=-xy^2$，$y|_{x=0}=1$.

5. 求一曲线的方程，这曲线通过原点，并且它在点(x,y)处的切线斜率等于$2x+y$.

第六节　可降阶的高阶微分方程

前面我们主要讨论了一阶微分方程的求解问题，对于二阶及二阶以上的微分方程，即所谓的**高阶微分方程**，我们可以通过适当的变量替换化成低阶的方程来求解.

下面我们仅就三类较简单的高阶方程的求解展开讨论.

一、$y^{(n)}=f(x)$型

令 $y^{(n-1)}=z$，则原方程可化为

$$\frac{dz}{dx}=f(x),$$

于是

$$z=y^{(n-1)}=\int f(x)dx+C_1,$$

同理

$$y^{(n-2)}=\int\left[\int f(x)dx+C_1\right]dx+C,$$

n 次积分后可求其通解.

其特点：只含有 $y^{(n)}$ 和 x，不含 y 及 y 的 $1\sim(n-1)$阶导数.

例 5.50　求 $y''=\dfrac{1}{\sqrt{1-x^2}}$的通解.

解　对所给方程接连积分两次，得

$$y'=\arcsin x+C_1,$$

$$y=\int(\arcsin x+C_1)dx=x\arcsin x+\sqrt{1-x^2}+C_1x+C_2,$$

其中 C_1，C_2 是任意常数.

例 5.51　求方程 $y'''=\dfrac{1}{x}$在初始条件 $y''|_{x=1}=1$，$y'|_{x=1}=0$，$y|_{x=1}=0$ 下的特解.

解　对所给方程两端积分，得

$$y''=\ln x+C_1,$$

将条件 $y''|_{x=1}=1$ 代入上式，得 $C_1=1$，于是得

$$y''=\ln x+1.$$

上述方程两端积分，得

$$y'=x\ln x+C_2,$$

将条件 $y'|_{x=1}=0$ 代入上式，得 $C_2=0$，于是得

$$y'=x\ln x.$$

上述方程两端积分，得

$$y=\frac{x^2}{2}\ln x-\frac{x^2}{4}+C_3,$$

将条件 $y|_{x=1}=0$ 代入上式，得 $C_3=\frac{1}{4}$，于是所求的特解为

$$y=\frac{x^2}{2}\ln x-\frac{1}{4}(x^2-1).$$

二、$y''=f(x, y')$型

微分方程

$$y''=f(x, y')$$

的右端不明显地含未知函数 y.

作变量替换 $y'=p$，则 $y''=p'$，方程 $y''=f(x, y')$可化为

$$p'=f(x, p).$$

这是一个关于变量 x，p 的一阶微分方程，若求出其通解为

$$p=\varphi(x, C_1).$$

由 $p=\frac{dy}{dx}$，又得到一个一阶微分方程

$$\frac{dy}{dx}=\varphi(x, C_1),$$

因此方程的通解为

$$y=\int\varphi(x, C_1)dx+C_2,$$

其中 C_1，C_2是任意常数.

例 5.52　求微分方程$(1+x^2)y''=2xy'$满足初始条件$y|_{x=0}=1$，$y'|_{x=0}=3$ 的特解.

解　设 $y'=p$，则 $y''=\frac{dp}{dx}$，将之代入方程，得

$$(1+x^2)\frac{dp}{dx}=2xp,$$

分离变量，有

$$\frac{dp}{p}=\frac{2x}{1+x^2}dx,$$

两端积分，得

$$\ln p=\ln(1+x^2)+\ln C_1,$$

$$p=y'=C_1(1+x^2).$$

由条件$y'|_{x=0}=3$，得 $C_1=3$，从而

$$y'=3(1+x^2),$$

再积分，得

$$y=x^3+3x+C_2.$$

又由条件$y|_{x=0}=1$，得 $C_2=1$，于是所求特解为

$$y=x^3+3x+1.$$

三、$y''=f(y, y')$型

微分方程

$$y''=f(y, y')$$

的右端不明显地含自变量 x. 作变量替换 $y'=p$，利用复合函数求导法则，可将 y''写成如下形式：

$$y''=\frac{dp}{dx}=\frac{dp}{dy}\cdot\frac{dy}{dx}=p\frac{dp}{dy},$$

方程 $y''=f(y, y')$可化为

$$p\frac{dp}{dy}=f(y, p),$$

这是一个关于变量 y，p 的一阶微分方程，若求出它的通解为

$$y'=p=\varphi(y, C_1),$$

分离变量，得

$$\frac{dy}{\varphi(y, C_1)}=dx,$$

两端积分，得

$$\int\frac{dy}{\varphi(y, C_1)}=x+C_2.$$

这便是方程的通解．

例 5.53 求方程 $yy''-y'^2=0$ 的通解．

解 所给方程为 $y''=f(y, y')$型，不明显地含自变量 x，设 $y'=p$，则 $y''=p\frac{dp}{dy}$，代入原方程，得

$$yp\frac{dp}{dy}-p^2=0,$$

当 $y\neq0$，$p\neq0$ 时，约去 p，分离变量，得

$$\frac{dp}{p}=\frac{dy}{y},$$

两端积分，得

$$\ln p=\ln y+\ln C_1,$$

即

$$p=y'=C_1y,$$

再分离变量并两端积分，得

$$\ln y=C_1x+\ln C_2,$$

或

$$y=C_2e^{C_1x}.$$

若 $p=0$，则有 $y=C$(C 为任意常数)，显然，它包含在解 $y=C_2e^{C_1x}$中(取 $C_1=0$)，所以原方程的通解为

$$y=C_2e^{C_1x}\quad(C_1, C_2\text{ 是任意常数}).$$

例 5.54 一条位于第一象限且过原点及点(1，1)的单调上升曲线，其上任一点 $M(x, y)$的切线 MT(T 为切线与 x 轴的交点)、M 的纵坐标线 MP 和 x 轴所围成的三角形 MTP 的面

积与曲边三角形 OMP 的面积之比恒为 2，求该曲线方程 .

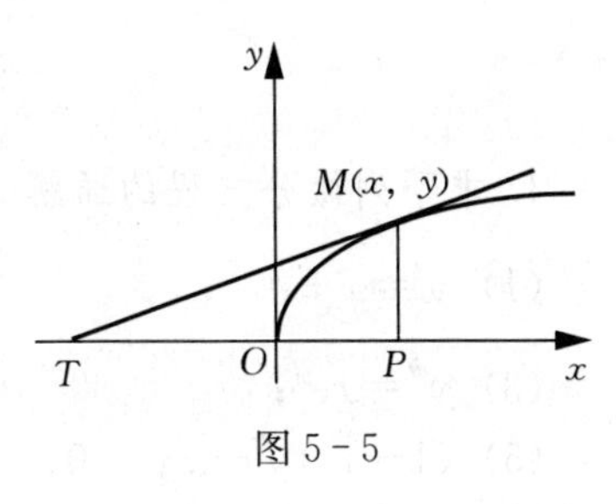

图 5－5

解　设所求的曲线方程为 $y=f(x)$. 如图 5－5 所示，过点 $M(x, y)$的切线方程为

$$Y-y=y'(X-x),$$

令 $Y=0$，则 $X=x-\frac{y}{y'}$，所以点 T 的坐标为 $T\left(x-\frac{y}{y'}, 0\right)$，

$|PT|=\left|x-\left(x-\frac{y}{y'}\right)\right|=\left|\frac{y}{y'}\right|=\frac{y}{y'}$(由题意知 $y>0$，$y'>0$)，所以三角形 MTP 的面积为

$$S_{\triangle MTP}=\frac{1}{2}\cdot\frac{y}{y'}\cdot y=\frac{y^2}{2y'},$$

曲边三角形 OMP 的面积为

$$S_{OMP}=\int_0^x f(t)\mathrm{d}t,$$

根据题意知

$$\frac{y^2}{2y'}=2\int_0^x f(t)\mathrm{d}t, \tag{5.29}$$

并有定解条件 $f(0)=0$，$f(1)=1$.

方程(5.29)两端对 x 求导并化简，得

$$yy''+2(y')^2=0, \tag{5.30}$$

设 $y'=p$，则 $y''=p\frac{\mathrm{d}p}{\mathrm{d}y}$，代入方程(5.30)，得

$$yp\frac{\mathrm{d}p}{\mathrm{d}y}+2p^2=0,$$

当 $y\neq0$，$p\neq0$ 时，约去 p，分离变量，得

$$\frac{\mathrm{d}p}{p}=\frac{-2\mathrm{d}y}{y},$$

两端积分，得

$$\ln p=-2\ln y+\ln C_1,$$

即

$$p=y'=\frac{C_1}{y^2}.$$

再分离变量并两端积分，得

$$\frac{y^3}{3}=C_1x+C_2.$$

由定值条件 $f(0)=0$，$f(1)=1$ 得

$$C_1=\frac{1}{3},\ C_2=0,$$

因此所求曲线方程为

$$y=\sqrt[3]{x}.$$

习题 5-6

1. 求下列微分方程的通解.

(1) $y''=x+e^{-x}$;　　(2) $y''=\frac{1}{1+x^2}$;

(3) $y'''=xe^x$;　　(4) $y''=y'+x$;

(5) $(1-x^2)y''-xy'=0$;　　(6) $1+y'^2=2yy''$;

(7) $y^3y''-1=0$;　　(8) $y''=y'^3+y'$.

2. 求下列微分方程满足所给初始条件的特解.

(1) $xy''+xy'^2-y'=0$，$y|_{x=2}=2$，$y'|_{x=2}=2$；

(2) $2y'^2=(y-1)y''$，$y|_{x=1}=2$，$y'|_{x=1}=-1$；

(3) $y''=e^{2y}$，$y|_{x=0}=0$，$y'|_{x=0}=1$；

(4) $y^3y''+1=0$，$y|_{x=1}=1$，$y'|_{x=1}=0$.

3. 设函数 $y(x)(x\geqslant 0)$ 二阶可导，且 $y'(x)>0$，$y(0)=1$，过曲线 $y=y(x)$ 上任一点 $P(x, y)$ 作该曲线的切线及 x 轴的垂线．上述两直线与 x 轴所围成的三角形的面积为 S_1，区间 $[0, x]$ 上以 $y(x)$ 为曲边的曲边梯形的面积为 S_2. 如果 $2S_1-S_2$ 恒等于 1，求此曲线的方程.

第七节　二阶线性微分方程解的结构

定义 5.11　形如

$$\frac{d^2y}{dx^2}+P(x)\frac{dy}{dx}+Q(x)y=f(x) \tag{5.31}$$

的微分方程称为**二阶线性微分方程**．当 $f(x)\equiv 0$ 时，方程称为**二阶齐次线性微分方程**；否则，方程称为**二阶非齐次线性微分方程**.

为了寻求解二阶线性微分方程的方法，我们需要先讨论二阶线性方程的解的性质与结构.

一、二阶齐次线性微分方程解的结构

先讨论二阶齐次线性方程

$$\frac{d^2y}{dx^2}+P(x)\frac{dy}{dx}+Q(x)y=0. \tag{5.32}$$

定理 5.6　如果函数 y_1 与 y_2 是方程(5.32)的两个解，则

$$y=C_1y_1+C_2y_2 \tag{5.33}$$

也是方程(5.32)的解，其中 C_1，C_2 是任意常数.

证　将(5.33)式代入方程(5.32)，有

$$\begin{aligned}&y''+P(x)y'+Q(x)y\\=&(C_1y_1''+C_2y_2'')+P(x)(C_1y_1'+C_2y_2')+Q(x)(C_1y_1+C_2y_2)\\=&C_1[y_1''+P(x)y_1'+Q(x)y_1]+C_2[y_2''+P(x)y_2'+Q(x)y_2]\end{aligned}$$

$$=C_1\cdot 0+C_2\cdot 0=0$$

因此(5.33)式是方程(5.32)的解．但此解未必是方程(5.32)通解，若 $y_1(x)=3y_2(x)$，则 $y_1(x)=(C_2+3C_1)y_2(x)$，那么 $C_1y_1(x)+C_2y_2(x)$何时成为通解？只有当 y_1 与 y_2 线性无关时．

称定理 5.6 为解的叠加原理．

定义 5.12　设 y_1，y_2，…，y_n 为定义在区间 I 内的 n 个函数，如果存在 n 个不全为零的常数 k_1，k_2，…，k_n，使得当 x 在该区间内有恒等式

$$k_1y_1+k_2y_2+\cdots+k_ny_n=0$$

成立，那么称这 n 个函数在区间 I 内**线性相关**；否则称**线性无关**．

例如，函数 $\cos 2x$，$\cos^2x$，$\sin^2x$ 在整个数轴上是线性相关的，因为取 $k_1=1$，$k_2=-1$，$k_3=1$，就有恒等式

$$\cos 2x-\cos^2x+\sin^2x\equiv 0.$$

又如，函数 1，x，x^2 在整个数轴上是线性无关的，因为对于不全为零的数 k_1，k_2，k_3，一元二次方程

$$k_1+k_2x+k_3x^2=0$$

至多只有两个实根，因此它不会恒等于零．

下一节我们会经常用到两个函数线性相关与线性无关的判定．

给定两个函数 y_1，y_2，若它们线性相关，则存在两个不全为零的常数 k_1，k_2(不妨认为 $k_1\neq 0$)，使得

$$k_1y_1+k_2y_2\equiv 0,$$

即
$$\frac{y_1}{y_2}\equiv-\frac{k_2}{k_1}(\text{常数}).$$

反过来，如果$\dfrac{y_1}{y_2}\equiv k$(常数)，则 $y_1-ky_2\equiv 0$，即 y_1，y_2 是线性相关的．

因此我们得到结论：函数 y_1 与 y_2 线性相关的充要条件是$\dfrac{y_1}{y_2}$恒等于常数，或函数 y_1 与 y_2 线性无关的充要条件是$\dfrac{y_1}{y_2}$不恒等于常数．

现在我们给出二阶齐次线性微分方程的通解结构定理．

定理 5.7　**如果 y_1 与 y_2 是方程(5.32)的两个线性无关的特解，则**

$$y=C_1y_1+C_2y_2\quad(\text{其中 } C_1,\ C_2 \text{ 为任意常数})$$

为方程的通解．

定理 5.7 给出了二阶齐次线性微分方程通解的结构．

例如，方程 $y''+y=0$ 是二阶齐次线性方程(这里 $P(x)\equiv 0$，$Q(x)\equiv 1$)，容易验证，$y_1=\cos x$ 与 $y_2=\sin x$ 是所给方程的两个解，且$\dfrac{y_2}{y_1}=\dfrac{\sin x}{\cos x}=\tan x\neq$常数，即它们是线性无关的，因此方程 $y''+y=0$ 的通解为

$$y=C_1\cos x+C_2\sin x.$$

例 5.55　验证：函数 $y_1=\mathrm{e}^x$ 与 $y_2=x\mathrm{e}^x$ 是二阶齐次线性方程

$$y''-2y'+y=0$$

的两个解，求该方程的通解．

解 因

$$y_1''-2y_1'+y_1=e^x-2e^x+e^x=0,$$

$$y_2''-2y_2'+y_2=(2e^x+xe^x)-2(e^x+xe^x)+xe^x=0,$$

所以 $y_1=e^x$ 与 $y_2=xe^x$ 均为方程的解．

又 $\dfrac{y_2}{y_1}=\dfrac{xe^x}{e^x}=x\neq$ 常数，因此方程的通解为

$$y=C_1e^x+C_2xe^x.$$

二、二阶非齐次线性微分方程解的结构

定理 5.8 **设 $y^*(x)$ 是二阶非齐次线性方程(5.31)的一个特解，$Y(x)$ 是与(5.31)对应的齐次方程(5.32)的通解，则**

$$y=Y(x)+y^*(x) \tag{5.34}$$

是二阶非齐次线性方程(5.31)的通解．

证 把(5.34)式代入方程(5.31)，有

$$\begin{aligned}y''+P(x)y'+Q(x)y&=(Y''+y^{*''})+P(x)(Y'+y^{*'})+Q(x)(Y+y^*)\\&=[Y''+P(x)Y'+Q(x)Y]+[y^{*''}+P(x)y^{*'}+Q(x)y^*]\\&=0+f(x)=f(x),\end{aligned}$$

因此 $y=Y+y^*$ 是方程的解，由于齐次方程的通解 Y 含有两个独立的任意常数，从而它是非齐次方程的通解．

例如，方程 $y''+y=x^2$ 是二阶非齐次线性方程．已知 $Y=C_1\cos x+C_2\sin x$ 是对应的齐次线性方程 $y''+y=0$ 的通解；又容易知道 $y^*=x^2-2$ 是方程 $y''+y=x^2$ 的一个特解，因此

$$y=C_1\cos x+C_2\sin x+x^2-2$$

是所给方程的通解．

求非齐次方程的特解时，下述定理会经常用到．

定理 5.9 **设 y_1^* 与 y_2^* 分别是二阶非齐次线性微分方程**

$$y''+P(x)y'+Q(x)y=f_1(x)$$

与

$$y''+P(x)y'+Q(x)y=f_2(x)$$

的特解，则 $y_1^*+y_2^*$ 是二阶非齐次线性微分方程

$$y''+P(x)y'+Q(x)y=f_1(x)+f_2(x) \tag{5.35}$$

的特解．

证 将 $y^*=y_1^*+y_2^*$ 代入方程(5.35)左端，得

$$\begin{aligned}&(y_1^*+y_2^*)''+P(x)(y_1^*+y_2^*)'+Q(x)(y_1^*+y_2^*)\\&=[y_1^{*''}+P(x)y_1^{*'}+Q(x)y_1^*]+[y_2^{*''}+P(x)y_2^{*'}+Q(x)y_2^*]\\&=f_1(x)+f_2(x),\end{aligned}$$

因此 $y_1^*+y_2^*$ 是方程(5.35)的一个特解．

最后指出，在本节，我们仅讨论了二阶线性微分方程的通解的结构，并未给出求解二阶线性微分方程的方法．

习题 5－7

1. 下列函数组在其定义区间内哪些是线性无关的？哪些是线性相关的？

(1) x，e^{-x}；　(2) x，x^2；　(3) e^x，xe^x；

(4) e^{2x}，e^{3x}；　(5) $\sin 2x$，$\cos 2x$；　(6) $\sin 2x$，$\cos x\sin x$；

(7) $\ln x$，$\ln^2 x$；　(8) $e^{-x}\sin x$，$e^{-x}\cos x$.

2. 验证 $y_1=\cos\omega x$ 及 $y=\sin\omega x$ 都是方程 $y''+\omega^2 y=0$ 的解，并写出该方程的通解.

3. 验证 $y_1=e^{x^2}$ 及 $y_2=xe^{x^2}$ 都是方程 $y''-4xy'+(4x^2-2)y=0$ 的解，并写出该方程的通解.

4. 验证 $y=\frac{1}{x}(C_1e^x+C_2e^{-x})+\frac{e^x}{2}$（$C_1$，$C_2$ 为任意常数）是方程 $xy''+2y'-xy=e^x$ 的通解.

5. 设 $y_1(x)$ 及 $y_2(x)$ 都是方程 $y''+P(x)y'+Q(x)y=f(x)$ 的解，试证：$y_1(x)-y_2(x)$ 是方程 $y''+P(x)y'+Q(x)y=0$ 的解.

第八节　二阶常系数线性微分方程

一、二阶常系数齐次线性微分方程

定义 5.13　方程

$$y''+py'+qy=0, \tag{5.36}$$

其中 p，q 是常数，称之为**二阶常系数齐次线性微分方程**.

由上节的讨论可知，要找微分方程(5.36)的通解，可先求出它的两个解 y_1 与 y_2，如果 $\frac{y_1}{y_2}\neq$常数，即 y_1 与 y_2 线性无关，那么 $y=C_1y_1+C_2y_2$ 就是方程的通解.

对于指数函数 $y=e^{rx}$（r 为常数），由于它的各阶导数都只相差一个常数因子，根据这个特点我们用 $y=e^{rx}$ 来尝试，看能否选取适当的常数 r，使 $y=e^{rx}$ 满足方程(5.36).

将 $y=e^{rx}$ 求导，得到

$$y'=re^{rx},\quad y''=r^2e^{rx},$$

将 y，y' 和 y'' 代入方程(5.36)，得

$$y''+py'+qy=(r^2+pr+q)e^{rx}=0,$$

由于 $e^{rx}\neq 0$，从而有

$$r^2+pr+q=0. \tag{5.37}$$

由此可见，只要 r 满足代数方程(5.37)，函数 $y=e^{rx}$ 就是微分方程(5.36)的解，我们把代数方程(5.37)叫作微分方程(5.36)的**特征方程**.

特征方程(5.37)的两个根 r_1，r_2，可用公式

$$r_{1,2}=\frac{-p\pm\sqrt{p^2-4q}}{2}$$

求出，它们有三种不同的情形：

(1) 当 $p^2-4q>0$ 时，r_1，r_2 是两个不相等的实根：

$$r_1=\frac{-p+\sqrt{p^2-4q}}{2},\quad r_2=\frac{-p-\sqrt{p^2-4q}}{2}.$$

（2）当 $p^2-4q=0$ 时，r_1，r_2 是两个相等的实根：

$$r_1=r_2=-\frac{p}{2}.$$

（3）当 $p^2-4q<0$ 时，r_1，r_2 是一对共轭复根：

$$r_1=\alpha+\mathrm{i}\beta,\ r_2=\alpha-\mathrm{i}\beta,$$

其中 $\alpha=-\frac{p}{2}$，$\beta=\frac{\sqrt{4q-p^2}}{2}$.

相应地，微分方程(5.36)的通解也就有三种不同的情形，现分别讨论如下：

（1）特征方程有两个不相等的实根：$r_1\neq r_2$

由上面的讨论知道，$y_1=\mathrm{e}^{r_1x}$ 与 $y_2=\mathrm{e}^{r_2x}$ 均是微分方程的两个解，并且 $\frac{y_2}{y_1}=\frac{\mathrm{e}^{r_2x}}{\mathrm{e}^{r_1x}}=\mathrm{e}^{(r_2-r_1)x}$ 不是常数，因此微分方程(5.36)的通解为

$$y=C_1\mathrm{e}^{r_1x}+C_2\mathrm{e}^{r_2x}.$$

（2）特征方程有两个相等的实根：$r_1=r_2$

这时，我们只得到微分方程(5.36)的一个解 $y_1=\mathrm{e}^{r_1x}$，为了得到方程的通解，我们还需另求一个解 y_2，并且要求 $\frac{y_2}{y_1}\neq$ 常数．

设 $\frac{y_2}{y_1}=u(x)$，即 $y_2=u(x)\mathrm{e}^{r_1x}$，下面来求 $u(x)$.

$$y_2'=u'\mathrm{e}^{r_1x}+r_1u\mathrm{e}^{r_1x}=\mathrm{e}^{r_1x}(u'+r_1u),$$

$$y_2''=r_1\mathrm{e}^{r_1x}(u'+r_1u)+\mathrm{e}^{r_1x}(u''+r_1u')=\mathrm{e}^{r_1x}(u''+2r_1u'+r_1^2u),$$

将 y_2，y_2' 和 y_2'' 代入方程(5.36)，得

$$\mathrm{e}^{r_1x}[(u''+2r_1u'+r_1^2u)+p(u'+r_1u)+qu]=0,$$

约去 e^{r_1x}，整理得

$$u''+(2r_1+p)u'+(r_1^2+pr_1+q)u=0.$$

由于 $r_1=-\frac{p}{2}$ 是特征方程的二重根，因此 $2r_1+p=0$，$r_1^2+pr_1+q=0$，于是

$$u''=0.$$

因为只要得到一个不为常数的解即可，所以可取 $u=x$，由此得到微分方程的另一个解

$$y_2=x\mathrm{e}^{r_1x},$$

从而得到微分方程(5.36)的通解为

$$y=C_1\mathrm{e}^{r_1x}+C_2x\mathrm{e}^{r_1x},$$

即

$$y=(C_1+C_2x)\mathrm{e}^{r_1x}.$$

（3）特征方程有一对共轭复根：$r_1=\alpha+\mathrm{i}\beta$，$r_2=\alpha-\mathrm{i}\beta(\beta\neq0)$

此时，$y_1=\mathrm{e}^{(\alpha+\mathrm{i}\beta)x}$，$y_2=\mathrm{e}^{(\alpha-\mathrm{i}\beta)x}$ 是微分方程(5.36)的两个复数形式的解．为了得到实数形式的解，利用欧拉公式(在后面的级数章节中给出)

$$\mathrm{e}^{\mathrm{i}x}=\cos x+\mathrm{i}\sin x,$$

把 $y_1=\mathrm{e}^{(\alpha+\mathrm{i}\beta)x}$，$y_2=\mathrm{e}^{(\alpha-\mathrm{i}\beta)x}$ 改写为

$$y_1=\mathrm{e}^{(\alpha+\mathrm{i}\beta)\cdot x}=\mathrm{e}^{\alpha x}\cdot\mathrm{e}^{\mathrm{i}\beta x}=\mathrm{e}^{\alpha x}(\cos\beta x+\mathrm{i}\sin\beta x),$$

$$y_2 = e^{(\alpha - i\beta)x} = e^{\alpha x} \cdot e^{-i\beta x} = e^{\alpha x}(\cos\beta x - i\sin\beta x),$$

根据齐次方程解的叠加原理，实值函数

$$\bar{y}_1 = \frac{1}{2}(y_1 + y_2) = e^{\alpha x}\cos\beta x,$$

$$\bar{y}_2 = \frac{1}{2i}(y_1 - y_2) = e^{\alpha x}\sin\beta x$$

也是微分方程(5.36)的解，且

$$\frac{\bar{y}_2}{\bar{y}_1} = \frac{e^{\alpha x}\sin\beta x}{e^{\alpha x}\cos\beta x} = \tan\beta x \neq \text{常数},$$

所以微分方程(5.36)的通解为

$$y = e^{\alpha x}(C_1\cos\beta x + C_2\sin\beta x).$$

综上所述，求二阶常系数齐次线性微分方程

$$y'' + py' + qy = 0 \text{(即(5.36)式)}.$$

的通解的步骤如下：

第一步，写出微分方程(5.36)的特征方程

$$r^2 + pr + q = 0 \text{(即(5.37)式)}.$$

第二步，求出特征方程(5.37)的两个根 r_1，r_2.

第三步，根据特征方程(5.37)的两个根的不同情形，依表 5 - 2 写出微分方程的通解.

表 5 - 2

特征方程 $r^2+pr+q=0$ 的两个根 r_1，r_2	微分方程 $y''+py'+qy=0$ 的通解
两个不相等的实根 r_1，r_2	$y=C_1e^{r_1x}+C_2e^{r_2x}$
两个相等的实根 $r_1=r_2$	$y=(C_1+C_2x)e^{r_1x}$
一对共轭复根 $r_{1,2}=\alpha\pm i\beta$	$y=e^{\alpha x}(C_1\cos\beta x+C_2\sin\beta x)$

例 5.56　求微分方程 $y''+2y'-3y=0$ 的通解.

解　所给微分方程的特征方程为

$$r^2 + 2r - 3 = 0,$$

其根为 $r_1=1$，$r_2=-3$，是两个不相等的实根，因此所求通解为

$$y = C_1e^x + C_2e^{-3x}.$$

例 5.57　求微分方程 $y''-4y'+5y=0$ 的通解.

解　所给方程的特征方程为

$$r^2 - 4r + 5 = 0,$$

其根为 $r_{1,2}=\frac{4\pm\sqrt{16-20}}{2}=2\pm i$，是一对共轭复根，因此所求通解为

$$y = e^{2x}(C_1\cos x + C_2\sin x).$$

例 5.58　设函数 $\varphi(x)$ 连续，且满足

$$\varphi(x) = 2x + 2\int_0^x \varphi(t)\,dt - \int_0^x (x-t)\varphi(t)\,dt,$$

求 $\varphi(x)$.

解 将原方程改写为

$$\varphi(x)=2x+2\int_0^x\varphi(t)\mathrm{d}t-x\int_0^x\varphi(t)\mathrm{d}t+\int_0^x t\varphi(t)\mathrm{d}t, \tag{5.38}$$

将(5.38)式两端对 x 求导，得

$$\varphi'(x)=2+2\varphi(x)-\int_0^x\varphi(t)\mathrm{d}t, \tag{5.39}$$

再将(5.39)两端对 x 求导，并整理得

$$\varphi''-2\varphi'+\varphi=0,$$

这是二阶常系数齐次线性微分方程，其特征方程为

$$r^2-2r+1=0,$$

其根为 $r_1=r_2=1$，是两个相等的实根，因此所求通解为

$$\varphi=(C_1+C_2x)\mathrm{e}^x.$$

又由(5.38)式和(5.39)式知，$\varphi(0)=0$ 及 $\varphi'(0)=2$，得 $C_1=0$，$C_2=2$，因此

$$\varphi(x)=2x\mathrm{e}^x.$$

二、二阶常系数非齐次线性微分方程

定义 5.14 方程

$$y''+py'+qy=f(x), \tag{5.40}$$

其中 p，q 是常数，称之为**二阶常系数非齐次线性微分方程**.

由上一节讨论的非齐次线性微分方程通解的结构可知，求二阶常系数非齐次线性微分方程的通解归结为求对应的齐次方程

$$y''+py'+qy=0$$

的通解和非齐次方程(5.40)本身的一个特解. 由于二阶常系数齐次线性微分方程的通解的求法前面已经解决，所以这里只需讨论求二阶常系数非齐次线性微分方程(5.40)的一个特解 y^* 的方法.

下面仅介绍方程(5.40)中的 $f(x)$取两种常见形式时求 y^* 的方法. 这种方法称之为**待定系数法**. 分别讨论如下：

1. $f(x)=P_m(x)\mathrm{e}^{\lambda x}$ 型

这里 λ 是常数，$P_m(x)$是 x 的一个 m 次多项式：

$$P_m(x)=a_0x^m+a_1x^{m-1}+\cdots+a_{m-1}x+a_m.$$

由于 $f(x)$是多项式 $P_m(x)$与指数函数的乘积，而多项式与指数函数的乘积的导数仍然是同一类型，因此我们推测方程(5.40)的特解具有形式 $y^*=Q(x)\mathrm{e}^{\lambda x}$(其中 $Q(x)$是某个多项式).

将 $y^*=Q(x)\mathrm{e}^{\lambda x}$，$y^{*\prime}=\mathrm{e}^{\lambda x}[\lambda Q(x)+Q'(x)]$，$y^{*\prime\prime}=\mathrm{e}^{\lambda x}[\lambda^2Q(x)+2\lambda Q'(x)+Q''(x)]$代入方程(5.40)并消去 $\mathrm{e}^{\lambda x}$，得

$$Q''(x)+(2\lambda+p)Q'(x)+(\lambda^2+p\lambda+q)Q(x)=P_m(x). \tag{5.41}$$

(1) 若 λ 不是特征方程 $r^2+pr+q=0$ 的根，即 $\lambda^2+p\lambda+q\neq0$，由于 $P_m(x)$是 x 的一个 m 次多项式，要使(5.41)两端相等，可设 $Q(x)$也是 x 的一个 m 次多项式：

$$Q(x)=Q_m(x)=b_0x^m+\cdots+b_m,$$

代入(5.41)式，比较等式两端 x 同次幂的系数，就得到以 b_0，b_1，…，b_m 作为未知数的

$(m+1)$个方程的联立方程组，从而可以定出这些 $b_i(i=0, 1, \cdots, m)$，并得到所求的特解 $y^*=Q_m(x)e^{\lambda x}$.

(2) 若 λ 是 $r^2+pr+q=0$ 的单根，即 $\lambda^2+p\lambda+q=0$，$2\lambda+p\neq 0$，要使(5.41)两端相等，则 $Q'(x)$必须是一个 m 次多项式，此时可令

$$Q(x)=xQ_m(x)=x(b_0x^m+\cdots+b_m),$$

代入(5.41)式，从而可以定出这些 $b_i(i=0, 1, \cdots, m)$，并得到所求的特解 $y^*=xQ_m(x)e^{\lambda x}$.

(3) 若 λ 是 $r^2+pr+q=0$ 的重根，即 $\lambda^2+p\lambda+q=0$，$2\lambda+p=0$，要使(5.41)两端相等，则 $Q''(x)$必须是一个 m 次多项式，此时可令

$$Q(x)=x^2Q_m(x)=x^2(b_0x^m+\cdots+b_m),$$

代入(5.41)式，定出这些 $b_i(i=0, 1, \cdots, m)$，并得到所求的特解 $y^*=x^2Q_m(x)e^{\lambda x}$.

综上所述，我们得到如下结论：

如果 $f(x)=P_m(x)e^{\lambda x}$，则二阶常系数非齐次线性微分方程(5.40)具有形如

$$y^*=x^kQ_m(x)e^{\lambda x} \tag{5.42}$$

的特解，其中 $Q_m(x)$是与 $P_m(x)$同次的多项式，而 k 按 λ 不是特征方程的根、是特征方程的单根或是特征方程的二重根依次取为 0、1 或 2.

例 5.59　求微分方程 $y''+y=2x^2+3$ 的通解.

解　这是二阶常系数非齐次线性微分方程，且 $f(x)$是 $P_m(x)e^{\lambda x}$型(其中 $P_m(x)=2x^2+3$，$\lambda=0$). 其所对应的齐次方程为

$$y''+y=0,$$

它的特征方程为

$$r^2+1=0,$$

它的两个根是 $r_{1,2}=\pm i$，因此所给方程所对应的齐次方程的通解为

$$Y=C_1\cos x+C_2\sin x.$$

由于 $\lambda=0$ 不是特征方程的根，所以应设特解为

$$y^*=b_0x^2+b_1x+b_2,$$

把它代入所给方程，得

$$b_0x^2+b_1x+b_2+2b_0=2x^2+3,$$

比较两端 x 同次幂的系数，得

$$\begin{cases} b_0=2, \\ b_1=0, \\ b_2+2b_0=3, \end{cases}$$

由此求得 $b_0=2$，$b_1=0$，$b_2=-1$，于是

$$y^*=2x^2-1,$$

所以原方程的通解为

$$y=C_1\cos x+C_2\sin x+2x^2-1.$$

例 5.60　求微分方程 $y''+2y'+y=xe^{-x}$的通解.

解　这是一个二阶常系数非齐次线性微分方程，且 $f(x)$是 $P_m(x)e^{\lambda x}$型(其中 $P_m(x)=x$，$\lambda=-1$). 其所对应的齐次方程为

$$y''+2y'+y=0,$$

它的特征方程为 $r^2+2r+1=0$，它的两个根是 $r_1=r_2=-1$，因此所给方程所对应的齐次方程的通解为

$$Y=(C_1+C_2x)e^{-x}.$$

由于 $\lambda=1$ 是特征方程的二重根，所以所给方程的特解可设为

$$y^*=x^2(b_0x+b_1)e^{-x},$$

把它代入所给方程，得

$$6b_0x+2b_1=x,$$

比较两端 x 同次幂的系数，得 $b_0=\frac{1}{6}$，$b_1=0$，于是

$$y^*=\frac{1}{6}x^3e^{-x},$$

所以原方程的通解为

$$y=(C_1+C_2x)e^{-x}+\frac{1}{6}x^3e^{-x}.$$

2. $f(x)=e^{\lambda x}[P_l(x)\cos\omega x+P_n(x)\sin\omega x]$型

应用欧拉公式，有

$$\begin{aligned}f(x)&=e^{\lambda x}[P_l(x)\cos\omega x+P_n(x)\sin\omega x]\\&=e^{\lambda x}\left[P_l(x)\frac{e^{i\omega x}+e^{-i\omega x}}{2}+P_n(x)\frac{e^{i\omega x}-e^{-i\omega x}}{2i}\right]\\&=\left[\frac{P_l(x)}{2}+\frac{P_n(x)}{2i}\right]e^{(\lambda+i\omega)x}+\left[\frac{P_l(x)}{2}-\frac{P_n(x)}{2i}\right]e^{(\lambda-i\omega)x}\\&=P(x)e^{(\lambda+i\omega)x}+\overline{P}(x)e^{(\lambda-i\omega)x},\end{aligned}$$

其中

$$P(x)=\frac{P_l(x)}{2}+\frac{P_n(x)}{2i}=\frac{P_l(x)}{2}-\frac{P_n(x)}{2}i,$$

$$\overline{P}(x)=\frac{P_l(x)}{2}-\frac{P_n(x)}{2i}=\frac{P_l(x)}{2}+\frac{P_n(x)}{2}i$$

是互为共轭的 m 次复系数多项式(即它们对应项的系数是共轭复数)，而 $m=\max\{l, n\}$.

对于 $f(x)$ 中的第一项 $P(x)e^{(\lambda+i\omega)x}$，可求出一个 m 次多项式 $Q_m(x)$，使得 $y_1^*=x^kQ_m(x)e^{(\lambda+i\omega)x}$ 为方程

$$y''+py'+qy=P(x)e^{(\lambda+i\omega)x}$$

的特解，其中 k 按 $\lambda+i\omega$ 不是特征方程的根或是特征方程的单根依次取为 0 或 1.

由于 $f(x)$ 中的第二项 $\overline{P}(x)e^{(\lambda-i\omega)x}$ 与第一项 $P(x)e^{(\lambda+i\omega)x}$ 共轭，所以 $y_2^*=\overline{y_1^*}=x^k\overline{Q}_me^{(\lambda-i\omega)x}$ 必然是方程

$$y''+py'+qy=\overline{P}(x)e^{(\lambda-i\omega)x}$$

的特解，于是方程(5.40)具有形如

$$y^*=x^kQ_me^{(\lambda+i\omega)x}+x^k\overline{Q}_me^{(\lambda-i\omega)x}$$

的特解，上式可写为

$$\begin{aligned}y^*&=x^kQ_me^{(\lambda+i\omega)x}+x^k\overline{Q}_me^{(\lambda-i\omega)x}\\&=x^ke^{\lambda x}[Q_m(\cos\omega x+i\sin\omega x)+\overline{Q}_m(\cos\omega x-i\sin\omega x)]\\&=x^ke^{\lambda x}[(Q_m+\overline{Q}_m)\cos\omega x+i(Q_m-\overline{Q}_m)\sin\omega x],\end{aligned}$$

由于 $Q_m+\bar{Q}_m$，$\mathrm{i}(Q_m-\bar{Q}_m)$ 皆为实多项式，所以上式又可写成实函数的形式

$$y^*=x^k\mathrm{e}^{\lambda x}[R_m^{(1)}(x)\cos\omega x+R_m^{(2)}(x)\sin\omega x].$$

综上所述，我们得到如下结论：

如果 $f(x)=\mathrm{e}^{\lambda x}[P_l(x)\cos\omega x+P_n(x)\sin\omega x]$，则二阶常系数非齐次线性微分方程(5.40)具有形如

$$y^*=x^k\mathrm{e}^{\lambda x}[R_m^{(1)}(x)\cos\omega x+R_m^{(2)}(x)\sin\omega x] \tag{5.43}$$

的特解，其中 $R_m^{(1)}(x)$，$R_m^{(2)}(x)$ 是 m 次的多项式，$m=\{l, n\}$，而 k 按 $\lambda+\mathrm{i}\omega$(或 $\lambda-\mathrm{i}\omega$)不是特征方程的根或是特征方程的单根依次取为 0 或 1.

例 5.61　求微分方程 $y''-2y'+5y=\sin 2x$ 的通解.

解　这是二阶常系数非齐次线性微分方程，且 $f(x)$ 是 $\mathrm{e}^{\lambda x}[P_l(x)\cos\omega x+P_n(x)\sin\omega x]$ 型(其中 $\lambda=0$，$\omega=2$，$P_l(x)=0$，$P_n(x)=1$)，所对应的齐次方程为

$$y''-2y'+5y=0,$$

它的特征方程为 $r^2-2r+5=0$，它的两个根是 $r_{1,2}=1\pm 2\mathrm{i}$，因此所给方程所对应的齐次方程的通解为

$$Y=\mathrm{e}^x(C_1\cos 2x+C_2\sin 2x).$$

由于 $\lambda+\mathrm{i}\omega=2\mathrm{i}$ 不是特征方程的根，所以所给方程的特解可设为

$$y^*=a\cos 2x+b\sin 2x,$$

把它代入所给方程，得

$$(a-4b)\cos 2x+(4a+b)\sin 2x=\sin 2x,$$

比较两端同类项的系数，得

$$\begin{cases}a-4b=0,\\4a+b=1,\end{cases}$$

由此解得 $a=\frac{4}{17}$，$b=\frac{1}{17}$，所以原方程的通解为

$$y=\mathrm{e}^x(C_1\cos 2x+C_2\sin 2x)+\frac{4}{17}\cos 2x+\frac{1}{17}\sin 2x.$$

习题 5-8

1. 求下列各微分方程的通解.

(1) $y''+y'-2y=0$；　　(2) $y''+y=0$；

(3) $4\frac{\mathrm{d}^2x}{\mathrm{d}t^2}-20\frac{\mathrm{d}x}{\mathrm{d}t}+25x=0$；　　(4) $y''-y=0$.

2. 求下列各微分方程满足所给初始条件的特解.

(1) $y''-4y'+3y=0$，$y|_{x=0}=6$，$y'|_{x=0}=10$；

(2) $4y''+4y'+y=0$，$y|_{x=0}=2$，$y'|_{x=0}=0$；

(3) $y''+25y=0$，$y|_{x=0}=2$，$y'|_{x=0}=5$；

(4) $y''-4y'+13y=0$，$y|_{x=0}=0$，$y'|_{x=0}=3$.

3. 求下列各微分方程的通解.

(1) $2y''+y'-y=2\mathrm{e}^x$；　　(2) $2y''+5y'=5x^2-2x-1$；

(3) $y''+5y'+4y=3-2x$; (4) $y''-2y'+5y=e^x\sin 2x$;

(5) $y''+y=e^x+\cos x$; (6) $y''-y=\sin^2 x$.

4. 求下列各微分方程满足所给初始条件的特解.

(1) $y''+y+\sin 2x=0$, $y|_{x=\pi}=1$, $y'|_{x=\pi}=1$;

(2) $y''-3y'+2y=5$, $y|_{x=0}=1$, $y'|_{x=0}=2$;

(3) $y''-10y'+9y=e^{2x}$, $y|_{x=0}=\dfrac{6}{7}$, $y'|_{x=0}=\dfrac{33}{7}$;

(4) $y''-y=4xe^x$, $y|_{x=0}=0$, $y'|_{x=0}=1$.

思维导图与本章小结

一、思维导图

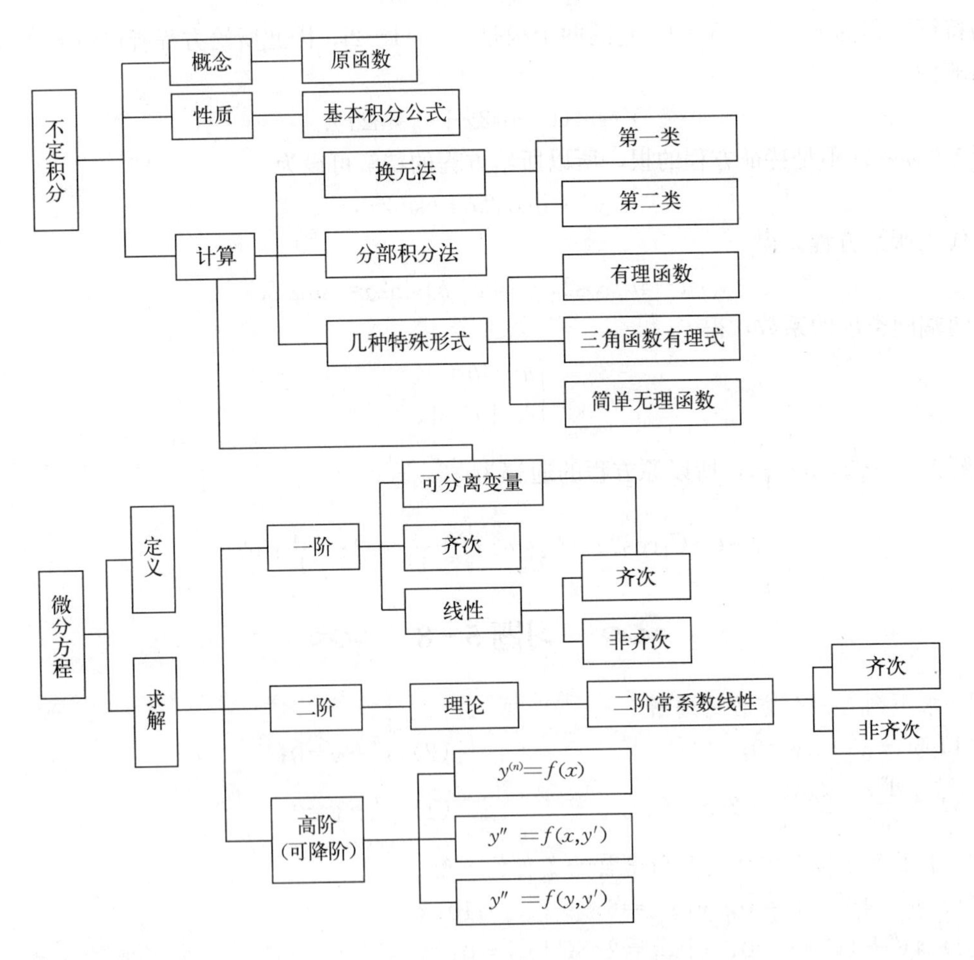

二、本章小结

本章共8节内容，先从实际问题引出常微分方程的概念，考虑如何求解微分方程时，再引入原函数、不定积分的概念．接着介绍不定积分的性质、基本积分公式．不定积分的求解是主要关注的内容：第一类换元法(凑微分法)、第二类换元法、分部积分法及常见的几种特殊函数的不定积分．本章的后半部分主要介绍微分方程的解法：可分离变量的一阶微分方程、齐次方程、一阶线性微分方程、二阶常系数线性微分方程等常见类型微分方程均有详细介绍．

不定积分是整个微积分部分技巧最丰富，同时也是最难掌握的内容之一．它的基本方法有换元积分法（包括第一类换元法和第二类换元法）以及分部积分法，但是由这两种基本方法衍生出的变化却是多样的．有些不定积分有它特定的技巧，需要熟练掌握基本解题思路后通过不断训练逐步了解．求微分方程的解实际上就是一个在求原函数的过程，求原函数也就是通过积分的方法求解．微分方程的解不是唯一的，因为不定积分的原函数不唯一．正因为如此，我们求得的解只能是通解，当给定初始条件时，用积分的方法求解，可以得到特解．既然需要通过积分求解，那么首先需要要求该微分方程是可积的方程，否则就无解．本章介绍的即是几种常见的可以求出通解的常微分方程的求解方法．

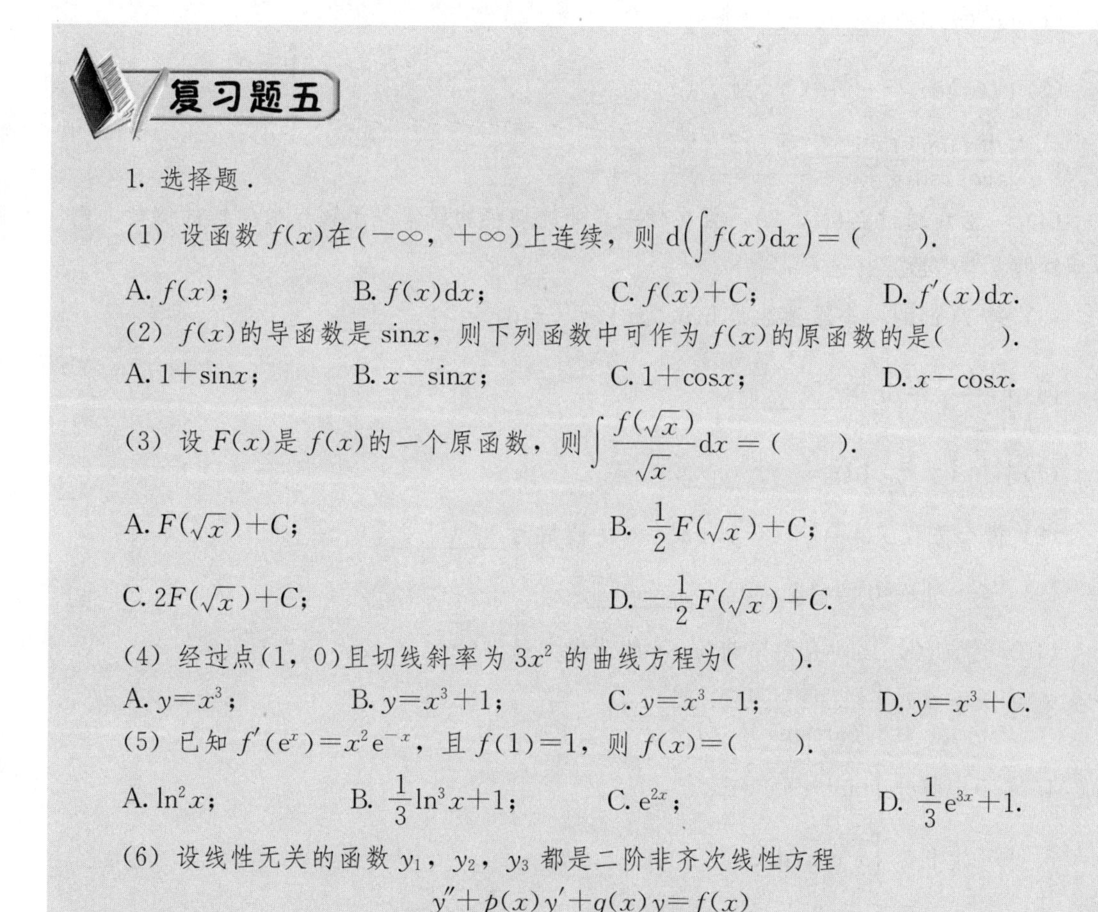

复习题五

1. 选择题．

(1) 设函数 $f(x)$在$(-\infty, +\infty)$上连续，则 $\mathrm{d}\left(\int f(x)\mathrm{d}x\right)=$（　　）．

A. $f(x)$；　B. $f(x)\mathrm{d}x$；　C. $f(x)+C$；　D. $f'(x)\mathrm{d}x$.

(2) $f(x)$的导函数是 $\sin x$，则下列函数中可作为 $f(x)$的原函数的是（　　）．

A. $1+\sin x$；　B. $x-\sin x$；　C. $1+\cos x$；　D. $x-\cos x$.

(3) 设 $F(x)$是 $f(x)$的一个原函数，则 $\int \frac{f(\sqrt{x})}{\sqrt{x}}\mathrm{d}x=$（　　）．

A. $F(\sqrt{x})+C$；　B. $\frac{1}{2}F(\sqrt{x})+C$；

C. $2F(\sqrt{x})+C$；　D. $-\frac{1}{2}F(\sqrt{x})+C$.

(4) 经过点$(1, 0)$且切线斜率为 $3x^2$ 的曲线方程为（　　）．

A. $y=x^3$；　B. $y=x^3+1$；　C. $y=x^3-1$；　D. $y=x^3+C$.

(5) 已知 $f'(\mathrm{e}^x)=x^2\mathrm{e}^{-x}$，且 $f(1)=1$，则 $f(x)=$（　　）．

A. $\ln^2 x$；　B. $\frac{1}{3}\ln^3 x+1$；　C. e^{2x}；　D. $\frac{1}{3}\mathrm{e}^{3x}+1$.

(6) 设线性无关的函数 y_1，y_2，y_3 都是二阶非齐次线性方程

$$y''+p(x)y'+q(x)y=f(x)$$

的解，C_1，C_2 是任意常数，则该非齐次线性方程的通解是（　　）．

A. $C_1y_1+C_2y_2+y_3$；　B. $C_1y_1+C_2y_2-(C_1+C_2)y_3$；

C. $C_1y_1+C_2y_2-(1-C_1-C_2)y_3$；　D. $C_1y_1+C_2y_2+(1-C_1-C_2)y_3$.

(7) 方程 $x(y')^2-2yy'+x=0$ 属于（　　）．

A. 二阶微分方程；　　B. 一阶微分方程；

C. 一阶线性微分方程；　　D. 可分离变量的微分方程．

(8) 微分方程 $y''-y=\mathrm{e}^x+1$ 的一个特解应具有形式(a，b 是常数)(　　).

A. $a\mathrm{e}^x+b$；　B. $ax\mathrm{e}^x+b$；　C. $a\mathrm{e}^x+bx$；　D. $ax\mathrm{e}^x+bx$.

(9) 当 $x\to+\infty$ 时，常系数齐次线性微分方程 $y''+ay=0$ 有趋于零的非零解，则(　　).

A. $a>0$；　B. $a=0$；　C. $a<0$；　D. 与 a 的取值无关．

(10) 函数 $y=C_1\mathrm{e}^x+C_2\mathrm{e}^{-2x}+x\mathrm{e}^x$ 是下面哪个微分方程的通解(　　).

A. $y''-y'-2y=3x\mathrm{e}^x$；　　B. $y''-y'-2y=3\mathrm{e}^x$；

C. $y''+y'-2y=3x\mathrm{e}^x$；　　D. $y''+y'-2y=3\mathrm{e}^x$.

2. 填空题．

(1) $\int F'(x)\mathrm{d}x=$________.

(2) $\int f(x)\mathrm{d}x=\mathrm{e}^{x^2}+C$，则 $f'(x)=$________.

(3) $\int\frac{\ln(\tan x)}{\cos x\sin x}\mathrm{d}x=$________.

(4) 一曲线通过点(e^2，3)，且在任一点处的切线的斜率等于该点横坐标的倒数，则该曲线的方程为________.

(5) 若 $f(x)$的一个原函数是 $\ln x$，则 $\int xf''(x)\mathrm{d}x=$________.

(6) $\int\frac{t\sqrt{t}+\sqrt{t}}{t^2}\mathrm{d}t=$________.

(7) $\int\mathrm{e}^x\left(1-\frac{\mathrm{e}^{-x}}{\sqrt{x}}\right)\mathrm{d}x=$________.

(8) 微分方程 $x(y'')^3+4y^5y'+x^6=0$ 的阶数为________.

(9) $\frac{\mathrm{d}^2x}{\mathrm{d}t^2}-4x=0$ 的特征方程为________.

(10) 过点(0，1)，且斜率为 $x-y$ 的曲线方程为________.

3. 求不定积分 $\int\frac{\mathrm{d}x}{(\arcsin x)^2\sqrt{1-x^2}}$.

4. 求不定积分 $\int\tan^{10}x\sec^2x\mathrm{d}x$.

5. 求不定积分 $\int x^2\cos x\mathrm{d}x$.

6. 求不定积分 $\int\frac{2x+3}{x^2+3x-10}\mathrm{d}x$.

7. 求不定积分 $\int\frac{x^3}{x+3}\mathrm{d}x$.

8. 求不定积分 $\int\frac{\mathrm{d}x}{\mathrm{e}^x-\mathrm{e}^{-x}}$.

9. 求不定积分$\int \frac{x-1}{3+x^2}\mathrm{d}x$.

10. 求不定积分$\int \frac{\ln\ln x}{x}\mathrm{d}x$.

11. 求不定积分$\int \frac{\sin\sqrt{x}}{\sqrt{x}}\mathrm{d}x$.

12. 求不定积分$\int \frac{\sqrt{x^2-9}}{x}\mathrm{d}x$.

13. 求不定积分$\int \mathrm{e}^{\sqrt{3x+9}}\mathrm{d}x$.

14. 求不定积分$\int \ln(x+x^2)\mathrm{d}x$.

15. 求不定积分$\int \frac{x}{\cos^2 x}\mathrm{d}x$.

16. 设$f'(\sin^2 x)=\cos^2 x+\cot^2 x$，求$f(x)$.

17. 设$f(x)$的一个原函数为$\frac{\cos x}{x}$，求$\int xf'(x)\mathrm{d}x$.

18. 求微分方程$y'=\frac{y}{x-y^3}$的通解.

19. 一条曲线通过点(2，3)，它在两坐标轴间的任意切线段均被切点所平分，求这条曲线.

20. 求微分方程$y'=1+x+y^2+xy^2$的通解.

21. 已知函数$y=\mathrm{e}^{2x}+(x+1)\mathrm{e}^x$是二阶常系数非齐次线性微分方程

$$y''+ay'+by=c\mathrm{e}^x$$

的一个特解，试确定常数a，b，c及该方程的通解.

22. 设微分方程$y''-5y'+6y=x\mathrm{e}^{2x}$，试求：

(1) 方程的通解；

(2) 方程满足$y(0)=0$，$y'(0)=1$的特解；

(3) 满足方程且其图形在原点(0，0)处与曲线$y=x^2-x$相切的特解.

第六章　定积分与二重积分

在计算某区间(或平面区域)上的量和总量问题时(如物体沿直线运行一段时间所经过的路程问题等)，当分布均匀时，只需用乘法(如匀速直线运动所经过的路程为：速度×时间)便可解决，然而当分布不均匀时，就需要“分割、作积、求和、取极限”的思想去解决问题.

本章主要讨论定积分与二重积分的概念，以及它们的运算法则与应用等.

第一节　定积分的概念与性质

一、定积分引例

定积分的概念也是由大量的实际问题抽象出来的，现在来看以下两个问题.

1. 曲边梯形的面积

由连续曲线 $y=f(x)>0$ 及直线 $x=a$，$x=b$ 和 x 轴所围成的图形称为**曲边梯形**(图 6-1). 当 $f(x)\equiv h$(h 为常数)时，该曲边梯形实为矩形，面积极易求得. 对于一般函数 $y=f(x)$上的点的纵坐标不断变化，整个曲边梯形各处的高不相等，差异很大，面积该如何求？我们采取如下步骤来求其面积 A.

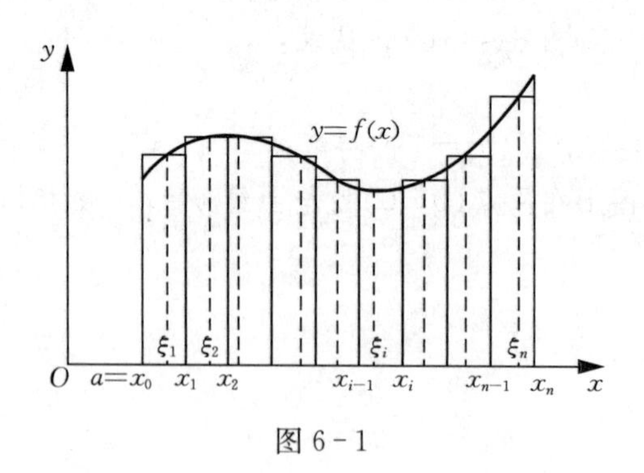

图 6-1

(1) 分割：为使高的变化较小，先将区间$[a,b]$分成 n 个小区间，即插入分点：

$$a=x_0<x_1<x_2<\cdots<x_n=b.$$

在每个分点处作与 y 轴平行的直线段，将整个曲边梯形分成 n 个小曲边梯形，其中第 i 个小区间的长度为

$$\Delta x_i=x_i-x_{i-1}，i=1，2，\cdots，n.$$

(2) 作积：由于 $f(x)$连续，故当 Δx_i 很小时，第 i 个小曲边梯形各点的高变化很小.

在区间$[x_{i-1}, x_i]$上任取一点ξ_i，则可认为第i个小曲边梯形的平均高度近似为$f(\xi_i)$，因此这个小曲边梯形的面积为

$$\Delta A_i \approx f(\xi_i) \cdot \Delta x_i.$$

(3) 求和：用这样的方法求出每个小曲边梯形面积的近似值，再求和，即得整个大曲边梯形面积的近似值

$$A = \sum_{i=1}^{n} \Delta A_i \approx \sum_{i=1}^{n} f(\xi_i) \Delta x_i.$$

(4) 取极限：可以看出，对区间$[a, b]$所作的划分越细，上式右端的和式就越接近A.记$\lambda = \max\limits_{1 \leqslant i \leqslant n}\{\Delta x_i\}$，则当$\lambda \to 0$时，每个小区间的长度都无限缩小，误差将趋于零，因此所求曲边梯形的面积

$$A = \lim_{\lambda \to 0} \sum_{i=1}^{n} f(\xi_i) \Delta x_i. \tag{6.1}$$

2. 变速直线运动的路程

设物体做直线运动，速度$v(t)$是时间t的连续函数，且$v(t) \geqslant 0$，求物体在时间间隔$[a, b]$内所经过的路程s.

由于速度$v(t)$随时间的变化而变化，因此不能用匀速直线运动的公式

路程＝速度×时间

来计算物体做变速运动的路程．但由于$v(t)$连续，当t的变化很小时，速度的变化也非常小，因此在很小的一段时间内，变速运动可以近似看成等速运动．为此将时间区间$[a, b]$划分为若干个微小的时间区间之和，与前述求曲边梯形面积的问题一样，采用分割、作积(局部近似)、求和、取极限的方法来求变速直线运动的路程：

(1) 分割：用分点$a = t_0 < t_1 < t_2 < \cdots < t_n = b$将时间区间$[a, b]$分成$n$个小区间$[t_{i-1}, t_i]$$(i = 1, 2, \cdots, n)$，其中第$i$个时间段的长度为$\Delta t_i = t_i - t_{i-1}$，物体在此时间段内经过的路程为$\Delta s_i$.

(2) 作积：当Δt_i很小时，在$[t_{i-1}, t_i]$上任取一点ξ_i，以$v(\xi_i)$来替代$[t_{i-1}, t_i]$上各时刻的速度，则$\Delta s_i \approx v(\xi_i) \cdot \Delta t_i$.

(3) 求和：在每个小区间上用同样的方法求得路程的近似值，再求和，得

$$s = \sum_{i=1}^{n} \Delta s_i \approx \sum_{i=1}^{n} v(\xi_i) \Delta t_i.$$

(4) 取极限：令$\lambda = \max\limits_{1 \leqslant i \leqslant n}\{\Delta t_i\}$，则当$\lambda \to 0$时，上式右端的和式作为$s$近似值的误差会趋于0，因此

$$s = \lim_{\lambda \to 0} \sum_{i=1}^{n} v(\xi_i) \Delta t_i. \tag{6.2}$$

以上两个例子尽管来自不同领域，却都归结为求同一结构的和式的极限．类似的实际问题还有很多，因此有必要在数学上统一对它们进行研究．

二、定积分的定义与几何意义

1. 定积分的定义

定义 6.1　设函数$f(x)$在区间$[a, b]$上有定义，任意用分点

$$a=x_0<x_1<x_2<\cdots<x_n=b$$

将$[a, b]$分成 n 个小区间，用 $\Delta x_i=x_i-x_{i-1}$ 表示第 i 个小区间的长度，在$[x_{i-1}, x_i]$上任取一点 ξ_i，作乘积 $f(\xi_i)\cdot\Delta x_i$，$i=1, 2, \cdots, n$，再作和

$$\sum_{i=1}^{n} f(\xi_i)\Delta x_i.$$

若当 $\lambda=\max\limits_{1\leqslant i\leqslant n}\{\Delta x_i\}\to 0$ 时，上式的极限存在，则称函数 $f(x)$在区间$[a, b]$上**可积**，并称此极限值为 $f(x)$在$[a, b]$上的**定积分**，记作 $\int_a^b f(x)\mathrm{d}x$，即

$$\int_a^b f(x)\mathrm{d}x = \lim_{\lambda\to 0}\sum_{i=1}^{n} f(\xi_i)\Delta x_i, \tag{6.3}$$

其中 $f(x)$称为**被积函数**，$f(x)\mathrm{d}x$ 称为**被积表达式**，x 称为**积分变量**，$[a, b]$称为**积分区间**，a，b 分别称为**积分下限**和**积分上限**.

由定积分的定义可知，图 6-1 所示的曲边梯形的面积等于曲边上的点的纵坐标 $f(x)$在底边区间$[a, b]$上的定积分，即

$$A = \int_a^b f(x)\mathrm{d}x. \tag{6.4}$$

从 $t=T_1$ 到 $t=T_2$，物体经过的路程为速度函数 $v(t)$在时间区间$[T_1, T_2]$上的定积分，即

$$s = \int_{T_1}^{T_2} v(t)\mathrm{d}t. \tag{6.5}$$

总之，在计算某区间上的量和总量问题时，当分布均匀，只需用乘法(分布密度×区间的度量)便可解决，然而当分布不均匀时，就需要用定积分——分布密度在区间上的定积分来计算.

哪些函数是可积的呢？在下一节中我们将会证明：

定理 6.1　在闭区间$[a, b]$上连续的函数必在$[a, b]$上可积.

例 6.1　利用定积分定义求 $\int_0^1 x^2\mathrm{d}x$.

解　因为 x^2 在$[0, 1]$上连续，所以它在$[0, 1]$上可积. 因为定积分的值与区间$[0, 1]$的分割方法以及每个小区间的取点 ξ_i 无关，因此为了求极限方便，不妨取$[0, 1]$的一个特殊分割与特殊的 ξ_i.

将区间$[0, 1]$$n$ 等分，分点为

$$x_0=0, \ x_1=\frac{1}{n}, \ x_2=\frac{2}{n}, \ \cdots, \ x_n=\frac{n}{n}=1,$$

所以 $\Delta x_i=\frac{1}{n}(i=1, 2, \cdots, n)$，取 ξ_i 为每个小区间的右端点 $\xi_i=\frac{i}{n}(i=1, 2, \cdots, n)$.

作积分和

$$S_n = \sum_{i=1}^{n} f(\xi_i)\Delta x_i = \sum_{i=1}^{n}\left(\frac{i}{n}\right)^2\cdot\frac{1}{n}=\frac{1}{n^3}\sum_{i=1}^{n} i^2 = \frac{1}{n^3}\cdot\frac{n(n+1)(2n+1)}{6},$$

所以

$$\lim_{n\to\infty}S_n=\lim_{n\to\infty}\frac{n(n+1)(2n+1)}{6n^3}=\frac{1}{3},$$

故

$$\int_0^1 x^2\mathrm{d}x = \frac{1}{3}.$$

2. 定积分的几何意义

当 $f(x)\geqslant 0$ 时，由前面讨论可知，定积分 $\int_a^b f(x)\mathrm{d}x$ 表示曲线 $y=f(x)>0$ 及直线 $x=a$，$x=b$ 和 x 轴所围成的曲边梯形的面积．当 $f(x)\leqslant 0$ 时，曲边梯形各点处的高是 $-f(x)$ 而不是 $f(x)$，则积分 $\int_a^b f(x)\mathrm{d}x$ 表示曲边梯形面积的负值．如果在 $[a,\ b]$ 上 $f(x)$ 的值有正也有负，则积分 $\int_a^b f(x)\mathrm{d}x$ 表示介于 x 轴，曲线 $y=f(x)$ 及直线 $x=a$，$x=b$ 之间各部分面积的代数和，即在 x 轴上方的图形面积减去 x 轴下方的图形面积(图 6-2)，即 $\int_a^b f(x)\mathrm{d}x=A_1-A_2+A_3$.

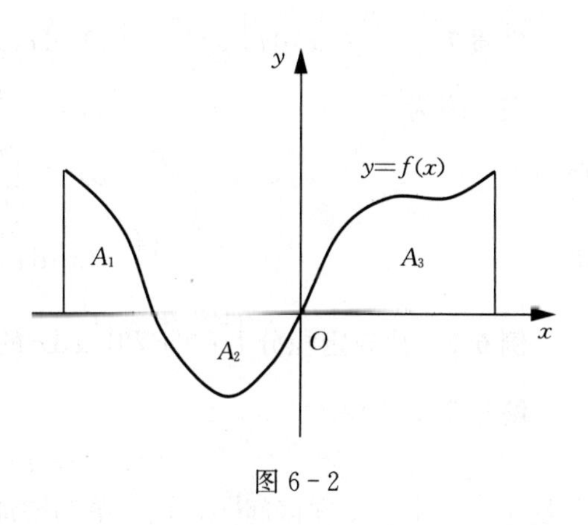

图 6-2

三、定积分的性质

以下介绍定积分的基本性质，假定所列定积分都是存在的，不一一说明．

性质 1 $\int_a^b f(x)\mathrm{d}x=-\int_b^a f(x)\mathrm{d}x$(**有向性**).

性质 2 $\int_a^a f(x)\mathrm{d}x=0$.

性质 3 $\int_a^b 1\mathrm{d}x=b-a$.

性质 4 $\int_a^b [kf(x)\pm lg(x)]\mathrm{d}x=k\int_a^b f(x)\mathrm{d}x\pm l\int_a^b g(x)\mathrm{d}x$($k$，$l$ **为常数**).

此条性质称为定积分的**线性性质**．

性质 5　不论 a，b，c 三点的相互位置如何，恒有

$$\int_a^b f(x)\mathrm{d}x=\int_a^c f(x)\mathrm{d}x+\int_c^b f(x)\mathrm{d}x.$$

本性质在几何上是显然成立的，其严格证明从略．此性质称为**区间可加性**．

性质 6(保号性)　若在区间 $[a,\ b]$ 上，$f(x)\geqslant 0$，则

$$\int_a^b f(x)\mathrm{d}x\geqslant 0.$$

证　因为 $f(x)\geqslant 0$，所以

$$f(\xi_i)\geqslant 0(i=1,\ 2,\ \cdots,\ n).$$

又 $\Delta x_i\geqslant 0(i=1,\ 2,\ \cdots,\ n)$，因此

$$\sum_{i=1}^n f(\xi_i)\Delta x_i\geqslant 0.$$

令 $\lambda=\max\limits_{1\leqslant i\leqslant n}\{\Delta x_i\}\to 0$，即得要证明的不等式．

推论(保序性)　若在区间 $[a,\ b]$ 上，$f(x)\leqslant g(x)$，则

$$\int_a^b f(x)\mathrm{d}x\leqslant\int_a^b g(x)\mathrm{d}x.$$

证 令 $h(x)=g(x)-f(x)$ 即得.

性质 7 $\left|\int_a^b f(x)\mathrm{d}x\right| \leqslant \int_a^b |f(x)|\mathrm{d}x(a<b)$.

证 因为
$$-|f(x)| \leqslant f(x) \leqslant |f(x)|,$$
所以
$$-\int_a^b |f(x)|\mathrm{d}x \leqslant \int_a^b f(x)\mathrm{d}x \leqslant \int_a^b |f(x)|\mathrm{d}x,$$
即
$$\left|\int_a^b f(x)\mathrm{d}x\right| \leqslant \int_a^b |f(x)|\mathrm{d}x.$$

例 6.2 比较定积分 $\int_0^1 \mathrm{e}^x \mathrm{d}x$ 和 $\int_0^1 x\mathrm{d}x$ 的大小.

解 令 $f(x)=\mathrm{e}^x-x$，则
$$f'(x)=\mathrm{e}^x-1>0,\ x\in[0,1],$$
于是 $f(x)=\mathrm{e}^x-x$ 在区间$[0,1]$上单调增加，故
$$f(x)=\mathrm{e}^x-x>f(0)=1>0,$$
即
$$\mathrm{e}^x>x,\ x\in(0,1),$$
故
$$\int_0^1 \mathrm{e}^x \mathrm{d}x > \int_0^1 x\mathrm{d}x.$$

性质 8(估值定理)　设函数 $f(x)$ 在区间$[a,b]$上的最小值与最大值分别为 m 与 M，则
$$m(b-a) \leqslant \int_a^b f(x)\mathrm{d}x \leqslant M(b-a)(a<b).$$

证 因为 $m \leqslant f(x) \leqslant M$，由推论得
$$\int_a^b m\mathrm{d}x \leqslant \int_a^b f(x)\mathrm{d}x \leqslant \int_a^b M\mathrm{d}x,$$
即
$$m\int_a^b \mathrm{d}x \leqslant \int_a^b f(x)\mathrm{d}x \leqslant M\int_a^b \mathrm{d}x,$$
故
$$m(b-a) \leqslant \int_a^b f(x)\mathrm{d}x \leqslant M(b-a).$$

可见由被积函数在积分区间上的最小值和最大值，可以估计出积分值的大致范围.

例 6.3 估计定积分 $\int_0^1 \mathrm{e}^{-x^4}\mathrm{d}x$ 的值.

解 显然函数 e^{-x^4} 在$[0,1]$内是单调下降的，因此有
$$\frac{1}{\mathrm{e}} \leqslant \mathrm{e}^{-x^4} \leqslant 1,$$
由估值定理有
$$\frac{1}{\mathrm{e}} \leqslant \int_0^1 \mathrm{e}^{-x^4}\mathrm{d}x \leqslant 1.$$

性质 9(定积分中值定理)　如果函数 $f(x)$ 在区间$[a,b]$上连续，则在$[a,b]$内至少存在一点 ξ，使下式成立：
$$\int_a^b f(x)\mathrm{d}x = f(\xi)(b-a),\ \xi\in[a,b],$$
这个公式称为积分中值公式.

证 把性质 8 的不等式两端各除以 $b-a$，得

$$m\leqslant\frac{1}{b-a}\int_a^b f(x)\mathrm{d}x\leqslant M.$$

由于 $f(x)$在闭区间$[a, b]$连续，而 $\frac{1}{b-a}\int_a^b f(x)\mathrm{d}x$ 介于 $f(x)$的最小值 m 与最大值 M 之间，根据连续函数的介值定理，在$[a, b]$上至少存在一点 ξ，使

$$f(\xi)=\frac{1}{b-a}\int_a^b f(x)\mathrm{d}x,$$

即
$$\int_a^b f(x)\mathrm{d}x=f(\xi)(b-a).$$

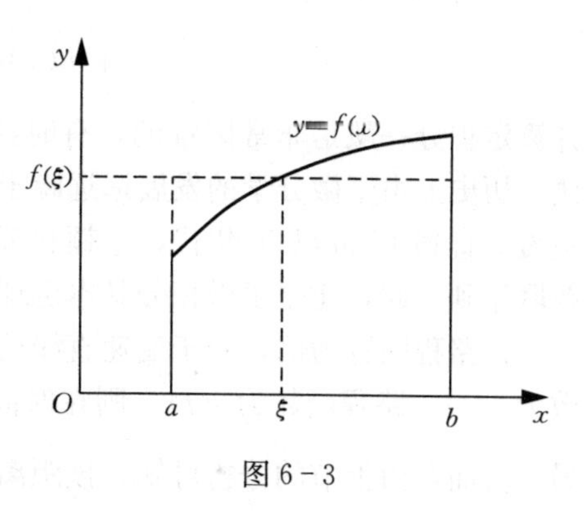

图 6-3

显然，积分中值公式不论 $a<b$ 还是 $a>b$ 都是成立的．公式中 $f(\xi)=\frac{1}{b-a}\int_a^b f(x)\mathrm{d}x$ 称为函数 $f(x)$在区间$[a, b]$上的**平均值**．

这个定理有明显的几何意义：对曲边连续的曲边梯形，总存在一个以 $b-a$ 为底，以$[a, b]$上一点 ξ 的纵坐标 $f(\xi)$为高的矩形，其面积就等于曲边梯形的面积(图 6-3)．

习题 6-1

1. 利用定积分定义计算下列积分．

(1) $\int_a^b k\mathrm{d}x$；　　(2) $\int_0^1 x\mathrm{d}x$.

2. 指出下列积分的几何意义，并借助几何意义给出定积分的值．

(1) $\int_a^b \mathrm{d}x(a<b)$；　　(2) $\int_0^1\sqrt{1-x^2}\,\mathrm{d}x$.

3. 根据定积分的性质比较积分的大小．

(1) $\int_0^1 x\mathrm{d}x$，$\int_0^1 x^2\mathrm{d}x$；　　(2) $\int_0^1 x\mathrm{d}x$，$\int_0^1\ln(1+x)\mathrm{d}x$.

4. 估计下列各积分的值．

(1) $\int_1^3(x^2+1)\mathrm{d}x$；　　(2) $\int_{\frac{\pi}{4}}^{\frac{5}{4}\pi}(1+\sin^2 x)\mathrm{d}x$.

5. 设 $f(x)$与 $g(x)$在区间$[a, b]$上连续，证明：

(1) 如果在$[a, b]$上，$f(x)\geqslant 0$ 且 $f(x)$不恒等于零，则 $\int_a^b f(x)\mathrm{d}x>0$；

(2) 如果在$[a, b]$上，$f(x)\geqslant g(x)$，且 $\int_a^b f(x)\mathrm{d}x=\int_a^b g(x)\mathrm{d}x$，则在$[a, b]$上，$f(x)\equiv g(x)$.

6. 设 $f(x)$连续，且极限 $\lim\limits_{x\to+\infty}f(x)$存在，试证：

$$\lim_{h\to+\infty}\int_h^{h+a}\frac{f(x)}{x}\mathrm{d}x=0.$$

第二节　微积分基本定理

一、积分上限函数

由定积分定义

$$\int_a^b f(x)\mathrm{d}x = \lim_{\lambda\to 0}\sum_{i=1}^n f(\xi_i)\Delta x_i$$

计算定积分一般是非常困难的，有时甚至是不可能的，因此必须寻求计算定积分的简便方法. 历史上由于微分学的发展远远晚于积分学，所以定积分计算问题一直得不到解决，发展缓慢. 直到17世纪30年代，牛顿和莱布尼茨先后把两个貌似毫无关系的微分问题和积分问题联系到一起，建立了微积分基本定理，为定积分的计算提供了统一的简洁的方法.

以路程问题为例，对于变速直线运动不难注意到这样的事实：设变速直线运动的速度函数为 $v(t)$，路程函数为 $s(t)$，则在时间 t 的区间$[T_1, T_2]$内运动的距离为 $s(T_2)-s(T_1)$；另一方面，由上节的分析可知，该距离也可由积分表示为 $\int_{T_1}^{T_2} v(t)\mathrm{d}t$. 由此可知

$$\int_{T_1}^{T_2} v(t)\mathrm{d}t = s(T_2)-s(T_1), \tag{6.6}$$

即 $v(t)$在$[T_1, T_2]$上的积分等于它的一个原函数 $s(t)$在$[T_1, T_2]$上的增量. 这一结论是否具有普遍意义呢？下面来讨论这个问题.

二、牛顿—莱布尼茨公式

设函数 $f(x)$在区间$[a, b]$上连续，$x\in[a, b]$，则函数 $f(t)$在$[a, x]$上连续，故积分 $\int_a^x f(t)\mathrm{d}t$ 存在，称为**变上限积分(函数)**. 显然，对$[a, b]$上任一点 x，都有一个确定的积分值与之对应(图6-4)，所以它在$[a, b]$上定义了一个函数，记作 $\Phi(x)$，即

$$\Phi(x) = \int_a^x f(t)\mathrm{d}t\,(a\leqslant x\leqslant b). \tag{6.7}$$

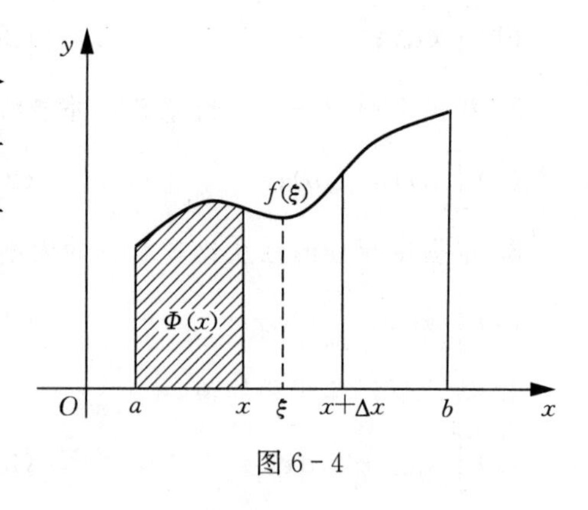

图6-4

函数 $\Phi(x)$具有如下重要性质：

定理6.2　若函数 $f(x)$在区间$[a, b]$上连续，则由(6.7)式定义的积分上限的函数 $\Phi(x)$在$[a, b]$上可导，且有

$$\Phi'(x) = \left[\int_a^x f(t)\mathrm{d}t\right]_x' = f(x). \tag{6.8}$$

证　若 $x\in(a, b)$，当上限在点 x 处有增量 Δx 时(取 Δx 的绝对值充分小使 $a\leqslant x+\Delta x\leqslant b$)，有

$$\Delta\Phi = \Phi(x+\Delta x)-\Phi(x) = \int_a^{x+\Delta x} f(t)\mathrm{d}t - \int_a^x f(t)\mathrm{d}t = \int_x^{x+\Delta x} f(t)\mathrm{d}t.$$

由于 $f(t)$在区间$[a, b]$上连续，由积分中值定理得

$$\Delta\Phi=f(\xi)\cdot\Delta x(\xi\text{介于 }x\text{ 与 }x+\Delta x\text{ 之间}),$$

故

$$\frac{\Delta\Phi}{\Delta x}=f(\xi).$$

当 $\Delta x\to 0$ 时，$\xi\to x$，由 $f(x)$ 的连续性得

$$\Phi'(x)=\lim_{\Delta x\to 0}\frac{\Delta\Phi}{\Delta x}=\lim_{\xi\to x}f(\xi)=f(x).$$

若 $x=a$，取 $\Delta x>0$，同法可证 $\Phi'_{+}(a)=f(a)$；

若 $x=b$，取 $\Delta x<0$，同法可证 $\Phi'_{-}(b)=f(b)$.

定理 6.3 若函数 $f(x)$ 在区间 $[a, b]$ 上连续，则变上限积分 $\int_a^x f(t)\mathrm{d}t$ 是 $f(x)$ 在 $[a, b]$ 上的一个原函数.

由定理 6.3 可知：**连续函数必有原函数**. 由此证明了第五章给出的**原函数存在定理**.

例 6.4 求下列函数的导数.

(1) $\int_0^x \mathrm{e}^{-2t}\mathrm{d}t$； (2) $\int_x^1 \cos t\mathrm{d}t$.

解 (1) $\left(\int_0^x \mathrm{e}^{-2t}\mathrm{d}t\right)'_x=\mathrm{e}^{-2t}\big|_{t=x}=\mathrm{e}^{-2x}$.

(2) $\left(\int_x^1 \cos t\mathrm{d}t\right)'_x=\left(-\int_1^x \cos t\mathrm{d}t\right)'_x=-\cos x$.

例 6.5 设 $f(x)$ 处处连续，$a(x)$，$b(x)$ 均可导，求 $\int_{a(x)}^{b(x)} f(t)\mathrm{d}t$ 的导数.

解

$$\frac{\mathrm{d}}{\mathrm{d}x}\left[\int_{a(x)}^{b(x)} f(t)\mathrm{d}t\right]=\frac{\mathrm{d}}{\mathrm{d}x}\left[\int_{a(x)}^{0} f(t)\mathrm{d}t+\int_0^{b(x)} f(t)\mathrm{d}t\right]=\frac{\mathrm{d}}{\mathrm{d}x}\left[-\int_0^{a(x)} f(t)\mathrm{d}t+\int_0^{b(x)} f(t)\mathrm{d}t\right]$$
$$=b'(x)f[b(x)]-a'(x)f[a(x)].$$

注：$\int_0^{a(x)} f(t)\mathrm{d}t$ 是复合函数，它由 $\int_0^u f(t)\mathrm{d}t$ 和 $u=a(x)$ 复合而成，要用复合函数求导公式求导.

例 6.6 求极限 $\lim\limits_{x\to 0}\dfrac{\int_{\cos x}^1 \ln(1+t^2)\mathrm{d}t}{x^2}$.

解 此极限为 $\dfrac{0}{0}$ 型，要用洛必达法则求解，故

$$\lim_{x\to 0}\frac{\int_{\cos x}^1 \ln(1+t^2)\mathrm{d}t}{x^2}=-\lim_{x\to 0}\frac{\ln(1+\cos^2 x)\cdot(-\sin x)}{2x}$$
$$=\lim_{x\to 0}\frac{\ln(1+\cos^2 x)}{2}\cdot\lim_{x\to 0}\frac{\sin x}{x}=\frac{\ln 2}{2}.$$

例 6.7 设 $g(x)$ 连续，$f(x)=\int_0^x (x-t)g(t)\mathrm{d}t$，求 $f''(x)$.

解 $f(x)=\int_0^x (x-t)g(t)\mathrm{d}t=x\int_0^x g(t)\mathrm{d}t-\int_0^x tg(t)\mathrm{d}t$，

$f'(x)=\int_0^x g(t)\mathrm{d}t+xg(x)-xg(x)=\int_0^x g(t)\mathrm{d}t$，

$f''(x)=g(x)$.

注：要知道此题在积分过程中 x 是常量，t 是变量；在求导时 x 是变量．

下面我们来证明对任意连续函数，与(6.6)式相应的结论成立．

定理 6.4　如果函数 $F(x)$ 是连续函数 $f(x)$ 在区间 $[a,\ b]$ 上的一个原函数，则

$$\int_a^b f(x)\mathrm{d}x = F(b) - F(a). \tag{6.9}$$

证　由于 $F(x)$ 与 $\int_a^x f(t)\mathrm{d}t$ 均为 $f(x)$ 的原函数，由原函数的性质知

$$F(x) = \int_a^x f(t)\mathrm{d}t + C.$$

上式中令 $x=a$，得 $C=F(a)$；再令 $x=b$，得

$$F(b) = \int_a^b f(t)\mathrm{d}t + F(a),$$

即
$$\int_a^b f(x)\mathrm{d}x = F(b) - F(a).$$

公式(6.9)称为**牛顿—莱布尼茨公式**．

牛顿—莱布尼茨公式揭示了积分运算与微分运算之间互为逆运算的关系，它把微分和积分联系成一个整体——微积分，所以称这个定理为**微积分基本定理**．

例 6.8　计算 $\int_0^1 \frac{1}{\sqrt{1-x^2}}\mathrm{d}x$.

解　$\int_0^1 \frac{1}{\sqrt{1-x^2}}\mathrm{d}x = [\arcsin x]_0^1 = \frac{\pi}{4}$.

例 6.9　设 $f(x)=\begin{cases} x+1, & 0\leqslant x\leqslant 1, \\ 5, & 1<x\leqslant 2 \end{cases}$（图 6 - 5），求 $\int_0^2 f(x)\mathrm{d}x$.

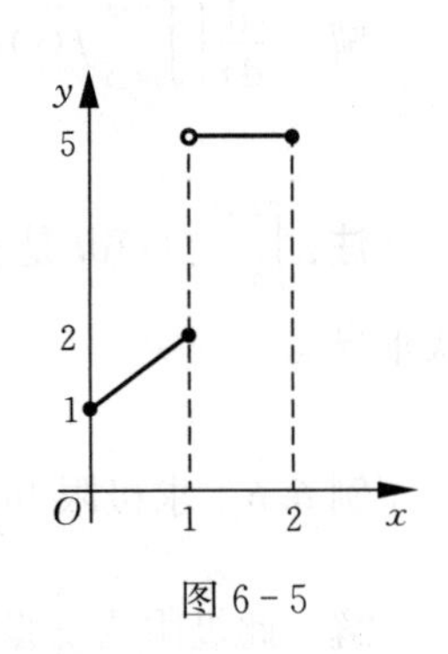

图 6 - 5

解　
$$\begin{aligned}\int_0^2 f(x)\mathrm{d}x &= \int_0^1 f(x)\mathrm{d}x + \int_1^2 f(x)\mathrm{d}x \\ &= \int_0^1 (x+1)\mathrm{d}x + \int_1^2 5\mathrm{d}x \\ &= \left(\frac{x^2}{2}+x\right)\Big|_0^1 + 5x\Big|_1^2 = \frac{13}{2}.\end{aligned}$$

例 6.10　求 $\int_{-1}^1 \min\{x,\ x^2\}\mathrm{d}x$.

解　被积函数为最小值函数，将其化为分段函数．

$$f(x)=\min\{x,\ x^2\}=\begin{cases} x, & -1\leqslant x<0, \\ x^2, & 0\leqslant x\leqslant 1, \end{cases}$$

于是
$$\int_{-1}^1 \min\{x,\ x^2\}\mathrm{d}x = \int_{-1}^0 x\mathrm{d}x + \int_0^1 x^2\mathrm{d}x = \frac{x^2}{2}\Big|_{-1}^0 + \frac{1}{3}x^3\Big|_0^1 = -\frac{1}{6}.$$

例 6.11　求 $\int_{-\frac{\pi}{2}}^{\frac{\pi}{2}} |1-2\sin x|\mathrm{d}x$.

解　$|1-2\sin x| = \begin{cases} 1-2\sin x, & -\frac{\pi}{2}\leqslant x\leqslant \frac{\pi}{6}, \\ 2\sin x-1, & \frac{\pi}{6}<x\leqslant \frac{\pi}{2}, \end{cases}$

由区间可加性，得

$$\int_{-\frac{\pi}{2}}^{\frac{\pi}{2}} |1-2\sin x|\,\mathrm{d}x = \int_{-\frac{\pi}{2}}^{\frac{\pi}{6}} (1-2\sin x)\,\mathrm{d}x + \int_{\frac{\pi}{6}}^{\frac{\pi}{2}} (2\sin x - 1)\,\mathrm{d}x$$
$$= (x+2\cos x)\Big|_{-\frac{\pi}{2}}^{\frac{\pi}{6}} + (-2\cos x - x)\Big|_{\frac{\pi}{6}}^{\frac{\pi}{2}}$$
$$= \frac{\pi}{6}+\sqrt{3}+\frac{\pi}{2}-\frac{\pi}{2}+\sqrt{3}+\frac{\pi}{6} = \frac{\pi}{3}+2\sqrt{3}.$$

例 6.12 求正弦曲线 $y=\sin x$ 在$[0, 2\pi]$上与 x 轴所围成的平面图形(图 6-6)的面积.

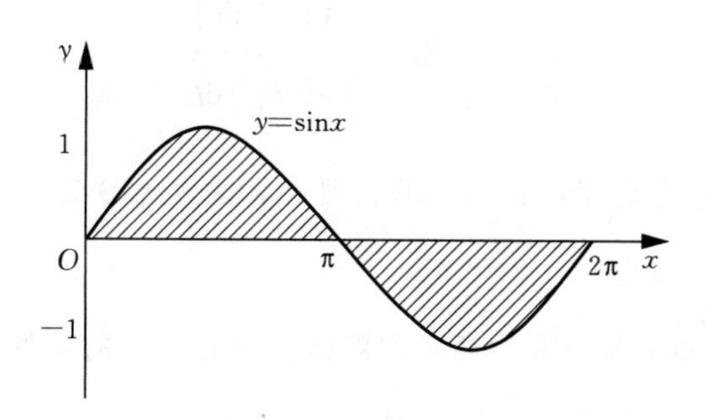

图 6-6

解 由对称性及定积分的几何意义可知，此曲边梯形的面积

$$A = 2\int_0^{\pi} \sin x\,\mathrm{d}x = 2[-\cos x]\Big|_0^{\pi} = -2(\cos\pi - \cos 0) = 4.$$

例 6.13 设 $f(x) = \sqrt{1-x^2} + x^3\int_0^1 f(x)\,\mathrm{d}x$，求$\int_0^1 f(x)\,\mathrm{d}x$.

解 因为定积分$\int_0^1 f(x)\,\mathrm{d}x$ 是一个常数，所以可设$\int_0^1 f(x)\,\mathrm{d}x = A$，故

$$f(x) = \sqrt{1-x^2} + x^3 \cdot A,$$

上式两端在$[0, 1]$上积分得

$$A = \int_0^1 f(x)\,\mathrm{d}x = \int_0^1 \sqrt{1-x^2}\,\mathrm{d}x + A\int_0^1 x^3\,\mathrm{d}x$$
$$= \frac{\pi}{4} + \frac{A}{4}x^4\Big|_0^1 = \frac{\pi}{4} + \frac{A}{4},$$

移项得$\frac{3}{4}A = \frac{\pi}{4}$，所以

$$A = \int_0^1 f(x)\,\mathrm{d}x = \frac{\pi}{3}.$$

习题 6-2

1. 试求函数 $y = \int_0^x \sin t\,\mathrm{d}t$，当 $x=0$ 及 $x=\frac{\pi}{3}$时的导数.

2. 计算下列各定积分.

(1) $\int_1^4 \sqrt{x}(2+\sqrt{x})\,\mathrm{d}x$； (2) $\int_1^{\sqrt{3}} \frac{\mathrm{d}x}{1+x^2}$；

(3) $\int_1^0 \mathrm{e}^x\,\mathrm{d}x$； (4) $\int_1^2 \frac{\mathrm{d}x}{x+x^3}$；

(5) $\int_0^{\frac{\pi}{4}} \tan^2\theta \mathrm{d}\theta$；　　(6) $\int_0^{\pi} \sqrt{1+\cos 2x}\,\mathrm{d}x$；

(7) $\int_0^2 f(x)\mathrm{d}x$，其中 $f(x)=\begin{cases} \dfrac{1}{1+x^2}, & x \leqslant 1, \\ x^2+1, & x>1. \end{cases}$

3. 求下列极限.

(1) $\lim\limits_{x\to 0}\dfrac{\int_0^x \cos t^2 \mathrm{d}t}{2x}$；　　(2) $\lim\limits_{x\to 0}\dfrac{\left(\int_0^x \mathrm{e}^{t^2}\mathrm{d}t\right)^2}{\int_0^x t\mathrm{e}^{2t^2}\mathrm{d}t}$.

4. 设 $f(x)$在$[a, b]$上连续，在(a, b)内可导，且 $f'(x)\leqslant 0$，$F(x)=\dfrac{1}{x-a}\int_a^x f(t)\mathrm{d}t$，证明：在$(a, b)$内有 $F'(x)\leqslant 0$.

5. 求由 $\int_0^y \mathrm{e}^{t^2}\mathrm{d}t+\int_0^x \cos t\mathrm{d}t=0$ 所确定的隐函数 y 关于 x 的导数.

6. 求由参数方程 $x=\int_0^{t^2} s\ln s\mathrm{d}s$，$y=\int_{t^2}^2 s^2\ln s\mathrm{d}s$ 所确定的隐函数 y 关于 x 的导数.

7. 设 $f(x)$连续，且 $\int_0^x f(t)\mathrm{d}t=x^3(1+x)$，求 $f(x)$及 $f(1)$.

第三节　定积分的换元积分法与分部积分法

由牛顿—莱布尼茨公式可知，定积分的计算归结为求被积函数的原函数. 而在不定积分计算中有两个重要方法——换元积分法和分部积分法，在定积分的计算中用到它们时，由于我们的目的只是求积分值，所以有新的特点，下面我们来介绍它们.

一、定积分的换元积分法

定理 6.5　假设函数 $f(x)$在区间$[a, b]$上连续，对于变换 $x=\varphi(t)$，若有常数 α，β 满足：

(1) $\varphi(\alpha)=a$，$\varphi(\beta)=b$；

(2) **在 α，β 界定的区间上有** $a\leqslant\varphi(t)\leqslant b$；

(3) **在 α，β 界定的区间上，**$x=\varphi(t)$**有连续的导数，**

则

$$\int_a^b f(x)\mathrm{d}x=\int_\alpha^\beta f[\varphi(t)]\varphi'(t)\mathrm{d}t. \tag{6.10}$$

证　由假设可知(6.10)式两端的被积函数都是连续的，因此两个积分都存在. 而且由定理 6.3 知，被积函数的原函数都存在. 设 $F(x)$是 $f(x)$在$[a, b]$上的一个原函数，$G(t)=F[\varphi(t)]$，则有

$$G'(t)=F'[\varphi(t)]\cdot\varphi'(t)=f[\varphi(t)]\varphi'(t),$$

因此 $G(t)=F[\varphi(t)]$是 $f[\varphi(t)]\varphi'(t)$在区间$[\alpha, \beta]$上的一个原函数. 显然，

$$G(\beta)=F[\varphi(\beta)]=F(b),\ G(\alpha)=F[\varphi(\alpha)]=F(a).$$

由此利用牛顿—莱布尼茨公式得

$$\int_a^b f(x)\mathrm{d}x = F(b) - F(a) = G(\beta) - G(\alpha) = \int_\alpha^\beta f[\varphi(t)]\varphi'(t)\mathrm{d}t,$$

因此公式(6.10)成立．

在应用公式(6.10)时必须注意变换 $x=\varphi(t)$ 应满足的条件，在改变积分变量的同时注意相应改变积分上、下限．

例 6.14　计算 $\int_0^{\frac{\pi}{2}} \sin^3 x\cos x\mathrm{d}x$.

解法一　令 $t=\sin x$，则 $\mathrm{d}t=\cos x\mathrm{d}x$. 当 $x=0$ 时，$t=0$；当 $x=\frac{\pi}{2}$时，$t=1$，于是

$$\int_0^{\frac{\pi}{2}} \sin^3 x\cos x\mathrm{d}x = \int_0^1 t^3\mathrm{d}t = \frac{1}{4}t^4\Big|_0^1 = \frac{1}{4}.$$

解法二　可以不明显地写出新变量 t，这样定积分的上、下限也不用改变，如下：

$$\int_0^{\frac{\pi}{2}} \sin^3 x\cos x\mathrm{d}x = \int_0^{\frac{\pi}{2}} \sin^3 x\mathrm{d}\sin x = \frac{1}{4}\sin^4 x\Big|_0^{\frac{\pi}{2}} = \frac{1}{4} - 0 = \frac{1}{4}.$$

例 6.15　计算 $\int_0^4 \frac{x+1}{\sqrt{2x+1}}\mathrm{d}x$.

解　令 $t=\sqrt{2x+1}$，$x=\frac{t^2-1}{2}$，$\mathrm{d}x=t\mathrm{d}t$. 当 $x=0$ 时，$t=1$；当 $x=4$ 时，$t=3$，于是

$$\int_0^4 \frac{x+1}{\sqrt{2x+1}}\mathrm{d}x = \int_1^3 \frac{\frac{t^2-1}{2}+1}{t}t\mathrm{d}t = \frac{1}{2}\int_1^3 (t^2+1)\mathrm{d}t = \left[\frac{1}{6}t^3 + \frac{1}{2}t\right]_1^3 = \frac{16}{3}.$$

作变换时一定要注意定理的条件，换元积分法还可以证明一些定积分等式，通常由被积函数和积分区间来确定变换．下面几个例子也可以当定积分公式使用．

例 6.16　设 $f(x)$在$[-a, a]$上连续，证明：

(1) 若 $f(x)$为奇函数，则 $\int_{-a}^a f(x)\mathrm{d}x = 0$；

(2) 若 $f(x)$为偶函数，则 $\int_{-a}^a f(x)\mathrm{d}x = 2\int_0^a f(x)\mathrm{d}x$.

证　由于

$$\int_{-a}^a f(x)\mathrm{d}x = \int_{-a}^0 f(x)\mathrm{d}x + \int_0^a f(x)\mathrm{d}x,$$

对上式右端第一个积分作变换 $x=-t$，有

$$\int_{-a}^0 f(x)\mathrm{d}x = -\int_a^0 f(-t)\mathrm{d}t = \int_0^a f(-t)\mathrm{d}t = \int_0^a f(-x)\mathrm{d}x,$$

故

$$\int_{-a}^a f(x)\mathrm{d}x = \int_0^a [f(-x) + f(x)]\mathrm{d}x.$$

(1) 当 $f(x)$为奇函数时，$f(-x)=-f(x)$，故

$$\int_{-a}^a f(x)\mathrm{d}x = \int_0^a 0\mathrm{d}x = 0.$$

(2) 当 $f(x)$为偶函数时，$f(-x)=f(x)$，故

$$\int_{-a}^a f(x)\mathrm{d}x = \int_0^a 2f(x)\mathrm{d}x = 2\int_0^a f(x)\mathrm{d}x.$$

注：利用此例的结论能很方便地求出一些定积分的值．例如，

$$\int_{-1}^{1}(x+\sqrt{4-x^2})^2\mathrm{d}x=\int_{-1}^{1}(4+2x\sqrt{4-x^2})\mathrm{d}x=4\int_{-1}^{1}\mathrm{d}x+0=8,$$

$$\int_{-\frac{\pi}{4}}^{\frac{\pi}{4}}\frac{\cos x}{1+\mathrm{e}^{-x}}\mathrm{d}x=\int_{-\frac{\pi}{4}}^{0}\frac{\cos x}{1+\mathrm{e}^{-x}}\mathrm{d}x+\int_{0}^{\frac{\pi}{4}}\frac{\cos x}{1+\mathrm{e}^{-x}}\mathrm{d}x=\int_{0}^{\frac{\pi}{4}}\left(\frac{\cos x}{1+\mathrm{e}^{-x}}+\frac{\cos x}{1+\mathrm{e}^{x}}\right)\mathrm{d}x$$

$$=\int_{0}^{\frac{\pi}{4}}\cos x\mathrm{d}x=\frac{\sqrt{2}}{2}.$$

例 6.17 设 $f(x)$在$[0,1]$上连续，证明：

(1) $\int_{0}^{\frac{\pi}{2}}f(\sin x)\mathrm{d}x=\int_{0}^{\frac{\pi}{2}}f(\cos x)\mathrm{d}x$；

(2) $\int_{0}^{\pi}xf(\sin x)\mathrm{d}x=\frac{\pi}{2}\int_{0}^{\pi}f(\sin x)\mathrm{d}x$，由此计算$\int_{0}^{\pi}\frac{x\sin x}{1+\cos^2 x}\mathrm{d}x$.

证 (1) 设 $x=\frac{\pi}{2}-t$，则 $\mathrm{d}x=-\mathrm{d}t$，且当 $x=0$ 时，$t=\frac{\pi}{2}$；当 $x=\frac{\pi}{2}$时，$t=0$，于是

$$\int_{0}^{\frac{\pi}{2}}f(\sin x)\mathrm{d}x=-\int_{\frac{\pi}{2}}^{0}f\left[\sin\left(\frac{\pi}{2}-t\right)\right]\mathrm{d}t=\int_{0}^{\frac{\pi}{2}}f(\cos t)\mathrm{d}t=\int_{0}^{\frac{\pi}{2}}f(\cos x)\mathrm{d}x.$$

(2) 设 $x=\pi-t$，则 $\mathrm{d}x=-\mathrm{d}t$，且当 $x=0$ 时，$t=\pi$；当 $x=\pi$ 时，$t=0$，于是

$$\int_{0}^{\pi}xf(\sin x)\mathrm{d}x=-\int_{\pi}^{0}(\pi-t)f[\sin(\pi-t)]\mathrm{d}t=\int_{0}^{\pi}(\pi-t)f(\sin t)\mathrm{d}t$$

$$=\pi\int_{0}^{\pi}f(\sin t)\mathrm{d}t-\int_{0}^{\pi}tf(\sin t)\mathrm{d}t$$

$$=\pi\int_{0}^{\pi}f(\sin x)\mathrm{d}x-\int_{0}^{\pi}xf(\sin x)\mathrm{d}x,$$

移项后求得

$$\int_{0}^{\pi}xf(\sin x)\mathrm{d}x=\frac{\pi}{2}\int_{0}^{\pi}f(\sin x)\mathrm{d}x.$$

利用上述结论，即得

$$\int_{0}^{\pi}\frac{x\sin x}{1+\cos^2 x}\mathrm{d}x=\frac{\pi}{2}\int_{0}^{\pi}\frac{\sin x}{1+\cos^2 x}\mathrm{d}x=-\frac{\pi}{2}\int_{0}^{\pi}\frac{\mathrm{d}(\cos x)}{1+\cos^2 x}$$

$$=-\frac{\pi}{2}[\arctan(\cos x)]_{0}^{\pi}=\frac{\pi^2}{4}.$$

二、定积分的分部积分法

由不定积分的分部积分法和牛顿—莱布尼茨公式显然可得：

定理 6.6 设函数 $u(x)$与 $v(x)$均在区间$[a,b]$上有连续的导数，则

$$\int_{a}^{b}u\mathrm{d}v=(uv)\Big|_{a}^{b}-\int_{a}^{b}v\mathrm{d}u. \tag{6.11}$$

公式(6.11)称为**定积分分部积分公式**.

例 6.18 计算 $\int_{0}^{\pi}x\sin x\mathrm{d}x$.

解 $\int_{0}^{\pi}x\sin x\mathrm{d}x=-\int_{0}^{\pi}x\mathrm{d}\cos x=-x\cos x\Big|_{0}^{\pi}+\int_{0}^{\pi}\cos x\mathrm{d}x=\pi+\sin x\Big|_{0}^{\pi}=\pi.$

例 6.19 计算 $\int_{0}^{\frac{\pi}{4}}\frac{x}{1+\cos 2x}\mathrm{d}x$.

解 $\int_0^{\frac{\pi}{4}} \frac{x}{1+\cos 2x}dx = \int_0^{\frac{\pi}{4}} \frac{x}{2\cos^2 x}dx = \frac{1}{2}\int_0^{\frac{\pi}{4}} x d\tan x$

$$= \frac{1}{2}\left(x\tan x\Big|_0^{\frac{\pi}{4}} - \int_0^{\frac{\pi}{4}} \tan x dx\right)$$

$$= \frac{1}{2}\left(\frac{\pi}{4} + \ln\cos x\Big|_0^{\frac{\pi}{4}}\right) = \frac{\pi}{8} - \frac{1}{4}\ln 2.$$

例 6.20 计算 $\int_1^2 2x\ln^2 x dx$.

解 $\int_1^2 \ln^2 x dx^2 = x^2\ln^2 x\Big|_1^2 - 2\int x\ln x dx = 4\ln^2 2 - 4\ln 2 + \frac{3}{2}.$

习题 6-3

1. 计算下列积分.

(1) $\int_{\frac{\pi}{3}}^{\pi} \cos\left(x+\frac{\pi}{3}\right)dx$;

(2) $\int_{-1}^{1} \frac{dx}{(9+4x)^2}$;

(3) $\int_0^{\frac{\pi}{2}} \sin\varphi\cos^4\varphi d\varphi$;

(4) $\int_{\frac{\pi}{6}}^{\frac{\pi}{2}} \cos^2 u du$;

(5) $\int_0^{\sqrt{2}} \sqrt{2-x^2}dx$;

(6) $\int_0^1 \frac{xdx}{\sqrt{5-4x}}$;

(7) $\int_1^2 te^{-\frac{t^2}{2}}dt$;

(8) $\int_{-2}^0 \frac{dx}{x^2+2x+2}$;

(9) $\int_0^{\frac{\pi}{2}} \cos x\cos 2x dx$;

(10) $\int_1^e \frac{1}{x(1+\ln x)}dx$.

2. 利用函数的奇偶性计算下列积分.

(1) $\int_{-\pi}^{\pi} x^4\sin 2x dx$;

(2) $\int_{-1}^{1} \frac{x^3\sin^2 x}{x^4+2x^2+1}dx$.

3. 证明：$\int_{-a}^{a}\varphi(x^2)dx = 2\int_0^a \varphi(x^2)dx$，其中 $\varphi(u)$ 为连续函数.

4. 设 $f(x)$ 是以 l 为周期的连续函数，证明：$\int_a^{a+l} f(x)dx = \int_0^l f(x)dx$.

5. 若 $f(t)$ 是连续函数且为奇函数，证明：$\int_0^x f(t)dt$ 是偶函数；若 $f(t)$ 是连续函数且为偶函数，证明：$\int_0^x f(t)dt$ 是奇函数.

6. 设 $f(x)$ 在 $(-\infty, +\infty)$ 上连续，试证函数 $F(x) = \int_0^1 f(x+t)dt$ 可导，并求 $F'(x)$.

7. 计算下列定积分.

(1) $\int_0^1 xe^{-x}dx$;

(2) $\int_1^e x\ln x dx$;

(3) $\int_{\frac{\pi}{4}}^{\frac{\pi}{3}} \frac{x}{\sin^2 x}dx$;

(4) $\int_0^{\frac{2\pi}{\omega}} t\sin\omega t dt$（$\omega$ 为常数）；

(5) $\int_{e}^{\frac{1}{e}} |\ln x|dx$;

(6) $\int_0^{\frac{\sqrt{3}}{2}} \arccos x dx$;

(7) $\int_0^{\pi} x^2 \cos \frac{x}{2} \mathrm{d}x$；　　　　(8) $\int_0^{\frac{\pi}{2}} \mathrm{e}^x \sin x \mathrm{d}x$.

8. 已知 $f(\pi)=1$，且 $\int_0^{\pi} [f(x)+f''(x)]\sin x \mathrm{d}x = 3$，求 $f(0)$.

9. 已知 $f(x)$的一个原函数是 $\arctan x$，求 $\int_0^1 x f'(x) \mathrm{d}x$.

10. 设 $f(x) = \int_0^{x^2} \mathrm{e}^{-t^2} \mathrm{d}t$，求 $\int_0^1 x f(x) \mathrm{d}x$.

第四节　反常积分

一、无限区间上的反常积分

定义 6.2　设函数 $f(x)$在区间$[a, +\infty)$上连续，取 $b>a$. 如果极限

$$\lim_{b \to +\infty} \int_a^b f(x) \mathrm{d}x$$

存在，则称此极限为函数 $f(x)$在无穷区间$[a, +\infty)$上的**反常积分**，记作 $\int_a^{+\infty} f(x) \mathrm{d}x$，即

$$\int_a^{+\infty} f(x) \mathrm{d}x = \lim_{b \to +\infty} \int_a^b f(x) \mathrm{d}x.$$

这时也称反常积分 $\int_a^{+\infty} f(x) \mathrm{d}x$ **收敛**；如果上述极限不存在，称反常积分 $\int_a^{+\infty} f(x) \mathrm{d}x$ **发散**.

类似地，定义

$$\int_{-\infty}^b f(x) \mathrm{d}x = \lim_{a \to -\infty} \int_a^b f(x) \mathrm{d}x;$$

$$\int_{-\infty}^{+\infty} f(x) \mathrm{d}x = \int_{-\infty}^c f(x) \mathrm{d}x + \int_c^{+\infty} f(x) \mathrm{d}x,$$

其中 c 为任一实常数．反常积分 $\int_{-\infty}^{+\infty} f(x) \mathrm{d}x$ 收敛的充分必要条件是两个反常积分 $\int_{-\infty}^c f(x) \mathrm{d}x$ 和 $\int_c^{+\infty} f(x) \mathrm{d}x$ 均收敛．

若 $F(x)$是连续函数 $f(x)$的原函数，计算反常积分时，为了方便书写，记

$$F(+\infty) = \lim_{x \to +\infty} F(x)，F(-\infty) = \lim_{x \to -\infty} F(x),$$

$$\int_a^{+\infty} f(x) \mathrm{d}x = F(x) \Big|_a^{+\infty} = F(+\infty) - F(a),$$

$$\int_{-\infty}^b f(x) \mathrm{d}x = F(x) \Big|_{-\infty}^b = F(b) - F(-\infty),$$

$$\int_{-\infty}^{+\infty} f(x) \mathrm{d}x = F(x) \Big|_{-\infty}^{+\infty} = F(+\infty) - F(-\infty).$$

这时反常积分的收敛与发散取决于 $F(+\infty)$，$F(-\infty)$是否存在．

例 6.21　计算反常积分 $\int_{-\infty}^{+\infty} \frac{1}{1+x^2} \mathrm{d}x$.

解　$$\int_{-\infty}^{+\infty} \frac{1}{1+x^2} \mathrm{d}x = \int_{-\infty}^0 \frac{1}{1+x^2} \mathrm{d}x + \int_0^{+\infty} \frac{1}{1+x^2} \mathrm{d}x$$

$$= [\arctan x]_{-\infty}^0 + [\arctan x]_0^{+\infty}$$

$$=0-\left(-\frac{\pi}{2}\right)+\frac{\pi}{2}-0=\pi.$$

例 6.22　证明：反常积分$\int_a^{+\infty}\frac{1}{x^p}\mathrm{d}x(a>0)$当 $p>1$ 时收敛；当 $p\leqslant 1$ 时发散．

证　当 $p=1$ 时，$\int_a^{+\infty}\frac{1}{x^p}\mathrm{d}x=\int_a^{+\infty}\frac{1}{x}\mathrm{d}x=[\ln x]_0^{+\infty}=+\infty$；

当 $p\neq 1$ 时，$\int_a^{+\infty}\frac{1}{x^p}\mathrm{d}x=\left[\frac{x^{1-p}}{1-p}\right]_a^{+\infty}=\begin{cases}+\infty, & p<1,\\ \frac{a^{1-p}}{p-1}, & p>1,\end{cases}$

故命题得证．

例 6.23　计算反常积分$\int_{\mathrm{e}}^{+\infty}\frac{\mathrm{d}x}{x\ln^2 x}$.

解　$\int_{\mathrm{e}}^{+\infty}\frac{\mathrm{d}x}{x\ln^2 x}=\int_{\mathrm{e}}^{+\infty}\frac{\mathrm{d}\ln x}{\ln^2 x}=-\frac{1}{\ln x}\Big|_{\mathrm{e}}^{+\infty}=-0+1=1.$

例 6.24　计算反常积分$\int_1^{+\infty}\frac{\arctan x}{x^2}\mathrm{d}x$.

解　$\int_1^{+\infty}\frac{\arctan x}{x^2}\mathrm{d}x=-\int_1^{+\infty}\arctan x\mathrm{d}\left(\frac{1}{x}\right)=-\frac{\arctan x}{x}\Big|_1^{+\infty}+\int_1^{+\infty}\frac{1}{x(1+x^2)}\mathrm{d}x$

$$=\frac{\pi}{4}+\int_1^{+\infty}\left(\frac{1}{x}-\frac{x}{1+x^2}\right)\mathrm{d}x=\frac{\pi}{4}+\ln\frac{x}{\sqrt{1+x^2}}\Big|_1^{+\infty}$$

$$=\frac{\pi}{4}+\frac{1}{2}\ln 2.$$

二、无界函数的反常积分

定义 6.3　设函数 $f(x)$在$(a, b]$上连续，而在点 a 的右邻域内无界(称 a 为**瑕点**)，取 $\varepsilon>0$，如果极限 $\lim\limits_{\varepsilon\to 0^+}\int_{a+\varepsilon}^b f(x)\mathrm{d}x$ 存在，则称此极限为函数 $f(x)$在(a, b)上的**反常积分**(或**瑕积分**)，仍然记作$\int_a^b f(x)\mathrm{d}x$，即

$$\int_a^b f(x)\mathrm{d}x=\lim_{\varepsilon\to 0^+}\int_{a+\varepsilon}^b f(x)\mathrm{d}x,$$

这时也称反常积分$\int_a^b f(x)\mathrm{d}x$**收敛**．如果上述极限不存在，就称反常积分$\int_a^b f(x)\mathrm{d}x$**发散**．

类似地，设函数 $f(x)$在$[a, b)$上连续，而在点 b 的左邻域内无界(b 为**瑕点**)，取 $\varepsilon>0$，如果极限

$$\lim_{\varepsilon\to 0^+}\int_a^{b-\varepsilon}f(x)\mathrm{d}x$$

存在，则定义

$$\int_a^b f(x)\mathrm{d}x=\lim_{\varepsilon\to 0^+}\int_a^{b-\varepsilon}f(x)\mathrm{d}x,$$

这时称反常积分$\int_a^b f(x)\mathrm{d}x$**收敛**；如果上述极限不存在，就称反常积分$\int_a^b f(x)\mathrm{d}x$**发散**．

设函数 $f(x)$在$[a, b]$上除点 $c(a<c<b)$外连续，而在点 c 的邻域内无界(c 为**瑕点**)，如

果两个反常积分

$$\int_a^c f(x)\mathrm{d}x \text{ 与} \int_c^b f(x)\mathrm{d}x$$

都收敛，则定义

$$\begin{aligned}\int_a^b f(x)\mathrm{d}x &= \int_a^c f(x)\mathrm{d}x + \int_c^b f(x)\mathrm{d}x \\ &= \lim_{\varepsilon\to 0^+}\int_a^{c-\varepsilon} f(x)\mathrm{d}x + \lim_{\varepsilon'\to 0^+}\int_{c+\varepsilon'}^b f(x)\mathrm{d}x,\end{aligned}$$

这时称反常积分 $\int_a^b f(x)\mathrm{d}x$ **收敛**；否则，就称反常积分 $\int_a^b f(x)\mathrm{d}x$ **发散**.

注：若被积函数在积分区间上仅存在有限个第一类间断点，则本质上是常义积分，而不是反常积分. 例如，$\int_{-1}^1 \frac{x^2-1}{x-1}\mathrm{d}x = \int_{-1}^1 (x+1)\mathrm{d}x$.

当 $f(x)\in C[a, b)$，b 为瑕点时，$F(x)$是连续函数 $f(x)$的原函数，计算反常积分时，为了方便书写，写成

$$\int_a^b f(x)\mathrm{d}x = F(x)\Big|_a^{b^-} = F(b^-) - F(a).$$

当 $f(x)\in C(a, b]$，a 为瑕点时，则记

$$\int_a^b f(x)\mathrm{d}x = F(x)\Big|_{a^+}^{b} = F(b) - F(a^+).$$

如果瑕点在积分区间内部，要用瑕点将区间分开，在各子区间上分别讨论，只要有一个瑕积分发散，则整个瑕积分发散. 但如果 $f(x)$的原函数 $F(x)$在积分区间上连续，则

$$\int_a^b f(x)\mathrm{d}x = F(x)\Big|_a^b = F(b) - F(a). \text{(为什么?)}$$

例 6.25 计算反常积分 $\int_0^a \frac{\mathrm{d}x}{\sqrt{a^2-x^2}}(a>0)$.

解 $\int_0^a \frac{\mathrm{d}x}{\sqrt{a^2-x^2}} = \left[\arcsin\frac{x}{a}\right]_0^{a^-} = \frac{\pi}{2}$.

例 6.26 证明：反常积分 $\int_0^1 \frac{\mathrm{d}x}{x^q}$ 当 $q<1$ 时收敛；当 $q\geqslant 1$ 时发散.

证 当 $q=1$ 时，$\int_0^1 \frac{\mathrm{d}x}{x} = \ln x\Big|_{0^+}^1 = +\infty$，发散；

当 $q\neq 1$ 时，$\int_0^1 \frac{\mathrm{d}x}{x^q} = \left[\frac{x^{1-q}}{1-q}\right]_{0^+}^1 = \begin{cases}\frac{1}{1-q}, & q<1, \\ +\infty, & q>1,\end{cases}$

故命题得证.

例 6.27 讨论反常积分 $\int_1^2 \frac{\mathrm{d}x}{x\ln x}$ 的收敛性.

解

$$\begin{aligned}\int_1^2 \frac{\mathrm{d}x}{x\ln x} &= \lim_{\varepsilon\to 0^+}\int_{1+\varepsilon}^2 \frac{\mathrm{d}x}{x\ln x} = \lim_{\varepsilon\to 0^+}\int_{1+\varepsilon}^2 \frac{\mathrm{d}(\ln x)}{\ln x} = \lim_{\varepsilon\to 0^+}[\ln(\ln x)]_{1+\varepsilon}^2 \\ &= \lim_{\varepsilon\to 0^+}[\ln(\ln 2) - \ln(\ln(1+\varepsilon))] = +\infty,\end{aligned}$$

故所求反常积分 $\int_1^2 \frac{\mathrm{d}x}{x\ln x}$ 发散.

例 6.28　计算反常积分$\int_0^3 \frac{\mathrm{d}x}{(x-1)^{\frac{2}{3}}}$.

解　因为$x=1$是瑕点，此积分为瑕积分，则

$$\int_0^3 \frac{\mathrm{d}x}{(x-1)^{\frac{2}{3}}}=\left(\int_0^1+\int_1^3\right)\frac{\mathrm{d}x}{(x-1)^{\frac{2}{3}}}.$$

而　$\int_0^1 \frac{\mathrm{d}x}{(x-1)^{\frac{2}{3}}}=\lim\limits_{\varepsilon\to 0^+}\int_0^{1-\varepsilon}\frac{\mathrm{d}x}{(x-1)^{\frac{2}{3}}}=3$，$\int_1^3 \frac{\mathrm{d}x}{(x-1)^{\frac{2}{3}}}=\lim\limits_{\varepsilon\to 0^+}\int_{1+\varepsilon}^3\frac{\mathrm{d}x}{(x-1)^{\frac{2}{3}}}=3\sqrt[3]{2}$，

因此

$$\int_0^3 \frac{\mathrm{d}x}{(x-1)^{\frac{2}{3}}}=3(1+\sqrt[3]{2}).$$

习题 6－4

1. 判别下列各反常积分的收敛性，如果收敛，求反常积分的值．

(1) $\int_1^{+\infty}\frac{\mathrm{d}x}{x^4}$；

(2) $\int_1^{+\infty}\frac{\mathrm{d}x}{\sqrt{x}}$；

(3) $\int_0^{+\infty}\mathrm{e}^{-ax}\mathrm{d}x(a>0)$；

(4) $\int_{-\infty}^{+\infty}\frac{\mathrm{d}x}{x^2+2x+2}$；

(5) $\int_{\frac{2}{\pi}}^{+\infty}\frac{1}{x^2}\sin\frac{1}{x}\mathrm{d}x$；

(6) $\int_{-\infty}^{+\infty}(|x|+x)\mathrm{e}^{-|x|}\mathrm{d}x$；

(7) $\int_0^{+\infty}\frac{\mathrm{d}x}{\mathrm{e}^x+\mathrm{e}^{-x}}$；

(8) $\int_1^{+\infty}\frac{\mathrm{d}x}{x\sqrt{x^2-1}}$；

(9) $\int_0^1\frac{x\mathrm{d}x}{\sqrt{1-x^2}}$；

(10) $\int_0^2\frac{\mathrm{d}x}{(1-x)^2}$；

(11) $\int_0^1\frac{x\mathrm{d}x}{\sqrt{1-x}}$；

(12) $\int_{\frac{\pi}{2}}^{\frac{3\pi}{2}}\frac{\sin x}{\sqrt{1-\cos 2x}}\mathrm{d}x$.

2. 当q为何值时，反常积分$\int_2^{+\infty}\frac{\mathrm{d}x}{x(\ln x)^q}$收敛？$q$为何值时，这个反常积分发散？又当$q$为何值时，这个反常积分取得最小值？

第五节　定积分的应用

定积分有着广泛的应用，本节将介绍它在几何方面的简单应用，培养我们用数学知识来分析和解决问题的能力．为此，先介绍建立定积分的一种适用的简便方法——微元法．

一、微元法

由定积分的定义可知，求分布在区间$[a,b]$上的某个量的总量A，如果这个量具有“可加性”(即总量Q等于各个局部量ΔQ之和)，当分布均匀时(即在同样大小的区间上，对应的局部量相同)，则可以用分布密度×区间度量去计算，而分布不均时，就得用分布密度在区间上的定积分来计算．而按定义思想“分割、近似、求和、取极限”建立的定积分概括出来主要有以下几步：

(1) 选变量定区间：根据实际问题的具体情况先作草图，然后选取适当的坐标系及适当

的变量(如 x)，并确定积分变量的变化区间$[a, b]$；

(2) 取近似找微分：在$[a, b]$内任取一代表性区间$[x, x+dx]$，当 dx 很小时运用“以直代曲，以不变代变”的辩证思想，获取微元表达式 $dQ=f(x)dx\approx\Delta Q$(ΔQ 为量 Q 在小区间$[x, x+dx]$上所分布的部分量的近似值)；

(3) 对微元进行积分：$Q=\int_a^b dQ=\int_a^b f(x)dx$.

上述方法叫作**微元法**，其实质就是找出 Q 的元素 dQ 的微分表达式：

$$dQ=f(x)dx(a\leqslant x\leqslant b),$$

也称此方法为**元素分析法**.

二、平面图形的面积

1. 直角坐标情形

我们知道，由曲线 $y=f(x)(f(x)\geqslant 0)$和直线 $x=a$，$x=b$，y 轴所围成的曲边梯形的面积为

$$A=\int_a^b f(x)dx.$$

由一般曲线所围成的区域的面积也可以用定积分来求.

下面我们来计算由曲线所围成平面图形($g(x)\geqslant f(x)$)(图 6－7)的面积.

选取 x 为积分变量，其变化范围为$[a, b]$，在$[a, b]$内任取一代表性区间$[x, x+dx]$，其对应的面积元素为

$$dA=[g(x)-f(x)]dx,$$

则所求面积为

$$A=\int_a^b [g(x)-f(x)]dx.$$

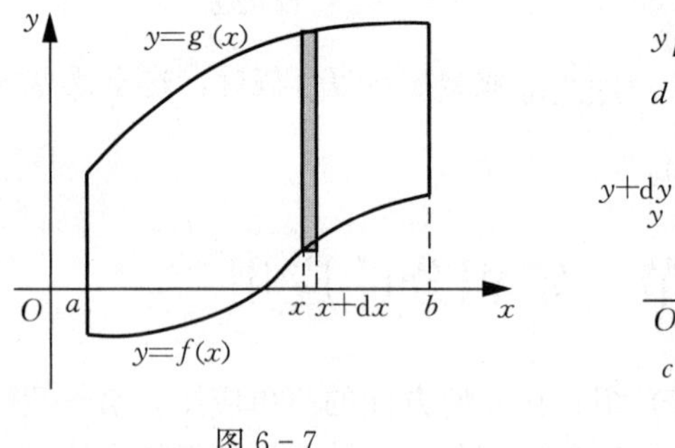

图 6－7

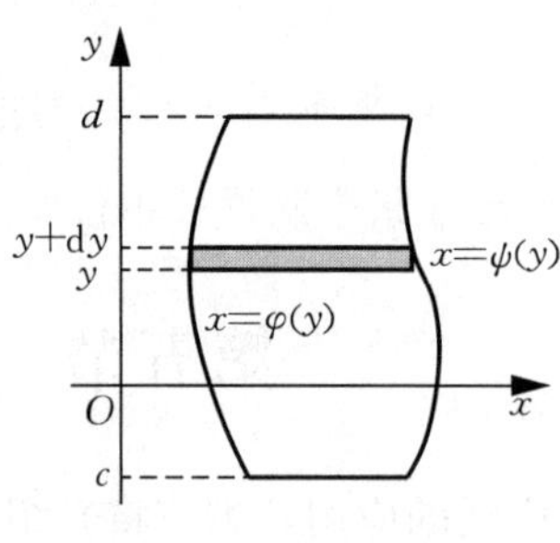

图 6－8

同样，由曲线 $x=\psi(y)$，$x=\varphi(y)$，$y=c$，$y=d(\psi(y)\geqslant\varphi(y))$所围成平面图形(图 6－8)的面积为

$$A=\int_c^d [\psi(y)-\varphi(y)]dy.$$

例 6.29 抛物线 $y^2=2x$ 与直线 $y=x-4$ 所围成的图形(图 6－9)的面积.

解 选取 y 为积分变量，为得到 y 的变化范围，解联立方程组

$$\begin{cases} y^2=2x, \\ y=x-4, \end{cases}$$

得交点分别为 $A(2, -2)$，$B(8, 4)$，则 y 的变化范围为 $[-2, 4]$.

面积元素为

$$\mathrm{d}A=\left(y+4-\frac{1}{2}y^2\right)\mathrm{d}y,$$

则所求面积为

$$A=\int_{-2}^{4}\left(y+4-\frac{1}{2}y^2\right)\mathrm{d}y=\left(\frac{1}{2}y^2+4y-\frac{1}{6}y^3\right)\Big|_{-2}^{4}=18.$$

例 6.30　抛物线 $y=x^2-1$ 与 x 轴及直线 $x=-2$ 所围成的图形(图 6-10)的面积.

解　由图 6-10 可见，所求面积有两块

$$\begin{aligned}A&=\int_{-2}^{-1}(x^2-1-0)\mathrm{d}x+\int_{-1}^{1}[0-(x^2-1)]\mathrm{d}x\\&=\left(\frac{1}{3}x^3-x\right)\Big|_{-2}^{1}+\left(x-\frac{1}{3}x^3\right)\Big|_{-1}^{1}=\frac{4}{3}.\end{aligned}$$

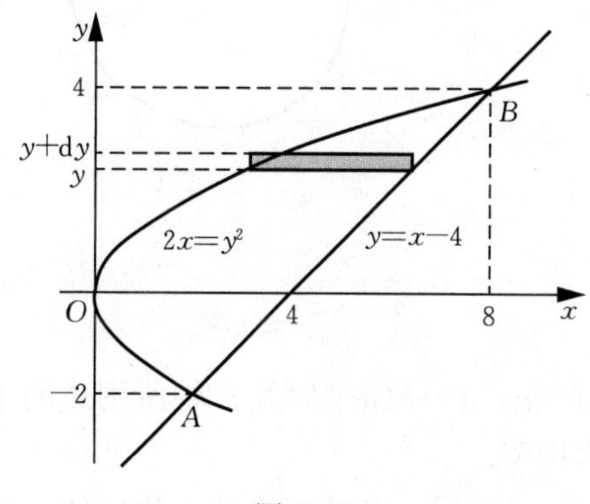

图 6-9

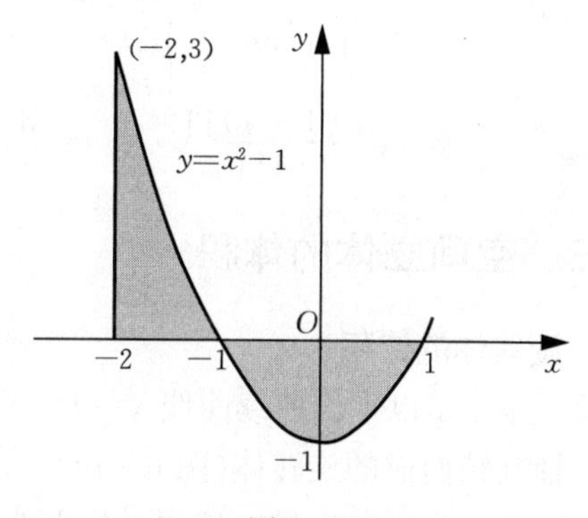

图 6-10

例 6.31　求椭圆 $\frac{x^2}{a^2}+\frac{y^2}{b^2}=1$ 的面积(图 6-11).

解　由图 6-11 可见，所求面积

$$A=4A_1=4\int_0^a b\sqrt{1-\left(\frac{x}{a}\right)^2}\,\mathrm{d}x=4ab\int_0^1\sqrt{1-t^2}\,\mathrm{d}t=\pi ab.$$

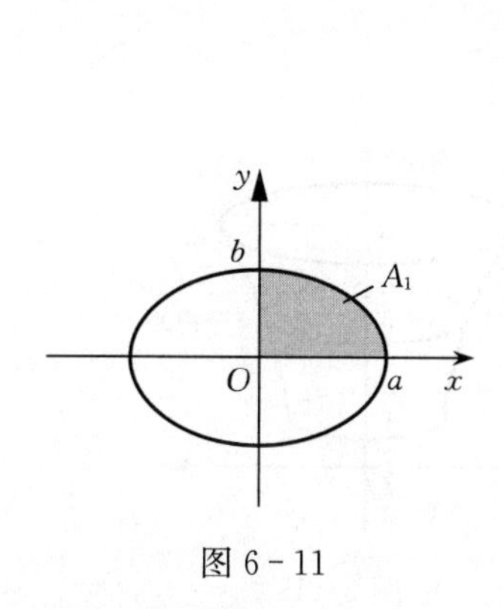

图 6-11

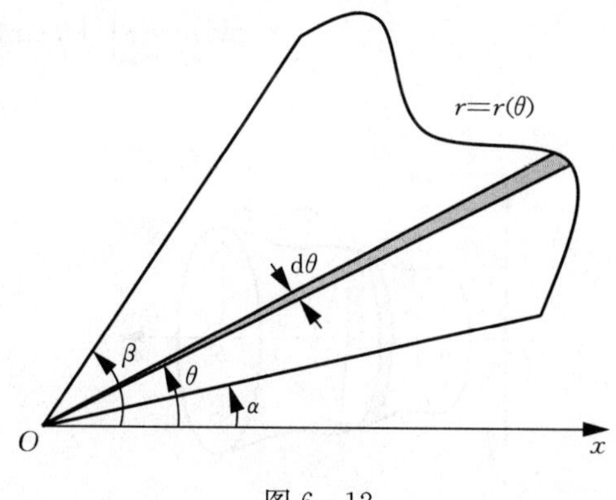

图 6-12

2. 极坐标情形

由极坐标方程 $r=r(\theta)$（设 $r(\theta)$ 在 $[\alpha, \beta]$ 上连续）及射线 $\theta=\alpha$，$\theta=\beta$ 围成的图形称为**曲边**

扇形(图 6-12). 选取 θ 为积分变量，其变化范围为$[\alpha, \beta]$，从中任取一个小的极角区间$[\theta, \theta+\mathrm{d}\theta]$，对应的面积元素为

$$\mathrm{d}A=\frac{1}{2}[r(\theta)]^2\mathrm{d}\theta,$$

从而曲边扇形的面积为

$$A=\int_\alpha^\beta \frac{1}{2}[r(\theta)]^2\mathrm{d}\theta.$$

例 6.32 计算心脏线 $r=a(1+\cos\theta)(a>0)$所围成的图形(图 6-13)的面积.

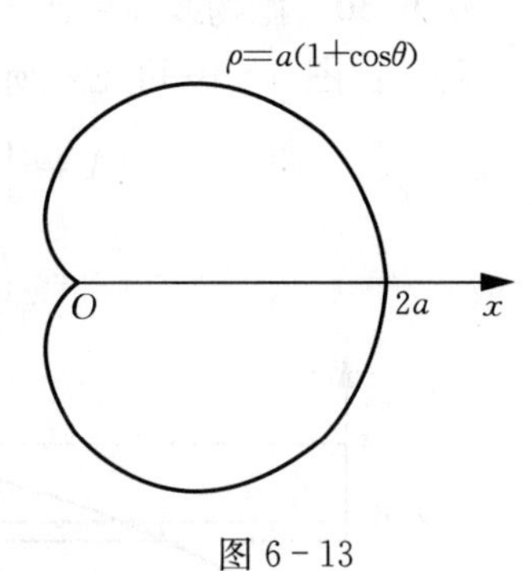

图 6-13

解 由于心脏线关于极轴对称，所以

$$\begin{aligned}A&=2\int_0^\pi \frac{1}{2}a^2(1+\cos\theta)^2\mathrm{d}\theta=a^2\int_0^\pi\left(2\cos^2\frac{\theta}{2}\right)^2\mathrm{d}\theta\\&=4a^2\int_0^\pi\left(\cos^4\frac{\theta}{2}\right)\mathrm{d}\theta\xlongequal{令\frac{\theta}{2}=t}8a^2\int_0^{\frac{\pi}{2}}\cos^4 t\mathrm{d}t\\&=8a^2\,\frac{(4-1)!!}{4!!}\cdot\frac{\pi}{2}=\frac{3}{2}a^2\pi.\end{aligned}$$

三、空间立体的体积

1. 旋转体的体积

设一立体是以平面连续曲线 $y=f(x)$，直线 $x=a$，$x=b(a<b)$及 x 轴所围成的平面图形绕 x 轴旋转而成的旋转体(图 6-14)，求它的体积 V_x.

(1) 选 x 为积分变量，任取一代表性区间$[x, x+\mathrm{d}x]$，以其对应的小旋转体为代表求体积元素.

(2) 把位于$[x, x+\mathrm{d}x]$的小旋转体近似用底半径为 $f(x)$，高为 $\mathrm{d}x$ 的直圆柱来近似代替，则可以得到该旋转体的体积元素为

$$\mathrm{d}V_x=\pi[f(x)]^2\mathrm{d}x.$$

(3) 由微元分析法知，整个绕 x 轴旋转的旋转体体积为

$$V_x=\pi\int_a^b[f(x)]^2\mathrm{d}x.$$

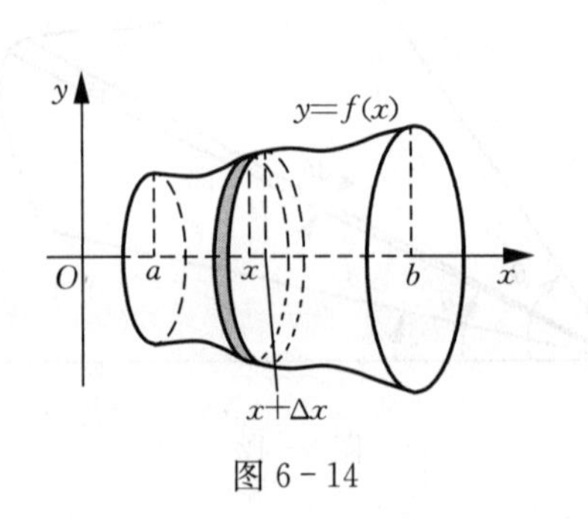

图 6-14

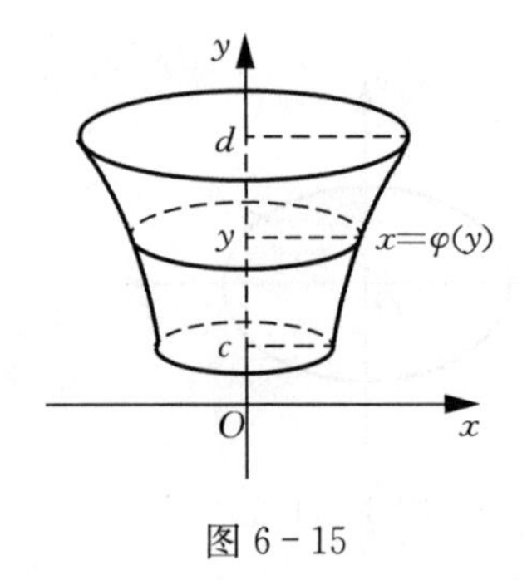

图 6-15

同理可得，绕 y 轴旋转的旋转体(图 6-15)体积为

$$V_y=\pi\int_c^d[\varphi(y)]^2\mathrm{d}y.$$

例 6.33　求椭圆$\frac{x^2}{a^2}+\frac{y^2}{b^2}=1$分别绕 x 轴与 y 轴旋转产生的旋转体体积.

解　作椭圆图形，由于图形与坐标轴对称，所以只需考虑第一象限内的曲边梯形绕坐标轴旋转所产生的旋转体的体积(图 6-16).

$$V_x=2\pi\int_0^a y^2\mathrm{d}x=2\pi\int_0^a\frac{b^2}{a^2}(a^2-x^2)\mathrm{d}x=2\pi\frac{b^2}{a^2}\left(a^2x-\frac{1}{3}x^3\right)\Big|_0^a$$
$$=2\pi\frac{b^2}{a^2}\left(a^3-\frac{1}{3}a^3\right)=\frac{4}{3}\pi ab^2.$$

同理可得

$$V_y=2\pi\int_0^b x^2\mathrm{d}y=2\pi\int_0^b\frac{a^2}{b^2}(b^2-y^2)\mathrm{d}y=\frac{4}{3}\pi a^2b.$$

特别地，当 $a=b$ 时，得球体体积 $V=\frac{4}{3}\pi a^3$.

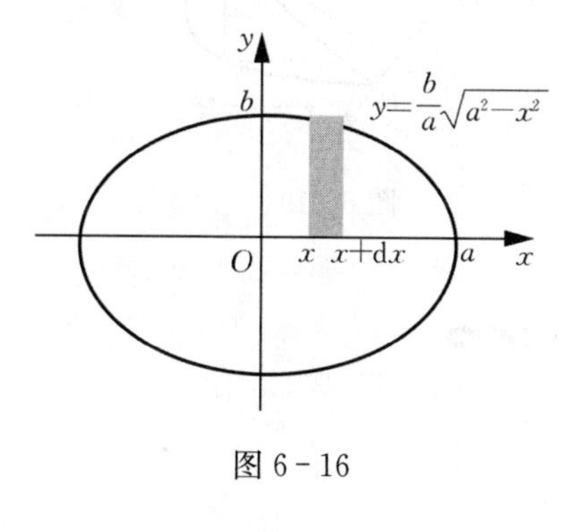

图 6-16

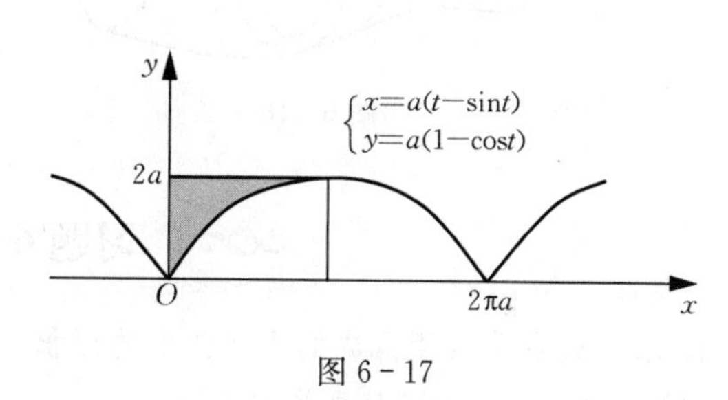

图 6-17

例 6.34　计算摆线的一拱

$$\begin{cases}x=a(t-\sin t),\\y=a(1-\cos t)\end{cases}(0\leqslant t\leqslant 2\pi)$$

以及 $y=0$ 所围成的平面图形(图 6-17)绕 y 轴旋转而形成的立体的体积.

解　$V_y=\int_0^{2a}\pi x_2^2(y)\mathrm{d}y-\int_0^{2a}\pi x_1^2(y)\mathrm{d}y$

$$=\pi\int_{2\pi}^{\pi}a^2(t-\sin t)^2\cdot a\sin t\mathrm{d}t-\pi\int_0^{\pi}a^2(t-\sin t)^2\cdot a\sin t\mathrm{d}t$$
$$=-\pi a^3\int_0^{2\pi}(t-\sin t)^2\sin t\mathrm{d}t=6\pi^3a^3.$$

2. 平行截面面积已知的立体的体积

设一物体，它被垂直于某直线(设为 x 轴)的平面所截的截面面积 $A(x)$ 是 x 的连续函数，且此物体位于 $x=a$ 与 $x=b(a<b)$ 之间(图 6-18)，则可求出物体的体积为 $V=\int_a^b A(x)\mathrm{d}x$.

例 6.35　一平面经过半径为 R 的圆柱体的底圆中心，并与底面交成角 α，计算这平面截圆柱所得立体的体积.

解 取这平面与圆柱体的底面的交线为 x 轴，底面上过圆中心，且垂直于 x 轴的直线为 y 轴，那么底圆的方程为 $x^2+y^2=R^2$. 立体中过点 x 且垂直于 x 轴的截面是一个直角三角形(图 6－19)，两个直角边分别为 $\sqrt{R^2-x^2}$ 及 $\sqrt{R^2-x^2}\tan\alpha$，因而截面积为

$$A(x)=\frac{1}{2}(R^2-x^2)\tan\alpha,$$

于是所求立体的体积为

$$V=\int_{-R}^{R}\frac{1}{2}(R^2-x^2)\tan\alpha\,\mathrm{d}x=\frac{1}{2}\tan\alpha\cdot\left[R^2x-\frac{1}{3}x^3\right]_{-R}^{R}$$
$$=\frac{2}{3}R^3\tan\alpha.$$

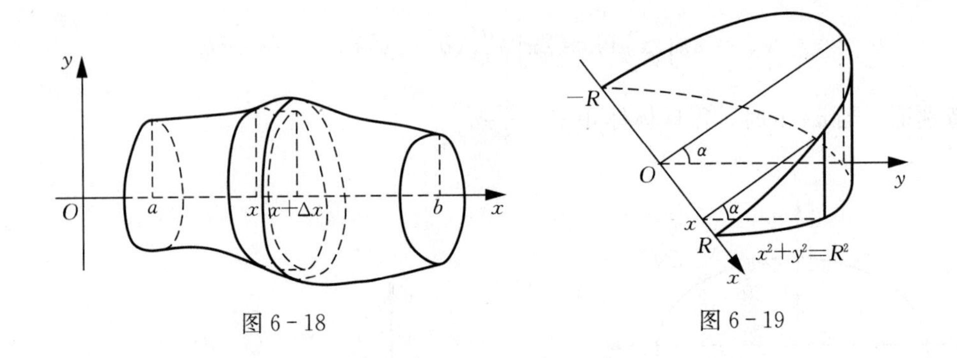

图 6－18　　图 6－19

习题 6－5

1. 求下列各曲线所围成的平面图形的面积.

(1) $y=\mathrm{e}^x$，$y=\mathrm{e}^{-x}$ 与直线 $x=1$；

(2) 求抛物线 $y=-x^2+5x-6$ 及其在点(0，－6)和(3，0)处的切线所围成的图形的面积.

(3) $y=\ln x$，y 轴与直线 $y=\ln a$，$y=\ln b$，这里 $b>a>0$；

(4) $y=x^2$ 与 $y=2-x^2$；

(5) $y=x^2-8$ 与直线 $2x+y+8=0$，$y=-4$.

2. 求由阿基米德螺线 $r=a\theta$ 的第一圈与极轴所围成的平面图形的面积.

3. 求下列各曲线所围成图形的公共部分的面积.

(1) $r=3\cos\theta$ 及 $r=1+\cos\theta$；

(2) 双纽线 $r^2=2\cos 2\theta$ 与圆 $r=1$.

4. 求下列已知曲线所围成的图形，按指定的轴旋转所产生的旋转体的体积.

(1) $x^2+(y-2)^2=1$，绕 x 轴；

(2) $y=\cos x\left(-\frac{\pi}{2}\leqslant x\leqslant\frac{\pi}{2}\right)$ 与 x 轴，绕 x 轴；

(3) $y=\ln x$，$y=0$，$y=2$ 和 y 轴所围成的平面图形，绕 y 轴；

(4) 星形线 $x^{\frac{2}{3}}+y^{\frac{2}{3}}=a^{\frac{2}{3}}$ 所围成的平面图形，绕 y 轴.

5. 求以半径为 R 的圆为底，平行且等于底圆直径的线段为顶，高为 h 的正劈锥体的体积.

6. 证明：底面积为 S，高为 h 的锥体体积公式是 $V=\frac{1}{3}Sh$.

第六节　二重积分的概念与性质

前面我们介绍了一元函数的定积分是某种确定形式的和的极限，然而在现实生活中，有很多问题也需要用类似的和式的极限形式去解决，但函数可能不再是一元函数，区域也不再是区间，由于多元函数中问题的背景有多种，因此多元函数相比一元函数而言，有多种不同的积分概念．我们仅将这种和的极限概念推广到定义在平面区域上的二元函数，从而得到二重积分的概念．

一、二重积分引例

1. 曲顶柱体的体积

设二元函数 $z=f(x, y)$ 在 xOy 面上的有界区域 D 上非负、连续，则以曲面 $z=f(x, y)$ 为顶，D 为底，D 的边界曲线为准线，而母线平行于 z 轴的柱面为侧面的立体称为**曲顶柱体**(图 6-20).

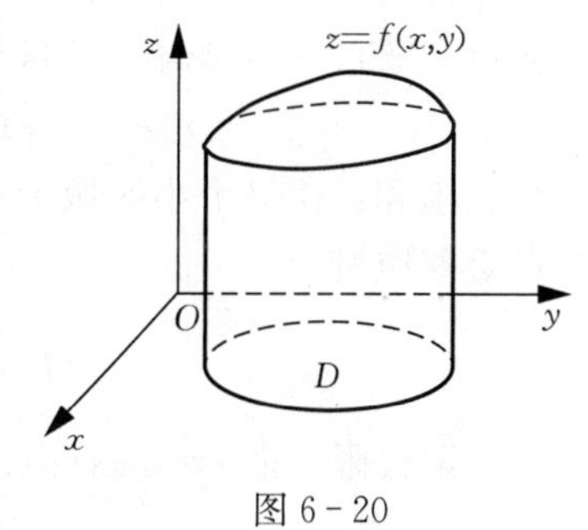

图 6-20

如果区域 D 上函数 $z=f(x, y)$ 取常值，即 $f(x, y)=h$，则此时曲顶柱体为“平顶”直柱体，该柱体的体积为

$$\text{体积}=\text{底面积}\times\text{高}.$$

对于一般函数 $f(x, y)$，其竖坐标不断变化，整个曲顶柱体各处的高不相等，差异很大，此时曲顶柱体的体积不能直接用上式求出．然而可以利用求曲边梯形面积的思想和方法，来定义和计算曲顶柱体的体积 V.

(1) 分割：如图 6-21 所示，用任意一组曲线网将区域 D 分成除边界外无公共部分的 n 个小区域 $\Delta\sigma_1$，$\Delta\sigma_2$，…，$\Delta\sigma_n$，以这些小区域的边界曲线为准线，作母线平行于 z 轴的柱面，这些柱面将原来的曲顶柱体划分成 n 个小曲顶柱体 ΔV_i(其体积也记作 ΔV_i)，$i=1, 2, \cdots, n$.

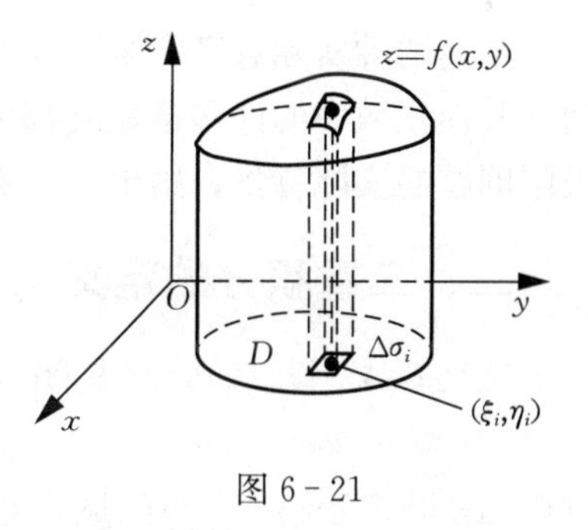

图 6-21

(2) 作积：由于 $f(x, y)$ 连续，对于同一个小区域来说，函数值的变化不大，因此可以将小曲顶柱体近似地看作小平顶柱体，于是

$$\Delta V_i\approx f(\xi_i, \eta_i)\Delta\sigma_i, \ i=1, 2, \cdots, n.$$

(3) 求和：在每个小区域上用同样的方法，则整个曲顶柱体体积的近似值为

$$V=\sum_{i=1}^{n}\Delta V_i\approx\sum_{i=1}^{n}f(\xi_i, \eta_i)\Delta\sigma_i.$$

(4) 取极限：对每一个闭区域 $\Delta\sigma_i$，定义其直径为区域上任意两点距离的最大者，记作 $d(\Delta\sigma_i)$，设 n 个小区域直径中的最大者为 λ，即 $\lambda=\max\limits_{1\leqslant i\leqslant n}\{d(\Delta\sigma_i)\}$. 当 $\lambda\to 0$ 时，取(3)中和式的极限，其极限值便可以定义为所讨论曲顶柱体的体积 V，即

$$V=\lim_{\lambda\to 0}\sum_{i=1}^{n}f(\xi_i, \eta_i)\Delta\sigma_i. \tag{6.12}$$

2. 平面薄片的质量

设有一平面薄片占有 xOy 面上的区域 D，它在(x, y)处的面密度为 $\rho(x, y)$，这里 $\rho(x, y)>0$ 且在 D 上连续，现计算该平面薄片的质量 M.

若薄片是均匀的，即面密度 $\rho(x, y)$为常数，则平面薄片的质量为

质量＝面密度×面积.

现在面密度 $\rho(x, y)$是连续变化的，平面薄片的质量不能直接用上述公式来计算，但是我们可以借鉴前面求曲顶柱体的体积的方法来计算平面薄片的质量.

(1) 分割：如图 6－22 所示，将 D 分成 n 个小区域 $\Delta\sigma_i$，$i=1, 2, \cdots, n$，$\Delta\sigma_i$ 既代表第 i 个小区域，又代表它的面积，记 $\Delta\sigma_i$ 的直径为 $d(\Delta\sigma_i)$.

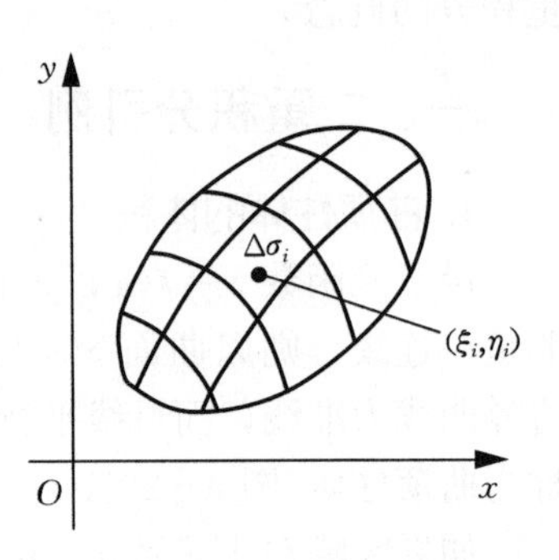

图 6－22

(2) 作积：当 $\lambda=\max\limits_{1\leqslant i\leqslant n}\{d(\Delta\sigma_i)\}$很小时，由于 $\rho(x, y)$连续，每小片区域的质量可近似地看作是均匀的，在 $\Delta\sigma_i$ 上任取一点(ξ_i, η_i)，那么第 i 小块区域的近似质量可取为

$$\rho(\xi_i, \eta_i)\Delta\sigma_i, \ i=1, 2, \cdots, n.$$

(3) 求和：在每个小区域上用同样的方法，则整个平面薄片的近似质量

$$M=\sum_{i=1}^{n}\Delta M_i\approx\sum_{i=1}^{n}\rho(\xi_i, \eta_i)\Delta\sigma_i.$$

(4) 取极限：记 $\lambda=\max\limits_{1\leqslant i\leqslant n}\{d(\Delta\sigma_i)\}$，便可以得出平面薄片的质量

$$M=\lim_{\lambda\to 0}\sum_{i=1}^{n}\rho(\xi_i, \eta_i)\Delta\sigma_i.$$

上述两种实际意义完全不同的问题，最终都归结为同一形式的和的极限问题. 物理、几何和其他领域中的许多量最终都可以归结于这一种和的极限形式，因此我们有必要撇开这类极限问题的实际背景，给出一个更广泛、更抽象的数学概念——二重积分.

二、二重积分的定义与几何意义

定义 6.4　设 $f(x, y)$是闭区域 D 上的有界函数，将闭区域 D 任意分成 n 个小区域

$$\Delta\sigma_1, \Delta\sigma_2, \cdots, \Delta\sigma_n,$$

其中 $\Delta\sigma_i$ 既表示第 i 个小区域，也表示它的面积. 在每个 $\Delta\sigma_i$ 上任取一点(ξ_i, η_i)，作乘积 $f(\xi_i, \eta_i)\Delta\sigma_i(i=1, 2, \cdots, n)$，并作和 $\sum\limits_{i=1}^{n}f(\xi_i, \eta_i)\Delta\sigma_i$. 若记各小区域直径 $d(\Delta\sigma_i)$的最大值为 λ，则当极限

$$\lim_{\lambda\to 0}\sum_{i=1}^{n}f(\xi_i, \eta_i)\Delta\sigma_i$$

存在，且其极限值与区域 D 的划分及$(\xi_i, \eta_i)\in\Delta\sigma_i$ 的选取无关时，称二元函数 $z=f(x, y)$在 D 上可积，并称此极限值为函数 $f(x, y)$在区域 D 上的**二重积分**，记作 $\iint\limits_D f(x, y)\mathrm{d}\sigma$，即

$$\iint_D f(x, y)\mathrm{d}\sigma = \lim_{\lambda \to 0}\sum_{i=1}^{n} f(\xi_i, \eta_i)\Delta\sigma_i, \tag{6.13}$$

其中 $f(x, y)$称为**被积函数**，$f(x, y)\mathrm{d}\sigma$ 称为**被积表达式**，$\mathrm{d}\sigma$ 称为**面积元素**，x，y 称为**积分变量**，D 称为**积分区域**，$\sum\limits_{i=1}^{n} f(\xi_i, \eta_i)\Delta\sigma_i$ 称为**积分和式**.

由二重积分的定义可知，图 6 - 20 所示的曲顶柱体的体积等于曲顶上的点的纵坐标 $f(x, y)$在 D 上的二重积分，即

$$V = \iint_D f(x, y)\mathrm{d}\sigma. \tag{6.14}$$

图 6 - 22 所示的平面薄片的质量等于面密度 $\rho(x, y)$在所占平面区域 D 上的二重积分，即

$$m = \iint_D \rho(x, y)\mathrm{d}\sigma. \tag{6.15}$$

由二重积分定义可知：

(1) 由于二重积分定义中对区域 D 的划分是任意的，当二元函数 $z=f(x, y)$在 D 上可积时，若用一组平行于坐标轴的直线来划分区域 D，那么除了靠近边界曲线的一些小区域之外，绝大多数的小区域都是矩形. 设矩形闭区域 $\Delta\sigma_i$ 的长、宽分别为 Δx_i，Δy_i，则矩形闭区域的面积为 $\Delta\sigma_i=\Delta x_i\Delta y_i$，因此在直角坐标系中，可以将 $\mathrm{d}\sigma$ 表示为 $\mathrm{d}x\mathrm{d}y$(并将 $\mathrm{d}x\mathrm{d}y$ 称为直角坐标系下的面积元素)，在直角坐标系中的二重积分可表示为 $\iint\limits_D f(x, y)\mathrm{d}x\mathrm{d}y$.

(2) 若在 D 上可积，则二重积分的值只与被积函数 f 及积分区域 D 有关，而与积分变量的符号无关，即有

$$\iint_D f(x, y)\mathrm{d}x\mathrm{d}y = \iint_D f(u, v)\mathrm{d}u\mathrm{d}v = \iint_D f(s, t)\mathrm{d}s\mathrm{d}t.$$

那么二元函数 $f(x, y)$在闭区域 D 上可积的条件是什么？下面我们给出如下定理：

定理 6.7　若函数 $f(x, y)$在有界闭区域 D 上是连续的，则 $f(x, y)$在 D 上可积.

三、二重积分的性质

由二重积分的定义知，二重积分与定积分有相类似的性质.

性质 1　若在区域 D 上，$f(x, y)\equiv 1$，σ 为区域 D 的面积，则

$$\sigma = \iint_D 1\mathrm{d}\sigma = \iint_D \mathrm{d}\sigma.$$

性质 2(线性性质)　$\iint\limits_D [\alpha f(x, y)+\beta g(x, y)]\mathrm{d}\sigma = \alpha\iint\limits_D f(x, y)\mathrm{d}\sigma + \beta\iint\limits_D g(x, y)\mathrm{d}\sigma$，**其中 α，β 是常数.**

性质 3(对积分区域的有限可加性)　若区域 D 分为两个部分区域 D_1，D_2，则

$$\iint_D f(x, y)\mathrm{d}\sigma = \iint_{D_1} f(x, y)\mathrm{d}\sigma + \iint_{D_2} f(x, y)\mathrm{d}\sigma.$$

性质 4　若在 D 上，$f(x, y)\leqslant\varphi(x, y)$，则有不等式

$$\iint_D f(x, y)\mathrm{d}\sigma \leqslant \iint_D \varphi(x, y)\mathrm{d}\sigma.$$

特别地，由于$-|f(x,y)|\leqslant f(x,y)\leqslant|f(x,y)|$，有

$$\left|\iint\limits_D f(x,y)\mathrm{d}\sigma\right|\leqslant\iint\limits_D|f(x,y)|\mathrm{d}\sigma.$$

性质5(估值不等式)　设M与m分别是$f(x,y)$在闭区域D上的最大值和最小值，σ是D的面积，则

$$m\sigma\leqslant\iint\limits_D f(x,y)\mathrm{d}\sigma\leqslant M\sigma.$$

性质6(二重积分的中值定理)　设函数$f(x,y)$在闭区域D上连续，σ是D的面积，则在D上至少存在一点(ξ,η)，使得

$$\iint\limits_D f(x,y)\mathrm{d}\sigma=f(\xi,\eta)\cdot\sigma.$$

证　由于$\sigma\neq0$，利用性质5得$m\leqslant\dfrac{1}{\sigma}\iint\limits_D f(x,y)\mathrm{d}\sigma\leqslant M$. 根据闭区域上连续函数的介值定理，在$D$上至少存在一点$(\xi,\eta)$，使得

$$\frac{1}{\sigma}\iint\limits_D f(x,y)\mathrm{d}\sigma=f(\xi,\eta),$$

即

$$\iint\limits_D f(x,y)\mathrm{d}\sigma=f(\xi,\eta)\cdot\sigma.$$

性质7(积分区域关于x轴或y轴对称性)　设函数$f(x,y)$在闭区域D上连续，积分区域D关于x轴(或y轴)对称，若设积分区域D位于x轴上方(或y轴右方)的部分为D_1，则

(1) 若函数$f(x,y)$关于变量y(或变量x)为偶函数，即

$$f(x,-y)=f(x,y)\quad(\text{或 }f(-x,y)=f(x,y))$$

时，成立：

$$\iint\limits_D f(x,y)\mathrm{d}\sigma=2\iint\limits_{D_1}f(x,y)\mathrm{d}\sigma.$$

(2) 若函数$f(x,y)$关于变量y(或变量x)为奇函数，即

$$f(x,-y)=-f(x,y)\quad(f(-x,y)=-f(x,y))$$

时，成立：

$$\iint\limits_D f(x,y)\mathrm{d}\sigma=0.$$

习题 6-6

1. 设xOy平面上的一块平面薄片D，薄片上分布有密度为$u(x,y)$的电荷，且$u(x,y)$在D上连续，请给出薄片上电荷Q的二重积分表达式．

2. 设给定xOy面上的有界闭区域$D=\{(x,y)\mid x^2+y^2\leqslant1\}$，试说明$z=h$($h$为正常数)及$z=\sqrt{1-x^2-y^2}$在$D$上均可积，并利用立体体积求出下列二重积分．

(1) $\iint\limits_D h\mathrm{d}\sigma$;　　　　(2) $\iint\limits_D\sqrt{1-x^2-y^2}\,\mathrm{d}\sigma$.

3. 根据二重积分的性质，比较下列积分的大小．

(1) $\iint\limits_D (x+y)^2 \mathrm{d}\sigma$ 与 $\iint\limits_D \sin^2(x+y)\mathrm{d}\sigma$，其中积分区域 D 是任意有界区域；

(2) $\iint\limits_D \ln(x+y)\mathrm{d}\sigma$ 与 $\iint\limits_D [\ln(x+y)]^2\mathrm{d}\sigma$，其中 D 是三角形闭区域，三个顶点分别为 $(1, 0)$，$(2, 0)$，$(1, 1)$.

4. 利用二重积分的性质估计下列积分值的范围.

(1) $\iint\limits_D (x+y)\mathrm{d}\sigma$，其中 $D=\{(x, y) \mid 0\leqslant x\leqslant 1, 0\leqslant y\leqslant 1\}$；

(2) $\iint\limits_D \mathrm{e}^{x^2+y^2}\mathrm{d}\sigma$，其中 $D=\left\{(x, y) \mid x^2+y^2\leqslant \dfrac{1}{4}\right\}$；

(3) $\iint\limits_D \dfrac{1}{\ln(4+x+y)}\mathrm{d}\sigma$，其中 $D=\{(x, y) \mid 0\leqslant x\leqslant 4, 0\leqslant y\leqslant 8\}$.

5. 设 $f(x, y)$ 是连续函数，试求极限

$$\lim_{r\to 0}\frac{1}{\pi r^2}\iint\limits_{x^2+y^2\leqslant r^2} f(x, y)\mathrm{d}\sigma.$$

第七节　二重积分的计算

一、直角坐标系下计算二重积分

由二重积分的定义可知，二重积分定义中对区域 D 的划分是任意的，当二元函数 $z=f(x, y)$ 在 D 上可积时，若用一组平行于坐标轴的直线来划分区域 D，其典型的小片为矩形闭区域 $\mathrm{d}\sigma$，设其长、宽分别为 $\mathrm{d}x$，$\mathrm{d}y$，则矩形闭区域的面积为 $\mathrm{d}\sigma=\mathrm{d}x\mathrm{d}y$，因此在直角坐标系中，可以将 $\mathrm{d}\sigma$ 表示为 $\mathrm{d}x\mathrm{d}y$（并将 $\mathrm{d}x\mathrm{d}y$ 称为直角坐标系下的面积元素），在直角坐标系中的二重积分可表示为 $\iint\limits_D f(x, y)\mathrm{d}x\mathrm{d}y$.

在介绍二重积分的计算方法前，我们先介绍有关积分区域 D 为 x-型或 y-型区域的概念.

x-型区域：如果积分区域 D 可用不等式 $a\leqslant x\leqslant b$，$\varphi_1(x)\leqslant y\leqslant \varphi_2(x)$ 表示，则称 D 为 x-型区域（图 6-23），其特点是穿过 D 内部与 y 轴平行的直线与 D 的边界相交不多于两点.

y-型区域：如果积分区域 D 可用不等式 $c\leqslant y\leqslant d$，$\psi_1(y)\leqslant x\leqslant \psi_2(y)$ 表示，则称 D 为 y-型区域（图 6-24），其特点是穿过 D 内部且与 x 轴平行的直线与 D 的边界相交不多于两点.

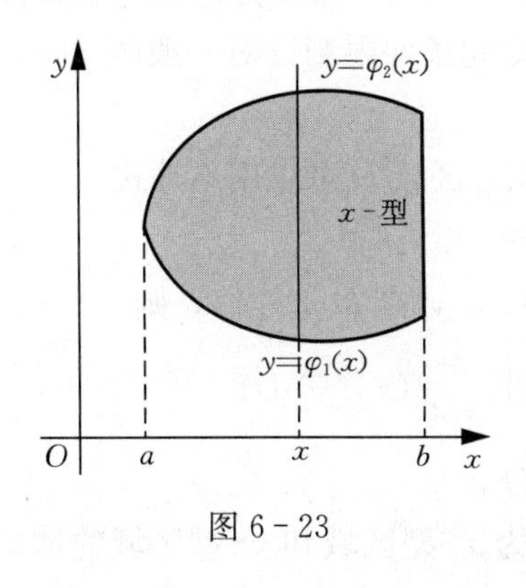

图 6-23

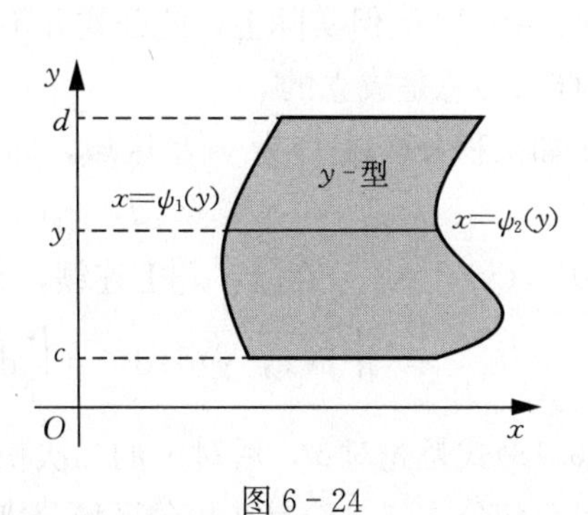

图 6-24

下面我们用几何方法来讨论二重积分$\iint\limits_D f(x, y)\mathrm{d}x\mathrm{d}y$的计算问题．讨论中，我们假定$f(x, y)\geqslant 0$，$D$为$x$-型区域，且

$$D=\{(x, y)\mid a\leqslant x\leqslant b, y_1(x)\leqslant y\leqslant y_2(x)\}.$$

根据二重积分的几何意义可知，此时$\iint\limits_D f(x, y)\mathrm{d}x\mathrm{d}y$的值等于以$D$为底，以曲面$D$为顶的曲顶柱体的体积．以下我们利用定积分中计算平行截面面积为已知的立体的体积的方法，来计算这个曲顶柱体的体积．

在区间$[a, b]$内用一组垂直于x轴的平面截此“曲顶柱体”，对任意x，截面是一个曲边梯形(图 6－25)，其面积为

$$A(x)=\int_{y_1(x)}^{y_2(x)} f(x, y)\mathrm{d}y.$$

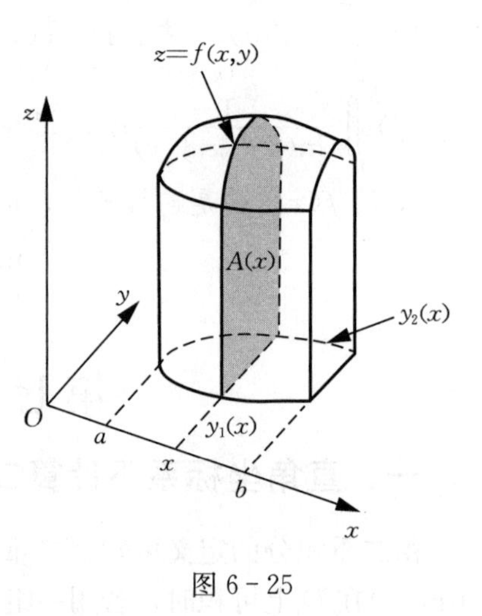

图 6－25

利用已知平行截面面积的立体体积的计算方法，该曲顶柱体的体积为

$$V=\int_a^b A(x)\mathrm{d}x=\int_a^b\left[\int_{y_1(x)}^{y_2(x)} f(x, y)\mathrm{d}y\right]\mathrm{d}x.$$

这个体积就是所要求的二重积分$\iint\limits_D f(x, y)\mathrm{d}x\mathrm{d}y$的值，从而可以得到计算$x$-型区域的二重积分的计算公式

$$\iint\limits_D f(x, y)\mathrm{d}x\mathrm{d}y=\int_a^b\left[\int_{y_1(x)}^{y_2(x)} f(x, y)\mathrm{d}y\right]\mathrm{d}x. \tag{6.16}$$

上述积分叫作先对y，后对x的累次积分，即先把x看作常数，$f(x, y)$只看作y的函数，对y计算从$y_1(x)$到$y_2(x)$的定积分，然后把所得的结果(它是x的函数)再对x从a到b计算定积分．

这个先对y，后对x的二次积分也常记作

$$\iint\limits_D f(x, y)\mathrm{d}x\mathrm{d}y=\int_a^b\mathrm{d}x\int_{y_1(x)}^{y_2(x)} f(x, y)\mathrm{d}y. \tag{6.17}$$

在上述讨论中，假定了$f(x, y)\geqslant 0$这个条件，利用二重积分的几何意义，导出了二重积分的计算公式(6.16)．但实际上，此公式并不受此条件限制，对一般的$f(x, y)$(在D上连续)，公式(6.16)总是成立的．

类似地，如果积分区域D为y-型区域，即积分区域D可以用不等式

$$c\leqslant y\leqslant d, x_1(y)\leqslant x\leqslant x_2(y)$$

表示，且函数$x_1(y)$，$x_2(y)$在$[c, d]$上连续，$f(x, y)$在D上连续，则

$$\iint\limits_D f(x, y)\mathrm{d}x\mathrm{d}y=\int_c^d\mathrm{d}y\int_{x_1(y)}^{x_2(y)} f(x, y)\mathrm{d}x. \tag{6.18}$$

显然，(6.18)式是先对x，后对y的二次积分．

公式(6.17)和公式(6.18)是在积分区域分别为x-型区域和y-型区域的情形下得出的．

如果积分区域不满足这一条件时，可以把区域分割成几部分，使每一部分为 x-型区域或 y-型区域，每一部分可以利用公式来计算，然后再利用二重积分对区域的可加性，便可得出在整个区域上的二重积分．二重积分化二次积分，要根据积分域和被积函数来确定采用哪个公式．

例 6.36　计算 $\iint\limits_D 3xy\mathrm{d}\sigma$，其中 D 是由抛物线 $y=x^2$，$y^2=x$ 所围成的区域．

解　首先画出积分区域 D(图 6-26)，由方程组

$$\begin{cases} y=x^2, \\ y^2=x, \end{cases}$$

求出曲线交点坐标 $O(0，0)$，$A(1，1)$，显然 D 既是 x-型区域，又是 y-型区域，从被积函数看先对哪一个变量积分都一样，这里选择公式(6.17)，因

$$D：0\leqslant x\leqslant 1，x^2\leqslant y\leqslant \sqrt{x}，$$

故
$$\iint\limits_D 3xy\mathrm{d}x\mathrm{d}y=\int_0^1\mathrm{d}x\int_{x^2}^{\sqrt{x}}3xy\mathrm{d}y=\int_0^1\left(3x\cdot\frac{y^2}{2}\Bigg|_{y=x^2}^{y=\sqrt{x}}\right)\mathrm{d}x=\int_0^1\left(3x\cdot\frac{x-x^4}{2}\right)\mathrm{d}x$$
$$=\frac{3}{2}\int_0^1(x^2-x^5)\mathrm{d}x=\frac{1}{4}.$$

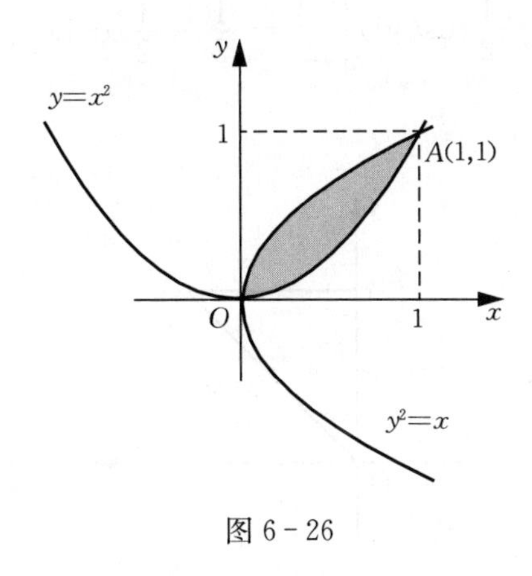

图 6-26

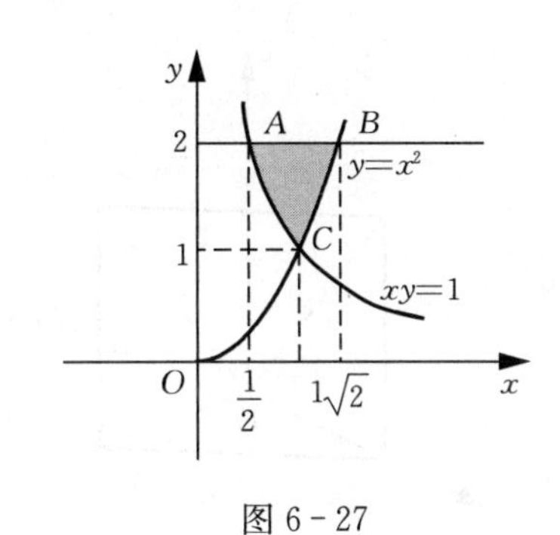

图 6-27

例 6.37　求 $\iint\limits_D \frac{x}{y}\mathrm{d}\sigma$，其中 D 是由曲线 $y=x^2$，$xy=1$ 和 $y=2$ 所围成的平面闭区域．

解　画出积分区域 D(图 6-27)，求出曲线交点坐标 $A\left(\frac{1}{2}，2\right)$，$B(\sqrt{2}，2)$，$C(1，1)$，从被积函数和积分区域可以看出先对 x 积分有利，这里选择公式(6.18)，因

$$D：1\leqslant y\leqslant 2，\frac{1}{y}\leqslant x\leqslant\sqrt{y}，$$

故
$$\iint\limits_D \frac{x}{y}\mathrm{d}x\mathrm{d}y=\int_1^2\mathrm{d}y\int_{\frac{1}{y}}^{\sqrt{y}}\frac{x}{y}\mathrm{d}x=\int_1^2\left(\frac{x^2}{2y}\Bigg|_{x=\frac{1}{y}}^{x=\sqrt{y}}\right)\mathrm{d}y=\frac{1}{2}\int_1^2(1-y^{-3})\mathrm{d}y=\frac{5}{16}.$$

例 6.38　求由曲面 $z=x+y$，$x+y=1$，$x=0$，$y=0$，$z=0$ 所围成的立体的体积．

解　设立体如图 6-28 所示，它是立在平面区域

$$D：0\leqslant x\leqslant 1，0\leqslant y\leqslant 1-x$$

上，以平面 $z=x+y$ 为顶的曲顶柱体，故

$$V=\iint\limits_{D}(x+y)\mathrm{d}x\mathrm{d}y=\int_{0}^{1}\mathrm{d}x\int_{0}^{1-x}(x+y)\mathrm{d}y=\int_{0}^{1}\left[x(1-x)+\frac{1}{2}(1-x)^{2}\right]\mathrm{d}x=\frac{1}{3}.$$

例 6.39 计算二次积分 $\int_{0}^{1}\mathrm{d}x\int_{x}^{1}\sin(y^{2})\mathrm{d}y$.

解 如果直接计算这个二次积分，必须先计算定积分 $\int_{x}^{1}\sin(y^{2})\mathrm{d}y$，但是由于这个定积分积不出来，所以这个二次积分将不能直接计算．根据二次积分 $\int_{0}^{1}\mathrm{d}x\int_{x}^{1}\sin(y^{2})\mathrm{d}y$ 的形式，我们知道它应是由某个二重积分得到的，因此我们可以先把它还原为一个二重积分，然后对这个二重积分选择先 x 后 y 的积分次序化为二次积分．

二重积分的积分区域 D 可以根据二次积分 $\int_{0}^{1}\mathrm{d}x\int_{x}^{1}\sin(y^{2})\mathrm{d}y$ 的上下限确定(图 6－29)：

$$D=\{(x,\ y)\mid 0\leqslant x\leqslant 1,\ x\leqslant y\leqslant 1\},$$

于是我们可以得到

$$\begin{aligned}\int_{0}^{1}\mathrm{d}x\int_{x}^{1}\sin(y^{2})\mathrm{d}y&=\iint\limits_{D}\sin(y^{2})\mathrm{d}x\mathrm{d}y=\int_{0}^{1}\mathrm{d}y\int_{0}^{y}\sin(y^{2})\mathrm{d}x=\int_{0}^{1}\left[\sin(y^{2})\cdot\int_{0}^{y}\mathrm{d}x\right]\mathrm{d}y\\&=\int_{0}^{1}[\sin(y^{2})\cdot y]\mathrm{d}y=-\frac{1}{2}\cos(y^{2})\Big|_{y=0}^{y=1}=\frac{1}{2}-\frac{1}{2}\cos 1.\end{aligned}$$

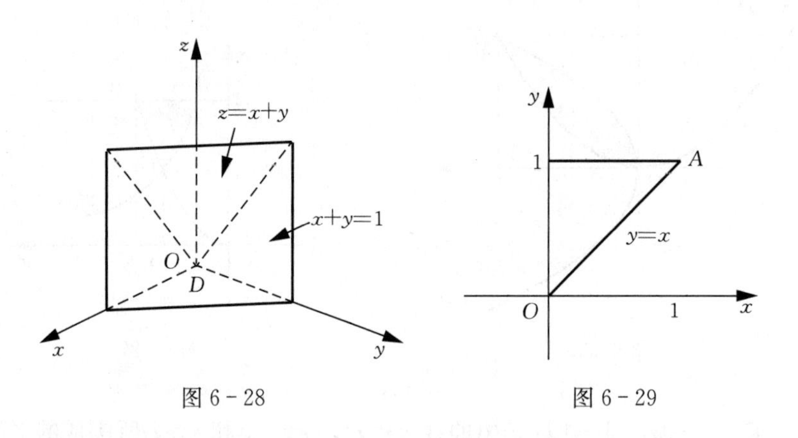

图 6－28　　图 6－29

注：计算二重积分就是将二重积分化为二次积分．由例 6.39 可知：如果选取的积分次序不适当，积分可能会无法计算出来．由此可以明白：适当地选择积分次序是非常重要的．

一般来说，积分次序的选择既要兼顾积分区域的特点，又要兼顾被积函数的特点．积分次序的选择首要的原则是必须使二次积分能够计算出来，然后再考虑积分区域尽量少划分．在计算时，如发现已选定的积分次序不太适当，则可以交换积分次序后再计算．

例 6.40 改变积分 $\int_{0}^{1}\mathrm{d}x\int_{0}^{\sqrt{2x-x^{2}}}f(x,\ y)\mathrm{d}y+\int_{1}^{2}\mathrm{d}x\int_{0}^{2-x}f(x,\ y)\mathrm{d}y$ 的次序．

解 这两个累次积分是同一个被积函数，先对 y 后对 x 的积分，对应的二重积分的积分区域都是 x-型的．

$$D_1: 0 \leqslant x \leqslant 1,\ 0 \leqslant y \leqslant \sqrt{2x-x^2};$$

$$D_2: 1 \leqslant x \leqslant 2,\ 0 \leqslant y \leqslant 2-x.$$

如图 6-30 所示，合并在一起为区域 D，表示为 y-型区域

$$D: 0 \leqslant y \leqslant 1,\ 1-\sqrt{1-y^2} \leqslant x \leqslant 2-y,$$

故有 $\displaystyle\int_0^1 dx \int_0^{\sqrt{2x-x^2}} f(x, y)dy + \int_1^2 dx \int_0^{2-x} f(x, y)dy = \int_0^1 dy \int_{1-\sqrt{1-y^2}}^{2-y} f(x, y)dx.$

例 6.41 计算 $\displaystyle\iint_D (x+2y)d\sigma$，其中 D 是由抛物线 $y=2x^2$ 及 $y=1+x^2$ 所围成的区域 .

解 如图 6-31 所示，由于积分区域关于 y 轴具有对称性，利用二重积分的对称性(性质 7)来计算，会简化许多 .

$$\iint_D (x+2y)d\sigma = \iint_D x d\sigma + \iint_D 2y d\sigma,$$

对 $\displaystyle\iint_D x d\sigma$ 来说，由于被积函数关于 x 是奇函数，故 $\displaystyle\iint_D x d\sigma = 0$，而对 $\displaystyle\iint_D 2y d\sigma$ 来说，由于被积函数关于 x 是偶函数，故

$$\iint_D 2y d\sigma = 2\iint_{D_1} 2y d\sigma = 4\iint_{D_1} y d\sigma \quad (D_1 \text{ 是 } D \text{ 在第一象限的部分})$$

$$= 4\iint_{D_1} y dx dy = 4\int_0^1 dx \int_{2x^2}^{1+x^2} y dy = 2\int_0^1 [(1+x^2)^2 - (2x^2)^2] dx$$

$$= 2\int_0^1 (1+2x^2-3x^4) dx = 2\left(x + \frac{2}{3}x^3 - \frac{3}{5}x^5\right)\Big|_0^1 = \frac{32}{15},$$

所以
$$\iint_D (x+2y)d\sigma = 0 + \frac{32}{15} = \frac{32}{15}.$$

在计算二重积分时，正确使用对称性，有时会给计算带来很多的便利 .

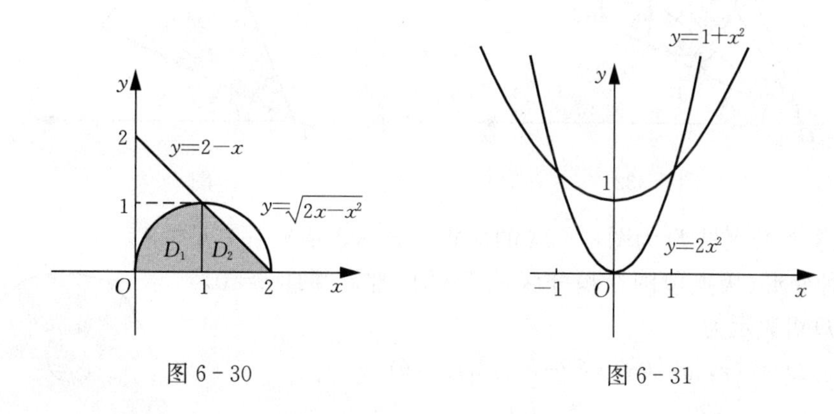

图 6-30　　　　图 6-31

二、极坐标系下计算二重积分

在极坐标系下，设函数 $f(r, \theta)$ 在区域 D 上连续，

$$D: \alpha \leqslant \theta \leqslant \beta,\ r_1(\theta) \leqslant r \leqslant r_2(\theta),$$

其中 $r_1(\theta)$，$r_2(\theta)$在区间$[\alpha, \beta]$上单值连续(图 6－32)．用以极点 O 为中心的一族同心圆 $r=$常数，以及从极点出发的一族射线 $\theta=$常数，将 D 分割成若干个小闭区域．其典型小区域是圆扇形，其面积可近似看作是以 Δr 为宽，以 $r\Delta\theta$ 为长的小矩形，从而**极坐标系下的面积微元**是

$$\mathrm{d}\sigma=r\mathrm{d}\theta\cdot\mathrm{d}r=r\mathrm{d}r\mathrm{d}\theta,$$

从而极坐标系下的二重积分通常表示为

$$\iint_D f(x, y)\mathrm{d}\sigma=\lim_{\lambda\to 0}\sum_{i=1}^{n} f(r_i\cos\theta_i, r_i\sin\theta_i)r_i\Delta r_i\Delta\theta_i=\iint_D f(r\cos\theta, r\sin\theta)r\mathrm{d}r\mathrm{d}\theta.$$

极坐标系中的二重积分，同样可以化归为二次积分来计算．下面根据积分区域的不同，得到相应的二重积分化为二次积分的计算公式．

【情形一】积分区域 D 夹在两条射线 $\theta=\alpha$，$\theta=\beta$ 之间，而对 D 内任一点(r, θ)，其极径 r 总是介于 $r_1(\theta)$和 $r_2(\theta)$之间(图 6－32)，即 D 可表示成如下形式：

$$D=\{(r, \theta)\mid\alpha\leqslant\theta\leqslant\beta, r_1(\theta)\leqslant r\leqslant r_2(\theta)\},$$

其中函数 $r_1(\theta)$和 $r_2(\theta)$在$[\alpha, \beta]$上连续，则

$$\iint_D f(r\cos\theta, r\sin\theta)r\mathrm{d}r\mathrm{d}\theta=\int_\alpha^\beta\mathrm{d}\theta\int_{r_1(\theta)}^{r_2(\theta)} f(r\cos\theta, r\sin\theta)r\mathrm{d}r.$$

【情形二】积分区域 D 为图 6－33 的形式．显然，情形二只是情形一的特殊形式，即 $r_1(\theta)\equiv 0$，同时 $r_2(\theta)=r(\theta)$(亦即极点在积分区域的边界上)，故

$$\iint_D f(r\cos\theta, r\sin\theta)r\mathrm{d}r\mathrm{d}\theta=\int_\alpha^\beta\mathrm{d}\theta\int_0^{r(\theta)} f(r\cos\theta, r\sin\theta)r\mathrm{d}r.$$

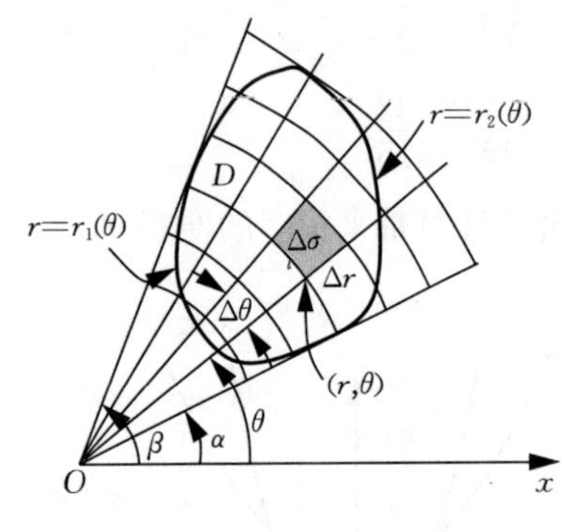

图 6－32

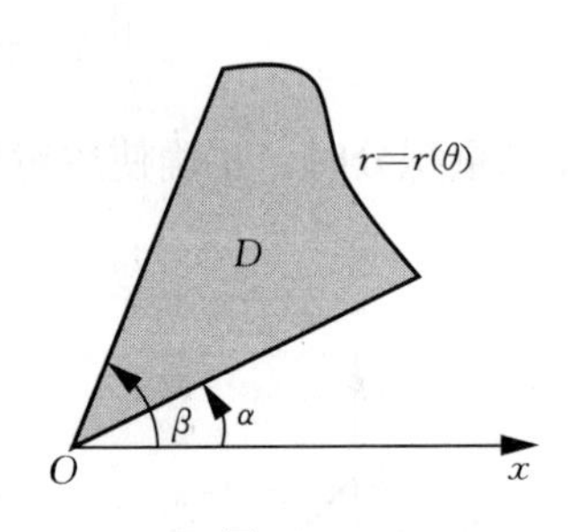

图 6－33

【情形三】积分区域 D 为图 6－34 的形式．显然，情形三又是情形二的一种变形(极点包围在积分区域 D 的内部，并且 $\alpha=0$，$\beta=2\pi$)，即 D 可表示为

$$D=\{(r, \theta)\mid 0\leqslant\theta\leqslant 2\pi, 0\leqslant r\leqslant r(\theta)\},$$

则 $$\iint_D f(r\cos\theta, r\sin\theta)r\mathrm{d}r\mathrm{d}\theta=\int_0^{2\pi}\mathrm{d}\theta\int_0^{r(\theta)} f(r\cos\theta, r\sin\theta)r\mathrm{d}r.$$

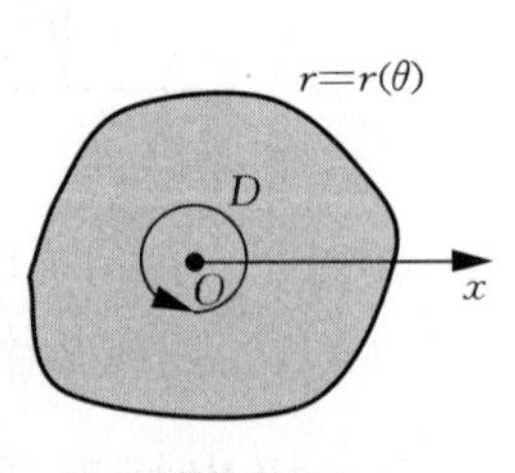

图 6－34

显然，直角坐标系下的二重积分化为极坐标系下的二重积分为

$$\iint_D f(x, y)\mathrm{d}\sigma=\iint_D f(r\cos\theta, r\sin\theta)r\mathrm{d}r\mathrm{d}\theta, \tag{6.19}$$

当积分域 D 是圆、圆环、圆扇形，被积函数是 x^2+y^2，x^2-y^2，xy 或 $\frac{y}{x}$ 之一的复合函数时，化为极坐标系下的二重积分计算较方便．

例 6.42　求由平面 $z=0$ 及旋转抛物面 $z=1-x^2-y^2$ 所围立体的体积．

解　所围立体的图形如图 6－35 所示．该立体可视为以 $D=\{(x,\ y)\mid x^2+y^2\leqslant 1\}$ 为底，以 $z=1-x^2-y^2$ 为顶的曲顶柱体．在极坐标系中，D 又可以表示为

$$D=\{(r,\ \theta)\mid 0\leqslant\theta\leqslant 2\pi,\ 0\leqslant r\leqslant 1\},$$

利用极坐标系计算得

$$\begin{aligned}V&=\iint_D(1-x^2-y^2)\mathrm{d}x\mathrm{d}y=\iint_D(1-r^2)r\mathrm{d}r\mathrm{d}\theta\\&=\int_0^{2\pi}\mathrm{d}\theta\int_0^1(1-r^2)r\mathrm{d}r=2\pi\cdot\left(\frac{r^2}{2}-\frac{r^4}{4}\right)\Bigg|_{r=0}^{r=1}\\&=\frac{\pi}{2}.\end{aligned}$$

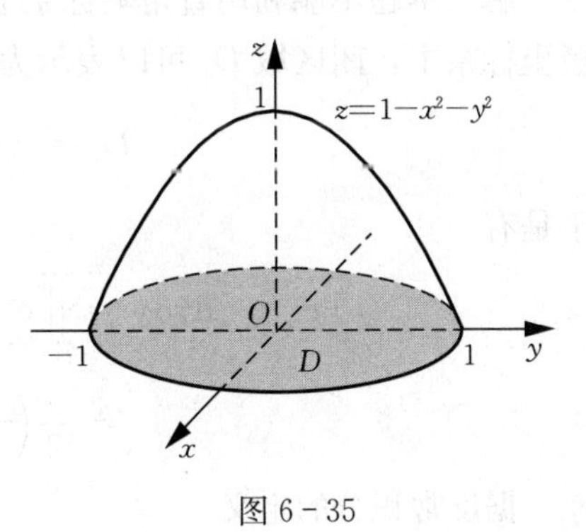

图 6－35

注：如果本题直接利用直角坐标系来计算有

$$\begin{aligned}V&=\iint_D(1-x^2-y^2)\mathrm{d}x\mathrm{d}y=\int_{-1}^1\mathrm{d}x\int_{-\sqrt{1-x^2}}^{\sqrt{1-x^2}}(1-x^2-y^2)\mathrm{d}y\\&=\int_{-1}^1\left(\int_{-\sqrt{1-x^2}}^{\sqrt{1-x^2}}(1-x^2-y^2)\mathrm{d}y\right)\mathrm{d}x=\int_{-1}^1\left[\left(y-x^2y-\frac{1}{3}y^3\right)\Bigg|_{y=-\sqrt{1-x^2}}^{y=\sqrt{1-x^2}}\right]\mathrm{d}x\\&=2\int_{-1}^1\left(\sqrt{1-x^2}-x^2\sqrt{1-x^2}-\frac{1}{3}(\sqrt{1-x^2})^3\right)\mathrm{d}x,\end{aligned}$$

用直角坐标系计算积分时，必须要计算含有二次根式的定积分 $\int_{-1}^1\sqrt{1-x^2}\,\mathrm{d}x$，$\int_{-1}^1x^2\sqrt{1-x^2}\,\mathrm{d}x$ 和 $\int_{-1}^1(\sqrt{1-x^2})^3\mathrm{d}x$，而这些定积分的计算是比较烦琐的．

例 6.43　计算双纽线 $(x^2+y^2)^2=2a^2(x^2-y^2)$（其中 $a>0$）所围图形的面积．

解　由直角坐标与极坐标的关系知，双纽线的极坐标方程为

$$r^2=2a^2\cos 2\theta,$$

其图形如图 6－36 所示，所围图形的面积为

$$S=\iint_D\mathrm{d}\sigma=4\int_0^{\frac{\pi}{4}}\mathrm{d}\theta\int_0^{a\sqrt{2\cos 2\theta}}r\mathrm{d}r=2a^2.$$

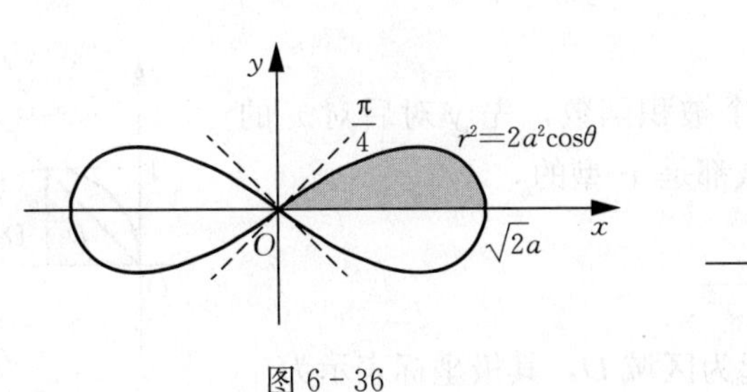

图 6－36

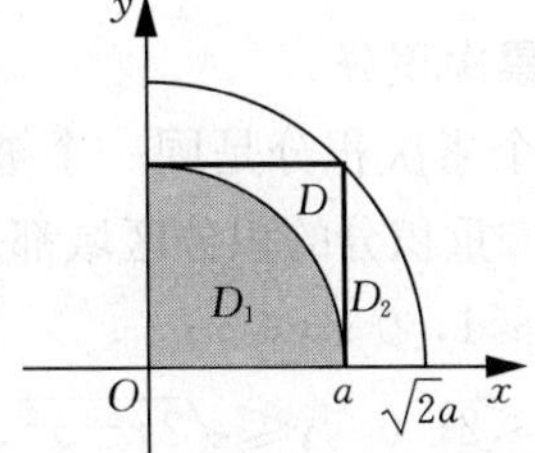

图 6－37

例 6.44 计算 $\iint\limits_{D_1} e^{-x^2-y^2}\,dxdy$，其中 D_1 是由中心在原点、半径为 a 的圆周所围成的闭域，并计算概率积分 $\int_0^{+\infty} e^{-x^2}\,dx$.

解 本题不能利用直角坐标系下二重积分计算方法来求其精确值．如图 6－37 所示，在极坐标系中，闭区域 D_1 可以表示为

$$D_1=\left\{(r,\ \theta)\,|\,0\leqslant\theta\leqslant\frac{\pi}{2},\ 0\leqslant r\leqslant a\right\},$$

于是有

$$\iint\limits_{D} e^{-x^2-y^2}\,dxdy=\iint\limits_{D} e^{-r^2}\,r dr d\theta=\int_0^{\frac{\pi}{2}}d\theta\int_0^a e^{-r^2}\,r dr=\frac{\pi}{2}\left(\int_0^a e^{-r^2}\,r dr\right)$$

$$=\frac{\pi}{2}\left(-\frac{1}{2}\right)e^{-r^2}\Big|_{r=0}^{r=a}=\frac{\pi}{4}(1-e^{-a^2}).$$

据反常积分的定义

$$I=\int_0^{+\infty} e^{-x^2}\,dx=\lim_{a\to+\infty}\int_0^a e^{-x^2}\,dx,$$

而
$$\left(\int_0^a e^{-x^2}\,dx\right)^2=\int_0^a e^{-x^2}\,dx\int_0^a e^{-y^2}\,dy=\iint\limits_{D} e^{-(x^2+y^2)}\,dxdy,$$

其中 D 是正方形 $0\leqslant x\leqslant a$，$0\leqslant y\leqslant a$，因为

$$\iint\limits_{D_1} e^{-(x^2+y^2)}\,dxdy\leqslant\iint\limits_{D} e^{-(x^2+y^2)}\,dxdy\leqslant\iint\limits_{D_2} e^{-(x^2+y^2)}\,dxdy,$$

其中 D_1，D_2 是以原点为圆心，依次以 a，$\sqrt{2}a$ 为半径的圆位于第一象限的部分．由前可知

$$\iint\limits_{D_1} e^{-(x^2+y^2)}\,dxdy=\frac{\pi}{4}(1-e^{-a^2}),$$

$$\iint\limits_{D_2} e^{-(x^2+y^2)}\,dxdy=\frac{\pi}{4}(1-e^{-2a^2}),$$

所以有
$$\frac{\sqrt{\pi}}{2}\sqrt{1-e^{-a^2}}\leqslant\int_{-a}^{a} e^{-x^2}\,dx\leqslant\frac{\sqrt{\pi}}{2}\sqrt{1-e^{-2a^2}}.$$

令 $a\to+\infty$，由两边夹准则得

$$\int_0^{+\infty} e^{-x^2}\,dx=\frac{\sqrt{\pi}}{2}.$$

例 6.45 试将直角坐标系下累次积分 $\int_0^1 dx\int_0^x f(x,\ y)dy+\int_1^2 dx\int_0^{\sqrt{2x-x^2}} f(x,\ y)dy$ 化为极坐标系下的累次积分．

解 这两个累次积分是同一个被积函数，先 y 对后对 x 的积分，对应的二重积分的积分区域都是 x-型的．

D_1：$0\leqslant x\leqslant 1$，$0\leqslant y\leqslant x$；

D_2：$1\leqslant x\leqslant 2$，$0\leqslant y\leqslant\sqrt{2x-x^2}$.

如图 6－38 所示，合并在一起为区域 D，其极坐标表示为

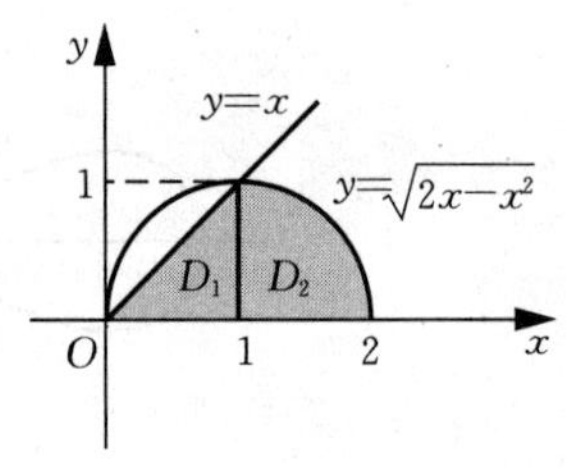

图 6－38

$$D：0\leqslant\theta\leqslant\frac{\pi}{4}，0\leqslant r\leqslant 2\cos\theta,$$

故有　$\int_0^1 dx\int_0^x f(x, y)dy+\int_1^2 dx\int_0^{\sqrt{2x-x^2}} f(x, y)dy=\int_0^{\frac{\pi}{4}} d\theta\int_0^{2\cos\theta} f(r\cos\theta, r\sin\theta)r dr.$

习题 6－7

1. 计算下列二重积分．

(1) $\iint\limits_D (x^2+y^2)d\sigma$，其中 $D=\{(x, y)\mid |x|\leqslant 1, |y|\leqslant 1\}$；

(2) $\iint\limits_D xye^{xy^2}d\sigma$，其中 $D=\{(x, y)\mid 0\leqslant x\leqslant 1, 0\leqslant y\leqslant 1\}$；

(3) $\iint\limits_D \frac{x^2}{y^2}d\sigma$，其中 D 由 $y=2$，$y=x$，$xy=1$ 所围成；

(4) $\iint\limits_D (y^2-y)d\sigma$，其中 D 由 $x=y^2$，$x=3-2y^2$ 所围成；

(5) $\iint\limits_D x\sin(x+y)d\sigma$，其中 D 由直线 $x=\sqrt{\pi}$，抛物线 $y=x^2-x$ 及其在点(0，0)的切线所围成；

(6) $\iint\limits_D ye^x d\sigma$，其中 D 是顶点为(0，0)，(2，4)和(6，0)的三角形区域．

2. 交换下列积分次序(假定 $f(x, y)$ 连续)．

(1) $\int_0^1 dx\int_0^x f(x, y)dy$；　　(2) $\int_0^1 dx\int_{x^2}^{x^{\frac{1}{4}}} f(x, y)dy$；

(3) $\int_0^1 dy\int_{-y}^{y} f(x, y)dx$；　　(4) $\int_0^1 dy\int_{\sqrt{y}}^{\sqrt{2y}} f(x, y)dx$；

(5) $\int_0^2 dx\int_{\sqrt{2x-x^2}}^{\sqrt{4-x^2}} f(x, y)dy$；　　(6) $\int_0^1 dy\int_0^{y^2} f(x, y)dx+\int_1^2 dy\int_0^{\sqrt{2-y}} f(x, y)dx$.

3. 计算下列二次积分．

(1) $\int_0^1 dy\left(\int_y^1 x\cos\frac{y}{x}dx\right)$；　　(2) $\int_0^1\left(\int_{\sqrt{y}}^1 \sqrt{x^3+1}\,dx\right)dy$.

4. 利用积分区域的对称性及被积函数(关于某个变量)的奇偶性，计算下列二重积分．

(1) $\iint\limits_D (1+x+x^2)\arcsin\frac{y}{R}d\sigma$，其中 $D=\{(x, y)\mid (x-R)^2+y^2\leqslant R^2\}$；

(2) $\iint\limits_D \sin(xy^2)d\sigma$，其中 $D=\{(x, y)\mid 1\leqslant x^2+y^2\leqslant 4\}$；

(3) $\iint\limits_D (x^2\tan x+y^3+4)d\sigma$，其中 $D=\{(x, y)\mid x^2+y^2\leqslant 2\}$；

(4) $\iint\limits_D \frac{x^2(1+x^5\sqrt{1+y})}{1+x^6}\mathrm{d}x\mathrm{d}y$，其中 $D=\{(x, y)\mid -1\leqslant x\leqslant 1, 0\leqslant y\leqslant 2\}$.

5. 把积分 $\iint\limits_D f(x, y)\mathrm{d}x\mathrm{d}y$ 表示为极坐标形式的二次积分，其中积分区域 D 是：

(1) $\{(x, y)\mid x^2+y^2\leqslant a^2\}(a>0)$；　　(2) $\{(x, y)\mid 2\leqslant x^2+y^2\leqslant 6\}$；

(3) $\{(x, y)\mid 0\leqslant y\leqslant 1-x, 0\leqslant x\leqslant 1\}$；　　(4) $\{(x, y)\mid 1\leqslant xy\leqslant 2, x\leqslant y\leqslant 2x\}$.

6. 利用极坐标计算下列二重积分.

(1) $\iint\limits_D \mathrm{e}^{x^2+y^2}\mathrm{d}\sigma$，其中 D 是由圆周 $x^2+y^2=4$ 所围成的闭区域；

(2) $\iint\limits_D \frac{1}{4+x^2+y^2}\mathrm{d}\sigma$，其中 D 为第一象限由圆周 $x^2+y^2=4$ 和 $y=0$，$y=x$ 所围成的闭区域；

(3) $\iint\limits_D \ln(1+x^2+y^2)\mathrm{d}\sigma$，其中 D 由圆周 $x^2+y^2=1$ 及坐标轴所围成的在第一象限的闭区域；

(4) $\iint\limits_D y\mathrm{d}\sigma$，其中 D 是由圆周 $r=2$ 外和心形线 $r=2(1+\cos\theta)$ 内所围成的在第一象限的闭区域.

7. 化下列二次积分为极坐标形式的二次积分.

(1) $\int_0^1\mathrm{d}x\int_0^1 f(x, y)\mathrm{d}y$；　　(2) $\int_0^1\mathrm{d}x\int_x^{\sqrt{3}x} f(x, y)\mathrm{d}y$；

(3) $\int_0^1\mathrm{d}x\int_{1-x}^{\sqrt{1-x^2}} f(x^2+y^2)\mathrm{d}y$；　　(4) $\int_0^1\mathrm{d}x\int_0^{x^2} f(x, y)\mathrm{d}y$.

8. 利用极坐标计算下列二次积分.

(1) $\int_0^1\mathrm{d}x\int_0^{\sqrt{1-x^2}} \mathrm{e}^{x^2+y^2}\mathrm{d}y$；

(2) $\int_0^1\mathrm{d}x\int_{x^2}^{x}(x^2+y^2)^{-\frac{1}{2}}\mathrm{d}y$；

(3) $\int_0^{\frac{\sqrt{2}}{2}}\mathrm{d}y\int_y^{\sqrt{1-y^2}}\arctan\frac{y}{x}\mathrm{d}x$；

(4) $\int_{\frac{1}{2}}^1\mathrm{d}x\int_{\sqrt{1-x^2}}^{x} xy\mathrm{d}y+\int_1^{\sqrt{2}}\mathrm{d}x\int_0^x xy\mathrm{d}y+\int_{\sqrt{2}}^2\mathrm{d}x\int_0^{\sqrt{4-x^2}} xy\mathrm{d}y$.

9. 利用二重积分求下列平面区域 D 的面积：

(1) D 由线 $y=\mathrm{e}^x$，$y=\mathrm{e}^{-x}$ 及 $x=1$ 围成；

(2) $D=\{(r, \theta)\mid 2\leqslant r\leqslant 4\sin\theta\}$；

(3) D 由曲线 $y=x+1$，$y^2=-x-1$ 围成；

(4) D 由曲线 $(x^2+y^2)^2=2ax^3(a>0)$ 围成.

思维导图与本章小结

一、思维导图

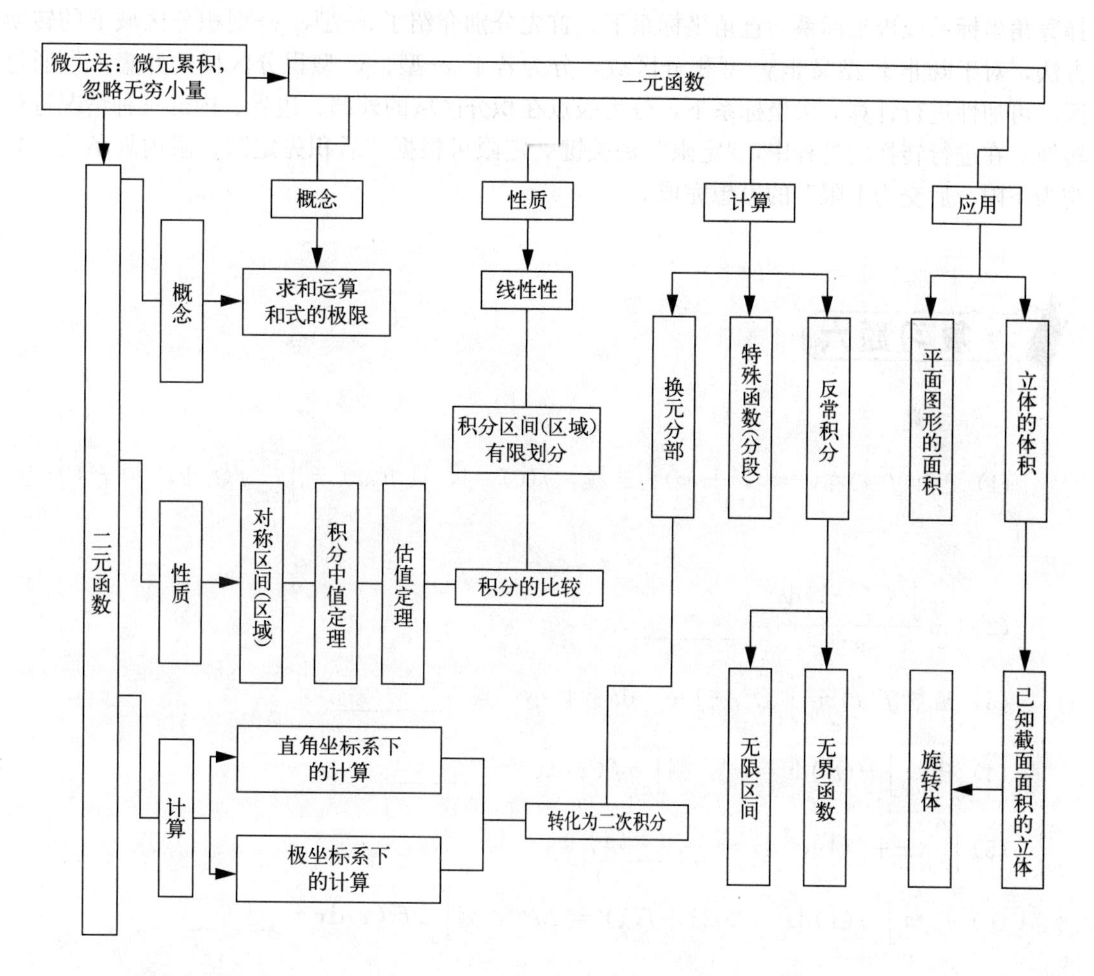

二、本章小结

本章的核心内容是定积分和二重积分．这两个概念都是为了解决非均匀分布在某区间或几何形体(二维空间有界闭域)上的总量问题而引入的．比如，已知质量密度求质量问题；已知电荷密度求电量问题；曲顶柱体体积问题等．积分问题的两个要素是被积函数与积分区间．处理问题的主导思想是："整体由局部构成，局部线性化，近似中寻精确"．通过"分割、作积、求和、取极限"四步解决问题．

在引入了定积分和二重积分的概念之后，给出了积分的存在性定理和积分的性质．主要包括线性性质、对积分区域的可加性质、比较性质、估值性质、积分中值定理、对称性质等．但是无论是定积分还是二重积分，通过定义计算都十分困难，需分别引入相应的计算方法．

对于定积分，通过微积分基本公式——牛顿—莱布尼茨公式可知，对于连续函数的定积分只需求其原函数在积分区间上的增量．为了简化计算，建立了定积分的换元积分法和分部积分法．而分段函数可通过区域可加性分段计算．通过极限的思想，建立了无穷区间或无界函数的反常积分收敛判别法．最后利用微分法的思想，讨论了定积分的应用．

对于二重积分，计算的核心思想是转化为二次积分．根据被积函数和积分区域的特点选择直角坐标系或极坐标系．直角坐标系下，首先分别介绍了 x-型、y-型积分区域下的转换方法，对于既非 x-型又非 y-型积分区域，分为若干 x-型、y-型积分区域的并集，可通过区域可加性进行计算．极坐标系下，分为极点在积分区域的外部、边界、内部三种情况进行转换．在进行转换的过程中，“定限”是关键．定限可根据“后积先定限、限内划条线、先交为下限、后交为上限”的思想完成．

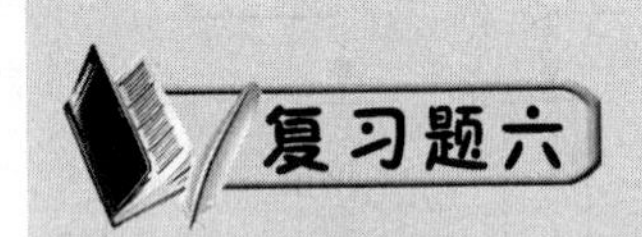

复习题六

1．填空题．

(1) 已知 $f(x)$在$(-\infty, +\infty)$内连续，$f(0)=1$，设 $F(x)=\int_{\sin 2x}^{x^2} f(t)\mathrm{d}t$，则 $F'(0)=$________．

(2) $\lim\limits_{x\to 0}\dfrac{\int_0^x (\mathrm{e}^t-1)\mathrm{d}t}{x^2}=$________．

(3) 函数 $f(x)=\int_1^x (t^2-1)\mathrm{e}^{-t^2}\mathrm{d}t$ 的极小值点为________．

(4) 已知 $\int_1^x f(t^2)\mathrm{d}t=x^3$，则$\int_0^2 xf(x)\mathrm{d}x=$________．

(5) $\int_{-1}^{\sqrt{2}}(x+|x|)\mathrm{e}^{x^2}\mathrm{d}x=$________．

(6) 已知 $\int_0^1 f(x)\mathrm{d}x=2021$，$f(1)=2020$，则$\int_0^1 xf'(x)\mathrm{d}x=$________．

(7) $\int_0^{+\infty}\dfrac{x}{(1+x^2)^2}\mathrm{d}x=$________．

(8) 曲线 $y=\dfrac{1}{x}$与直线 $y=x$，$x=2$ 所围成图形的面积为________．

(9) 曲线 $y=\sqrt{\ln x}$与直线 $x=1$，$x=3$ 及 x 轴所围成的图形绕 x 轴旋转一周所得旋转体的体积为________．

(10) 曲线 $y=\mathrm{e}^{-x}$与直线 $y=0$ 之间位于第一象限内的平面图形绕 x 轴旋转一周产生的旋转体的体积为________．

(11) 设 $I=\int_1^{\mathrm{e}}\mathrm{d}x\int_0^{\ln x} f(x, y)\mathrm{d}y$，交换积分次序得 $I=$________．

(12) 设 D 是由圆$(x-a)^2+(y-b)^2=2$ 所围成的闭区域，则 $\iint\limits_D \mathrm{d}x\mathrm{d}y=$________．

(13) 设 $D=\{(x,y)\mid -1\leqslant x\leqslant 1, -1\leqslant y\leqslant 1\}$，则 $\iint\limits_{D} x(\sin xy-x)\mathrm{d}x\mathrm{d}y=$ ________.

(14) $\iint\limits_{D}\dfrac{1+x-y}{\sqrt{3+x^2+y^2}}\mathrm{d}x\mathrm{d}y$（其中 D：$1\leqslant x^2+y^2\leqslant 6$）= ________.

2. 选择题.

(1) 设 $I_1=\int_1^2\dfrac{\sin x}{x}\mathrm{d}x$，$I_2=\int_1^2\dfrac{x}{\sin x}\mathrm{d}x$，则有(　　).

A. $I_1<I_2<1$；　B. $I_1<1<I_2$；　C. $I_1>I_2>1$；　D. $1<I_1<I_2$.

(2) 设 $f(x)$ 在 $(0,+\infty)$ 上为非负连续函数，且 $\int_0^{x(1+x)}f(t)\mathrm{d}t=x+2$，则 $f(2)=$ (　　).

A. 2；　B. 3；　C. 1；　D. $\dfrac{1}{3}$.

(3) 设 $f(x)=\int_0^x\sin(t^3)\mathrm{d}t$，$g(x)=x^3+x^4$，则当 $x\to 0$ 时，$f(x)$ 是 $g(x)$ 的(　　).

A. 高阶无穷小量；　B. 低阶无穷小量；

C. 同阶非等价无穷小量；　D. 等价无穷小量.

(4) $\int_{-1}^{1}x^{2021}[f(x)+f(-x)]\mathrm{d}x=$ (　　).

A. $2[f(1)+f(-1)]$；　B. 0；

C. $f(1)+f(-1)$；　D. $f(1)-f(-1)$.

(5) 广义积分 $\int_0^{+\infty}\dfrac{x}{(1+x)^3}\mathrm{d}x=$ (　　).

A. -1；　B. 0；　C. $-\dfrac{1}{2}$；　D. $\dfrac{1}{2}$.

(6) 下列广义积分中发散的是(　　).

A. $\int_1^{+\infty}\dfrac{1}{x^2}\mathrm{d}x$；　B. $\int_{\mathrm{e}}^{+\infty}\dfrac{1}{x\ln^2 x}\mathrm{d}x$；

C. $\int_1^{+\infty}\dfrac{1}{\sqrt[3]{x}}\mathrm{d}x$；　D. $\int_1^{+\infty}\dfrac{x}{1+x^4}\mathrm{d}x$.

(7) 下列等式成立的是(　　).

A. 若 $\int_0^{+\infty}f(x)\mathrm{d}x$ 和 $\int_{-\infty}^{0}f(x)\mathrm{d}x$ 均发散，则 $\int_{-\infty}^{+\infty}f(x)\mathrm{d}x$ 必发散；

B. 若 $\int_0^{+\infty}f(x)\mathrm{d}x$ 和 $\int_0^{+\infty}g(x)\mathrm{d}x$ 均发散，则 $\int_0^{+\infty}[f(x)+g(x)]\mathrm{d}x$ 必发散；

C. 若 $\int_0^{+\infty}f(x)\mathrm{d}x$ 和 $\int_0^{+\infty}g(x)\mathrm{d}x$ 均发散，则 $\int_0^{+\infty}[f(x)\cdot g(x)]\mathrm{d}x$ 必发散；

D. 若 $\int_0^{+\infty}f(x)\mathrm{d}x$ 收敛，$\int_0^{+\infty}g(x)\mathrm{d}x$ 发散，则 $\int_0^{+\infty}[f(x)\cdot g(x)]\mathrm{d}x$ 必发散.

(8) 曲线 $y=x^2$ 与直线 $y=1$ 所围成的图形的面积是(　　).

A. $\dfrac{2}{3}$；　B. $\dfrac{3}{4}$；　C. $\dfrac{4}{3}$；　D. 1.

(9) 曲线 $y=x(x-1)(2-x)(0\leqslant x\leqslant 2)$ 与 x 轴所围图形的面积可表示为(　　).

A. $-\int_0^2 x(x-1)(2-x)\mathrm{d}x$；

B. $\int_0^1 x(x-1)(2-x)\mathrm{d}x-\int_1^2 x(x-1)(2-x)\mathrm{d}x$；

C. $-\int_0^1 x(x-1)(2-x)\mathrm{d}x+\int_1^2 x(x-1)(2-x)\mathrm{d}x$；

D. $\int_0^2 x(x-1)(2-x)\mathrm{d}x$.

(10) 已知 $\int_0^1 f(x)\mathrm{d}x=\int_0^1 xf(x)\mathrm{d}x$，则 $\iint\limits_D f(x)\mathrm{d}x\mathrm{d}y$ (其中 D：$x+y\leqslant 1$，$x\geqslant 0$，$y\geqslant 0$)等于(　　).

A. 2；　　B. 0；　　C. $\frac{1}{2}$；　　D. 1.

(11) 设 $I=\int_0^4 \mathrm{d}x\int_x^{2\sqrt{x}} f(x,\ y)\mathrm{d}y$，交换积分次序后，$I=$(　　).

A. $\int_0^4 \mathrm{d}y\int_{\frac{1}{4}y^2}^{y} f(x,\ y)\mathrm{d}x$；

B. $\int_0^4 \mathrm{d}y\int_{-y}^{\frac{1}{4}y^2} f(x,\ y)\mathrm{d}x$；

C. $\int_0^4 \mathrm{d}y\int_{\frac{1}{4}}^{1} f(x,\ y)\mathrm{d}x$；

D. $\int_4^0 \mathrm{d}y\int_{\frac{1}{4}y^2}^{y} f(x,\ y)\mathrm{d}x$.

(12) 交换 $I=\int_1^1 \mathrm{d}y\int_{\frac{1}{2}y}^{\sqrt{y}} f(x,\ y)\mathrm{d}x+\int_1^2 \mathrm{d}y\int_{\frac{1}{2}y}^{1} f(x,\ y)\mathrm{d}x$ 的积分次序，则下列各项正确的是(　　).

A. $\int_0^1 \mathrm{d}x\int_{2x}^{x^2} f(x,\ y)\mathrm{d}y$；

B. $\int_0^1 \mathrm{d}x\int_{x^2}^{2x} f(x,\ y)\mathrm{d}y$；

C. $\int_1^2 \mathrm{d}x\int_{2x}^{x^2} f(x,\ y)\mathrm{d}y$；

D. $\int_1^2 \mathrm{d}x\int_{x^2}^{2x} f(x,\ y)\mathrm{d}y$.

(13) 把积分 $\int_0^a \mathrm{d}y\int_0^{\sqrt{a^2-y^2}} f(x,\ y)\mathrm{d}x$ 化为极坐标形式为(　　).

A. $\int_0^{2\pi} \mathrm{d}\theta\int_0^a f(r\cos\theta,\ r\sin\theta)r\mathrm{d}r$；

B. $\int_0^{2\pi} \mathrm{d}\theta\int_0^{\cos\theta} f(r\cos\theta,\ r\sin\theta)\mathrm{d}r$；

C. $\int_0^{\frac{\pi}{2}} \mathrm{d}\theta\int_0^{a\sin\theta} f(r\cos\theta,\ r\sin\theta)r\mathrm{d}r$；

D. $\int_0^{\frac{\pi}{2}} \mathrm{d}\theta\int_0^a f(r\cos\theta,\ r\sin\theta)r\mathrm{d}r$.

(14) 设区域 D：$x^2+y^2\leqslant 4a^2$，且 $\iint\limits_D \sqrt{4a^2-x^2-y^2}\,\mathrm{d}x\mathrm{d}y=144\pi$，则 $a=$(　　).

A. $\sqrt[3]{9}$；　　B. 3；　　C. $\sqrt[3]{\frac{1}{9}}$；　　D. $\frac{1}{3}$.

3. 求下列极限.

(1) $\lim\limits_{x\to 0}\dfrac{\int_0^x (\mathrm{e}^{t^2}-\cos t)\mathrm{d}t}{x-\sin x}$；

(2) $\lim\limits_{x\to 0}\dfrac{\int_0^{x^2}\frac{\sin t}{1+t}\mathrm{d}t}{\mathrm{e}^{x^4}-1}$；

(3) $\lim\limits_{n\to\infty}\left(\dfrac{1}{n+1}+\dfrac{1}{n+2}+\cdots+\dfrac{1}{n+n}\right)$；　(4) $\lim\limits_{n\to\infty}\left(\dfrac{n}{n^2+1}+\dfrac{n}{n^2+1}+\cdots+\dfrac{n}{n^2+n^2}\right)$.

4. 设函数 $f(x)$在$[0,1]$上连续，且 $f(x)<1$，证明：方程 $2x-\int_0^x f(t)\mathrm{d}t=1$ 在$(0,1)$内有且仅有一个实根．

5. 计算下列各积分．

(1) $\int_{-1}^{1}\dfrac{1}{x^2-5x+6}\mathrm{d}x$；　(2) $\int_0^{\frac{\pi}{4}}\tan^4 x\mathrm{d}x$；

(3) 设 $f(x)=\begin{cases}\sqrt{1-x^2}, & x\leqslant 0,\\ \dfrac{1}{\sqrt{1-x^2}}, & x>0,\end{cases}$ 计算 $\int_1^3 f(x-2)\mathrm{d}x$；

(4) $\int_{\sqrt{2}}^{2}\dfrac{1}{x^2\sqrt{x^2-1}}\mathrm{d}x$；　(5) $\int_0^{\pi}x\sin^2 x\mathrm{d}x$；

(6) $\int_0^1 t\arccos t\mathrm{d}t$；　(7) $\int_{-\frac{\pi}{2}}^{\frac{\pi}{2}}(x+\mathrm{e}^{|x|}-\cos x^2)\sin x\mathrm{d}x$；

(8) $\int_{-1}^{1}|x|\mathrm{e}^x\mathrm{d}x$；

(9) 设函数 $f(x)=\begin{cases}x^2-1, & 0\leqslant x<1,\\ \ln x, & 1\leqslant x\leqslant \mathrm{e},\end{cases}$ 求 $\int_0^{\mathrm{e}}f(x)\mathrm{d}x$；

(10) $\int_0^{\frac{\pi}{2}}\dfrac{1}{1+(\cot x)^3}\mathrm{d}x$.

6. 设 $f(t)=\int_1^t \mathrm{e}^{-x^2}\mathrm{d}x$，求$\int_0^1 t^2 f(t)\mathrm{d}t$.

7. 若 $f(x)=\dfrac{1}{1+x^2}-\sqrt{1-x^2}\int_0^1 f(x)\mathrm{d}x$，求$\int_0^1 f(x)\mathrm{d}x$.

8. 设 $f(x)$在$[0,1]$上连续，证明：$\int_0^{\pi}f(\sin x)\mathrm{d}x=2\int_0^{\frac{\pi}{2}}f(\sin x)\mathrm{d}x$.

9. 设 $F(x)=\int_0^x(x-2t)\mathrm{e}^{-t^2}\mathrm{d}t$，证明：

(1) $F(x)$是偶函数；

(2) $F(x)$在$(0,+\infty)$上为增函数．

10. 计算下列各反常积分．

(1) $\int_1^{+\infty}\dfrac{1}{x^2+2x+5}\mathrm{d}x$；　(2) $\int_0^{+\infty}x^2\mathrm{e}^{-x}\mathrm{d}x$；

(3) $\int_4^{+\infty}\dfrac{1}{\sqrt{x}(1-x)}\mathrm{d}x$；　(4) $\int_0^{+\infty}\dfrac{\arctan x}{(1+x^2)^{\frac{3}{2}}}\mathrm{d}x$；

(5) $\int_0^{+\infty}\dfrac{x\arctan x^2}{1+x^4}\mathrm{d}x$；　(6) $\int_0^1\ln\left(1+\dfrac{1}{x}\right)\mathrm{d}x$；

(7) $\int_0^{\frac{\pi}{2}}\dfrac{\cos x}{\sqrt{2\sin x-\sin^2 x}}\mathrm{d}x$；　(8) $\int_0^1\dfrac{1}{(x+1)\sqrt{x^2+2x}}\mathrm{d}x$.

11. 设 D 是由曲线 $y=\ln x$，$x=\mathrm{e}$ 及 x 轴所围成的平面区域，求：

(1) 平面区域 D 的面积 S；

(2) D 绕 y 轴旋转一周所成的旋转体的体积 V.

12. 设 L 为曲线 $y=\mathrm{e}^x$ 上过点 $P(0, 1)$处的切线，D 是由曲线 $y=\mathrm{e}^x$，切线 L 及直线 $x=-1$，$x=1$ 所围成的区域，求：

(1) D 的面积；(2) D 绕 x 轴旋转一周所得旋转体的体积.

13. 过$(2, 3)$作曲线 $y=x^2$ 的切线，求该曲线和切线围成图形的面积.

14. 设有抛物线 $y=4-x^2$，

(1) 求该抛物线与 x 轴所围成的面积；

(2) 求曲线上 x 坐标为 $t(t>0)$的点 P 处的切线方程，并分别求该切线与 x 轴及直线 $y=4$ 的交点；

(3) 问 $t(t>0)$为何值时，该抛物线与点 P 处的切线、x 轴及直线 $y=4$ 所围成的面积最小?

15. 设曲线 $a^2y=x^2(0<a<1)$将如图 6-39 所示的边长为 1 的正方形分为 A，B 两部分.

(1) 分别求 A 绕 x 轴与 B 绕 y 轴旋转一周所得两个旋转体的体积 V_1 与 V_2；

(2) 问 a 为何值时，V_1+V_2 取得最小值，并求出该最小值.

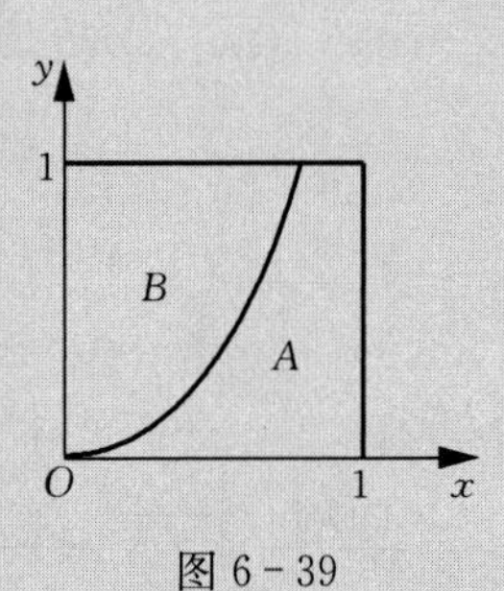

图 6-39

16. 求区域 D：$1\leqslant r\leqslant 1+\sin\theta$ 的面积.

17. 计算下列二重积分.

(1) 设 D 是由 $y=x$，$x=2$，$y=\dfrac{1}{x}$所围成的区域，计算 $\iint\limits_D x^2\mathrm{e}^{xy}\,\mathrm{d}x\mathrm{d}y$；

(2) 设 D 是由 $y=x$，$x=0$，$y=1$ 所围成的区域，计算 $\iint\limits_D \arctan y\,\mathrm{d}x\mathrm{d}y$；

(3) 计算二重积分 $\iint\limits_D \dfrac{y}{(1+x^2)^2}\mathrm{d}x\mathrm{d}y$，其中 D 是由第一象限中曲线 $y=\sqrt{x}$ 与 x 轴，$x=1$所围成的有界区域；

(4) 计算二重积分 $I=\iint\limits_D\left(\dfrac{y}{x+y}\right)^{\frac{1}{3}}\mathrm{d}\sigma$，其中 D 是由直线 $x+y=1$，$x=0$ 和 $y=0$ 所围成的平面区域；

(5) 计算二重积分 $\iint\limits_D(x^2\sin y+xy^2)\mathrm{d}x\mathrm{d}y$，其中 D 是由 $y^2=2x$，$x=1$ 所围成的平面区域；

(6) 计算二重积分 $\iint\limits_D\sqrt{1-x^2-y^2}\,\mathrm{d}x\mathrm{d}y$，其中 D：$x^2+y^2\leqslant x$，$y\geqslant x$；

(7) 设区域 $D=\{(x, y)\mid x^2+y^2\leqslant 1, x\geqslant 0\}$，计算二重积分 $\iint\limits_D\dfrac{1+xy}{1+x^2+y^2}\mathrm{d}x\mathrm{d}y$；

(8) 设 $D: |x| \leqslant 1, |y| \leqslant 1$，计算 $\iint\limits_D |y-x| \mathrm{d}x\mathrm{d}y$.

18. 求由平面 $x=0$，$y=0$，$x+y=1$ 所围成的柱体被平面 $z=0$ 及抛物面 $z=2-x^2-y^2$ 截得的立体的体积.

19. 求由曲面 $z=\sqrt{2-x^2-y^2}$ 及 $z=x^2+y^2$ 所围成的空间立体的体积.

20. 设函数 $f(x)$ 为连续函数，证明：$\int_a^b \mathrm{d}x \int_a^x f(y)\mathrm{d}y = \int_a^b f(x)(b-x)\mathrm{d}x$.

第七章 无穷级数

在前面的章节中，我们学习了函数分析方面的知识，而较少讨论函数值的计算．举个例子，某生物的增长符合指数曲线，1 年后该生物拥有多少数量？记该生物基数为 1，这个问题等同于求函数 e^x 在 $x=1$ 处的值．当然，我们都知道这个函数值是 e，大约是 2.718…，那么这个 2.718…是怎么得到的呢？

事实上，函数 e^x 包含指数运算，是一种较复杂的运算．一种常用的处理方法是将复杂的运算线性化，即将函数 e^x 展开成无穷项的加法运算来简化，这也是计算机运算处理的一种常用方法．

那么将函数展开成无穷项的和，可以展开成什么样的无穷项的和？无穷项求和是否存在有限的结果？需要满足什么样的条件？以及如何用这无穷项的和运算来近似计算原函数的值？这些问题，将在本章中一一介绍．

第一节 常数项级数

一、常数项级数的概念

定义 7.1 无穷数列 u_1，u_2，…，u_n，…构成的和式：

$$\sum_{n=1}^{\infty} u_n = u_1 + u_2 + \cdots + u_n + \cdots$$

称为**常数项无穷级数**，一般简称为**级数**．

与数列相同，其中 u_n 称为该级数的**通项**．

例如，级数

$$\sum_{n=1}^{\infty} \frac{1}{n(n+1)} = \frac{1}{2} + \frac{1}{6} + \frac{1}{12} + \cdots + \frac{1}{n(n+1)} + \cdots; \tag{7.1}$$

$$\sum_{n=1}^{\infty} \frac{1}{n} = 1 + \frac{1}{2} + \frac{1}{3} + \frac{1}{4} + \cdots + \frac{1}{n} + \cdots; \tag{7.2}$$

$$\sum_{n=1}^{\infty} aq^n = a + aq + aq^2 + \cdots + aq^n + \cdots,\ a \neq 0. \tag{7.3}$$

那么级数作为无穷项的和，是否可能存在有限的结果？就像无限区间上的反常积分，虽然图形无限伸展，但面积可能有限．为此，我们引入部分和的概念．

定义 7.2 级数 $\sum\limits_{n=1}^{\infty} u_n$ 前 n 项的和：

$$S_n = \sum_{k=1}^{n} u_k = u_1 + u_2 + \cdots + u_n,$$

称为该级数的**部分和**.

显然，$S_1=u_1$，$S_2=u_1+u_2$，$S_3=u_1+u_2+u_3$，…构成数列$\{S_n\}$，称为级数 $\sum\limits_{n=1}^{\infty}u_n$ 的**部分和数列**.

而当$n\to\infty$时，部分和$\{S_n\}$趋向于原级数，因此我们定义：

定义 7.3　若$n\to\infty$时，级数 $\sum\limits_{n=1}^{\infty}u_n$ 的部分和数列$\{S_n\}$的极限存在，即

$$\lim_{n\to\infty}S_n=S,$$

则称级数 $\sum\limits_{n=1}^{\infty}u_n$ **收敛**，其和为 S，即级数 $\sum\limits_{n=1}^{\infty}u_n$ **收敛于** S.

此时，级数 $\sum\limits_{n=1}^{\infty}u_n$ 的和 S 与部分和 S_n 的差：

$$r_n=S-S_n=u_{n+1}+u_{n+2}+u_{n+3}+\cdots$$

称为级数 $\sum\limits_{n=1}^{\infty}u_n$ 的**余项**.

若部分和数列$\{S_n\}$的极限不存在，则称级数 $\sum\limits_{n=1}^{\infty}u_n$ **发散**.

例 7.1　判断级数 $\sum\limits_{n=1}^{\infty}\dfrac{1}{n(n+1)}$ 的敛散性.

解　其部分和

$$\begin{aligned}S_n&=\frac{1}{1\times2}+\frac{1}{2\times3}+\frac{1}{3\times4}+\cdots+\frac{1}{n(n+1)}\\&=1-\frac{1}{2}+\frac{1}{2}-\frac{1}{3}+\frac{1}{3}-\frac{1}{4}+\cdots+\frac{1}{n}-\frac{1}{n+1}\\&=1-\frac{1}{n+1},\end{aligned}$$

而
$$\lim_{n\to\infty}S_n=\lim_{n\to\infty}\left(1-\frac{1}{n+1}\right)=1,$$

故级数 $\sum\limits_{n=1}^{\infty}\dfrac{1}{n(n+1)}$ 收敛，且收敛于 1.

例 7.2　判断级数 $\sum\limits_{n=1}^{\infty}\dfrac{1}{n}$ 的敛散性.

解　其部分和 $S_n=1+\dfrac{1}{2}+\dfrac{1}{3}+\cdots+\dfrac{1}{n}$. 用反证法：若级数 $\sum\limits_{n=1}^{\infty}\dfrac{1}{n}$ 收敛，即部分和数列$\{S_n\}$的极限存在，不妨设极限为 S，即

$$\lim_{n\to\infty}S_n=S,$$

则
$$\lim_{n\to\infty}S_{2n}=S\Rightarrow\lim_{n\to\infty}(S_{2n}-S_n)=0,$$

而
$$\begin{aligned}S_{2n}-S_n&=\frac{1}{n+1}+\frac{1}{n+2}+\frac{1}{n+3}+\cdots+\frac{1}{2n}\\&>\frac{1}{2n}+\frac{1}{2n}+\frac{1}{2n}+\cdots+\frac{1}{2n}=\frac{1}{2},\end{aligned}$$

于是
$$\lim_{n\to\infty}(S_{2n}-S_n)\geqslant\frac{1}{2}\neq 0,$$

故矛盾，假设不成立，从而级数 $\sum_{n=1}^{\infty}\frac{1}{n}$ 发散．

例 7.3 讨论级数 $\sum_{n=0}^{\infty}aq^n(a\neq 0)$ 的敛散性．

解 当 $q=1$ 时，其部分和 $S_n=na$，显然 $\lim_{n\to\infty}S_n=\infty$，原级数发散．

当 $q=-1$ 时，其部分和 $S_n=\begin{cases}a, & n\text{ 为奇数},\\ 0, & n\text{ 为偶数},\end{cases}$ 显然 $\{S_n\}$ 的极限不存在，原级数发散．

当 $|q|\neq 1$ 时，其部分和 $S_n=\frac{a(1-q^n)}{1-q}$，

当 $|q|>1$ 时，$\lim_{n\to\infty}S_n=\infty$，原级数发散；

当 $|q|<1$ 时，$\lim_{n\to\infty}S_n=\frac{a}{1-q}$，原级数收敛．

综上可知，当 $|q|<1$ 时，原级数收敛于 $\frac{a}{1-q}$；当 $|q|\geqslant 1$ 时，原级数发散．

例 7.2 的级数 $\sum_{n=1}^{\infty}\frac{1}{n}$ 称为**调和级数**，例 7.3 的级数 $\sum_{n=0}^{\infty}aq^n(a\neq 0)$ 称为**等比级数**(或**几何级数**)，这两个级数的敛散性，今后常常在其他级数判断敛散性时使用，所以同学们首先要熟悉它们的敛散性．

二、常数项级数的基本性质

性质 1　级数 $\sum_{n=1}^{\infty}u_n$ 与级数 $\sum_{n=1}^{\infty}ku_n$ 同敛散，其中 $k\neq 0$.

证 记级数 $\sum_{n=1}^{\infty}u_n$ 的部分和为 S_n，则级数 $\sum_{n=1}^{\infty}ku_n$ 的部分和为 kS_n.

若级数 $\sum_{n=1}^{\infty}u_n$ 收敛，则数列 $\{S_n\}$ 的极限存在，从而 $\{kS_n\}$ 的极限存在，级数 $\sum_{n=1}^{\infty}ku_n$ 收敛；

若级数 $\sum_{n=1}^{\infty}u_n$ 发散，则数列 $\{S_n\}$ 的极限不存在，从而 $\{kS_n\}$ 的极限不存在，级数 $\sum_{n=1}^{\infty}ku_n$ 发散．

故 $k\neq 0$ 时，级数 $\sum_{n=1}^{\infty}u_n$ 与级数 $\sum_{n=1}^{\infty}ku_n$ 同敛散．

性质 2　若级数 $\sum_{n=1}^{\infty}u_n$ 收敛于 S，级数 $\sum_{n=1}^{\infty}v_n$ 收敛于 T，则级数 $\sum_{n=1}^{\infty}(u_n\pm v_n)$ 收敛于 $S\pm T$.

证 记级数 $\sum_{n=1}^{\infty}u_n$ 的部分和为 S_n，级数 $\sum_{n=1}^{\infty}v_n$ 的部分和为 T_n，则级数 $\sum_{n=1}^{\infty}(u_n\pm v_n)$ 的部分和为 $W_n=S_n\pm T_n$.

已知 $\lim_{n\to\infty}S_n=S$，$\lim_{n\to\infty}T_n=T$，故 $\lim_{n\to\infty}W_n=\lim_{n\to\infty}(S_n\pm T_n)=S\pm T$，从而级数 $\sum_{n=1}^{\infty}(u_n\pm v_n)$

收敛于 $S\pm T$.

性质 3　级数添加、删除或改变有限项，敛散性不变.

证　记级数 $\sum\limits_{n=1}^{\infty}u_n$ 的部分和为 S_n，假设去除级数 $\sum\limits_{n=1}^{\infty}u_n$ 的前 k 项，即级数变为 $\sum\limits_{n=k+1}^{\infty}u_n$.

级数 $\sum\limits_{n=k+1}^{\infty}u_n$ 的部分和为 $W_n=u_{k+1}+u_{k+2}+\cdots+u_{k+n}=S_{k+n}-S_k$.

若级数 $\sum\limits_{n=1}^{\infty}u_n$ 收敛，则 $\{S_n\}$ 的极限存在，从而 $\{W_n\}$ 的极限存在，级数 $\sum\limits_{n=k+1}^{\infty}u_n$ 收敛；

若级数 $\sum\limits_{n=1}^{\infty}u_n$ 发散，则 $\{S_n\}$ 的极限不存在，从而 $\{W_n\}$ 的极限不存在，级数 $\sum\limits_{n=k+1}^{\infty}u_n$ 发散，即级数 $\sum\limits_{n=k+1}^{\infty}u_n$ 的敛散性不变.

其他情形同学们可以模仿证明.

性质 4　若级数 $\sum\limits_{n=1}^{\infty}u_n$ 收敛于 S，则其任意添加括号后，新级数仍然收敛于 S.

证　不妨设级数添加括号后为

$$\begin{aligned}\sum_{n=1}^{\infty}v_n&=u_1+(u_2+u_3)+(u_4+u_5+u_6)+\cdots\\&=v_1+v_2+v_3+\cdots,\end{aligned}$$

其中 $v_1=u_1$，$v_2=u_2+u_3$，$v_3=u_4+u_5+u_6$，$\cdots$.

记级数 $\sum\limits_{n=1}^{\infty}v_n$ 的部分和为 $T_n=v_1+v_2+\cdots+v_n$，对应级数 $\sum\limits_{n=1}^{\infty}u_n$ 的前 m 项之和，即 $T_n=S_m$.

因为级数 $\sum\limits_{n=1}^{\infty}u_n$ 收敛于 S，故 $\lim\limits_{m\to\infty}S_m=S$，从而 $\lim\limits_{n\to\infty}T_n=S$，即新级数仍收敛于 S.

性质 5(级数收敛的必要条件)　若级数 $\sum\limits_{n=1}^{\infty}u_n$ 收敛，则 $\lim\limits_{n\to\infty}u_n=0$.

证　记级数 $\sum\limits_{n=1}^{\infty}u_n$ 的部分和为 S_n，$\lim\limits_{n\to\infty}S_n=S$，而 $u_n=S_n-S_{n-1}$，故

$$\lim_{n\to\infty}u_n=\lim_{n\to\infty}(S_n-S_{n-1})=S-S=0.$$

性质 5 的逆否命题为：若 $\lim\limits_{n\to\infty}u_n\neq 0$，则级数 $\sum\limits_{n=1}^{\infty}u_n$ 发散. 这是用来判断级数敛散性的首用方法.

例 7.4　判断级数 $\sum\limits_{n=1}^{\infty}\dfrac{n}{\sqrt{n^2+1}}$ 的敛散性.

解　显然 $\lim\limits_{n\to\infty}\dfrac{n}{\sqrt{n^2+1}}=1\neq 0$，故级数 $\sum\limits_{n=1}^{\infty}\dfrac{n}{\sqrt{n^2+1}}$ 发散.

不过要注意的是，性质 5 是级数收敛的必要条件，而非充分条件，即通项的极限为零，级数未必收敛.

比如，例 7.2 的调和级数 $\sum\limits_{n=1}^{\infty}\dfrac{1}{n}$，通项极限 $\lim\limits_{n\to\infty}\dfrac{1}{n}=0$，但级数 $\sum\limits_{n=1}^{\infty}\dfrac{1}{n}$ 发散.

习题 7-1

1. 写出下列级数的通项.

(1) $\frac{1}{2}+\frac{2}{3}+\frac{3}{4}+\frac{4}{5}+\cdots$; (2) $3-\frac{4}{4}+\frac{5}{9}-\frac{6}{16}+\cdots$.

2. 判断下列级数的敛散性.

(1) $\sum\limits_{n=1}^{\infty}\frac{1}{n(n+a)}(a\neq 0)$; (2) $\sum\limits_{n=1}^{\infty}(\sqrt{n+1}-\sqrt{n})$;

(3) $\sum\limits_{n=1}^{\infty}\ln\left(1+\frac{1}{n}\right)$; (4) $\sum\limits_{n=1}^{\infty}\frac{1}{\sqrt[n]{3}}$.

3. 讨论下列问题.

(1) 已知级数 $\sum\limits_{n=1}^{\infty}u_n$ 发散，则 $\sum\limits_{n=1}^{\infty}ku_n$ 是否一定发散？其中 k 为任意常数.

(2) 已知级数 $\sum\limits_{n=1}^{\infty}u_n$ 和 $\sum\limits_{n=1}^{\infty}u_n$ 都发散，则 $\sum\limits_{n=1}^{\infty}(u_n+v_n)$ 是否一定发散？

(3) 收敛级数去除括号后是否一定收敛？

第二节　正项级数的审敛法

关于常数项级数敛散性的判别，我们现在掌握了利用部分和数列判断的方法. 但通过例 7.2 可以看到，部分和通项往往难以计算，所以需要找到更多的敛散性判别方法. 我们首先针对一类特殊的级数——正项级数进行研究.

定义 7.4 若级数 $\sum\limits_{n=1}^{\infty}u_n$ 满足 $u_n\geqslant 0(n=1, 2, \cdots)$，则称级数 $\sum\limits_{n=1}^{\infty}u_n$ 为**正项级数**.

记正项级数 $\sum\limits_{n=1}^{\infty}u_n$ 的部分和为 S_n，由于 $u_n\geqslant 0(n=1, 2, \cdots)$，故

$$S_1\leqslant S_2\leqslant\cdots\leqslant S_n\leqslant\cdots,$$

即正项级数的部分和数列 $\{S_n\}$ 为单调增加数列. 而单调有界数列的极限必然存在，因此有定理 7.1 成立.

定理 7.1　正项级数 $\sum\limits_{n=1}^{\infty}u_n$ 收敛的充要条件是其部分和数列 $\{S_n\}$ 有界.

证　必要性：若正项级数 $\sum\limits_{n=1}^{\infty}u_n$ 收敛，则其部分和数列 $\{S_n\}$ 的极限存在，从而 $\{S_n\}$ 有界.

充分性：若正项级数 $\sum\limits_{n=1}^{\infty}u_n$ 的部分和数列 $\{S_n\}$ 有界，而正项级数的部分和数列是单增数列，故部分和数列 $\{S_n\}$ 的极限存在，从而级数 $\sum\limits_{n=1}^{\infty}u_n$ 收敛.

不过，虽然正项级数敛散性判断条件从部分和数列 $\{S_n\}$ 的极限存在削弱到有界，但仍然需要计算部分和. 因此我们将介绍其他更多的敛散性判别方法.

定理 7.2(比较审敛法)　设 $\sum_{n=1}^{\infty} u_n$，$\sum_{n=1}^{\infty} v_n$ 都是正项级数，且满足 $u_n \leqslant v_n (n=1, 2, \cdots)$，则　(1) 若 $\sum_{n=1}^{\infty} v_n$ 收敛，则 $\sum_{n=1}^{\infty} u_n$ 收敛；

(2) 若 $\sum_{n=1}^{\infty} u_n$ 发散，则 $\sum_{n=1}^{\infty} v_n$ 发散.

证　(1) 记正项级数 $\sum_{n=1}^{\infty} u_n$，$\sum_{n=1}^{\infty} v_n$ 的部分和分别为 S_n 和 T_n.

因为 $u_n \leqslant v_n (n=1, 2, \cdots)$，所以 $S_n \leqslant T_n$，而 $\sum_{n=1}^{\infty} v_n$ 收敛，则 $\{T_n\}$ 有界，从而 $\{S_n\}$ 有界，故 $\sum_{n=1}^{\infty} u_n$ 收敛.

(2) 反证法：假设 $\sum_{n=1}^{\infty} v_n$ 收敛，根据(1)有 $\sum_{n=1}^{\infty} u_n$ 收敛，矛盾，假设不成立，故 $\sum_{n=1}^{\infty} v_n$ 发散.

根据性质 1 和性质 3，级数乘以非零常数 k 或改变有限项，敛散性不变，因此定理 7.2 有如下推论成立：

推论　设 $\sum_{n=1}^{\infty} u_n$，$\sum_{n=1}^{\infty} v_n$ 都是正项级数，N 为正整数，当 $n>N$ 时有 $u_n \leqslant k v_n (k>0)$，则

(1) 若 $\sum_{n=1}^{\infty} v_n$ 收敛，则 $\sum_{n=1}^{\infty} u_n$ 收敛；

(2) 若 $\sum_{n=1}^{\infty} u_n$ 发散，则 $\sum_{n=1}^{\infty} v_n$ 发散.

例 7.5　判断级数 $\sum_{n=1}^{\infty} \frac{1}{2^n} \cos \frac{1}{n}$ 的敛散性.

解　显然 $\sum_{n=1}^{\infty} \frac{1}{2^n} \cos \frac{1}{n}$ 是正项级数. 因为 $\cos \frac{1}{n} \leqslant 1$，则 $\frac{1}{2^n} \cos \frac{1}{n} \leqslant \frac{1}{2^n}$. 而正项级数 $\sum_{n=1}^{\infty} \frac{1}{2^n}$ 收敛，故级数 $\sum_{n=1}^{\infty} \frac{1}{2^n} \cos \frac{1}{n}$ 收敛.

例 7.6　讨论级数 $\sum_{n=1}^{\infty} \frac{1}{n^p} (p>0)$ 的敛散性.

解　显然 $\sum_{n=1}^{\infty} \frac{1}{n^p}$ 是正项级数.

当 $0<p \leqslant 1$ 时，$\frac{1}{n^p} \geqslant \frac{1}{n}$，已知 $\sum_{n=1}^{\infty} \frac{1}{n}$ 发散，故 $\sum_{n=1}^{\infty} \frac{1}{n^p}$ 发散；

当 $p>1$ 时，因为 $n-1 \leqslant x \leqslant n$ 时，$\frac{1}{n^p} \leqslant \frac{1}{x^p}$，根据定积分性质有

$$\int_{n-1}^{n} \frac{1}{n^p} \mathrm{d}x \leqslant \int_{n-1}^{n} \frac{1}{x^p} \mathrm{d}x.$$

又
$$\int_{n-1}^{n} \frac{1}{n^p} \mathrm{d}x = \frac{1}{n^p}，\int_{n-1}^{n} \frac{1}{x^p} \mathrm{d}x = \frac{1}{p-1}\left[\frac{1}{(n-1)^{p-1}} - \frac{1}{n^{p-1}}\right],$$

则
$$\frac{1}{n^p} \leqslant \frac{1}{p-1}\left[\frac{1}{(n-1)^{p-1}} - \frac{1}{n^{p-1}}\right] (n=2, 3, \cdots).$$

而 $\sum\limits_{n=2}^{\infty}\dfrac{1}{p-1}\left[\dfrac{1}{(n-1)^{p-1}}-\dfrac{1}{n^{p-1}}\right]$ 是正项级数，且部分和

$$S_n=\frac{1}{p-1}\left[1-\frac{1}{2^{p-1}}+\frac{1}{2^{p-1}}-\frac{1}{3^{p-1}}+\cdots+\frac{1}{(n-1)^{p-1}}-\frac{1}{n^{p-1}}\right]=\frac{1}{p-1}\left(1-\frac{1}{n^{p-1}}\right),$$

显然
$$\lim_{n\to\infty}S_n=\lim_{n\to\infty}\frac{1}{p-1}\left(1-\frac{1}{n^{p-1}}\right)=\frac{1}{p-1},$$

故级数 $\sum\limits_{n=2}^{\infty}\dfrac{1}{p-1}\left[\dfrac{1}{(n-1)^{p-1}}-\dfrac{1}{n^{p-1}}\right]$ 收敛．从而根据比较审敛法的推论可知 $\sum\limits_{n=1}^{\infty}\dfrac{1}{n^p}$ 收敛．

综上所述，当 $0<p\leqslant 1$ 时，级数 $\sum\limits_{n=1}^{\infty}\dfrac{1}{n^p}$ 发散；当 $p>1$ 时，级数 $\sum\limits_{n=1}^{\infty}\dfrac{1}{n^p}$ 收敛．

级数 $\sum\limits_{n=1}^{\infty}\dfrac{1}{n^p}$ 称为 **p-级数**，也是今后用来判断其他级数敛散性的常用级数．

从例 7.6 可以看到，虽然比较审敛法给出了比计算部分和简便的级数敛散性判别方法，但该方法需要对原级数适当的放缩来寻找用于比较的级数，放缩的尺度难以把握，因此进一步介绍比较审敛法的极限形式．

定理 7.3（比较审敛法的极限形式）　设 $\sum\limits_{n=1}^{\infty}u_n$，$\sum\limits_{n=1}^{\infty}v_n$ 都是正项级数，且

$$\lim_{n\to\infty}\frac{u_n}{v_n}=r,$$

则　(1) 当 $0<r<+\infty$ 时，级数 $\sum\limits_{n=1}^{\infty}u_n$ 与 $\sum\limits_{n=1}^{\infty}v_n$ 同敛散；

(2) 当 $r=0$ 时，若级数 $\sum\limits_{n=1}^{\infty}v_n$ 收敛，则级数 $\sum\limits_{n=1}^{\infty}u_n$ 收敛；

(3) 当 $r=+\infty$ 时，若级数 $\sum\limits_{n=1}^{\infty}v_n$ 发散，则级数 $\sum\limits_{n=1}^{\infty}u_n$ 发散．

证　(1) 根据极限定义，取 $\varepsilon=\dfrac{r}{2}$，则存在正整数 N，当 $n>N$ 时有

$$\left|\frac{u_n}{v_n}-r\right|<\varepsilon=\frac{r}{2}\Rightarrow\frac{r}{2}v_n<u_n<\frac{3r}{2}v_n,$$

从而由比较审敛法的推论可知：

根据 $u_n<\dfrac{3r}{2}v_n$，若 $\sum\limits_{n=1}^{\infty}v_n$ 收敛，则 $\sum\limits_{n=1}^{\infty}u_n$ 收敛；若 $\sum\limits_{n=1}^{\infty}u_n$ 发散，则 $\sum\limits_{n=1}^{\infty}v_n$ 发散；

根据 $\dfrac{r}{2}v_n<u_n$，若 $\sum\limits_{n=1}^{\infty}v_n$ 发散，则 $\sum\limits_{n=1}^{\infty}u_n$ 发散；若 $\sum\limits_{n=1}^{\infty}u_n$ 收敛，则 $\sum\limits_{n=1}^{\infty}v_n$ 收敛，故结论(1)成立．

结论(2)、(3)同学自行模仿证明．

例 7.7　判断下列级数的敛散性．

(1) $\sum\limits_{n=1}^{\infty}\dfrac{2n+1}{n^3+n-1}$；　　(2) $\sum\limits_{n=1}^{\infty}\dfrac{2n+1}{\sqrt{n^3+n-1}}$.

解　(1) $\lim\limits_{n\to\infty}\dfrac{\dfrac{2n+1}{n^3+n-1}}{\dfrac{1}{n^2}}=2$，由比较审敛法的极限形式可知，$\sum\limits_{n=1}^{\infty}\dfrac{2n+1}{n^3+n-1}$ 与 $\sum\limits_{n=1}^{\infty}\dfrac{1}{n^2}$ 同敛

散，而 $\sum_{n=1}^{\infty}\frac{1}{n^2}$ 收敛，故 $\sum_{n=1}^{\infty}\frac{2n+1}{n^3+n-1}$ 收敛．

（2）$\lim_{n\to\infty}\frac{\frac{2n+1}{\sqrt{n^3+n-1}}}{\frac{1}{\sqrt{n}}}=2$，由比较审敛法的极限形式可知，$\sum_{n=1}^{\infty}\frac{2n+1}{\sqrt{n^3+n-1}}$ 与 $\sum_{n=1}^{\infty}\frac{1}{\sqrt{n}}$ 同敛散，而 $\sum_{n=1}^{\infty}\frac{1}{\sqrt{n}}$ 发散，故 $\sum_{n=1}^{\infty}\frac{2n+1}{\sqrt{n^3+n-1}}$ 发散．

从例 7.7 可以看到，这类正项级数可以根据分子、分母最高次之差，来选择对应 p-级数，使用比较审敛法的极限形式来判断敛散性．但这种方法仍然需要通过构造其他级数来比较判别，能不能仅根据级数自身信息来判断敛散性呢？

定理 7.4（比值审敛法，也称达朗贝尔判别法）　设正项级数 $\sum_{n=1}^{\infty}u_n$ 有

$$\lim_{n\to\infty}\frac{u_{n+1}}{u_n}=r,$$

则　（1）若 $r<1$，则级数 $\sum_{n=1}^{\infty}u_n$ 收敛；

（2）若 $r>1$，则级数 $\sum_{n=1}^{\infty}u_n$ 发散；

（3）若 $r=1$，则无法判定．

证　（1）因为 $r<1$，存在 $\varepsilon>0$，使得 $r+\varepsilon=\lambda<1$. 根据极限定义，存在正整数 N，当 $n>N$ 时，有

$$\left|\frac{u_{n+1}}{u_n}-r\right|<\varepsilon \Rightarrow \frac{u_{n+1}}{u_n}<r+\varepsilon=\lambda,$$

即
$$u_{N+1}<\lambda u_N，u_{N+2}<\lambda u_{N+1}<\lambda^2 u_N，u_{N+3}<\lambda u_{N+2}<\lambda^3 u_N，\cdots,$$

显然，$\sum_{n=1}^{\infty}\lambda^n u_N$ 是收敛的等比级数，故根据比较审敛法的推论可知，级数 $\sum_{n=1}^{\infty}u_n$ 收敛．

（2）因为 $r>1$，存在 $\varepsilon>0$，使得 $r-\varepsilon>1$. 根据极限定义，存在正整数 N，当 $n>N$ 时，有

$$\left|\frac{u_{n+1}}{u_n}-r\right|<\varepsilon \Rightarrow \frac{u_{n+1}}{u_n}>r-\varepsilon>1,$$

即
$$u_{N+1}<u_{N+2}<u_{N+3}<\cdots,$$

故 $\lim_{n\to\infty}u_n\neq 0$，根据级数收敛的必要条件可知，级数 $\sum_{n=1}^{\infty}u_n$ 发散．

（3）举例说明，比如，级数 $\sum_{n=1}^{\infty}\frac{1}{n}$，有 $\lim_{n\to\infty}\frac{\frac{1}{n+1}}{\frac{1}{n}}=1$，级数 $\sum_{n=1}^{\infty}\frac{1}{n}$ 发散；

对于级数 $\sum_{n=1}^{\infty}\frac{1}{n^2}$，有 $\lim_{n\to\infty}\frac{\frac{1}{n^2+1}}{\frac{1}{n^2}}=1$，而级数 $\sum_{n=1}^{\infty}\frac{1}{n^2}$ 收敛，

故 $r=1$ 时，比值审敛法无法判定级数的敛散性．

例 7.8 判断下列级数的敛散性．

(1) $\sum_{n=1}^{\infty}\frac{3^n}{n!}$； (2) $\sum_{n=1}^{\infty}\frac{2^n}{n+1}$； (3) $\sum_{n=1}^{\infty}\frac{1}{\sqrt{n^2+1}}$.

解 (1) $\lim\limits_{n\to\infty}\frac{\frac{3^{n+1}}{(n+1)!}}{\frac{3^n}{n!}}=\lim\limits_{n\to\infty}\frac{3}{n+1}=0<1$，故级数 $\sum_{n=1}^{\infty}\frac{3^n}{n!}$ 收敛．

(2) $\lim\limits_{n\to\infty}\frac{\frac{2^{n+1}}{n+2}}{\frac{2^n}{n+1}}=\lim\limits_{n\to\infty}\frac{2(n+1)}{n+2}=2>1$，故级数 $\sum_{n=1}^{\infty}\frac{2^n}{n+1}$ 发散．

(3) $\lim\limits_{n\to\infty}\frac{\frac{1}{\sqrt{(n+1)^2+1}}}{\frac{1}{\sqrt{n^2+1}}}=\lim\limits_{n\to\infty}\frac{\sqrt{n^2+1}}{\sqrt{(n+1)^2+1}}=1$，因为极限等于 1，比值审敛法无法判定，所以需要使用其他的审敛法．显然

$$\lim_{n\to\infty}\frac{\frac{1}{\sqrt{n^2+1}}}{\frac{1}{n}}=1,$$

根据比较审敛法的极限形式可知，$\sum_{n=1}^{\infty}\frac{1}{\sqrt{n^2+1}}$ 与 $\sum_{n=1}^{\infty}\frac{1}{n}$ 同敛散，而 $\sum_{n=1}^{\infty}\frac{1}{n}$ 发散，故 $\sum_{n=1}^{\infty}\frac{1}{\sqrt{n^2+1}}$ 发散．

定理 7.5（根值审敛法，也称柯西判别法） 设正项级数 $\sum_{n=1}^{\infty}u_n$ 有

$$\lim_{n\to\infty}\sqrt[n]{u_n}=r,$$

则 (1) **若 $r<1$，则级数 $\sum_{n=1}^{\infty}u_n$ 收敛；**

(2) **若 $r>1$，则级数 $\sum_{n=1}^{\infty}u_n$ 发散；**

(3) **若 $r=1$，则无法判定．**

根值审敛法与比值审敛法的思想基本相同，同学们可模仿自行证明．

例 7.9 判断级数 $\sum_{n=1}^{\infty}\left(\frac{1}{n+1}\right)^n$ 的敛散性．

解 $\lim\limits_{n\to\infty}\sqrt[n]{\left(\frac{1}{n+1}\right)^n}=\lim\limits_{n\to\infty}\frac{1}{n+1}=0<1$，故级数 $\sum_{n=1}^{\infty}\left(\frac{1}{n+1}\right)^n$ 收敛．

可以看到，比值审敛法和根值审敛法只需要依据级数自身信息即可判断敛散性，因此我们往往优先使用，不过如果计算得到的极限等于 1，就需要改用其他方法．一般这些审敛法的使用顺序为

(1) 观察级数 $\sum_{n=1}^{\infty}u_n$ 的通项的极限 $\lim\limits_{n\to\infty}u_n$ 是否为零，如不等于零，则级数发散；

(2) 若$\lim\limits_{n\to\infty}u_n=0$，则优先使用比值审敛法或根值审敛法判断级数的敛散性；

(3) 若使用比值审敛法或根值审敛法所得极限等于1，则选用比较审敛法或其极限形式进行判断，一般常用等比级数或p-级数进行比较；

(4) 若比较审敛法也难以判断，则需要根据部分和数列$\{S_n\}$的极限是否存在来判断.

不过需要注意的是，(2)、(3)步骤中的比值审敛法、根值审敛法、比较审敛法或其极限形式，都只对正项级数成立，因此在使用这些审敛法之前，一定要先确定待判断的级数是正项级数.

习题 7-2

1. 使用比较审敛法判断下列级数的敛散性.

(1) $\sum\limits_{n=1}^{\infty}2^n\sin\dfrac{\pi}{4^n}$；　(2) $\sum\limits_{n=1}^{\infty}\dfrac{n+1}{n^2+3n+1}$；

(3) $\sum\limits_{n=1}^{\infty}\dfrac{1}{\sqrt[3]{n}+\sqrt[3]{n^2}}$；　(4) $\sum\limits_{n=1}^{\infty}\ln\left(1+\dfrac{1}{n^2}\right)$.

2. 使用比值或根值审敛法判断下列级数的敛散性.

(1) $\sum\limits_{n=1}^{\infty}\dfrac{n!}{5^n}$；　(2) $\sum\limits_{n=1}^{\infty}\dfrac{2^n}{n\cdot 3^n}$；

(3) $\sum\limits_{n=1}^{\infty}\dfrac{(n!)^2}{(2n)!}$；　(4) $\sum\limits_{n=1}^{\infty}\dfrac{2^n\cdot n!}{n^n}$；

(5) $\sum\limits_{n=1}^{\infty}\left(\dfrac{2n^2}{3n^2+1}\right)^n$；　(6) $\sum\limits_{n=1}^{\infty}\left(1-\dfrac{1}{n}\right)^{n^2}$.

3. 判断下列级数的敛散性.

(1) $\sum\limits_{n=1}^{\infty}\dfrac{1}{n\sqrt{n+1}}$；　(2) $\sum\limits_{n=1}^{\infty}\sqrt{\dfrac{n}{n+1}}$；

(3) $\sum\limits_{n=1}^{\infty}n\left(\dfrac{3}{5}\right)^n$；　(4) $\sum\limits_{n=1}^{\infty}\dfrac{1}{2^{2n-1}(2n-1)}$；

(5) $\sum\limits_{n=1}^{\infty}2^{-n-(-1)^n}$；　(6) $\sum\limits_{n=1}^{\infty}\dfrac{a^n}{n^k}(a>0)$.

第三节　任意项级数

我们在第二节主要讨论了正项级数的审敛法，本节将对任意项级数讨论敛散性的判别方法.

一、交错级数的审敛法

定义 7.5　级数$\sum\limits_{n=1}^{\infty}(-1)^{n-1}u_n\ (u_n>0)$称为交错级数.

定理 7.6（莱布尼茨判别法）　若交错级数$\sum\limits_{n=1}^{\infty}(-1)^{n-1}u_n\ (u_n>0)$满足：

(1) $u_n\geqslant u_{n+1}(n=1, 2, \cdots)$；

(2) $\lim\limits_{n\to\infty} u_n = 0$，

则交错级数 $\sum\limits_{n=1}^{\infty}(-1)^{n-1}u_n$ 收敛．

例 7.10 判断级数 $\sum\limits_{n=1}^{\infty}(-1)^{n-1}\dfrac{1}{n}$ 的敛散性．

解 $u_n=\dfrac{1}{n}$，显然 $\left\{\dfrac{1}{n}\right\}$ 单调减少，且 $\lim\limits_{n\to\infty}\dfrac{1}{n}=0$，故级数 $\sum\limits_{n=1}^{\infty}(-1)^{n-1}\dfrac{1}{n}$ 收敛．

二、任意项级数

任意项级数的各项可能是正数、负数或零，而我们现在主要掌握的是正项级数审敛法，因此任意项级数敛散性的判别，我们的想法是首先把任意项级数变成正项级数．一种最直接的方法就是取绝对值，即 $\sum\limits_{n=1}^{\infty}u_n$ 是任意项级数，那么 $\sum\limits_{n=1}^{\infty}|u_n|$ 是正项级数，可以使用比较审敛法和比值审敛法等，从而我们需要探讨 $\sum\limits_{n=1}^{\infty}u_n$ 与 $\sum\limits_{n=1}^{\infty}|u_n|$ 的敛散性之间的关系．

定义 7.6 设 $\sum\limits_{n=1}^{\infty}u_n$ 是任意项级数，若级数 $\sum\limits_{n=1}^{\infty}|u_n|$ 收敛，则称级数 $\sum\limits_{n=1}^{\infty}u_n$ **绝对收敛**；若级数 $\sum\limits_{n=1}^{\infty}|u_n|$ 发散，而 $\sum\limits_{n=1}^{\infty}u_n$ 收敛，则称 $\sum\limits_{n=1}^{\infty}u_n$ **条件收敛**．

定义 7.6 是将级数 $\sum\limits_{n=1}^{\infty}u_n$ 的收敛又细分为两种情况，即根据 $\sum\limits_{n=1}^{\infty}|u_n|$ 的收敛和发散，细分为绝对收敛和条件收敛．

定理 7.7 若级数 $\sum\limits_{n=1}^{\infty}|u_n|$ 收敛，即 $\sum\limits_{n=1}^{\infty}u_n$ 绝对收敛，则级数 $\sum\limits_{n=1}^{\infty}u_n$ 必定收敛．

证 记

$$v_n=\frac{1}{2}(u_n+|u_n|), \tag{7.4}$$

因为 $u_n\leqslant|u_n|$，所以 $v_n\geqslant 0$，且 $v_n\leqslant|u_n|$．

由于 $\sum\limits_{n=1}^{\infty}v_n$ 和 $\sum\limits_{n=1}^{\infty}|u_n|$ 都是正项级数，根据比较审敛法有，级数 $\sum\limits_{n=1}^{\infty}v_n$ 收敛．由(7.4)式可得，$u_n=2v_n-|u_n|$，根据性质 1 和性质 2 可知，级数 $\sum\limits_{n=1}^{\infty}u_n$ 收敛．

注意：定理 7.7 的否命题未必成立，即级数 $\sum\limits_{n=1}^{\infty}|u_n|$ 发散，级数 $\sum\limits_{n=1}^{\infty}u_n$ 可能收敛，也可能发散．例如，

级数 $\sum\limits_{n=1}^{\infty}(-1)^{n-1}\dfrac{1}{n}$，$\sum\limits_{n=1}^{\infty}\left|(-1)^{n-1}\dfrac{1}{n}\right|=\sum\limits_{n=1}^{\infty}\dfrac{1}{n}$ 发散，而 $\sum\limits_{n=1}^{\infty}(-1)^{n-1}\dfrac{1}{n}$ 收敛．

级数 $\sum\limits_{n=1}^{\infty}(-1)^{n-1}$，$\sum\limits_{n=1}^{\infty}|(-1)^{n-1}|=\sum\limits_{n=1}^{\infty}1$ 发散，而 $\sum\limits_{n=1}^{\infty}(-1)^{n-1}$ 也发散．

不过，如果 $\sum\limits_{n=1}^{\infty}|u_n|$ 是用比值审敛法判断出发散，那么 $\sum\limits_{n=1}^{\infty}u_n$ 也发散．因为根据比值审敛法

定理 7.4 的结论(2)的证明，$\sum\limits_{n=1}^{\infty}|u_n|$ 发散是因为$\lim\limits_{n\to\infty}|u_n|\neq 0$，所以$\lim\limits_{n\to\infty}u_n\neq 0$，从而 $\sum\limits_{n=1}^{\infty}u_n$ 也发散．

例 7.11　判断下列级数的敛散性．如果收敛，是绝对收敛还是条件收敛?

(1) $\sum\limits_{n=1}^{\infty}(-1)^n\dfrac{n}{2^n}$；　(2) $\sum\limits_{n=1}^{\infty}\dfrac{(-1)^{n-1}}{\ln(n+1)}$；　(3) $\sum\limits_{n=1}^{\infty}(-1)^{n-1}\dfrac{3^{n^2}}{n!}$.

解　(1) 由于 $\sum\limits_{n=1}^{\infty}\left|(-1)^n\dfrac{n}{2^n}\right|=\sum\limits_{n=1}^{\infty}\dfrac{n}{2^n}$，且

$$\lim_{n\to\infty}\frac{\frac{n+1}{2^{n+1}}}{\frac{n}{2^n}}=\lim_{n\to\infty}\frac{n+1}{2n}=\frac{1}{2}<1,$$

所以 $\sum\limits_{n=1}^{\infty}\left|(-1)^n\dfrac{n}{2^n}\right|$ 收敛，则 $\sum\limits_{n=1}^{\infty}(-1)^n\dfrac{n}{2^n}$ 绝对收敛．

(2) 由于 $\sum\limits_{n=1}^{\infty}\left|\dfrac{(-1)^{n-1}}{\ln(n+1)}\right|=\sum\limits_{n=1}^{\infty}\dfrac{1}{\ln(n+1)}$，因为$\dfrac{1}{\ln(n+1)}>\dfrac{1}{n+1}$，且 $\sum\limits_{n=1}^{\infty}\dfrac{1}{n+1}$ 发散，由比较审敛法可知，$\sum\limits_{n=1}^{\infty}\dfrac{1}{\ln(n+1)}$ 发散．

而$\left\{\dfrac{1}{\ln(n+1)}\right\}$单调递减，且$\lim\limits_{n\to\infty}\dfrac{1}{\ln(n+1)}=0$，由莱布尼茨判别法可知，$\sum\limits_{n=1}^{\infty}\dfrac{(-1)^{n-1}}{\ln(n+1)}$ 收敛.

综合可知，$\sum\limits_{n=1}^{\infty}\dfrac{(-1)^{n-1}}{\ln(n+1)}$ 条件收敛．

(3) 由于 $\sum\limits_{n=1}^{\infty}\left|(-1)^{n-1}\dfrac{3^{n^2}}{n!}\right|=\sum\limits_{n=1}^{\infty}\dfrac{3^{n^2}}{n!}$，且

$$\lim_{n\to\infty}\frac{\frac{3^{(n+1)^2}}{(n+1)!}}{\frac{3^{n^2}}{n!}}=\lim_{n\to\infty}\frac{3^{2n+1}}{n+1}=+\infty,$$

则级数 $\sum\limits_{n=1}^{\infty}\dfrac{3^{n^2}}{n!}$ 发散．由于是使用比值审敛法判断出发散，从而级数 $\sum\limits_{n=1}^{\infty}(-1)^{n-1}\dfrac{3^{n^2}}{n!}$ 也发散．

习题 7-3

1. 判断下列交错级数的敛散性．

(1) $\sum\limits_{n=1}^{\infty}(-1)^{n-1}\dfrac{1}{n!}$；　(2) $\sum\limits_{n=1}^{\infty}(-1)^{n-1}\sqrt{\dfrac{n}{n+1}}$；

(3) $\sum\limits_{n=1}^{\infty}(-1)^{n-1}\sin\dfrac{1}{\sqrt{n}}$；　(4) $\sum\limits_{n=1}^{\infty}(-1)^{n-1}\dfrac{\ln n}{n}$.

2. 判断下列级数的敛散性．如果收敛，是绝对收敛还是条件收敛?

(1) $\sum\limits_{n=1}^{\infty}(-1)^{n-1}\dfrac{n}{3^{n-1}}$；　(2) $\sum\limits_{n=1}^{\infty}(-1)^{n-1}\dfrac{n^{n+1}}{(n+1)!}$；

(3) $\sum\limits_{n=1}^{\infty}\dfrac{\sin n}{n^2+1}$；　(4) $\sum\limits_{n=1}^{\infty}(-1)^{n-1}\dfrac{1}{n-\ln n}$；

(5) $\sum_{n=1}^{\infty} \frac{n}{3^n}\sin\frac{n\pi}{3}$；　　　　(6) $\sum_{n=1}^{\infty} \frac{(a+1)^n}{n \cdot 2^n}$.

3. 讨论级数 $\sum_{n=1}^{\infty}(-1)^{n-1}\frac{1}{n^p}$ 何时绝对收敛，何时条件收敛，何时发散．

第四节　泰勒公式与幂级数

一、泰勒中值定理

导言中我们讨论过，对于复杂的函数运算，能否转化成和运算来简化，比如，多项式的运算，即　$f(x)=a_0+a_1(x-x_0)+a_2(x-x_0)^2+\cdots+a_n(x-x_0)^n$.

显然，如果如此转化，存在三个问题：

(1) 常系数 a_n 是多少?

(2) n 应该取多少？即多项式应该包含多少项?

(3) 函数 $f(x)$能恰好转化成 n 次多项式吗?

对于问题(1)，假设函数 $f(x)$在点 x_0 的某邻域内 n 阶可导，则

$$f(x_0)=a_0+a_1(x_0-x_0)+a_2(x_0-x_0)^2+\cdots+a_n(x_0-x_0)^n\Rightarrow a_0=f(x_0),$$

$$f'(x_0)=a_1+2a_2(x_0-x_0)+\cdots+na_n(x_0-x_0)^{n-1}\Rightarrow a_1=f'(x_0),$$

$$f''(x_0)=2a_2+\cdots+n(n-1)a_n(x_0-x_0)^{n-2}\Rightarrow a_2=\frac{f''(x_0)}{2!},$$

…………

$$f^{(n)}(x_0)=n(n-1)\cdots 1\cdot a_n\Rightarrow a_n=\frac{f^{(n)}(x_0)}{n!},$$

即

$$f(x)=f(x_0)+f'(x_0)(x-x_0)+\frac{f''(x_0)}{2!}(x-x_0)^2+\cdots+\frac{f^{(n)}(x_0)}{n!}(x-x_0)^n.$$

对于问题(2)和(3)，我们可以通过泰勒中值定理来解决．

定理 7.8(泰勒中值定理)　若函数 $f(x)$在点 x_0 的某邻域内$(n+1)$阶可导，则对于该邻域内任意的 x 有

$$f(x)=f(x_0)+f'(x_0)(x-x_0)+\frac{f''(x_0)}{2!}(x-x_0)^2+\cdots+\frac{f^{(n)}(x_0)}{n!}(x-x_0)^n+R_n(x),$$

其中 $R_n(x)=\frac{f^{(n+1)}(\xi)}{(n+1)!}(x-x_0)^{n+1}$，$\xi\in(x_0, x)$.

证　显然，$R_n(x)$在该邻域内也$(n+1)$阶可导，且

$$R_n(x_0)=R_n'(x_0)=R_n''(x_0)=\cdots=R_n^{(n)}(x_0)=0,\ R_n^{(n+1)}(\xi)=f^{(n+1)}(\xi),$$

根据柯西中值定理，对于 $R_n(x)$与$(x-x_0)^{n+1}$在 x_0 与 x 之间有

$$\frac{R_n(x)}{(x-x_0)^{n+1}}=\frac{R_n(x)-R_n(x_0)}{(x-x_0)^{n+1}-(x_0-x_0)^{n+1}}=\frac{R_n'(\xi_1)}{(n+1)(\xi_1-x_0)^n},\ \xi_1\in(x_0, x),$$

对于 $R_n'(x)$与$(n+1)(x-x_0)^n$ 在 x_0 与 ξ_1 之间有

$$\frac{R_n'(\xi_1)}{(n+1)(\xi_1-x_0)^n}=\frac{R_n'(\xi_1)-R_n'(\xi_1)}{(n+1)(\xi_1-x_0)^n-0}=\frac{R_n''(\xi_2)}{(n+1)n(\xi_2-x_0)^{n-1}},\ \xi_2\in(x_0, \xi_1),$$

依此类推，使用$(n+1)$次柯西中值定理有

$$\frac{R_n(x)}{(x-x_0)^{n+1}}=\frac{R_n'(\xi_1)}{(n+1)(\xi_1-x_0)^n}=\cdots=\frac{R_n^{(n+1)}(\xi)}{(n+1)!},\ \xi\in(x_0,\ \xi_n)\subset(x_0,\ x),$$

故
$$R_n(x)=\frac{f^{(n+1)}(\xi)}{(n+1)!}(x-x_0)^{n+1},\ \xi\in(x_0,\ x).$$

该展开式称为函数 $f(x)$在点 x_0 处的 n 阶**泰勒**(Taylor)**公式**.

特别地，如果取 $x_0=0$，则该公式称为函数 $f(x)$的 n 阶**麦克劳林**(Maclaurin)**公式**，即

$$f(x)=f(0)+f'(0)x+\frac{f''(0)}{2!}x^2+\cdots+\frac{f^{(n)}(0)}{n!}x^n+R_n(x),$$

其中 $R_n(x)=\dfrac{f^{(n+1)}(\xi)}{(n+1)!}x^{n+1}$，$\xi\in(0,\ x)$.

例 7.12　求下列函数的 n 阶麦克劳林公式.

(1) $f(x)=\mathrm{e}^x$；　　　　(2) $f(x)=\sin x$.

解　(1) 由 e^x 的任意阶导数仍为 e^x 可知

$$f(0)=f'(0)=f''(0)=\cdots=f^{(n)}(0)=1,$$

故
$$\mathrm{e}^x=1+x+\frac{x^2}{2!}+\frac{x^3}{3!}+\cdots+\frac{x^n}{n!}+\frac{\mathrm{e}^{\xi}}{(n+1)!}x^{n+1},\ \xi\in(0,\ x).$$

(2) 由 $\sin^{(n)}x=\sin\left(\dfrac{n}{2}\pi+x\right)$可知

$$f(0)=0,\ f^{(n)}(0)=\begin{cases}(-1)^{k-1}, & n=2k-1,\\ 0, & n=2k\end{cases}(k=1,\ 2,\ \cdots),$$

故
$$\sin x=x-\frac{x^3}{3!}+\frac{x^5}{5!}-\frac{x^7}{7!}+\cdots+\frac{(-1)^{n-1}}{(2n-1)!}x^{2n-1}+R_{2n}(x),$$

其中
$$R_{2n}(x)=\frac{\sin\left(\frac{2n+1}{2}\pi+\xi\right)}{(2n+1)!}x^{2n+1},\ \xi\in(0,\ x).$$

二、幂级数

如下形式的级数：

$$\sum_{n=0}^{\infty}a_n(x-x_0)^n=a_0+a_1(x-x_0)+a_2(x-x_0)^2+\cdots+a_n(x-x_0)^n+\cdots$$

称为点 x_0 处的**幂级数**，其中 a_n 称为**系数**.

取 $x_0=0$，则幂级数变为

$$\sum_{n=0}^{\infty}a_nx^n=a_0+a_1x+a_2x^2+\cdots+a_nx^n+\cdots,$$

这是我们今后将最常讨论和使用的幂级数形式.

若 x 取定一值，如 $x=x_0$，则幂级数成为常数项级数：

$$\sum_{n=0}^{\infty}a_nx_0^n=a_0+a_1x_0+a_2x_0^2+\cdots+a_nx_0^n+\cdots.$$

若该常数项级数在 x_0 收敛，则称点 x_0 是幂级数 $\sum\limits_{n=0}^{\infty}a_nx^n$ 的**收敛点**，全体收敛点的集合称为幂级数 $\sum\limits_{n=0}^{\infty}a_nx^n$ 的**收敛域**．幂级数 $\sum\limits_{n=0}^{\infty}a_nx^n$ 在收敛域上的和仍然是一个函数，称为

$\sum_{n=0}^{\infty}a_nx^n$ **的和函数**，习惯记为 $S(x)=\sum_{n=0}^{\infty}a_nx^n$.

定理 7.9 设幂级数 $\sum_{n=0}^{\infty}a_nx^n$ 有

$$\lim_{n\to\infty}\left|\frac{a_{n+1}}{a_n}\right|=\rho,$$

则 (1) **若** $0<\rho<+\infty$，**当** $x\in\left(-\frac{1}{\rho},\frac{1}{\rho}\right)$**时，幂级数** $\sum_{n=0}^{\infty}a_nx^n$ **绝对收敛；当** $x\in\left(-\infty,-\frac{1}{\rho}\right)\cup\left(\frac{1}{\rho},+\infty\right)$**时，幂级数** $\sum_{n=0}^{\infty}a_nx^n$ **发散；当** $x=\pm\frac{1}{\rho}$**时，幂级数** $\sum_{n=0}^{\infty}a_nx^n$ **可能收敛也可能发散．**

(2) **若** $\rho=0$，**幂级数** $\sum_{n=0}^{\infty}a_nx^n$ **在整个实数域上绝对收敛．**

(3) **若** $\rho=+\infty$，**幂级数** $\sum_{n=0}^{\infty}a_nx^n$ **仅在点** $x=0$ **处收敛．**

证 对幂级数各项取绝对值 $\sum_{n=0}^{\infty}|a_nx^n|$，则 $\sum_{n=0}^{\infty}|a_nx^n|$ 为正项级数．使用比值审敛法有

$$\lim_{n\to\infty}\frac{|a_{n+1}x^{n+1}|}{|a_nx^n|}=\lim_{n\to\infty}\left|\frac{a_{n+1}}{a_n}\right|\cdot|x|=\rho|x|.$$

(1) 当 $0<\rho<+\infty$时，

若 $\rho|x|<1$，即 $x\in\left(-\frac{1}{\rho},\frac{1}{\rho}\right)$，级数 $\sum_{n=0}^{\infty}|a_nx^n|$ 收敛，则幂级数 $\sum_{n=0}^{\infty}a_nx^n$ 绝对收敛；

若 $\rho|x|>1$，即 $x\in\left(-\infty,-\frac{1}{\rho}\right)\cup\left(\frac{1}{\rho},+\infty\right)$，级数 $\sum_{n=0}^{\infty}|a_nx^n|$ 发散，则幂级数 $\sum_{n=0}^{\infty}a_nx^n$ 发散；

若 $\rho|x|=1$，即 $x=\pm\frac{1}{\rho}$，级数 $\sum_{n=0}^{\infty}|a_nx^n|$ 可能收敛也可能发散，则幂级数 $\sum_{n=0}^{\infty}a_nx^n$ 可能收敛也可能发散．

(2) 当 $\rho=0$ 时，对于任意的 x，都有 $\rho|x|=0<1$，从而幂级数 $\sum_{n=0}^{\infty}a_nx^n$ 在整个实数域上绝对收敛．

(3) 当 $\rho=+\infty$时，除 $x=0$ 外，对于任意的 x 都有 $\rho|x|>1$，从而幂级数 $\sum_{n=0}^{\infty}a_nx^n$ 仅在点 $x=0$ 处收敛．事实上，幂级数 $\sum_{n=0}^{\infty}a_nx^n$ 至少在点 $x=0$ 处收敛．

一般地，称 $R=\frac{1}{\rho}$为幂级数 $\sum_{n=0}^{\infty}a_nx^n$ 的**收敛半径**，区间$(-R,R)$为幂级数 $\sum_{n=0}^{\infty}a_nx^n$ 的**收敛区间**．若幂级数 $\sum_{n=0}^{\infty}a_nx^n$ 在点 $x=R$ 或 $x=-R$ 收敛，则其收敛域为收敛区间$(-R,R)$再添加点 $x=R$ 或 $x=-R$.

例 7.13 求下列幂级数的收敛半径和收敛域．

(1) $\sum_{n=1}^{\infty}(-1)^{n-1}\frac{x^n}{\sqrt{n}}$；　　(2) $\sum_{n=0}^{\infty}\frac{x^n}{n!}$；

(3) $\sum_{n=0}^{\infty}(-1)^{n-1}\frac{x^{2n+1}}{2n+1}$；　　(4) $\sum_{n=1}^{\infty}\frac{(x-3)^n}{n\cdot 2^n}$.

解　(1) $\lim_{n\to\infty}\left|\frac{\frac{(-1)^n}{\sqrt{n+1}}}{\frac{(-1)^{n-1}}{\sqrt{n}}}\right|=\lim_{n\to\infty}\frac{\sqrt{n}}{\sqrt{n+1}}=1$，则收敛半径 $R=1$，收敛区间为$(-1,1)$.

当 $x=-1$ 时，$\sum_{n=1}^{\infty}(-1)^{n-1}\frac{(-1)^n}{\sqrt{n}}=\sum_{n=1}^{\infty}\frac{-1}{\sqrt{n}}$，发散；

当 $x=1$ 时，$\sum_{n=1}^{\infty}(-1)^{n-1}\frac{1^n}{\sqrt{n}}=\sum_{n=1}^{\infty}\frac{(-1)^{n-1}}{\sqrt{n}}$，收敛，

故 $\sum_{n=1}^{\infty}(-1)^{n-1}\frac{x^n}{\sqrt{n}}$ 的收敛域为$(-1,1]$.

(2) $\lim_{n\to\infty}\left|\frac{\frac{1}{(n+1)!}}{\frac{1}{n!}}\right|=\lim_{n\to\infty}\frac{1}{n+1}=0$，则收敛半径 $R=+\infty$，收敛域为$(-\infty,+\infty)$.

注意此题结果，幂级数 $\sum_{n=0}^{\infty}\frac{x^n}{n!}$ 在$(-\infty,+\infty)$上收敛，根据性质 5(级数收敛的必要条件)，对于任意的 $x\in(-\infty,+\infty)$，有 $\lim_{n\to\infty}\frac{x^n}{n!}=0$.

(3) 注意此题并非形如 $\sum_{n=0}^{\infty}a_nx^n$ 的幂级数，因此使用比值审敛法：

$$\lim_{n\to\infty}\left|\frac{(-1)^n\frac{x^{2n+3}}{2n+3}}{(-1)^{n-1}\frac{x^{2n+1}}{2n+1}}\right|=\lim_{n\to\infty}\left(\frac{2n+1}{2n+3}\cdot x^2\right)=x^2.$$

当 $x^2<1$ 时，$\sum_{n=0}^{\infty}(-1)^{n-1}\frac{x^{2n+1}}{2n+1}$ 绝对收敛；

当 $x^2>1$ 时，$\sum_{n=0}^{\infty}(-1)^{n-1}\frac{x^{2n+1}}{2n+1}$ 发散；

当 $x=-1$ 时，$\sum_{n=0}^{\infty}(-1)^{n-1}\frac{(-1)^{2n+1}}{2n+1}=\sum_{n=0}^{\infty}(-1)^n\frac{1}{2n+1}$，收敛；

当 $x=1$ 时，$\sum_{n=0}^{\infty}(-1)^{n-1}\frac{1^{2n+1}}{2n+1}=\sum_{n=0}^{\infty}(-1)^{n-1}\frac{1}{2n+1}$，也收敛，

故级数 $\sum_{n=0}^{\infty}(-1)^{n-1}\frac{x^{2n+1}}{2n+1}$ 的收敛半径为 $R=1$，收敛域为$[-1,1]$.

(4) 此题也非形如 $\sum_{n=0}^{\infty}a_nx^n$ 的幂级数，可以采用(3)的方法，也可以采用代换的方法.

令 $x-3=t$，则原级数变为 $\sum_{n=1}^{\infty}\frac{t^n}{n\cdot 2^n}$，由于

$$\lim_{n\to\infty}\left|\frac{\dfrac{1}{(n+1)\cdot 2^{n+1}}}{\dfrac{1}{n\cdot 2^n}}\right|=\lim_{n\to\infty}\frac{n}{2(n+1)}=\frac{1}{2},$$

则收敛半径为 $R=2$，幂级数 $\sum\limits_{n=1}^{\infty}\dfrac{t^n}{n\cdot 2^n}$ 的收敛区间为 $(-2, 2)$.

当 $t=-2$ 时，$\sum\limits_{n=1}^{\infty}\dfrac{(-2)^n}{n\cdot 2^n}=\sum\limits_{n=1}^{\infty}\dfrac{(-1)^n}{n}$，收敛；

当 $t=2$ 时，$\sum\limits_{n=1}^{\infty}\dfrac{2^n}{n\cdot 2^n}=\sum\limits_{n=1}^{\infty}\dfrac{1}{n}$，发散，

故幂级数 $\sum\limits_{n=1}^{\infty}\dfrac{t^n}{n\cdot 2^n}$ 的收敛域为 $[-2, 2)$，即 $-2\leqslant x-3<2\Rightarrow 1\leqslant x<5$，从而幂级数 $\sum\limits_{n=1}^{\infty}\dfrac{(x-3)^n}{n\cdot 2^n}$ 的收敛域为 $[1, 5)$.

掌握了幂级数收敛域的判断后，下面介绍幂级数在收敛域上的**性质**：

(1) 设幂级数 $\sum\limits_{n=0}^{\infty}a_nx^n$ 与 $\sum\limits_{n=0}^{\infty}b_nx^n$ 的收敛半径分别为 R_1 和 R_2，则在 $(-R, R)$ 内有

$$\sum_{n=0}^{\infty}a_nx^n\pm\sum_{n=0}^{\infty}b_nx^n=\sum_{n=0}^{\infty}(a_n\pm b_n)x^n,$$

其中 $R=\min\{R_1, R_2\}$.

(2) 幂级数 $\sum\limits_{n=0}^{\infty}a_nx^n$ 的和函数 $S(x)$ 在其收敛域上连续.

(3) 幂级数 $\sum\limits_{n=0}^{\infty}a_nx^n$ 的和函数 $S(x)$ 在收敛区间 $(-R, R)$ 内可导，且等于幂级数逐项求导，即

$$S'(x)=\left(\sum_{n=0}^{\infty}a_nx^n\right)'=\sum_{n=0}^{\infty}(a_nx^n)'=\sum_{n=1}^{\infty}na_nx^{n-1},\ x\in(-R, R).$$

(4) 幂级数 $\sum\limits_{n=0}^{\infty}a_nx^n$ 的和函数 $S(x)$ 在收敛区间 $(-R, R)$ 内可积，且等于幂级数逐项求积分，即

$$\int_0^x S(t)\mathrm{d}t=\int_0^x\left(\sum_{n=0}^{\infty}a_nt^n\right)\mathrm{d}t=\sum_{n=0}^{\infty}\int_0^x(a_nt^n)\mathrm{d}t=\sum_{n=0}^{\infty}\frac{a_n}{n+1}x^{n+1},\ x\in(-R, R).$$

逐项求导或求积分之后得到的幂级数与原幂级数的收敛半径相同. 若逐项求导或求积分之后的幂级数在 $x=-R$ 或 $x=R$ 处收敛，则在 $x=-R$ 或 $x=R$ 处性质(3)、(4)的等式仍成立.

例 7.14 求幂级数 $\sum\limits_{n=1}^{\infty}nx^{n-1}$ 的和函数.

解 $\lim\limits_{n\to\infty}\left|\dfrac{n+1}{n}\right|=1$，则收敛区间为 $(-1, 1)$.

当 $x=-1$ 时，$\sum\limits_{n=1}^{\infty}n(-1)^{n-1}$ 发散；当 $x=1$ 时，$\sum\limits_{n=1}^{\infty}n$ 也发散，则收敛域为 $(-1, 1)$.

记 $S(x)=\sum\limits_{n=1}^{\infty}nx^{n-1}$，则

$$\int_0^x S(t)\mathrm{d}t = \sum_{n=1}^{\infty}\int_0^x (nt^{n-1})\mathrm{d}t = \sum_{n=1}^{\infty} x^n = \frac{x}{1-x},$$

故
$$S(x) = \left(\int_0^x S(t)\mathrm{d}t\right)' = \left(\frac{x}{1-x}\right)' = \frac{1}{(1-x)^2},\ x \in (-1,\ 1).$$

例 7.15　求幂级数 $\sum\limits_{n=1}^{\infty}(-1)^{n-1}\frac{x^n}{n}$ 的和函数，并求级数 $\sum\limits_{n=1}^{\infty}\frac{(-1)^{n-1}}{n\cdot 2^n}$ 的和 .

解　$\lim\limits_{n\to\infty}\left|\dfrac{\frac{(-1)^n}{n+1}}{\frac{(-1)^{n-1}}{n}}\right| = 1$，则收敛区间为$(-1,\ 1)$.

当 $x=-1$ 时，$\sum\limits_{n=1}^{\infty}\frac{-1}{n}$ 发散；当 $x=1$ 时，$\sum\limits_{n=1}^{\infty}\frac{(-1)^{n-1}}{n}$ 收敛，则收敛域为$(-1,\ 1]$.

记 $S(x) = \sum\limits_{n=1}^{\infty}(-1)^{n-1}\frac{x^n}{n}$，则

$$S'(x) = \sum_{n=1}^{\infty}\left((-1)^{n-1}\frac{x^n}{n}\right)' = \sum_{n=1}^{\infty}(-x)^{n-1} = \frac{1}{1+x},$$

所以
$$S(x) - S(0) = \int_0^x S'(t)\mathrm{d}t = \int_0^x \frac{1}{1+t}\mathrm{d}t = \ln(1+x).$$

又因 $S(0)=0$，故

$$S(x)=\ln(1+x),\ x\in(-1,\ 1].$$

令 $x=\frac{1}{2}$，得

$$\sum_{n=1}^{\infty}\frac{(-1)^{n-1}}{n\cdot 2^n} = \sum_{n=1}^{\infty}(-1)^{n-1}\frac{\left(\frac{1}{2}\right)^n}{n} = S\left(\frac{1}{2}\right) = \ln\frac{3}{2}.$$

三、函数展开成幂级数

泰勒中值定理告诉我们，若函数 $f(x)$在点 x_0 的某邻域内$(n+1)$阶可导，则

$$f(x) = f(x_0) + f'(x_0)(x-x_0) + \frac{f''(x_0)}{2!}(x-x_0)^2 + \cdots + \frac{f^{(n)}(x_0)}{n!}(x-x_0)^n + R_n(x)$$
$$= \sum_{k=0}^{n}\frac{f^{(k)}(x_0)}{k!}(x-x_0)^k + R_n(x),$$

其中 $R_n(x)=\dfrac{f^{(n+1)}(\xi)}{(n+1)!}(x-x_0)^{n+1}$，$\xi\in(x_0,\ x)$.

进一步考虑，如果函数 $f(x)$满足条件：

(1) 点 x_0 的某邻域内任意阶可导；

(2) 当 $n\to\infty$时，余项 $R_n(x)$趋向于零 .

任意阶可导说明 $f(x)$可以一直求导下去，即泰勒公式可以一直延伸，则

$$f(x) = \lim_{n\to\infty}\sum_{k=0}^{n}\frac{f^{(k)}(x_0)}{k!}(x-x_0)^k + \lim_{n\to\infty}R_n(x)$$
$$= \lim_{n\to\infty}\sum_{k=0}^{n}\frac{f^{(k)}(x_0)}{k!}(x-x_0)^k = \sum_{k=0}^{\infty}\frac{f^{(k)}(x_0)}{k!}(x-x_0)^k,$$

即函数 $f(x)$在点 x_0 的某邻域内可展开成幂级数 $\sum_{n=0}^{\infty}\frac{f^{(n)}(x_0)}{n!}(x-x_0)^n$，此幂级数称为函数 $f(x)$的**泰勒级数**，是关于 $x-x_0$ 的**幂级数**.

同样地，取 $x_0=0$，则 $f(x)=\sum_{n=0}^{\infty}\frac{f^{(n)}(0)}{n!}x^n$，此幂级数称为函数 $f(x)$的**麦克劳林级数**，是关于 x 的**幂级数**.

例 7.16 将下列函数展开成 x 的幂级数.

(1) $f(x)=e^x$； (2) $f(x)=\sin x$.

解 (1) 由例 7.12 可知

$$e^x=1+x+\frac{x^2}{2!}+\frac{x^3}{3!}+\cdots+\frac{x^n}{n!}+R_n(x),\ R_n(x)=\frac{e^{\xi}}{(n+1)!}x^{n+1},\ \xi\in(0,\ x).$$

显然，e^x 在点 $x=0$ 的邻域内任意阶可导，且

$$|R_n(x)|=\left|\frac{e^{\xi}}{(n+1)!}x^{n+1}\right|\leqslant\frac{|e^x|}{(n+1)!}|x|^{n+1}.$$

根据例 7.13(2)的结论，$\lim\limits_{n\to\infty}\frac{x^n}{n!}=0$，则

$$\lim_{n\to\infty}|R_n(x)|\leqslant\lim_{n\to\infty}\frac{|e^x|}{(n+1)!}|x|^{n+1}=0,$$

故$\lim\limits_{n\to\infty}R_n(x)=0$，从而

$$e^x=\sum_{n=0}^{\infty}\frac{x^n}{n!}=1+x+\frac{x^2}{2!}+\frac{x^3}{3!}+\cdots+\frac{x^n}{n!}+\cdots,$$

收敛域为 $x\in(-\infty,\ +\infty)$.

(2) 由例 7.12 可知

$$\sin x=x-\frac{x^3}{3!}+\frac{x^5}{5!}-\frac{x^7}{7!}+\cdots+\frac{(-1)^{n-1}}{(2n-1)!}x^{2n-1}+R_{2n}(x),$$

其中 $R_{2n}(x)=\frac{\sin\left(\frac{2n+1}{2}\pi+\xi\right)}{(2n+1)!}x^{2n+1}$，$\xi\in(0,\ x)$.

显然，$\sin x$ 在点 $x=0$ 的邻域内任意阶可导，且

$$|R_{2n}(x)|=\left|\frac{\sin\left(\frac{2n+1}{2}\pi+\xi\right)}{(2n+1)!}x^{2n+1}\right|\leqslant\frac{|x|^{2n+1}}{(2n+1)!},$$

与(1)同理，$\lim\limits_{n\to\infty}|R_{2n}(x)|=0$，故

$$\begin{aligned}\sin x&=\sum_{n=1}^{\infty}\frac{(-1)^{n-1}}{(2n-1)!}x^{2n-1}=\sum_{n=0}^{\infty}\frac{(-1)^n}{(2n+1)!}x^{2n+1}\\&=x-\frac{x^3}{3!}+\frac{x^5}{5!}-\frac{x^7}{7!}+\cdots+\frac{(-1)^n}{(2n+1)!}x^{2n+1}+\cdots,\end{aligned}$$

收敛域为 $x\in(-\infty,\ +\infty)$.

例 7.16 中的函数展开成幂级数的方法一般称为**直接法**，即根据函数的各阶导数计算系数，按照麦克劳林公式求幂级数. 同学们可模仿自行计算其他函数的幂级数展开式，例如，

$$(1+x)^{\alpha}=1+\alpha x+\frac{\alpha(\alpha-1)}{2!}x^2+\cdots+\frac{\alpha(\alpha-1)\cdots(\alpha-n+1)}{n!}x^n+\cdots,\ x\in(-1,\ 1).$$

不过，有些函数可以根据这些已知的函数幂级数展开式，利用幂级数在收敛区间内可以逐项求导或逐项求积分来计算其幂级数展开式，这样的方法称为**间接法**．

例 7.17　将下列函数展开成 x 的幂级数．

(1) $f(x)=\cos x$；　　(2) $f(x)=\ln(1+x)$.

解　(1) 显然，$\cos x=(\sin x)'$，因此根据 $\sin x$ 的幂级数展开式有

$$\cos x=\left(\sum_{n=0}^{\infty}\frac{(-1)^n}{(2n+1)!}x^{2n+1}\right)'=\sum_{n=0}^{\infty}\left(\frac{(-1)^n}{(2n+1)!}x^{2n+1}\right)'=\sum_{n=0}^{\infty}\frac{(-1)^n}{(2n)!}x^{2n}$$

$$=1-\frac{x^2}{2!}+\frac{x^4}{4!}-\frac{x^6}{6!}+\cdots+\frac{(-1)^n}{(2n)!}x^{2n}+\cdots,\ x\in(-\infty,+\infty).$$

(2) 显然，$[\ln(1+x)]'=\frac{1}{1+x}$，根据等比级数 $\frac{1}{1-x}=\sum_{n=0}^{\infty}x^n$，$x\in(-1,1)$，有

$$\frac{1}{1+x}=\frac{1}{1-(-x)}=\sum_{n=0}^{\infty}(-x)^n,\ x\in(-1,1),$$

因此

$$\ln(1+x)=\int_0^x\frac{1}{1+t}\mathrm{d}t=\int_0^x\left(\sum_{n=0}^{\infty}(-t)^n\right)\mathrm{d}t=\sum_{n=0}^{\infty}\int_0^x(-t)^n\mathrm{d}t$$

$$=\sum_{n=0}^{\infty}(-1)^n\frac{x^{n+1}}{n+1}=\sum_{n=1}^{\infty}(-1)^{n-1}\frac{x^n}{n}$$

$$=x-\frac{x^2}{2}+\frac{x^3}{3}-\frac{x^4}{4}+\cdots+(-1)^{n-1}\frac{x^n}{n}+\cdots,\ x\in(-1,1).$$

例 7.18　将下列函数展开成 x 的幂级数．

(1) $f(x)=\cos^2x$；　　(2) $f(x)=\frac{1}{x^2+3x+2}$.

解　(1) 因为 $\cos^2x=\frac{1+\cos2x}{2}$，根据 $\cos x$ 的幂级数展开式有

$$\cos2x=\sum_{n=0}^{\infty}\frac{(-1)^n}{(2n)!}(2x)^{2n},$$

则

$$\cos^2x=\frac{1+\cos2x}{2}=\frac{1}{2}+\frac{1}{2}\sum_{n=0}^{\infty}\frac{(-1)^n}{(2n)!}(2x)^{2n}$$

$$=1+\sum_{n=1}^{\infty}(-1)^n\frac{2^{2n-1}}{(2n)!}x^{2n},\ x\in(-\infty,+\infty).$$

(2) 因为 $\frac{1}{x^2+3x+2}=\frac{1}{1+x}-\frac{1}{2+x}$，根据

$$\frac{1}{1+x}=\sum_{n=0}^{\infty}(-x)^n=\sum_{n=0}^{\infty}(-1)^nx^n,\ x\in(-1,1),$$

$$\frac{1}{2+x}=\frac{1}{2\left(1+\frac{x}{2}\right)}=\frac{1}{2}\sum_{n=0}^{\infty}\left(-\frac{x}{2}\right)^n=\sum_{n=0}^{\infty}\frac{(-1)^n}{2^{n+1}}x^n,\ x\in(-2,2),$$

则

$$\frac{1}{x^2+3x+2}=\frac{1}{1+x}-\frac{1}{2+x}=\sum_{n=0}^{\infty}(-1)^nx^n-\sum_{n=0}^{\infty}\frac{(-1)^n}{2^{n+1}}x^n$$

$$=\sum_{n=0}^{\infty}(-1)^n\left(1-\frac{1}{2^{n+1}}\right)x^n,\ x\in(-1,1).$$

例 7.19 将函数 $\ln(1+x)$ 展开成 $x-1$ 的幂级数.

解 由于
$$\ln(1+x)=\ln[2+(x-1)]=\ln[2+(x-1)]$$
$$=\ln2\left(1+\frac{x-1}{2}\right)=\ln2+\ln\left(1+\frac{x-1}{2}\right),$$

根据
$$\ln(1+x)=\sum_{n=1}^{\infty}(-1)^{n-1}\frac{x^n}{n},\ x\in(-1,\ 1),$$

所以
$$\ln\left(1+\frac{x-1}{2}\right)=\sum_{n=1}^{\infty}\frac{(-1)^{n-1}}{n}\left(\frac{x-1}{2}\right)^n,\ \frac{x-1}{2}\in(-1,\ 1)\Rightarrow x\in(-1,\ 3),$$

故
$$\ln(1+x)=\sum_{n=1}^{\infty}\frac{(-1)^{n-1}}{n\cdot 2^n}(x-1)^n,\ x\in(-1,\ 3).$$

例 7.20 求 e 的近似值.

解 已知 e^x 的幂级数展式:
$$e^x=\sum_{n=0}^{\infty}\frac{x^n}{n!}=1+x+\frac{x^2}{2!}+\frac{x^3}{3!}+\cdots+\frac{x^n}{n!}+\cdots,\ x\in(-\infty,\ +\infty),$$

取 $x=1$,有
$$e=1+1+\frac{1}{2!}+\frac{1}{3!}+\cdots+\frac{1}{n!}+\cdots.$$

可取前五项来计算 e 的近似值,即
$$e\approx1+1+\frac{1}{2!}+\frac{1}{3!}+\frac{1}{4!}\approx2.7083.$$

误差
$$r_5=\frac{1}{5!}+\frac{1}{6!}+\frac{1}{7!}+\frac{1}{8!}+\cdots=\frac{1}{5!}\left(1+\frac{1}{6}+\frac{1}{7\times6}+\frac{1}{8\times7\times6}+\cdots\right)$$
$$<\frac{1}{5!}\left(1+\frac{1}{6}+\frac{1}{6^2}+\frac{1}{6^3}+\cdots\right)=\frac{1}{5!}\times\frac{1}{1-\frac{1}{6}}=0.01,$$

即用前五项的和来估计 e 的值,误差在 0.01 之内.显然,如果要提高计算精度,可以取更多的项,减小误差.

习题 7-4

1. 求下列幂级数的收敛半径和收敛域.

(1) $\sum\limits_{n=1}^{\infty}(-1)^{n-1}\frac{x^n}{n^2}$;

(2) $\sum\limits_{n=0}^{\infty}\frac{x^n}{(n+1)3^n}$;

(3) $\sum\limits_{n=0}^{\infty}(-1)^n\frac{5^n}{\sqrt{n+1}}x^n$;

(4) $\sum\limits_{n=0}^{\infty}(2n)!\cdot x^n$;

(5) $\sum\limits_{n=1}^{\infty}\frac{2n-1}{2^n}x^{2n-2}$;

(6) $\sum\limits_{n=1}^{\infty}(-1)^{n-1}\frac{(2x-3)^n}{2n-1}$.

2. 求下列幂级数的收敛域,并求和函数.

(1) $\sum\limits_{n=1}^{\infty}(-1)^{n-1}nx^{n-1}$;

(2) $\sum\limits_{n=0}^{\infty}(n+1)x^{n+1}$;

(3) $\sum\limits_{n=1}^{\infty}\frac{x^{n+1}}{n(n+1)}$;

(4) $\sum\limits_{n=1}^{\infty}\frac{5^n+(-3)^n}{n}x^n$.

3. 将下列函数展开成 x 的幂级数.

(1) $f(x)=e^{-x^2}$;　　(2) $f(x)=\ln(3+x)$;

(3) $f(x)=\arctan x$;　　(4) $f(x)=\sin^2 x$;

(5) $f(x)=\dfrac{1}{x^2-3x+2}$;　　(6) $f(x)=\ln(1+x-2x^2)$.

4. 将下列函数在点 x_0 处展开成 $x-x_0$ 的幂级数.

(1) $f(x)=e^x$, $x_0=1$;　　(2) $f(x)=\ln x$, $x_0=3$.

5. 求$\sqrt{e}$的近似值，精确到 0.001.

6. 求 ln3 的近似值，精确到 0.0001.

思维导图与本章小结

一、思维导图

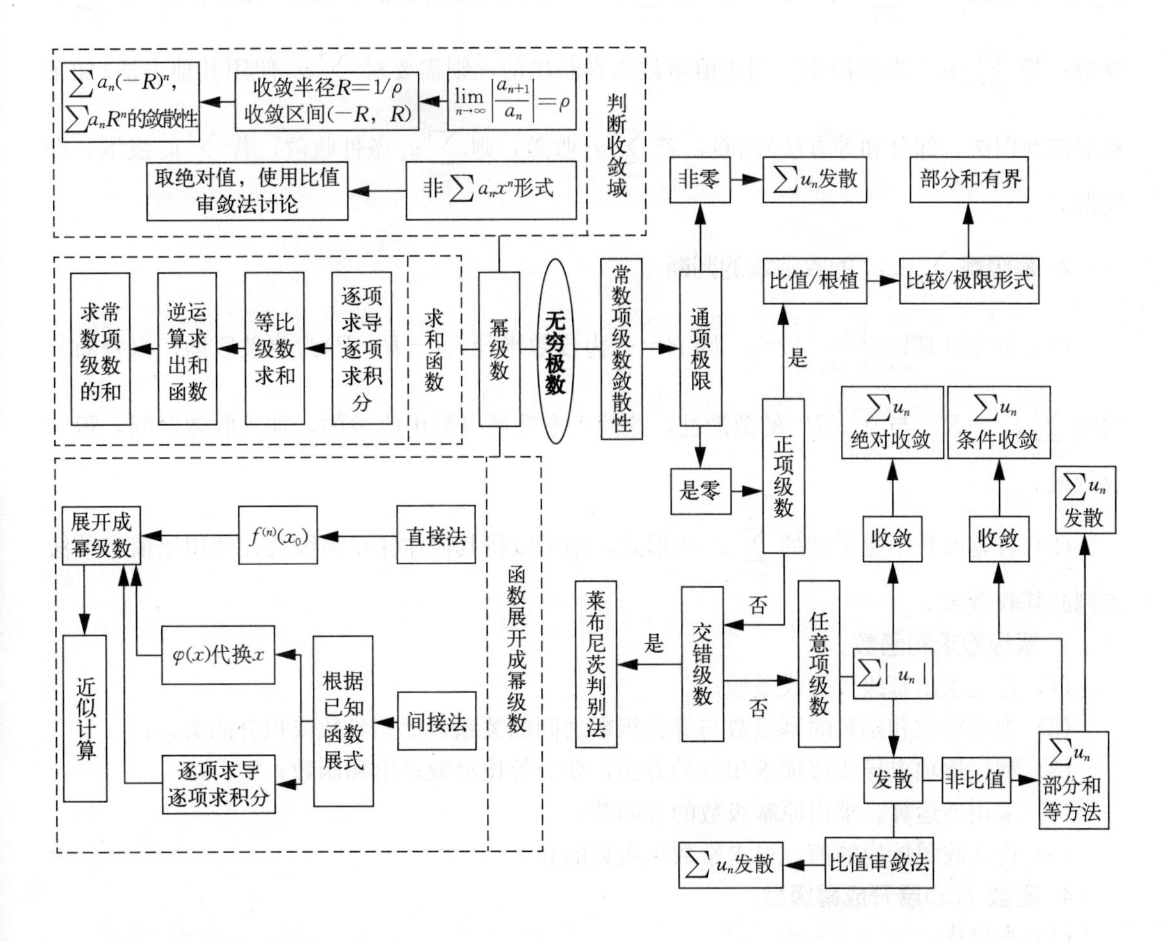

二、本章小结

本章主要介绍了常数项级数和幂级数，常数项级数中除了概念和性质外，需要熟练运用级数的审敛法．幂级数主要熟练判断收敛域、求和函数与函数展开成幂级数．

1. 常数项级数 $\sum_{n=1}^{\infty} u_n$ 审敛法

（1）观察 $\lim_{n\to\infty} u_n$ 是否等于零，如非零，则级数发散．否则进入下一步．

（2）观察 $\sum_{n=1}^{\infty} u_n$ 是否是正项级数，如是正项级数，则按照比值或根值审敛法——比较审敛法或极限形式——部分和有界的优先顺序，判断级数的敛散性．如不是正项级数，进入下一步．

（3）观察 $\sum_{n=1}^{\infty} u_n$ 是否是交错级数，如是交错级数，则使用莱布尼茨判别法判断敛散性．如不是，则为任意项级数，进入下一步．

（4）取绝对值级数 $\sum_{n=1}^{\infty} |u_n|$，可使用正项级数审敛法判断 $\sum_{n=1}^{\infty} |u_n|$ 的敛散性，若 $\sum_{n=1}^{\infty} |u_n|$ 收敛，则 $\sum_{n=1}^{\infty} u_n$ 绝对收敛；若 $\sum_{n=1}^{\infty} |u_n|$ 发散且是用比值审敛法判断出的，则 $\sum_{n=1}^{\infty} u_n$ 发散；若 $\sum_{n=1}^{\infty} |u_n|$ 发散但不是用比值审敛法判断出的，则需要对 $\sum_{n=1}^{\infty} u_n$ 使用其他方法（如莱布尼茨判别法、部分和等方法）判断，若 $\sum_{n=1}^{\infty} u_n$ 收敛，则 $\sum_{n=1}^{\infty} u_n$ 条件收敛；若 $\sum_{n=1}^{\infty} u_n$ 发散，即发散．

2. 幂级数 $\sum_{n=0}^{\infty} a_n x^n$ 的收敛域的判断

（1）首先计算 $\lim_{n\to\infty}\left|\frac{a_{n+1}}{a_n}\right|=\rho$，则 $R=\frac{1}{\rho}$ 为收敛半径，$(-R, R)$ 为收敛区间；再判断常数项 $\sum_{n=0}^{\infty} a_n(-R)^n$ 与 $\sum_{n=0}^{\infty} a_n R^n$ 的敛散性，这两个常数项级数中收敛的，加入收敛区间，得到收敛域．

（2）若幂级数不是标准的 $\sum_{n=0}^{\infty} a_n x^n$ 形式，则可以将其视作任意项级数，使用比值审敛法来判断其收敛域．

3. 幂级数求和函数

（1）首先求出幂级数的收敛域；

（2）观察待求和函数的幂级数与等比级数之间的关系，比如导数或积分的关系；

（3）利用逐项求导或逐项求积分的方法，变为等比级数求出和函数；

（4）采用逆运算，求出原幂级数的和函数；

（5）代入收敛域内的值，可求常数项级数的和．

4. 函数 $f(x)$ 展开成幂级数：

（1）直接法：

首先，求出函数在点 $x=0$ 处的各阶导数，即 $f^{(n)}(0)$，写出麦克劳林级数；

然后，证明麦克劳林级数余项的极限 $\lim_{n\to\infty} R_n(x)=0$；

最后，将函数 $f(x)$ 展开成幂级数，写出收敛域．

（2）间接法：

已知函数 $f(x)$的幂级数展开式，若求函数 $f(\varphi(x))$的展开式，则直接用$\varphi(x)$代换$f(x)$的幂级数展开式中的 x 即可；若待求函数 $g(x)$与 $f(x)$之间存在求导或积分的关系，则可利用幂级数逐项求导或逐项求积分的性质，对 $f(x)$的幂级数展开式进行逐项求导或逐项求积分，求出 $g(x)$的幂级数展开式．

（3）利用函数 $f(x)$的幂级数展开式，可以取展开式的前若干项，来计算 $f(x_0)$的近似值，余项即为误差，并且可以通过改变所取项的数目，来控制近似计算的精确程度．

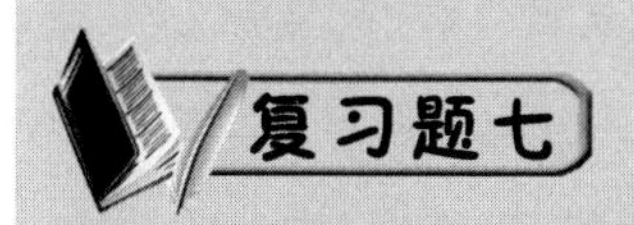

1. 填空题．

（1）已知级数 $\sum\limits_{n=1}^{\infty}(u_n-1)$ 收敛，则 $\lim\limits_{n\to\infty}u_n=$________.

（2）已知级数 $\sum\limits_{n=1}^{\infty}u_n$ 收敛，$\sum\limits_{n=1}^{\infty}v_n$ 发散，则级数 $\sum\limits_{n=1}^{\infty}(u_n+v_n)$ 必________.

（3）已知幂级数 $\sum\limits_{n=0}^{\infty}a_nx^n$ 和 $\sum\limits_{n=0}^{\infty}b_nx^n$ 的收敛半径分别为 2 和 3，则幂级数 $\sum\limits_{n=0}^{\infty}\frac{a_n}{b_n}x^n$ 的收敛半径为________.

（4）级数 $\sum\limits_{n=1}^{\infty}(-1)^{n-1}\frac{1}{n}=$________.

（5）设函数 $f(x)=\arctan x$，则 $f^{(10)}(0)$________.

2. 选择题．

（1）级数 $\sum\limits_{n=1}^{\infty}u_n$ 的部分和数列$\{S_n\}$有界是级数 $\sum\limits_{n=1}^{\infty}u_n$ 收敛的(　　).

A. 充分条件；　　B. 必要条件；

C. 充分必要条件；　　D. 既非充分也非必要条件．

（2）下列级数中条件收敛的是(　　).

A. $\sum\limits_{n=1}^{\infty}(-1)^{n-1}\frac{1}{\sqrt[3]{n^2}}$；　　B. $\sum\limits_{n=1}^{\infty}\frac{1}{\sqrt[3]{n^2}}$；

C. $\sum\limits_{n=1}^{\infty}(-1)^{n-1}\frac{1}{\sqrt{n^3}}$；　　D. $\sum\limits_{n=1}^{\infty}\frac{1}{\sqrt{n^3}}$.

（3）已知级数 $\sum\limits_{n=1}^{\infty}u_n$ 收敛，则下列结论中不正确的是(　　).

A. $\sum\limits_{n=1}^{\infty}ku_n$ 收敛；　　B. $\sum\limits_{n=1}^{\infty}u_{2n}$ 收敛；

C. $\sum\limits_{n=1}^{\infty}\frac{1}{u_n}$ 收敛；　　D. $\sum\limits_{n=1}^{\infty}(u_{2n-1}+u_{2n})$ 收敛．

(4) 已知$\lim\limits_{n\to\infty}u_n=+\infty$，则级数$\sum\limits_{n=1}^{\infty}\left(\frac{1}{u_n}-\frac{1}{u_{n+1}}\right)$(　　).

A. 发散；　　B. 收敛于0；

C. 收敛于$\frac{1}{u_1}$；　　D. 可能收敛也可能发散.

(5) 已知级数$\sum\limits_{n=0}^{\infty}a_n(x-2)^n$在点$x=-1$处收敛，则该级数在点$x=3$处(　　).

A. 发散；　　B. 绝对收敛；

C. 条件收敛；　　D. 可能收敛也可能发散.

3. 判断下列级数的敛散性.

(1) $\sum\limits_{n=1}^{\infty}\frac{2n+1}{\sqrt{n^5+n^3+1}}$；　　(2) $\sum\limits_{n=1}^{\infty}\frac{1}{\sqrt{n}}\sin\frac{1}{\sqrt{n}}$；

(3) $\sum\limits_{n=1}^{\infty}n\tan\frac{\pi}{2^{n+1}}$；　　(4) $\sum\limits_{n=1}^{\infty}\frac{4^n}{5^n-3^n}$.

4. 判断下列级数是绝对收敛、条件收敛还是发散.

(1) $\sum\limits_{n=1}^{\infty}(-1)^{n-1}\frac{n+1}{3^n}$；　　(2) $\sum\limits_{n=1}^{\infty}(-1)^{n-1}(1-\sqrt[n]{e})$；

(3) $\sum\limits_{n=2}^{\infty}\frac{(-1)^n}{\sqrt{n+(-1)^n}}\tan\frac{\pi}{n}$；　　(4) $\sum\limits_{n=2}^{\infty}\frac{(-1)^n n+\sin a}{n^2}$.

5. 讨论下列级数的敛散性.

(1) $\sum\limits_{n=1}^{\infty}\frac{\sqrt{n+2}-\sqrt{n-2}}{n^a}$；　　(2) $\sum\limits_{n=1}^{\infty}\frac{n^2}{a^n}$，$a>0$.

6. 证明：若$\sum\limits_{n=1}^{\infty}u_n$收敛，$\sum\limits_{n=1}^{\infty}v_n$绝对收敛，则$\sum\limits_{n=1}^{\infty}u_nv_n$绝对收敛.

7. 证明：若$\sum\limits_{n=1}^{\infty}u_n^2$收敛，则$\sum\limits_{n=1}^{\infty}\frac{u_n}{n}$绝对收敛.

8. 证明：$\lim\limits_{n\to\infty}\frac{n^n}{(n!)^2}=0$.

9. 求下列幂级数的收敛域.

(1) $\sum\limits_{n=1}^{\infty}\frac{\ln(n+1)}{n+1}x^{n+1}$；　　(2) $\sum\limits_{n=1}^{\infty}2^n(x+3)^{2n}$；

(3) $\sum\limits_{n=0}^{\infty}\left[\frac{(-1)^n}{2^n}x^n+3^nx^n\right]$；　　(4) $\sum\limits_{n=1}^{\infty}\frac{(-1)^{n-1}}{\sqrt{n}}\frac{1}{x^n}$.

10. 求幂级数$\sum\limits_{n=1}^{\infty}n(n+1)x^n$的和函数，并求级数$\sum\limits_{n=1}^{\infty}\frac{n(n+1)}{2^n}$的和.

11. 求幂级数$\sum\limits_{n=0}^{\infty}\frac{x^n}{2^n(n+1)!}$的和函数，并求级数$\sum\limits_{n=1}^{\infty}\frac{2^n}{(n+1)!}$的和.

12. 求级数$\sum\limits_{n=1}^{\infty}\frac{1}{(n^2-1)2^n}$的和.

13. 将下列函数展开成 x 的幂级数．

(1) $f(x)=x^3\mathrm{e}^{-x}$；　　(2) $f(x)=\arcsin x$.

14. 将函数 $f(x)=\lg x$ 展开成 $x-1$ 的幂级数．

15. 将函数 $f(x)=\ln\dfrac{1}{5-4x+x^2}$ 展开成 $x-2$ 的幂级数．

16. 求 $\cos 2^\circ$ 的近似值，精确到 0.0001.

17. 求 $\sqrt[5]{245}$ 的近似值，精确到 0.0001.

习题参考答案

第一章

习题 1-1

1.(1) $[-4,\ 4]$；(2) $(-\infty,\ 0)\cup(2,\ +\infty)$；(3) $(-2,\ 3)$；

(4) $\left(-\frac{3}{2},\ -1\right)\cup\left(-1,\ -\frac{1}{2}\right)$.

2.(1) $(-\infty,\ 0)\cup(0,\ 1)\cup(1,\ +\infty)$；(2) $[-\sqrt{5},\ 2)\cup(2,\ \sqrt{5}]$；

(3) $(1,\ 2]$；(4) $(-\infty,\ -1)\cup(1,\ 3)$；(5) $[-6,\ 1)$；(6) $[1-e^2,\ 1-e^{-2}]$.

3. $f(-1)=-2$，$f(0)=1$，$f(2)=5$.

4.(1) $[1,\ e]$；(2) $[-1,\ 1]$.

5. (1) $D=\left\{(x,\ y)\mid \frac{x^2}{a^2}+\frac{y^2}{b^2}\leqslant 1\right\}$；(2) $D=\{(x,\ y)\mid x>y,\ x-y\neq 1\}$；

(3) $D=\{(x,\ y)\mid x>0,\ -x\leqslant y\leqslant x\}\cup\{(x,\ y)\mid x<0,\ x\leqslant y\leqslant -x\}$；

(4) $D=\{(x,\ y)\mid 1<x^2+y^2\leqslant 2\}$.

习题 1-2

1. 略.

2.(1) 奇函数； (2) 非奇非偶函数； (3) 偶函数；

(4) 奇函数； (5) 偶函数； (6) 奇函数.

3. 略. 4. 略.

5.(1) 周期函数，周期 $l=\pi$； (2) 周期函数，周期 $l=2$； (3) 不是周期函数.

6.(1) 无界函数； (2) 有界函数.

7. $10(1+r)^{20}$万元.

8. $50(1+0.003)^{10}$万人.

习题 1-3

1. A：Ⅱ，B：Ⅳ，C：Ⅲ，D：Ⅷ，E：Ⅴ，F：Ⅶ.

2. 略.

3.(1) $(a,\ b,\ -c)$，$(-a,\ b,\ c)$，$(a,\ -b,\ c)$；

(2) $(a,\ -b,\ -c)$，$(-a,\ b,\ -c)$，$(-a,\ -b,\ c)$；

(3) $(-a,\ -b,\ -c)$.

4. $(0,\ 1,\ -2)$.

5. 略.

6. $r=R$.

习题 1 - 4

1. $\dfrac{x^2}{25}+\dfrac{y^2}{16}=1(y\neq0)$，或$\dfrac{x^2}{16}+\dfrac{y^2}{25}=1(x\neq0)$.

2.（1） $r=\dfrac{c}{a\cos\theta+b\sin\theta}$；（2） $r=1$.

3. $(x+1)^2+(y+3)^2+(z-2)^2=9$.

4. 以点$(1,-2,-1)$为球心，半径等于$\sqrt{6}$的球面.

5.（1） $\dfrac{x^2}{4}+\dfrac{y^2+z^2}{9}=1$，$\dfrac{x^2+z^2}{4}+\dfrac{y^2}{9}=1$；（2） $x^2-y^2-z^2=1$，$x^2+y^2-z^2=1$.

6.（1） 母线平行于 y 轴的椭圆柱面；（2） 母线平行于 x 轴的抛物柱面；
（3） 椭圆锥面；（4） 旋转椭球面；（5） 双叶双曲面；（6） 单叶双曲面.

复习题一

1. 略.

2.（1） 定义域：$\bigcup\limits_{k\in\mathbf{Z}}(2k\pi,(2k+1)\pi)$，值域：$(-\infty,0]$；

（2） 定义域：$\bigcup\limits_{k\in\mathbf{Z}}\left[2k\pi-\dfrac{\pi}{2},2k\pi+\dfrac{\pi}{2}\right]$，值域：$[0,1]$；

（3） 定义域：$[-4,1]$，值域：$\left[0,\dfrac{5}{2}\right]$；

（4） 定义域：$(-\infty,0)\cup(0,+\infty)$，值域：$\left[\dfrac{3\sqrt[3]{2}}{2},+\infty\right)$.

3.（1） $D=\{(x,y)\mid 1<x^2+y^2\leqslant9\}$；（2） $D=\{(x,y)\mid y>0, y>x^2-1, y\neq x^2\}$.

4. 略. 5. 略.

6. 偶函数.

7. $x^2+y^2+z^2=a^2$，球心在原点，半径为 a 的球面.

8. $P\left(0,\dfrac{\sqrt{3}}{6}a\right)$，最小值为 a^2.

9. 略.

10. $r=8\sin\theta$.

11. $\theta=\dfrac{\pi}{4}(r\geqslant0)$.

12. $r\cos\theta=a$.

13.（1） $x^2+y^2+(z+1)^2=2^2$ 表示球心在点$(0,0,-1)$、半径为 2 的球面；
（2） $x^2=4z$ 表示母线平行于 y 轴的抛物柱面；
（3） $\dfrac{x^2}{9}-\dfrac{y^2}{9}-z^2=1$ 表示一个双叶双曲面，但不是旋转曲面；
（4） $x^2-y^2=4z$ 是双曲抛物面(马鞍面)，但不是旋转面.

14.（1） $x^2+\dfrac{y^2}{4}+z^2=1$ 可看作是由曲线$\begin{cases}\dfrac{y^2}{4}+z^2=1,\\ x=0\end{cases}$或曲线$\begin{cases}x^2+\dfrac{y^2}{4}=1,\\ z=0\end{cases}$绕 y 轴旋转而得到

的旋转椭球面；

(2) $\frac{x^2}{9}+\frac{y^2}{9}-z^2=1$ 可看作是由曲线$\begin{cases}\frac{y^2}{9}-z^2=1,\\x=0\end{cases}$或$\begin{cases}\frac{x^2}{9}-z^2=1,\\y=0\end{cases}$绕 z 轴旋转而得到的单叶旋转双曲面；

(3) $\frac{x^2}{2}+\frac{y^2}{2}-z=0$ 可看作是由抛物线$\begin{cases}z=\frac{y^2}{2},\\x=0\end{cases}$或$\begin{cases}z=\frac{x^2}{2},\\y=0\end{cases}$绕 z 轴旋转而得到的旋转抛物面.

第 二 章

习题 2-1

1. 略.

2. (1) 5； (2) 2； (3) 不存在； (4) 6；

 (5) $\frac{1}{2}$； (6) $\frac{1}{3}$； (7) $\frac{3}{2}$； (8) 1.

3. (1) 0； (2) 1000.

4. 略. 5. 略.

6. 极限为$\frac{1+\sqrt{5}}{2}$.

习题 2-2

1. 略.

2. (1) -6； (2) -1； (3) $2x$； (4) 3； (5) 6； (6) $\frac{1}{3}$；

 (7) -1； (8) $\sqrt{2}$； (9) $\frac{b}{a}$； (10) $\frac{3}{2}$； (11) 0； (12) $\frac{1}{2}$.

3. $a=0$.

4. $k=-3$.

5. $a=2$，$b=-8$.

习题 2-3

1. (1) $\frac{3}{5}$； (2) π； (3) 4； (4) $\frac{1}{2}$； (5) 2； (6) $-\frac{1}{3}$； (7) $\sqrt{2}$； (8) $\frac{1}{k}$.

2. (1) e^{-6}； (2) e^2； (3) e^3； (4) e^{-10}； (5) e； (6) e^4.

3. $\lim\limits_{n\to\infty}x_n=e$.

4. 不存在.

5. $c=\ln 3$.

习题 2-4

1. (1) 同阶无穷小； (2) 等价无穷小； (3) 低阶无穷小； (4) 同阶无穷小.

2.（1）$\frac{2}{3}$；（2）$\frac{5}{7}$；（3）$\frac{1}{2}$；（4）$-\frac{1}{2}$；（5）$\frac{1}{2}$；（6）-2；（7）$\frac{5}{2}$；（8）$\ln 2$.

3. $a=-\frac{3}{2}$.

4. $\frac{a}{m}-\frac{b}{n}$.

5. 略.

习题 2-5

1. 略. 2. 略.

3.（1）1；（2）$-\frac{1}{6}$；（3）6；（4）1；（5）1；（6）e^{π^2}；（7）$\frac{1}{2}$；（8）$-\frac{1}{2}$.

习题 2-6

1.（1）在$[0, 2]$上连续；（2）在$(-\infty, +\infty)$上连续；

2.（1）$a=0$；（2）$a=1$，$b=-2$.

3.（1）$x=-1$ 为可去间断点；

（2）$x=1$ 为可去间断点，$x=-1$ 为无穷间断点；

（3）$x=0$ 为可去间断点，$x=k\pi$（k 为非零整数）为无穷间断点；

（4）$x=0$ 为跳跃间断点；

（5）$x=-2$ 为可去间断点，$x=2$ 为无穷间断点；

（6）$x=0$ 为可去间断点；

（7）$x=0$ 为跳跃间断点，$x=1$ 为可去间断点，$x=-1$ 为第二类间断点；

（8）$x=0$ 为跳跃间断点.

4. $x=\pm 1$ 为第一类跳跃间断点.

5.（1）$\frac{\pi}{4}$；（2）$\frac{2\ln 2}{3\ln 3}$；（3）-2；（4）$\frac{3}{2}$.

6. 略. 7. 略.

8. 函数在$(0, 0)$处不连续.

复习题二

1.（1）0，1；（2）-4；（3）第一类可去间断点；（4）$a=-1$；（5）$a=1-\ln 2$.

2.（1）C；（2）C；（3）A；（4）B；（5）D.

3.（1）0；（2）0；（3）$-\frac{3}{2}$；（4）$-\frac{1}{n}$；（5）$e^{2\pi}$；（6）-1.

4. $a=4$，$b=-16$.

5. $a-b=1$.

6. 当 $a=-2$ 时，函数 $f(x)$在 $x=0$ 连续；当 $a\neq -2$ 时，函数 $f(x)$在 $x=0$ 不连续.

7. $\lim\limits_{n\to\infty} x_n=2$.

8. 略． 9. 略． 10. 略．

第 三 章

习题 3－1

1. $\frac{dT}{dt}$. 2. 4.

3.（1）$-2f'(x_0)$； （2）$-f'(x_0)$； （3）$f'(0)$.

4.（1）$5x^4$； （2）$-\frac{3}{5}x^{-\frac{8}{5}}$； （3）$3.7x^{2.7}$； （4）$\frac{7}{3}x^{\frac{4}{3}}$.

5. $y'|_{x=1}=1$. 6. $f'(0)=1$. 7. 12m/s.

8.（3，5）或（－1，1）.

9. 切线方程为$\frac{\sqrt{2}}{2}x-y+\frac{\sqrt{2}}{2}-\frac{\sqrt{2}}{8}\pi=0$；法线方程为$\sqrt{2}x+y-\frac{\sqrt{2}}{2}-\frac{\sqrt{2}}{4}\pi=0$.

10.（1）连续但不可导； （2）连续但不可导； （3）连续且可导．

11. $a=1$，$b=0$.

习题 3－2

1.（1）$y'=3+\frac{5}{2\sqrt{x}}+\frac{2}{x^3}$； （2）$y'=\sec^2 x+2\sec x\tan x$；

（3）$y'=3x^2+3^x\ln 3-3e^x$； （4）$y'=3e^x(\tan x+\sec^2 x)$；

（5）$y'=x\cos x$； （6）$y'=x(2\ln x\cdot\cos x+\cos x-x\ln x\cdot\sin x)$；

（7）$y'=\frac{1+\sin x+\cos x}{(1+\cos x)^2}$； （8）$y'=(x\cos x-\sin x)\left(\frac{1}{x^2}-\frac{1}{\sin^2 x}\right)$.

2.（1）$y'|_{x=e}=-\frac{1}{e^3}$； （2）$f'\left(\frac{\pi}{2}\right)=e^{\frac{\pi}{2}}$； （3）$\frac{\sqrt{2}}{4}\left(1+\frac{\pi}{2}\right)$.

3. $y=x$. 4. $b=3$. 5. $-\frac{1}{\sqrt{1-x^2}}$.

习题 3－3

1.（1）$\frac{\partial z}{\partial x}=8x^3y+5y^3$，$\frac{\partial z}{\partial y}=2x^4+15y^2x$；

（2）$\frac{\partial s}{\partial u}=\frac{1}{v}-\frac{v}{u^2}$，$\frac{\partial s}{\partial v}=\frac{1}{u}-\frac{u}{v^2}$；

（3）$\frac{\partial z}{\partial x}=3e^x\cos y$，$\frac{\partial z}{\partial y}=-3e^x\sin y$；

（4）$\frac{\partial z}{\partial x}=\sin y-\frac{1}{x}\arctan y$，$\frac{\partial z}{\partial y}=x\cos y-\frac{\ln x}{1+y^2}$；

（5）$\frac{\partial u}{\partial x}=2x\ln y\cdot\cos z$，$\frac{\partial u}{\partial y}=\frac{x^2\cos z}{y}$，$\frac{\partial u}{\partial z}=-x^2\ln y\cdot\sin z$；

（6）$\frac{\partial u}{\partial x}=2y^z$，$\frac{\partial u}{\partial y}=2xzy^{z-1}$，$\frac{\partial u}{\partial z}=2xy^z\ln y$.

2. $\dfrac{\partial z}{\partial x}=4\mathrm{e}$，$\dfrac{\partial z}{\partial y}=4\mathrm{e}+\log_5 2$.

3. $f'_x(0, 0)=0$，$f'_y(0, 0)=2$.

习题 3－4

1.（1）$y''=6(2x^2-2x+1)$；（2）$y''=2\cos x-x\sin x$；

（3）$y''=-2\mathrm{e}^{-x}\cos x$；（4）$y''=2\sec^2 x\tan x$；

（5）$y''=2\arctan x+\dfrac{2x}{1+x^2}$；（6）$y''=\dfrac{2\ln x-3}{x^3}$.

2. 14.

3. $\dfrac{\mathrm{d}^2 s}{\mathrm{d}t^2}=-A\omega^2\sin\omega t$. 4. 略.

5. $y^{(30)}=\mathrm{e}^x(x^3+90x^2+2610x+24360)$.

6.（1）$y^{(n)}=(x+n)\mathrm{e}^x$；

（2）当 $n=1$ 时，$y'=\ln x+1$；当 $n\geqslant 2$ 时，$y^{(n)}=(-1)^n\dfrac{(n-2)!}{x^{n-1}}$.

7. $y^{(n)}=(-1)^n 3\cdot n!\cdot x^{-(n+1)}-\cos\left(x+n\cdot\dfrac{\pi}{2}\right)$.

8.（1）$\dfrac{\partial^2 z}{\partial x^2}=12x^2-8y^2$，$\dfrac{\partial^2 z}{\partial y^2}=12y^2-8x^2$，$\dfrac{\partial^2 z}{\partial x\partial y}=-16xy$；

（2）$\dfrac{\partial^2 z}{\partial x^2}=2\sin y$，$\dfrac{\partial^2 z}{\partial y^2}=-x^2\sin y$，$\dfrac{\partial^2 z}{\partial x\partial y}=2x\cos y$；

（3）$\dfrac{\partial^2 z}{\partial x^2}=y^x\ln^2 y$，$\dfrac{\partial^2 z}{\partial y^2}=x(x-1)y^{x-2}$，$\dfrac{\partial^2 z}{\partial x\partial y}=y^{x-1}(1+x\ln y)$.

9. $f''_{xx}(0, 0, 1)=2$，$f''_{xz}(1, 0, 2)=2$，$f''_{yz}(0, -1, 0)=0$.

10. 略.

11. $\dfrac{\partial^3 u}{\partial x\partial y\partial z}=-\dfrac{\sec^2 z}{x^2}$，$\dfrac{\partial^3 u}{\partial x^2\partial z}=2x^{-3}y\sec^2 z$.

习题 3－5

1.（1）$\left(\dfrac{1}{2\sqrt{x}}+\dfrac{2}{x^3}\right)\mathrm{d}x$；（2）$(5\sin x+5x\cos x)\mathrm{d}x$；（3）$\dfrac{1-\ln x}{x^2}\mathrm{d}x$；

（4）$\mathrm{e}^x(\tan x+\sec^2 x)\mathrm{d}x$；（5）$\left(\dfrac{\sec x}{\sqrt{1-x^2}}+\arcsin x\cdot\sec x\tan x\right)\mathrm{d}x$；

（6）$-\dfrac{\sin x+\cos x}{\mathrm{e}^x}\mathrm{d}x$.

2.（1）1.001；（2）9.9867；（3）0.87476；（4）1.01.

3. 略.

4. 增量精确值为 30.301，近似值为 30.

5. 0.05.

6. $2\mathrm{e}\mathrm{d}x+\mathrm{e}^2\mathrm{d}y$.

7. $du=x^y y^z z^x\left[\left(\frac{y}{x}+\ln z\right)dx+\left(\frac{z}{y}+\ln x\right)dy+\left(\frac{x}{z}+\ln y\right)dz\right]$.

8. 2.95. 9. 2.039.

习题 3-6

1. (1) $y'=15(3x+4)^4$； (2) $y'=-2\sin(2x-1)$；

(3) $y'=(4x+1)e^{2x^2+x}$； (4) $y'=\frac{2x+1}{1+x+x^2}$；

(5) $y'=-3x^2\csc^2(x^3)$； (6) $y'=6\sin^2(2x+1)\cos(2x+1)$；

(7) $y'=-\frac{x}{\sqrt{a^2-x^2}}$； (8) $y'=\frac{e^x}{1+e^{2x}}$；

(9) $y'=2x\sin\frac{1}{x}-\cos\frac{1}{x}$； (10) $y'=2x\cos(x^2)\sin^2 x+\sin(x^2)\sin 2x$；

(11) $y'=\frac{e^{\arctan\sqrt{2x+1}}}{2(x+1)\sqrt{2x+1}}$； (12) $y'=10^{x\tan 2x}\cdot\ln 10\cdot[\tan 2x+2x\sec^2(2x)]$；

(13) $y'=\frac{2\sqrt{x}+1}{4\sqrt{x}\sqrt{x+\sqrt{x}}}$； (14) $y'=\frac{1}{\sqrt{x}(1-x)}$.

2. (1) $4x^3f'(x^4)$； (2) $\sin 2x[f'(\sin^2 x)-f'(\cos^2 x)]$.

3. $f'(x)=-xe^{x-1}$.

4. (1) $\frac{x^3}{3}+C$； (2) $-\frac{1}{x}+C$； (3) $-\frac{1}{2}e^{-2x}+C$； (4) $\frac{1}{3}\sin 3x+C$；

(5) $\ln(1+x)+C$； (6) $\frac{1}{5}\tan 5x+C$； (7) $\frac{1}{2}\arctan\left(\frac{x}{2}\right)+C$； (8) $\frac{1}{2}(\ln x)^2+C$.

5. (1) $(\sin x)^{\ln x}\left[(\cot x)\ln x+\frac{1}{x}\ln\sin x\right]$； (2) $e^{\sin t-2t^3}(\cos t-6t^2)$；

(3) $\frac{e^x(1+x)}{1+x^2e^{2x}}$； (4) $e^x(1+x+\sin x+\cos x)$.

6. (1) $\frac{\partial z}{\partial x}=4x$，$\frac{\partial z}{\partial y}=4y$；

(2) $\frac{\partial z}{\partial x}=\frac{2x}{y^2}\ln(3x-2y)+\frac{3x^2}{(3x-2y)y^2}$，$\frac{\partial z}{\partial y}=-\frac{2x^2}{y^3}\ln(3x-2y)-\frac{2x^2}{(3x-2y)y^2}$；

(3) $\frac{\partial u}{\partial x}=2x(1+2x^2\cos^2 y)$，$\frac{\partial u}{\partial y}=2y-x^4\sin 2y$；

(4) $\frac{\partial z}{\partial u}=\frac{1}{u^2+v^2}\left[e^{\ln\sqrt{u^2+v^2}\arctan\frac{u}{v}}\left(u\arctan\frac{u}{v}+v\ln\sqrt{u^2+v^2}\right)\right]$，

$\frac{\partial z}{\partial v}=\frac{1}{u^2+v^2}\left[e^{\ln\sqrt{u^2+v^2}\arctan\frac{u}{v}}\left(v\arctan\frac{u}{v}-u\ln\sqrt{u^2+v^2}\right)\right]$.

7. (1) $\frac{\partial u}{\partial s}=f_1'+tf_2'$，$\frac{\partial u}{\partial t}=f_1'+sf_2'$；

(2) $\frac{\partial u}{\partial r}=2r(f_1'+f_2'+f_3')$，$\frac{\partial u}{\partial s}=2s(f_1'-f_2'-f_3')$，$\frac{\partial u}{\partial t}=2t(f_1'-f_2'+f_3')$；

(3) $\frac{\partial u}{\partial x}=\frac{1}{y}f_1'$，$\frac{\partial u}{\partial y}=-\frac{x}{y^2}f_1'+\frac{1}{z}f_2'$，$\frac{\partial u}{\partial z}=-\frac{y}{z^2}f_2'$.

8. 略.

9. $dz=[ye^{xy}\sin(x+y)+e^{xy}\cos(x+y)]dx+[xe^{xy}\sin(x+y)+e^{xy}\cos(x+y)]dy$.

10. (1) $\frac{\partial^2 z}{\partial x^2}=2f'+4x^2f''$, $\frac{\partial^2 z}{\partial x\partial y}=4xyf''$, $\frac{\partial^2 z}{\partial y^2}=2f'+4y^2f''$;

(2) $\frac{\partial^2 z}{\partial x^2}=2yf_2'+y^4f_{11}''+4xy^3f_{12}''+4x^2y^2f_{22}''$,

$\frac{\partial^2 z}{\partial x\partial y}=2yf_1'+2xf_2'+2xy^3f_{11}''+5x^2y^2f_{12}''+2x^3yf_{22}''$,

$\frac{\partial^2 z}{\partial y^2}=2xf_1'+4x^2y^2f_{11}''+4x^3yf_{12}''+x^4f_{22}''$.

习题 3-7

1. (1) $-\frac{3x}{4y}$; (2) $\frac{\cos(x+y)}{e^y-\cos(x+y)}$; (3) $\frac{e^y}{1-xe^y}$; (4) $\frac{x+y}{x-y}$.

2. 切线方程为 $x+y-\frac{a}{2}=0$；法线方程为 $x-y=0$.

3. (1) $\frac{y^2-x^2}{y^3}$; (2) $-\frac{(x+y)(\cos^2 y-\sin y)}{[(x+y)\cos y-1]^3}$;

(3) $-2\csc^2(x+y)\cot^3(x+y)$; (4) $\frac{y}{(1-y)^3}$.

4. $y''(0)=-2$.

5. (1) $(1+x^2)^{\tan x}\left[\sec^2 x\ln(1+x^2)+\frac{2x\tan x}{1+x^2}\right]$;

(2) $\left(\frac{x}{1+x}\right)^x\left[\ln\left(\frac{x}{1+x}\right)+\frac{1}{1+x}\right]$;

(3) $\frac{1}{2}\sqrt{x\sin x\sqrt{1-e^x}}\left[\frac{1}{x}+\cot x-\frac{e^x}{2(1-e^x)}\right]$;

(4) $\frac{(2x+3)^4\sqrt{x-6}}{\sqrt[3]{x+1}}\left[\frac{8}{2x+3}+\frac{1}{2(x-6)}-\frac{1}{3(x+1)}\right]$.

6. (1) $\frac{2\sin(2x+y)+ye^{xy}}{\sin(2x+y)+xe^{xy}}$; (2) $\frac{y^2(1-\ln x)}{x^2(1-\ln y)}$; (3) $\frac{\partial z}{\partial x}=\frac{yz-\sqrt{xyz}}{\sqrt{xyz}-xy}$, $\frac{\partial z}{\partial y}=\frac{xz-2\sqrt{xyz}}{\sqrt{xyz}-xy}$.

7. $dz=-[1+\tan(x+z)]dx-\tan(x+z)dy$.

8. $\frac{\partial u}{\partial x}=ze^{xz}-[xe^{xz}+y\cos(yz)]\frac{\sin 2x}{\sin 2z}$.

9. $\frac{z(z^4-2xyz^2-x^2y^2)}{(z^2-xy)^3}$.

习题 3-8

1. (1) $\frac{5}{2}t$; (2) $-\frac{\sqrt{1+\theta}}{\sqrt{1-\theta}}$; (3) $\frac{\cos t-\sin t}{\cos t+\sin t}$; (4) t.

2. 切线方程为 $2\sqrt{2}x+y-2=0$；法线方程为$\sqrt{2}x-4y-1=0$.

3.(1) $\frac{4}{9}e^{3t}$； (2) $-\frac{b}{a^2}\csc^3 t$； (3) $-\frac{3t^2+1}{4t^3}$； (4) $\frac{1+t^2}{4t}$.

复习题三

1.(1) C； (2) C； (3) D； (4) C； (5) D； (6) B； (7) C.

2.(1) 4，-5； (2) $2e^3$； (3) $1+\frac{\sqrt{2}}{2}$； (4) $-\pi dx$；

(5) $-2^{10}10!$； (6) $1-\frac{2xyF'}{F^2}$； (7) -1.

3.(1) $\frac{b}{a}\left(\frac{x}{a}\right)^{b-1}-\frac{a}{b}\left(\frac{b}{x}\right)^{a+1}+\left(\frac{b}{a}\right)^x\ln\frac{b}{a}$； (2) $y'=\frac{1}{\sqrt{1-x^2}+1-x^2}$；

(3) $y'=x^{\sin x}\left(\cos x\ln x+\frac{\sin x}{x}\right)$； (4) $y'=\arcsin\frac{x}{2}$.

4. $f'(2)=2$. 5. $f'(0)=100!$. 6. 连续且可导.

7. 略. 8. $\left.\frac{\partial z}{\partial x}\right|_{(0,1)}=2$；$\left.\frac{\partial z}{\partial y}\right|_{(0,1)}=1$. 9. 略.

10.(1) $n!\left[\frac{1}{(1-x)^{n+1}}-\frac{1}{(2-x)^{n+1}}\right]$； (2) $4^{n-1}\cos\left(4x+n\cdot\frac{\pi}{2}\right)$.

11. $\frac{x^2-y^2}{x^2+y^2}$. 12. $x^2f''_{11}+2xyf''_{12}+y^2f''_{22}$.

13. $dy=e^{f(x)}\left[\frac{f'(\ln x)}{x}+f'(x)f(\ln x)\right]dx$.

14. $du=\frac{z}{\sqrt{y}}\cdot\frac{1}{2\sqrt{x}}dx-\frac{z\sqrt{x}}{2}y^{-\frac{3}{2}}dy+\sqrt{\frac{x}{y}}dz$.

15. $y''(0)=-2$. 16. -2. 17. $-\frac{1}{5(1-\cos t)^2}$.

18. 约需加长 2.23cm.

第 四 章

习题 4-1

1. 设 $f(x)=x^3+6x+4$，已知 $f(x)$ 在区间 $(-1, 0)$ 内有实根，即存在 $x_0\in(-1, 0)$，使得 $f(x_0)=0$ 成立. 设另有 $x_1\in(-1, 0)$，$x_1\neq x_0$，使 $f(x_1)=0$. 因为 $f(x)$ 在 x_0，x_1 之间满足罗尔定理的条件，所以至少存在一个 ξ(在 x_0，x_1 之间)，使得 $f'(\xi)=0$. 但 $f'(x)=3x^2+6>0(x\in(-1, 0))$，矛盾，所以方程在区间 $(-1, 0)$ 内只有一个实根.
2. 由于 $f(x)$ 在 $[x_1, x_2]$ 上连续，在 (x_1, x_2) 内可导，又 $f(x_1)=f(x_2)$，由罗尔定理，至少存在一点 $\xi_1\in(x_1, x_2)$，使 $f'(\xi_1)=0$. 同理 $f(x)$ 在 $[x_2, x_3]$ 上连续，在 (x_2, x_3) 内可导，又 $f(x_2)=f(x_3)$，至少存在一点 $\xi_2\in(x_2, x_3)$，使 $f'(\xi_2)=0$. 又因为 $f'(x)$ 在 $[\xi_1, \xi_2]$ 上满足罗尔定理的条件，所以至少存在一点 $\xi\in(\xi_1, \xi_2)\subset(x_1, x_3)$，使得 $f''(\xi)=0$.
3.(1) 提示：$f(x)=x^n$ 在 $[b, a]$ 上用拉格朗日中值定理；

(2) 提示：$f(x)=\ln x$ 在 $[b, a]$ 上用拉格朗日中值定理.

4. 令 $f(x)=\arctan x+\operatorname{arccot} x$，则 $f'(x)=\frac{1}{1+x^2}-\frac{1}{1+x^2}\equiv 0$，$x\in(-\infty,+\infty)$，由推论 1 知 $f(x)$ 为常数，故 $f(x)\equiv f(0)=\frac{\pi}{2}$，原恒等式得证．

习题 4－2

1.（1）$\frac{1}{6}$；（2）2；（3）-1；（4）$\frac{2}{3}$；

（5）0；（6）1；（7）1；（8）$\cos a$.

2.（1）$+\infty$；（2）0；（3）1；（4）e^{-1}；（5）1.

3.（1）0；（2）1.

习题 4－3

1.（1）在 $(-\infty,-1]$，$[2,+\infty)$ 内单调增加，在 $(-1,2)$ 内单调减少；当 $x=-1$ 时取得极大值 8，当 $x=2$ 时取得极小值 -19.

（2）在 $[2,+\infty)$ 内单调增加，在 $(0,2)$ 内单调减少；当 $x=2$ 时取得极小值 8.

（3）在 $(-\infty,1]$ 内单调增加，在 $(1,+\infty)$ 内单调减少；当 $x=1$ 时取得极大值 2.

（4）在 $(-1,0)$ 内单调减少，在 $[0,+\infty)$ 内单调增加；当 $x=0$ 时取得极小值 0.

2. 略．3. 略．

4.（1）最大值 $f(4)=80$，最小值 $f(-1)=-5$；

（2）最小值 $f\left(\frac{1}{e^2}\right)=-\frac{2}{e}$，无最大值．

5. 当小正方形边长为 $\frac{5-\sqrt{7}}{6}$ m 时，水箱的容积最大．

6. 每月每套租金为 350 元时，收入最高，最高收入为 10890 元．

习题 4－4

1.（1）曲线的凹区间为 $\left(-\frac{1}{2},+\infty\right)$，凸区间为 $\left(-\infty,-\frac{1}{2}\right]$，拐点为 $\left(-\frac{1}{2},\frac{65}{6}\right)$；

（2）曲线的凹区间为 $\left(\frac{\sqrt{2}}{2},+\infty\right)$，凸区间为 $\left(0,\frac{\sqrt{2}}{2}\right]$，拐点为 $\left(\frac{\sqrt{2}}{2},\frac{1}{2}+\ln\frac{\sqrt{2}}{2}\right)$；

（3）曲线的凹区间为 $(-\infty,0)$，凸区间为 $[0,+\infty)$，拐点为 $(0,0)$.

2. $a=-\frac{3}{2}$，$b=\frac{9}{2}$.

习题 4－5

1.（1）水平渐近线 $y=0$，铅直渐近线 $x=1$；

（2）铅直渐近线 $x=1$，斜渐近线 $y=\frac{1}{3}x+\frac{5}{3}$；

（3）斜渐近线 $y=\frac{1}{2}x\pm\frac{\pi}{2}$；

(4) 水平渐近线 $y=0$.

2. 略.

习题 4-6

1.(1) 极大值 $f(1,-1)=1$； (2) 极小值 $f(0,0)=0$；
(3) 极小值 $f(1,1)=2$； (4) 极小值 $f(-2,0)=-2e^{-1}$.

2. 三个正数都为$\frac{a}{3}$.

3. 最大面积为 $2ab$.

4. 当$a\leqslant\frac{1}{2}$时，最小距离为$|a|$；当$a>\frac{1}{2}$时，最小距离为$\sqrt{a-\frac{1}{4}}$.

5. 原料 A 购买 100 单位，原料 B 购买 25 单位.

复习题四

1.(1) $\frac{1}{4}$； (2) $\frac{1}{2}$，-1； (3) $\left(\frac{1}{2},+\infty\right)$； (4) $(2,2e^{-2})$； (5) $y=x$.

2.(1) B； (2) D； (3) B； (4) C； (5) A.

3.(1) $4e^{-1}$； (2) 1； (3) 2； (4) $\frac{1}{2}$； (5) $+\infty$；
(6) $\frac{1}{2}$； (7) $-\frac{1}{2}$； (8) e； (9) 1； (10) 1.

4.(1) 单增区间：$(-\infty,0)$，单减区间：$(0,+\infty)$；
(2) 单增区间：$(-\infty,+\infty)$；
(3) 单增区间：$(-\infty,0)$，$(1,+\infty)$，单减区间：$[0,1]$；
(4) 单增区间：$(-\infty,-2]$，$[0,+\infty)$，单减区间：$(-2,-1)$，$(-1,0)$.

5.(1) 极大值 $f\left(\frac{3}{4}\right)=\frac{5}{4}$；
(2) 极小值 $f(0)=0$，极大值 $f(2)=4e^{-2}$；
(3) 极小值 $f(1)=0$，极大值 $f(e^2)=4e^{-2}$；
(4) 极小值 $f\left(-\frac{1}{2}\ln 2\right)=2\sqrt{2}$.

6.(1) 凸区间：$(-\infty,-1]$，$[0,1]$，凹区间：$(-1,0)$，$(1,+\infty)$，拐点：$(0,0)$；
(2) 凸区间：$(-\infty,-1]$，$[1,+\infty)$，凹区间：$(-1,1)$，拐点：$(-1,\ln 2)$，$(1,\ln 2)$.

7.(1) 极大值 $f\left(\frac{1}{9},\frac{1}{18}\right)=\frac{487}{486}$；
(2) 极小值 $f(1,1)=3$；
(3) 极大值 $f(0,0)=1$，极大值 $f(2,0)=\ln 5+\frac{7}{15}$；
(4) 极小值 $f(-1,0)=-e^{-\frac{1}{2}}$，极大值 $f(1,0)=e^{-\frac{1}{2}}$.

8. $a=g'(0)$，$f'(0)=\frac{1}{2}g''(0)$.

9. $a=1$，$b=-3$，$c=-24$，$d=16$.

10. (1) 最小值 $f(2)=-14$，最大值 $f(3)=11$；

(2) 最小值 $f(-5)=-5+\sqrt{6}$，最大值 $f\left(\frac{3}{4}\right)=\frac{5}{4}$.

11. 略． 12. 略． 13. 略． 14. 略． 15. 略．

16. 产量为 1612 单位时，平均成本最小．

17. $\alpha=\frac{2\sqrt{6}}{3}\pi$.

18. (1) $p<-2$ 或 $p>2$； (2) $p=\pm 2$； (3) $-2<p<2$.

19. 甲原料使用 5 单位，乙原料使用 8 单位．

20. 极小值 $z(9, 3)=3$；极大值 $z(-9, -3)=-3$.

21. 1.5 万元全部投入到网络广告费用，销售收入最大．

22. $p_1=80$，$p_2=120$ 时利润最大．

23. $x=\frac{3\alpha-2\beta}{2\alpha^2-\beta^2}$，$y=\frac{4\alpha-3\beta}{4\alpha^2-2\beta^2}$.

第五章

习题 5－1

1. (1) 一阶； (2) 三阶； (3) 二阶； (4) 一阶； (5) 一阶； (6) 五阶．

2. (1) 是； (2) 是； (3) 是； (4) 是； (5) 不是； (6) 是．

3. (1) $y^2-3(x-1)^2=1$； (2) $y=xe^{-2x}$； (3) $y=-\cos x$.

4. $u(x)=x+C$.

5. (1) $xy'+y=0$； (2) $y-xy'=x^2$； (3) $y-xy'=\frac{x+y}{2}$；

(4) $\left|(y-xy')\left(x-\frac{y}{y'}\right)\right|=2$.

习题 5－2

1. (1) $-\frac{1}{x}+C$； (2) $\frac{2}{5}x^2\sqrt{x}+C$；(3) $2\sqrt{x}+C$； (4) $\frac{3}{10}x^3\sqrt[3]{x}+C$；

(5) $-\frac{2}{3}\cdot\frac{1}{x\sqrt{x}}+C$； (6) $\frac{m}{n+m}x^{\frac{m+n}{m}}+C$； (7) $\frac{5}{4}x^4+C$；

(8) $\frac{1}{3}x^3-\frac{3}{2}x^2+2x+C$； (9) $\sqrt{\frac{2h}{g}}+C$； (10) $\frac{1}{3}x^3-2x^2+4x+C$；

(11) $\frac{1}{5}x^5+\frac{2}{3}x^3+x+C$； (12) $\frac{1}{3}x^3-\frac{2}{3}x^{\frac{3}{2}}+\frac{2}{5}x^{\frac{5}{2}}-x+C$；

(13) $t^3+\frac{1}{4}t^2+C$； (14) $x^3+\arctan x+C$； (15) $x-\arctan x+C$；

(16) $2e^x+3\ln|x|+C$； (17) $3\arctan x-2\arcsin x+C$； (18) $e^x-2x^{\frac{1}{2}}+C$；

(19) $-4\cot x+C$； (20) $2x-\frac{5}{\ln2-\ln3}\left(\frac{2}{3}\right)^x+C$； (21) $\tan x-\sec x+C$；

(22) $\frac{1}{2}(x+\sin x)+C$； (23) $\frac{1}{2}\tan x+C$； (24) $\sin x-\cos x+C$；

(25) $-\cos x+1+C$； (26) $\frac{4}{7}x^{\frac{7}{4}}+4x^{-\frac{1}{4}}+C$.

2. $y=\ln|x|+1$.

3.(1) 27m；(2) 约为 7.11s.

习题 5-3

1.(1) $\frac{1}{a}$； (2) $\frac{1}{7}$； (3) $\frac{1}{2}$； (4) $\frac{1}{10}$； (5) $-\frac{1}{2}$； (6) $\frac{1}{12}$； (7) $\frac{1}{2}$；

(8) -2； (9) $-\frac{2}{3}$； (10) $\frac{1}{5}$； (11) $-\frac{1}{5}$； (12) $\frac{1}{3}$； (13) -1；

(14) -1.

2.(1) $\frac{1}{5}e^{5t}+C$； (2) $-\frac{1}{8}(3-2x)^4+C$；

(3) $-\frac{1}{2}\ln|1-2x|+C$； (4) $-\frac{1}{2}(2-3x)^{\frac{2}{3}}+C$；

(5) $-\frac{1}{a}\cos ax-be^{\frac{x}{b}}+C$； (6) $-2\cos\sqrt{t}+C$；

(7) $\frac{1}{11}\tan^{11}x+C$； (8) $\ln|\ln\ln x|+C$；

(9) $-\ln|\cos\sqrt{1+x^2}|+C$； (10) $\ln|\tan x|+C$；

(11) $\arctan e^x+C$； (12) $-\frac{1}{2}e^{-x^2}+C$；

(13) $\frac{1}{2}\sin(x^2)+C$； (14) $-\frac{1}{3}\sqrt{2-3x^2}+C$；

(15) $-\frac{3}{4}\ln|1-x^4|+C$； (16) $-\frac{1}{3\omega}\cos^3(\omega t+\varphi)+C$；

(17) $\frac{1}{2}\sec^2x+C$； (18) $\frac{3}{2}(\sin x-\cos x)^{\frac{2}{3}}+C$；

(19) $\frac{1}{2}\arcsin\frac{2x}{3}+\frac{1}{4}\sqrt{9-4x^2}+C$； (20) $\frac{1}{2}[x^2-9\ln(9+x^2)]+C$；

(21) $\frac{1}{2\sqrt{2}}\ln\left|\frac{\sqrt{2}x-1}{\sqrt{2}x+1}\right|+C$； (22) $\frac{1}{3}\ln\left|\frac{x-2}{x+1}\right|+C$；

(23) $\sin x-\frac{1}{3}\sin^3x+C$； (24) $\frac{1}{2}t+\frac{1}{4\omega}\sin2(\omega t+\varphi)+C$；

(25) $\frac{1}{2}\ln|2t+\sqrt{4t^2-25}|+C$； (26) $\frac{25}{2}\arcsin\left(\frac{t}{5}\right)+\frac{t\sqrt{25-t^2}}{2}+C$；

(27) $\ln(3x+\sqrt{1+9x^2})+C$； (28) $-\frac{x}{\sqrt{x^2-1}}+C$；

(29) $\ln(e^t+\sqrt{9+e^{2t}})+C$；　(30) $-\frac{\sqrt{4-y^2}}{4y}+C$；

(31) $\frac{1}{2}\arcsin x+\frac{1}{2}\ln\left|x+\sqrt{1-x^2}\right|+C$；　(32) $\ln(x+2+\sqrt{5+4x+x^2})+C$.

3. (1) $-x\cos x+\sin x+C$；　(2) $x\ln x-x+C$；

(3) $x\arcsin x+\sqrt{1-x^2}+C$；　(4) $-e^{-x}(x+1)+C$；

(5) $\frac{1}{3}x^3\ln x-\frac{1}{9}x^3+C$；　(6) $\frac{1}{2}e^{-x}(\sin x-\cos x)+C$；

(7) $-\frac{2}{17}e^{-2x}\left(\cos\frac{x}{2}+4\sin\frac{x}{2}\right)+C$；　(8) $2x\sin\frac{x}{2}+4\cos\frac{x}{2}+C$；

(9) $\frac{1}{3}x^3\arctan x-\frac{1}{6}x^2+\frac{1}{6}\ln(1+x^2)+C$；

(10) $-\frac{1}{2}x^2+x\tan x+\ln|\cos x|+C$.

习题 5-4

(1) $\frac{1}{3}x^3-\frac{3}{2}x^2+9x-27\ln|x+3|+C$；(2) $\ln|x^2+3x-10|+C$；

(3) $\frac{1}{3}x^3+\frac{1}{2}x^2+x+8\ln|x|-4\ln|x+1|-3\ln|x-1|+C$；

(4) $\ln\frac{|x+1|}{\sqrt{x^2-x+1}}+\sqrt{3}\arctan\frac{2x-1}{\sqrt{3}}+C$；

(5) $\frac{1}{2}(4\ln|x+2|-3\ln|x+3|-\ln|x+1|)+C$；　(6) $\frac{1}{2}\ln|x^2-1|+\frac{1}{x+1}+C$；

(7) $\frac{1}{2\sqrt{3}}\arctan\frac{2\tan x}{\sqrt{3}}+C$；　(8) $\frac{1}{\sqrt{2}}\arctan\frac{\tan\frac{x}{2}}{\sqrt{2}}+C$；

(9) $\frac{3}{2}\sqrt[3]{(x+1)^2}-3\sqrt[3]{x+1}+3\ln(1+\sqrt[3]{x+1})+C$；

(10) $2\sqrt{x}-4\sqrt[4]{x}+4\ln(1+\sqrt[4]{x})+C$.

习题 5-5

1. (1) $y=e^{Cx}$；　(2) $\arcsin y=\arcsin x+C$；　(3) $\tan x\tan y=C$；

(4) $(e^x+1)(e^y-1)=C$；　(5) $3x^4+4(y+1)^3=C$；　(6) $(x-4)y^4=Cx$；

(7) $y=xe^{Cx+1}$；　(8) $y=x\arcsin x$；　(9) $y=Ce^{\frac{y}{x}}$；　(10) $x+2ye^{\frac{x}{y}}=C$.

2. (1) $y=\ln(e^{2x}+1)-\ln 2$；　(2) $1+e^x=2\sqrt{2}\cos y$；

(3) $e^{\frac{y}{x}}=e+\ln x$；　(4) $y^3=y^2-x^2$.

3. (1) $y=\frac{1}{3}x^2+\frac{3}{2}x+2+\frac{C}{x}$；(2) $y=C\cos x-2\cos^2 x$；(3) $\rho=\frac{2}{3}+Ce^{-3\theta}$；

(4) $2x\ln y=\ln^2 y+C$；　(5) $y=(x-2)^3+C(x-2)$；(6) $\frac{1}{y}=-\sin x+Ce^x$；

(7) $\frac{1}{y^4}=-x+\frac{1}{4}+Ce^{-4x}$； (8) $\frac{x^2}{y^2}=-\frac{2}{3}x^3\left(\frac{2}{3}+\ln x\right)+C$.

4. (1) $y=\frac{\pi-1-\cos x}{x}$； (2) $y\sin x+5e^{\cos x}=1$；

(3) $y=\frac{\sin x-1}{x^2-1}$； (4) $y=\frac{1}{2e^x-x-1}$.

5. $y=2(e^x-x-1)$.

习题 5-6

1. (1) $y=\frac{1}{6}x^3+e^{-x}+C_1x+C_2$； (2) $y=x\arctan x-\frac{1}{2}\ln(1+x^2)+C_1x+C_2$；

(3) $y=(x-3)e^x+C_1x^2+C_2x+C_3$； (4) $y=C_1e^x-\frac{1}{2}x^2-x+C_2$；

(5) $y=C_1\arcsin x+C_2$； (6) $4(C_1y-1)=C_1^2(x+C_2)^2$；

(7) $C_1y^2-1=(C_1x+C_2)^2$； (8) $y=\arcsin(C_2e^x)+C_1$.

2. (1) $y=2+\ln\frac{x^2}{2}-2$； (2) $y=1+\frac{1}{x}$； (3) $y=-\ln(1-x)$； (4) $y=\sqrt{2x-x^2}$.

3. $y=e^x$.

习题 5-7

1. (1) 线性无关； (2) 线性无关； (3) 线性无关； (4) 线性无关；
(5) 线性无关； (6) 线性相关； (7) 线性无关； (8) 线性无关.

2. $y=C_1\cos\omega x+C_2\sin\omega x$.

3. $y=(C_1+C_2x)e^{x^2}$.

4. 略. 5. 略.

习题 5-8

1. (1) $y=C_1e^x+C_2e^{-2x}$； (2) $y=C_1\cos x+C_2\sin x$；

(3) $x=(C_1+C_2t)e^{\frac{5}{2}t}$； (4) $y=C_1e^x+C_2e^{-x}$.

2. (1) $y=4e^x+2e^{3x}$； (2) $y=(x+2)e^{-\frac{x}{2}}$；

(3) $y=2\cos 5x+\sin 5x$； (4) $y=e^{2x}\sin 3x$.

3. (1) $y=C_1e^{\frac{x}{2}}+C_2e^{-x}+e^x$； (2) $y=C_1+C_2e^{-\frac{5}{2}x}+\frac{1}{3}x^3-\frac{3}{5}x^2+\frac{7}{25}x$；

(3) $y=C_1e^{-4x}+C_2e^{-x}+\frac{11}{8}-\frac{1}{2}x$； (4) $y=e^x(C_1\cos 2x+C_2\sin 2x)-\frac{1}{4}xe^x\cos 2x$；

(5) $y=C_1\cos x+C_2\sin x+\frac{e^x}{2}+\frac{x}{2}\sin x$； (6) $y=C_1e^x+C_2e^{-x}-\frac{1}{2}+\frac{1}{10}\cos 2x$.

4. (1) $y=-\cos x-\frac{1}{3}\sin x+\frac{1}{3}\sin 2x$； (2) $y=-5e^x+\frac{7}{2}e^{2x}+\frac{5}{2}$；

(3) $y=\frac{1}{2}(e^{9x}+e^x)-\frac{1}{7}e^{2x}$； (4) $y=e^x-e^{-x}+e^x(x^2-x)$.

复习题五

1. (1) B; (2) B; (3) C; (4) C; (5) B;
   (6) D; (7) B; (8) B; (9) A; (10) D.

2. (1) $F(x)+C$; (2) $(2+4x^2)e^{x^2}$; (3) $\frac{1}{2}(\ln(\tan x))^2+C$;

   (4) $\ln x+1$; (5) $-\frac{2}{x}+C$; (6) $2\sqrt{t}-\frac{2}{\sqrt{t}}+C$;

   (7) $e^x-2\sqrt{x}+C$; (8) 二阶; (9) $\gamma^2-4=0$; (10) $y=2e^{-x}+x-1$.

3. $-\frac{1}{\arcsin x}+C$. 4. $\frac{1}{11}\tan^{11}x+C$.

5. $x^2\sin x+2x\cos x-2\sin x+C$. 6. $\ln|x^2+3x-10|+C$.

7. $\frac{x^3}{3}-\frac{3x^2}{2}+9x-27\ln|x+3|+C$. 8. $\frac{1}{2}\ln\left|\frac{e^x-1}{e^x+1}\right|+C$.

9. $\frac{1}{2}\ln(3+x^2)-\frac{1}{\sqrt{3}}\arctan\frac{x}{\sqrt{3}}+C$. 10. $\ln x(\ln\ln x-1)+C$.

11. $-2\cos\sqrt{x}+C$. 12. $\sqrt{x^2-9}-3\arccos\frac{3}{x}+C$.

13. $\frac{2}{3}\sqrt{3x+9}\,e^{\sqrt{3x+9}}-\frac{2}{3}e^{\sqrt{3x+9}}+C$. 14. $\ln|x+1|-2x+x\ln(x+x^2)+C$.

15. $x\tan x+\ln|\cos x|+C$. 16. $f(x)=\ln|x|-\frac{x^2}{2}+C$.

17. $-\sin x-\frac{2\cos x}{x}+C$. 18. $x=Cy-\frac{1}{2}y^3$. 19. $y=\frac{6}{x}$.

20. $\arctan y=x+\frac{1}{2}x^2+C$. 21. $a=-3$, $b=2$, $c=-1$, $y=C_1e^{2x}+C_2e^x+xe^x$.

22. (1) $y=C_1e^{2x}+C_2e^{3x}-\frac{x}{2}(x+2)e^{2x}$; (2) $y=-2e^{2x}+2e^{3x}-\frac{x}{2}(x+2)e^{2x}$;

   (3) $y=-\frac{x}{2}(x+2)e^{2x}$.

第六章

习题 6-1

1. (1) $k(b-a)$; (2) $\frac{1}{2}$.

2. (1) $b-a$; (2) $\frac{\pi}{4}$;

3. (1) $\int_0^1 x\mathrm{d}x>\int_0^1 x^2\mathrm{d}x$; (2) $\int_0^1 x\mathrm{d}x>\int_0^1\ln(1+x)\mathrm{d}x$.

4. (1) $4\leqslant\int_1^3(x^2+1)\mathrm{d}x\leqslant 20$; (2) $\pi\leqslant\int_{\frac{\pi}{4}}^{\frac{5}{4}\pi}(1+\sin^2x)\mathrm{d}x\leqslant 2\pi$;

5. 略． 6. 略．

习题 6－2

1.(1) 0； (2) $\frac{\sqrt{3}}{2}$.

2.(1) $\frac{101}{6}$； (2) $\frac{\pi}{12}$； (3) $1-e$； (4) $\frac{3}{2}\ln 2-\frac{1}{2}\ln 5$；

(5) $1-\frac{\pi}{4}$； (6) $2\sqrt{2}$； (7) $\frac{\pi}{4}+\frac{10}{3}$.

3.(1) $\frac{1}{2}$； (2) 2.

4. 略．

5. $-\cos x\cdot e^{-y^2}$

6. $-t^2$.

7. $f(x)=4x^3+3x^2$，$f(1)=7$.

习题 6－3

1.(1) $-\sqrt{3}$； (2) $\frac{2}{65}$； (3) $\frac{1}{5}$； (4) $\frac{\pi}{6}-\frac{\sqrt{3}}{8}$； (5) $\frac{\pi}{2}$；

(6) $\frac{5\sqrt{5}-7}{12}$； (7) $-e^{-2}+e^{-\frac{1}{2}}$； (8) $\frac{\pi}{2}$； (9) $\frac{1}{3}$； (10) ln2.

2.(1) 0； (2) 0.

3. 略． 4. 略． 5. 略．

6. $F'(x)=f(x+1)-f(x)$.

7.(1) $1-2e^{-1}$； (2) $\frac{1}{4}(e^2+1)$； (3) $-\frac{\sqrt{3}\pi}{9}+\frac{\pi}{4}+\ln\sqrt{3}+\ln\sqrt{2}-2\ln 2$；

(4) $-\frac{2\pi}{\omega}$； (5) 2； (6) $\frac{\sqrt{3}\pi}{2}+\frac{1}{2}$； (7) $2\pi^2-16$； (8) $\frac{1}{2}(e^{\frac{\pi}{2}}+1)$.

8. 2. 9. $\frac{1}{2}-\frac{\pi}{4}$. 10. $\frac{\sqrt{\pi}}{4}+\frac{1}{4e}-\frac{1}{4}$.

习题 6－4

1.(1) $\frac{1}{3}$； (2) 发散； (3) $\frac{1}{a}$； (4) π； (5) 1； (6) 2； (7) $\frac{\pi}{4}$；

(8) $\frac{\pi}{2}$； (9) 1； (10) 发散； (11) $\frac{4}{3}$； (12) 0.

2. 当$q>1$时，收敛于$\frac{(\ln 2)^{1-q}}{q-1}$；当$q\leqslant 1$时，发散．当$q=1-\frac{1}{\ln\ln 2}$时，反常积分取最小值．

习题 6－5

1.(1) $e+\frac{1}{e}-2$； (2) $\frac{9}{4}$； (3) $b-a$； (4) $\frac{8}{3}$； (5) $\frac{28}{3}$.

2. $\dfrac{4\pi^3a^2}{3}$.

3.(1) π；　(2) $\dfrac{1}{3}\pi+2-\sqrt{3}$.

4.(1) $4\pi^2$；　(2) $\dfrac{\pi^2}{2}$；　(3) $\dfrac{\pi}{2}(e^4-1)$；　(4) $\dfrac{32\pi a^3}{105}$.

5. $\dfrac{1}{2}\pi R^2h$.　6. 略.

习题 6－6

1. $\iint\limits_D u(x,y)\mathrm{d}\sigma$.

2.(1) πh；　(2) $\dfrac{2}{3}\pi$.

3.(1) $\iint\limits_D (x+y)^2\mathrm{d}\sigma>\iint\limits_D \sin^2(x+y)\mathrm{d}\sigma$；　(2) $\iint\limits_D \ln(x+y)\mathrm{d}\sigma>\iint\limits_D [\ln(x+y)]^2\mathrm{d}\sigma$.

4.(1) $0\leqslant\iint\limits_D (x+y)\mathrm{d}\sigma\leqslant 2$；　(2) $0\leqslant\iint\limits_D e^{x^2+y^2}\mathrm{d}\sigma\leqslant\dfrac{\pi}{4}e^{\frac{1}{4}}$；

(3) $\dfrac{8}{\ln 2}\leqslant\iint\limits_D \dfrac{1}{\ln(4+x+y)}\mathrm{d}\sigma\leqslant\dfrac{16}{\ln 2}$.

5. $f(0,0)$.

习题 6－7

1.(1) $\dfrac{8}{3}$；　(2) $\dfrac{e-2}{2}$；　(3) $\dfrac{27}{64}$；　(4) $\dfrac{4}{5}$；　(5) $\dfrac{\pi}{2}$；　(6) e^6-9e^2-4.

2.(1) $\int_0^1\mathrm{d}y\int_y^1 f(x,y)\mathrm{d}x$；　(2) $\int_0^1\mathrm{d}y\int_{y^4}^{\sqrt{y}} f(x,y)\mathrm{d}x$；

(3) $\int_{-1}^0\mathrm{d}x\int_{-x}^1 f(x,y)\mathrm{d}y+\int_0^1\mathrm{d}x\int_x^1 f(x,y)\mathrm{d}y$；

(4) $\int_0^1\mathrm{d}x\int_{\frac{x^2}{2}}^{x^2} f(x,y)\mathrm{d}y+\int_1^{\sqrt{2}}\mathrm{d}x\int_{\frac{x^2}{2}}^1 f(x,y)\mathrm{d}y$；

(5) $\int_0^1\mathrm{d}y\int_0^{1-\sqrt{1-y^2}} f(x,y)\mathrm{d}x+\int_0^1\mathrm{d}y\int_{1-\sqrt{1-y^2}}^{\sqrt{4-y^2}} f(x,y)\mathrm{d}x+\int_1^2\mathrm{d}y\int_0^{\sqrt{4-y^2}} f(x,y)\mathrm{d}x$；

(6) $\int_0^1\mathrm{d}x\int_{\sqrt{x}}^{2-x^2} f(x,y)\mathrm{d}y$.

3.(1) $\dfrac{1}{3}\sin 1$；　(2) $\dfrac{2}{9}(2\sqrt{2}-1)$.

4.(1) 0；　(2) 0；　(3) 8π；　(4) $\dfrac{\pi}{3}$.

5.(1) $\int_0^{2\pi}\mathrm{d}\theta\int_0^a f(r\cos\theta,r\sin\theta)r\mathrm{d}r$；　(2) $\int_0^{2\pi}\mathrm{d}\theta\int_{\sqrt{2}}^{\sqrt{6}} f(r\cos\theta,r\sin\theta)r\mathrm{d}r$；

(3) $\int_0^{\frac{\pi}{2}}\mathrm{d}\theta\int_0^{\frac{1}{\sin\theta+\cos\theta}} f(r\cos\theta,r\sin\theta)r\mathrm{d}r$；　(4) $\int_{\frac{\pi}{4}}^{\arctan 2}\mathrm{d}\theta\int_{\sqrt{2\csc 2\theta}}^{\sqrt{4\csc 2\theta}} f(r\cos\theta,r\sin\theta)r\mathrm{d}r$.

6. (1) $\pi(e^4-1)$; (2) $\frac{\pi}{8}\ln 2$; (3) $\frac{\pi}{4}(2\ln 2-1)$; (4) $\frac{22}{3}$.

7. (1) $\int_0^{\frac{\pi}{4}}d\theta\int_0^{\sec\theta}f(r\cos\theta, r\sin\theta)rdr+\int_{\frac{\pi}{4}}^{\frac{\pi}{2}}d\theta\int_0^{\csc\theta}f(r\cos\theta, r\sin\theta)rdr$;

(2) $\int_{\frac{\pi}{4}}^{\frac{\pi}{3}}d\theta\int_0^{\sec\theta}f(r\cos\theta, r\sin\theta)rdr$;

(3) $\int_0^{\frac{\pi}{2}}d\theta\int_{\frac{1}{\sin\theta+\cos\theta}}^{1}f(r^2)rdr$;

(4) $\int_0^{\frac{\pi}{4}}d\theta\int_{\tan\theta\sec\theta}^{\sec\theta}f(r\cos\theta, r\sin\theta)rdr$.

8. (1) $\frac{\pi}{4}(e-1)$; (2) $\sqrt{2}-1$; (3) $\frac{\pi^2}{64}$; (4) $\frac{15}{16}$.

9. (1) $e+\frac{1}{e}-2$; (2) $\frac{4}{3}\pi+2\sqrt{3}$; (3) $\frac{1}{6}$; (4) $\frac{5}{4}\pi a^3$.

复习题六

1. (1) -2; (2) $\frac{1}{2}$; (3) 1; (4) 8; (5) e^2-1;

(6) -1; (7) $\frac{1}{2}$; (8) $\frac{3}{2}-\ln 2$; (9) $\pi(3\ln 3-2)$; (10) $\frac{\pi}{2}$;

(11) $\int_0^1 dy\int_{e^y}^{e}f(x, y)dx$; (12) 2π; (13) $-\frac{4}{3}$; (14) 2π.

2. (1) B; (2) D; (3) A; (4) B; (5) D; (6) C; (7) A;
(8) C; (9) C; (10) B; (11) A; (12) B; (13) D; (14) B.

3. (1) 3; (2) $\frac{1}{2}$; (3) $\ln 2$; (4) $\frac{\pi}{4}$.

4. 略.

5. (1) $\ln\frac{3}{2}$; (2) $\frac{\pi}{4}-\frac{2}{3}$; (3) $\frac{3\pi}{4}$; (4) $\frac{1}{2}(\sqrt{3}-\sqrt{2})$; (5) $\frac{\pi^2}{4}$;

(6) $\frac{\pi}{8}$; (7) 2; (8) $2(1-e^{-1})$; (9) $\frac{1}{3}$; (10) $\frac{\pi}{4}$.

6. $\frac{1}{6}(2e^{-1}-1)$.

7. $\frac{\pi}{\pi+4}$.

8. 略. 9. 略.

10. (1) $\frac{\pi}{8}$; (2) 2; (3) $-\ln 3$; (4) $\frac{\pi-2}{8}$;

(5) $\frac{\pi^2}{16}$; (6) $2\ln 2$; (7) $\frac{\pi}{2}$; (8) $\frac{\pi}{3}$.

11. (1) 1; (2) $\frac{\pi}{2}(e^2+1)$.

12. (1) $e-e^{-1}-2$; (2) $\pi\left(\frac{1}{2}e^2-\frac{1}{2e^2}-\frac{8}{3}\right)$.

13. $\frac{2}{3}$.

14. (1) $\frac{32}{3}$；

(2) $y=-2tx+t^2+4$，切线与 x 轴的交点为 $\left(\frac{t}{2}+\frac{2}{t},\ 0\right)$，与 $y=4$ 的交点为 $\left(\frac{t}{2},\ 4\right)$；

(3) $P(\sqrt{2},\ 2)$.

15. (1) $V_1=\pi\left(1-\frac{4}{5}a\right)$，$V_2=\frac{\pi}{2}a^2$；　(2) $a=\frac{4}{5}$.

16. $1+\frac{\pi}{8}$.

17. (1) $\frac{1}{2}(e^4-4e)$；　(2) $\frac{\pi}{4}-\frac{1}{2}$；　(3) $\frac{1}{8}$；　(4) $\frac{3}{8}$；

(5) $\frac{8\sqrt{2}}{21}$；　(6) $\frac{\pi}{12}-\frac{5\sqrt{2}}{36}$；　(7) $\frac{\pi\ln 2}{2}$；　(8) $\frac{8}{3}$.

18. $\frac{5}{6}$.

19. $\left(\frac{4\sqrt{2}}{3}-\frac{7}{6}\right)\pi$.

20. 略.

第七章

习题 7－1

1. (1) $\frac{n}{n+1}$；　(2) $(-1)^{n-1}\frac{n+2}{n^2}$.
2. (1) 收敛；　(2) 发散；　(3) 发散；　(4) 发散.
3. (1) 不一定；　(2) 不一定；　(3) 不一定.

习题 7－2

1. (1) 收敛；　(2) 发散；　(3) 发散；　(4) 收敛.
2. (1) 发散；　(2) 收敛；　(3) 收敛；　(4) 收敛；　(5) 收敛；　(6) 收敛.
3. (1) 收敛；　(2) 发散；　(3) 收敛；　(4) 收敛；　(5) 收敛；

(6) 当 $a<1$ 时，收敛；当 $a>1$ 时，发散；当 $a=1$ 时，若 $k>1$ 收敛，若 $k\leqslant 1$ 发散.

习题 7－3

1. (1) 收敛；　(2) 发散；　(3) 收敛；　(4) 收敛.
2. (1) 绝对收敛；　(2) 发散；　(3) 绝对收敛；　(4) 条件收敛；　(5) 绝对收敛；

(6) 当 $-3<a<1$ 时，绝对收敛；当 $a<-3$ 或 $a\geqslant 1$ 时，发散；当 $a=-3$ 时，条件收敛.

3. 当 $p>1$ 时，绝对收敛；$0<p\leqslant 1$ 时，条件收敛；当 $p\leqslant 0$ 时，发散.

习题 7－4

1.(1) $R=1$，$[-1, 1]$； (2) $R=3$，$[-3, 3)$；

(3) $R=\frac{1}{5}$，$\left(-\frac{1}{5}, \frac{1}{5}\right]$； (4) $R=0$，$x=0$；

(5) $R=\sqrt{2}$，$(-\sqrt{2}, \sqrt{2})$； (6) $R=1$，$(-1, 2]$.

2.(1) $\frac{1}{(1+x)^2}$，$(-1, 1)$； (2) $\frac{x}{(1-x)^2}$，$(-1, 1)$；

(3) $1+\frac{1-x}{x}\ln(1-x)$，$[-1, 1)$； (4) $-\ln(1-2x-15x^2)$，$\left[-\frac{1}{5}, \frac{1}{5}\right)$.

3.(1) $\sum_{n=0}^{\infty}(-1)^n\frac{x^{2n}}{n!}$，$(-\infty, +\infty)$； (2) $\ln3+\sum_{n=1}^{\infty}(-1)^{n-1}\frac{x^n}{n\cdot 3^n}$，$(-3, 3]$；

(3) $\sum_{n=0}^{\infty}(-1)^n\frac{x^{2n+1}}{2n+1}$，$[-1, 1]$； (4) $\sum_{n=1}^{\infty}(-1)^{n-1}\frac{2^{2n-1}}{(2n)!}x^{2n}$，$(-\infty, +\infty)$；

(5) $\sum_{n=0}^{\infty}\left(1-\frac{1}{2^{n+1}}\right)x^n$，$(-1, 1)$； (6) $\sum_{n=1}^{\infty}\frac{(-1)^{n-1}\cdot 2^n-1}{n}x^n$，$\left(-\frac{1}{2}, \frac{1}{2}\right]$.

4.(1) $\sum_{n=0}^{\infty}\frac{\mathrm{e}}{n!}(x-1)^n$，$(-\infty, +\infty)$； (2) $\ln3+\sum_{n=1}^{\infty}(-1)^{n-1}\frac{(x-3)^n}{n\cdot 3^n}$，$(0, 6]$.

5. 1.648. 6. 1.0986.

复习题七

1.(1) 1； (2) 发散； (3) $\frac{2}{3}$； (4) $-\ln2$； (5) 0.

2.(1) B； (2) A； (3) C； (4) C； (5) B.

3.(1) 收敛； (2) 发散； (3) 收敛； (4) 收敛.

4.(1) 绝对收敛； (2) 条件收敛； (3) 绝对收敛； (4) 条件收敛.

5.(1) 当 $a>\frac{1}{2}$ 时收敛，当 $a\leqslant\frac{1}{2}$ 时发散； (2) 当 $a>1$ 时收敛，当 $0<a\leqslant1$ 时发散.

6. 略. 7. 略. 8. 略.

9.(1) $[-1, 1)$； (2) $\left(-3-\frac{1}{\sqrt{2}}, -3+\frac{1}{\sqrt{2}}\right)$；

(3) $\left(-\frac{1}{3}, \frac{1}{3}\right)$； (4) $(-\infty, -1)\cup[1, +\infty)$.

10. $\frac{2x}{(1-x)^3}$，8. 11. $\frac{x}{2}(\mathrm{e}^{\frac{x}{2}}-1)$，$2(\mathrm{e}^2-1)$. 12. $\frac{5}{8}-\frac{3}{4}\ln2$.

13.(1) $\sum_{n=0}^{\infty}\frac{(-1)^n}{n!}x^{n+3}$，$(-\infty, +\infty)$； (2) $x+\sum_{n=1}^{\infty}\frac{2(2n)!}{(n!)^2(2n+1)}\left(\frac{x}{2}\right)^{2n+1}$，$[-1, 1]$.

14. $\frac{1}{\ln10}\sum_{n=0}^{\infty}(-1)^{n-1}\frac{(x-1)^n}{n}$，$(0, 2]$. 15. $\sum_{n=1}^{\infty}(-1)^n\frac{(x-2)^{2n}}{n}$，$[1, 3]$.

16. 0.99994. 17. 3.0049.

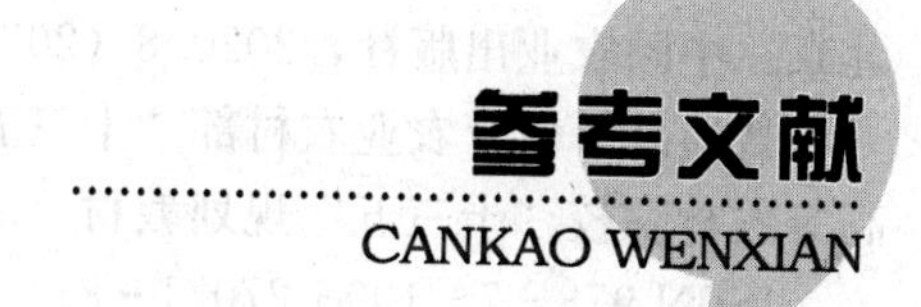

惠淑荣，李喜霞，张阚，2016. 高等数学[M]. 4 版. 北京：中国农业出版社.
同济大学数学系，2014. 高等数学(上、下册)[M]. 7 版. 北京：高等教育出版社.
汪宏喜，2018. 微积分[M]. 2 版. 北京：中国农业出版社.
王凯捷，李勇智，2008. 高等数学[M]. 2 版. 北京：高等教育出版社.
吴赣昌，2017. 高等数学(理工类，上、下册)[M]. 5 版. 北京：中国人民大学出版社.
吴坚，惠淑荣，刘应安，2011. 高等数学(上册)[M]. 2 版. 北京：中国农业出版社.
吴坚，李任波，张长勤，2011. 高等数学(下册)[M]. 2 版. 北京：中国农业出版社.
张庆国，汪宏喜，徐丽，2019. 高等数学(农林类)[M]. 2 版. 北京：科学出版社.
朱来义，2010. 微积分[M]. 3 版. 北京：高等教育出版社.

图书在版编目（CIP）数据

高等数学：农林类专业用 / 王凯，汪宏喜主编．—北京：中国农业出版社，2020.8（2024.8 重印）

普通高等教育农业农村部“十三五”规划教材　全国高等农林院校“十三五”规划教材

ISBN 978-7-109-27071-8

Ⅰ.①高…　Ⅱ.①王…　②汪…　Ⅲ.①高等数学—高等学校—教材　Ⅳ.①O13

中国版本图书馆 CIP 数据核字（2020）第 129310 号

中国农业出版社出版

地址：北京市朝阳区麦子店街 18 号楼

邮编：100125

责任编辑：魏明龙

版式设计：王　晨　　责任校对：刘丽香

印刷：北京中兴印刷有限公司

版次：2020 年 8 月第 1 版

印次：2024 年 8 月北京第 4 次印刷

发行：新华书店北京发行所

开本：787mm×1092mm　1/16

印张：17.75

字数：425 千字

定价：39.50 元
